《郑州大学学报》（哲学社会科学版）名栏建设文丛

环境美学基本问题研究 上

乔学杰　主编

中原出版传媒集团
中原传媒股份公司

大象出版社
·郑州·

图书在版编目(CIP)数据

环境美学基本问题研究 / 乔学杰主编.— 郑州 :
大象出版社, 2019. 3
(《郑州大学学报 · 哲学社会科学版》名栏建设文丛)
ISBN 978-7-5347-9529-9

Ⅰ. ①环… Ⅱ. ①乔… Ⅲ. ①环境科学—美学—研究
Ⅳ. ①X1-05

中国版本图书馆 CIP 数据核字(2017)第 250102 号

环境美学基本问题研究(上、下册)

HUANJING MEIXUE JIBEN WENTI YANJIU (SHANG、XIA CE)

乔学杰 主 编

出 版 人 王刘纯
责任编辑 郑强胜 连 冠
责任校对 钟 骄
书籍设计 王 敏

出版发行 大象出版社(郑州市郑东新区祥盛街 27 号 邮政编码 450016)
发行科 0371-63863551 总编室 0371-65597936
网 址 www.daxiang.cn
印 刷 洛阳和众印刷有限公司
经 销 各地新华书店经销
开 本 720mm×1020mm 1/16
印 张 57.75
字 数 869 千字
版 次 2019 年 10 月第 1 版 2019 年 10 月第 1 次印刷
定 价 178.00 元(上、下册)

印厂地址 洛阳市高新区丰华路三号
邮政编码 471003 电话 0379-64606268

环境美学何为（代序）

当代社会，“环境”是在生活中用得最频繁的概念之一。在学术研究中，与“环境”相关的学科非常之多，环境科学已经是一个相当大的学科群类。这个学科群中，又可以分成若干个小的学科群，而且分法相当多。

环境科学中，环境美学也可以划成一个小的学科群。这个学科群的性质是什么呢？从审美的维度来看环境，涉及两个重要的问题：第一，环境是什么？第二，审美是什么？

首先，谈谈环境是什么。虽然在当今社会环境是一个非常重要的概念，但是，它却是一个晚出的词。从先秦至民国的文献中，“环境”作为合成词的出现只有两百来处，而且多集中在民国时期的文献中。在中国古代，“环境”这一概念用的很少。“环境”一词，最早可能出现在唐朝中后期。唐段文昌（773—835年）《平淮西碑》有“王师获金爵之赏，环境蒙优复之恩”之语。另《唐大诏令集·令镇州行营兵马各守疆界诏》有“今但环境设备，使之不能侵轶，须以岁月，自当诛除。此所谓不战之功，不劳而定也”。这里的“环境”概念相当于“地区”。

“环境”被输入重要内涵当是在五四运动以后，且很可能与教育学的兴起有关。教育学重视环境，认为它与人的成长密切相关。环境虽然仍具有地区这一基本义，但实质上讲地区与人的关系。那个时候，人们谈的环境，含自然环境与社会环境，往往更看重社会环境。

当代，环境的概念在内涵上有所发展，环境于人的价值更为突出了，它不仅关系到人才的培养，而且从根本上关系到人的生存，更不用说人的发展了。基于当代人与自然的矛盾空前尖锐，自然环境的价值得以彰显，当今环境科学讨论环境，如果不是特别交代，一般指自然环境。社会环境问题仍然重要，但归之于别的学科去讨论了。

认识环境，重在认识它与人的关系性。如今的“环境”概念已经不能解释成“地区”了。“地区”是一个地理概念，不强调对人的意义，而“环境”必然与人相关，是人的环境。

强调环境与人的关系属性，意义重大。首先，它将环境科学与自然科学区分开来，自然科学只关注自然本身，并不关注与人的关系；而环境科学不只关注自然界，而且关注自然界与人的关系。

进一步，它将环境与资源区分开来。环境与资源有相通的地方，说环境，是人的环境；说资源，是人的资源，二者均具有与人的关系属性。但是，环境于人的功能主要是生活，而资源于人的意义主要是生产。

环境与资源都有价值，然而是不同的价值。它们都是人所需要的，二者在不矛盾的情况下，相安无事，而在发生矛盾的情况下，就需要权衡轻重做出正确的抉择了。关于此，习近平总书记2013年9月7日在哈萨克斯坦纳扎尔巴耶夫大学回答学生问题时明确指出：“我们既要绿水青山，也要金山银山。宁要绿水青山，不要金山银山，而且绿水青山就是金山银山。我们绝不能以牺牲生态环境为代价换取经济的一时发展。我们提出了建设生态文明、建设美丽中国的战略任务，给子孙留下天蓝、地绿、水净的美好家园。”

环境的意义在于它是人的生存之本，居住之地，生命家园。其意义之重大是不言而喻的。

看环境有两个维度，一是自然维度，此维度主要考察自然具不具有宜人性。只有宜人的自然才是人的环境。自然维度中，最为重要的是生态。生态是否良好，关系到人的生存、生活和发展。生态是自然提供的，对自然来说，生态无所谓良好、不良好。良好、不良好，是对人说的。有利于人的生存、生活、发展的生态就是良好的生态，反之就是不好的生态。

严格说来，人无法改造生态，但可以改进生态。所谓改进生态，就是人通过自己的努力，让生态在切合自身性质的发展中，兼顾人的利益，让自然生态与人实现双赢，这就是生态文明。生态与人双赢的环境是人理想的生存环境。环境美学要研究的就是建设这样的环境。

二是文明维度。文明是人类自己的创造，它体现在诸多方面，其中，有与环境相关的创造。人对环境的创造性活动，最重要的是上面说到的人的利益与生态共生的活动，除此之外，还有大量的并不妨害生态却与人的生活质量相关的文化活动。这些活动质量的高低影响着环境的质量。人们认为城市环境优于农村环境，就是因为城市的文明程度较农村高，文化生活较农村丰富。

在当前，也许在相当长的一个时期，生态问题会是环境问题的核心。生态问题的关键是生态平衡：人的生命与自然界中动植物生命的平衡，自然界中动植物生命的平衡，生命世界与非生命世界的平衡。在生态文明时代，人的立场必须扩大到生态平衡的立场。生态平衡，从本质上、宏观上来说，它是对人有利的。因此，生态平衡立场与人的立场具有一致性。

以这样一个放大了的、提高了的人的立场处理人类的一切问题，是这个时代基本的价值观。

其次，我们谈谈审美是什么。众所周知，审美是一个非常复杂的问题。不同的美学家有不同的看法，此处不宜展开。不管关于审美有多少种不同的观点，有一点是大家都赞同的，那就是愉快。我将具有审美性质的愉快概括成“乐”。人生有三种生存方式：谋生、荣生和乐生。谋生，为自然人生；荣生，为社会人生；乐生，则为审美人生。乐生，有物质性的乐，有精神性的乐，对审美来说，精神性的乐更重要。精神性的乐有高低之别，审美无疑重视品位高尚的精神性的乐。

乐生，体现在环境审美中则为乐居。居，当然首先是住下来，但不局限于此，居的广义是生活。环境审美的本质即为乐居。在环境中生活，感受到环境给予人的种种或物质的或精神的优待，它就是乐居了。乐居基于功利——对人有利有益，但不囿于功利，而是在有利有益的基础上实现某种超越功利的升华。这种精神性的升华，就是审美。人之所以从本质上不同于动物，最为根本的，是人具有对功利的超越性。这是人性的精华。

环境美学何为？简要地说，它是研究人在环境中乐居的学科。

什么是环境审美的本质？就是乐居。在不同的文明时代，对乐居有不同的要求，生态文明时代，乐居首先应为生态乐居。

环境美学是产生较晚的学科，它在中国热起来，只是近二十年的事。记得大约在2006年，《郑州大学学报》编辑部乔学杰副主编找我，说是想在学报开设一个“环境美学”专栏，让我支持。当时，我非常兴奋，深知这是具有重要意义的大好事。很快，我们组织了稿件，将栏目办起来了，且立马产生了影响，栏目的文章大多为各种文摘刊物转载。于是，《郑州大学学报》这个专栏，自然而然地成为教育部扶持的名栏。2017年，《郑州大学学报》还以“生态文明时代的环境美学”为题成功地举办了学术会议。

最近，乔学杰与我联系，说《郑州大学学报》拟将刊物发表的文章选一部分，结集出版，这是大好事。应《郑州大学学报》之请，为之序。衷心祝愿《郑州大学学报》“环境美学”专栏越办越好。

陈望衡

2018年7月14日于武汉大学

目　录

第一编　环境美学基本理论构建

一、环境美学的界定

二、环境美学的模式

第二编　环境美学的交叉学科资源

一、环境美学与生态美学

二、环境美学与伦理学

第三编　环境美学建构的历史资源

一、环境美学与中国古典美学

二、环境美学与外国美学

第四编 环境美学的现实面向

一、环境美学与城市审美

二、环境美学与实践应用

第五编 环境美学家思想研究

第一编　环境美学基本理论构建

一、环境美学的界定

试论环境美的性质

⊙陈望衡
⊙武汉大学哲学学院

一、环境美的综合性和整体性

我们通常说到的美有自然美、艺术美、科学美、技术美、社会生活美、人的美等等。环境美究竟是一种什么样的美呢？严格来说，它不是一种美的形态，而是一种综合的美。以上说的各种不同的美都可以存在于环境之中，但是不同的环境中，占主导或者说主流地位的美是不一样的。在自然环境中，自然美无疑占据主流地位，而在城市环境中，一般来说，自然美就很难占据主流地位了。城市环境中，建筑占据主流地位，但建筑美是一种综合性的美，它包含有科学美、技术美、艺术美，甚至一定的社会生活美。

环境美的综合性说明它的构成的多元性，而整体性又说明它的构成不是各种不同的美的堆积。事实上，环境美的造就是各种不同的元素相互作用的产物。这种相互作用，有正面与负面两种情况。正面的情况是指各种构成环境的因素其相互作用的产物大于它们的总和。也许环境中某一因素如果单独地来观赏，它不美甚至于丑，但是因相邻因素的作用，却焕发出奇异的光彩。纽约的自由女神雕像，这个法国人送给美国人的礼物，曾经被美国人视为难看的作品，而当它矗立在曼哈顿河口，因为有大海、港口、高楼群的衬托，就张扬出无穷的魅力，极具视觉震撼力。负面的例子也是很多的。在城市街区，我们不时可以发现总是有那么几座与周围环境不协调的高楼存在，如果只是单看某座建筑，它也许称得上美，但就是因为与周围环境不协调，不仅自身的美不存在了，还严重地破坏了环境的美。在环境美的创造中，整体性成了第一金科玉律。日本的京都是一座古城，它不像东京有那么多的摩天大厦，但是它很有魅力。它的魅力之一就是整体性，即绝不在那些能体现日本民族传统文化特色的老街和传统民居中硬插进几座现代化的高楼大厦。安徽屯溪的老街虽然还是多少不一地经过现代的维修，但风格基本还是传统的，它没有现代化的建筑，于是它就显得特别地可贵。现代中国不少城市近年来建设的步行街，包括上海的南京路、北京的王府井、武汉的江汉路，总是因为有几幢新盖的楼房破坏了整体和谐而让人感到遗憾。

整体性不只体现在相邻的物质性因素的相互作用，还体现在人的活动与物质性的环境的统一。一座城市，即便有宽广的景观大道，有顶天立地的摩天楼群，如果其居民的文明素质太低，比如垃圾遍地，又比如出言不逊，就很难说这里的环境有多美。

环境美的整体性不仅体现在可感的现实环境中，还体现在这一环境的历史中。也就是说，环境美的整体性不仅是空间性的，而且是时间性的、历史性的。城市空间合理的布局诚然重要，但凸显城市的历史文脉也许更为重要。有时就为了凸显这种历史文脉，而不得不保留一些历史建筑，尽管这些旧建筑的存在会给城市的空间布局造成某种缺陷。空间的整体性有时不得不让步于时间的整体性。当然最好是空间与时间相统一、相和谐的整体性。

正是由于环境美具有极为丰富的内涵，所以对环境美的欣赏就需要更多的精力投入和更高的审美能力。

当然，不同的环境所需求的精力投入是不一样的。对一座森林的欣赏与对一幅森林画的欣赏是不一样的。欣赏一幅森林画，主要运用视觉，看就够了；而欣赏一座森林，则不能只是看，所有感觉器官都要派上用场。平时在审美中几乎没有什么意义的嗅觉，在对森林的审美中却有着重要的意义，清新的空气、鲜花的香味、腐叶的气息，都进入了你的美感享受。

在对一座城市或乡镇进行审美欣赏时，全部感觉的运用已经不算最重要的了，身历其境的体验还要加上对其历史与现状更为深入的认识，才能充分地感受这座城市或乡镇的美。这个时候，审美能力的高低就明显见出差别，而审美能力涉及的绝不只是表层的审美感知能力，而是深层的审美理解能力。而审美的理解能力又是与人的素质与修养相联系的。它在很大程度上受制于人的历史修养、哲学修养和文学修养以及对这个城市的情感态度与熟悉程度。到过北京的人非常多，但对北京的审美感受与审美解读却是大相径庭的。环境美具有动态的变异性。严格说来，天地万物没有不变的，美也不例外，但天地万物变化的情况是不一样的。就美来说，艺术美、科学美、技术美相对来说比较稳定，而环境美却是不断地变化着，其原因就在于环境本身是在不停地变化着的。自然环境中，也许高山的骨架，大海、大河的基本形态一时半刻没有太大的变化，但是，阳光、气象这些因素在不断地改变着自然山水的色彩、面目，这样，就使得它的美具有更大的变异性。在黄山上观峰，一阵风过，白云涌了过来，白云将山峰淹没了，只露一个尖，此时，你会觉得这峰如睡荷，俏丽秀雅。但又是一阵风过，白云散开，山峰全然裸露，它就完全是另一种美学品格，或峭拔，或峥嵘，与俏丽秀雅根本联不上了。

二、环境美的生态性和文明性

从宏观来看，环境是地球生态系统的一个断面，它存在于整个地球的生态网络之中。之所以强调“地球”，是因为据我们目前所知，尚只有地球具有生命，而且人类也只是生活在地球上。地球上的生态系统，分为地球与宇宙的关系与地球本身各种存在物之间的关系。地球之所以具有生命，从根本上说，是因为地球与宇宙的其他物质处于一种特别有利于生命存在的关系。地球上维持生命所需的许多条件都准备得恰到好处。生命是需要光能与热能的，这种能量来自太阳。太阳是个大火球，它与地球的距离平均是 1.49 亿公里，可以说刚刚好。太远，太阳提供给地球上的生命的能量不够；太近，地球上的生命就不能存活了。地球每 24 小时绕自转轴自转一周，白天与黑夜就交替了。如果地球一年才自转一次的话，那么全年向着太阳的一边就可能变成熔炉般的沙漠，而不见天日的那一边就可能变成零摄氏度以下的荒野。在这种极端的环境之下，可以生存的生物寥寥无几，甚至完全没有。特别称妙的是地球与太阳相对倾斜的角度为23.5度，这个倾斜度造成春夏秋冬四季均衡轮转，四季分明。如果地球不是倾斜的话，就不会有四季更替，虽然还不至于不能活命，但生活的情趣就减少了许多。23.5度这个倾斜度正好，如果倾斜得多一些，夏季就会极端炎热，冬天就会极端寒冷了。地球成为最适合生命生存的环境不仅因为它与太阳恰到好处的关系，还与它的大气层有重要关系。地球的大气层不仅提供了地球生命必需的各种气体，还有效地阻挡了太阳的有害辐射。从审美来说，正是因为有了大气层，天空才如此绚丽多姿，变化万千，美不胜收。

更重要的是，从地球上有机物与无机物的关系来看，地球上生命的存在和发展与无机物有着不可分离的关系，人体的许多元素就来自无机物。这里特别值得说的是地球上有着极为丰富的水。众所周知，水是生命之源。水不仅是生命之源，而且是地球环境美之源。正是因为有了水，我们这个地球才充满着蓬勃的生机，充满着丰富的色彩，充满着魅力无穷的美。

地球上的有机物与有机物之间存在着极为重要的食物链，任何一个物种的灭亡或过度发展，都会影响到其他生物的生存。人类的过度繁衍，已经造成了生态的失衡，这种失衡反过来必将危及人类的生存。

承认生态在环境美中的基础地位，将生态平衡看作环境美的题中应有之义，是非常重要的。一个环境什么都好，但如果破坏了生态平衡，那就根本谈不上美。

但是，我们还要承认，任何环境都是人化的环境，具有文明性。完全没有人参与的环境是不可想象的。环境中有人，有人的活动的痕迹，有人的精神活动的投射。

环境的文明性表现为一个历史的过程。在遥远的原始社会，人消逝在环境中——蛮荒的大地和蒙昧的自然都是人们自身无法把握的，围绕在他们周围的是具有无法抵御的大自然的可怕力量，人们随时有可能受到闪电、雷雨、洪水、地震和野兽的侵袭。这时候他们所面临的最尖锐的问题就是如何摆脱环境对他们的威胁。随着人类文明史的发展，人们生活的周边环境逐渐进入了人们的审美领域。在中国，环境的审美价值从魏晋南北朝时期就开始凸显出来了。那时人们就开始以审美的心态来观赏以山水为主体的外在大自然，促成了山水诗和山水画的勃兴，也带来了文人士大夫修建山水园林这一人造环境的高潮。这些艺术形式所表现出的对自然环境审美意识的觉醒，足足领先了欧洲1300多年——欧洲直到18世纪进入浪漫主义时期，自然山水才真正成为审美和艺术的主体。在这之前，宗教意义上的西方人“被一个不出声的宇宙所包围，被一个对他的宗教情感和他最深沉的道德要求缄默不语的世界所包围”。[①] 他们对环境是充满怀疑的，自然也被从审美领域中驱逐出去。而欧洲工业革命的崛起，又直接将人与环境发展到一种对抗性的关系——自然环境成为人们征服和改造的对象。人们期望最大限度地开发和利用自然，同时也试图创造更为宜人的人居环境，然而这种“宜人”在很大程度上只是方便快捷的代名词，审美的因素并不突出。人们对自然环境不计后果的开发和消耗所造成的恶果，直接造成了人与环境之间越来越突出的矛盾，使人类面临生态危机和生存危机。人们不断地设计和创造新环境，但同时也破坏了原有的自然环境和生态平衡。于是，人们生活在都市的水泥森林中，在嘈杂的噪声和污浊的空气中踟蹰而行。不仅如此，大气污染、水污染、酸雨、臭氧层破坏……触目惊心的环境恶化威胁到了每一个人。人们觉得理想的生活环境中最不可缺少的东西不再是汽车、高楼大厦、高速电梯，而是干净的空气、树木和绿地、清澈的河流。于是，人们开始怀念新鲜的空气、纯净的水、宁静的田园生活……人们回想起有这样一个村镇，它坐落在象棋盘般排列整齐的繁荣的农场的中央，周围是庄稼地，小山下果树成林。春天，繁花点缀在绿色的原野上；秋天，透过松林的屏风，橡树、枫树和白桦树散射出火焰般的彩色光辉；冬天，道路两旁也是美丽的，无

---

① ［德］恩斯特·卡西尔：《人论》，上海译文出版社，1985年，第19页。

数的小鸟飞来，洁净而清凉的小溪从山中流出，形成了生活着鳝鱼的绿荫池塘！[1] 人们越来越注重环境质量，开始向往人性的、诗意的人居环境。

环境的生态性与文明性总是发散为许多品质，其中最为重要的是空间性、时间性以及与之相关的层次性、变化性、多维性、神秘性，所有这一切使环境的审美发散出奇异的光辉。空间性指的是环境的三维存在。环境是立体的，具有远较任何艺术作品丰富得多的空间性。它最大地满足人们的好奇心、探索欲，因而环境特别是优美的环境具有无限发散的魅力。时间性指环境的四维存在。环境的空间与时间是迭合的，任何空间表现为时间性的存在，而时间总是体现在空间的变化上。环境的时间性不仅让景物体现为动态的、变化的、具有生命意味的、满足人对动态美的本能性的特殊喜好，更重要的是正因为环境表现为时间性的线性流程，才使环境具有历史感。历史感是人与动物最为重要的区别。在这个世界上唯一有历史感的生物是人，虽然任何生物都有种族的繁衍，但除人以外的任何生物，都没有历史感。正是因为人具有历史感，作为人的创造物及与生活场所的环境也具有历史感。所以一株古树的价值绝不只在它的现实性存在，还在它的历史性存在。它不仅体现了环境自身的历史变迁，而且记录了人类历史的沧桑。它的这方面的价值是不可估量的。从环境与人的相互渗透性来看，环境美还表现在人对环境的参与，这种参与表现为文明性。美国学者阿诺德说得好："我们与我们所居住的环境之间没有明显的分界线。在我们呼吸时我们也同时吸入了空气中的污染物并把它吸收到了我们的血液中，它成了我们身体的一部分。"[2] 不仅是人与环境进行着能量的交换，更重要的是人将自己的活动作用于环境，使环境印上了人的各种不同意义和形象的痕迹，这就是"自然的人化"。马克思说："通过工业——尽管以异化的形式——形

---

① ［美］蕾切尔·卡逊：《寂静的春天》，吕瑞兰、李长生译，吉林人民出版社，1997年。

② ［美］阿诺德·伯林特：《生活在景观中》，陈盼译，湖南科学技术出版社，2006年，第8页。

成的自然界，是真正的、人类学的自然界。”[①] 自然人化的产物就是人类文明。环境作为自然人化的产物必然具有文明性，这种文明性也凝聚在环境美之中，成为环境美的重要性质。由于人的出现，整个地球的自然界与人的关系发生了变化，尽管不是所有自然物与人发生了直接的关系，物质的或精神的，但由于物质世界的联系性，很难将某一自然物孤立起来看待，从理论层面，我们可以说，整个地球上的自然界都成了人的对象，都“人化”了。

人的行动，从人类发展史的意义来说，任何一种行动方式都积淀着深厚的历史文化内涵，都是某一特定人群生产力发展水平、生产关系形态、社会习俗及其他各种因素综合作用的产物。这种行为方式，体现着一定的文明水平，是环境的重要因素，也是构成环境美的重要因素。一个地方的环境美离不开这种文明性。这种文明性，如果从人类前进的尺度，是可以分出先进与落后来的。比如，厕所在中国人过去的生活中不是重要的生活设施，人们以最大宽容允许它的简陋与肮脏。而随着生产力的发展，生活的改善，人们不仅将厕所看作厕所，还将它看作洗手间、化妆间、休息室，这种生活方式的改进，改进的不只是人们的生活质量，还有环境的质量。

我们一方面认为人类的生活方式存在先进与落后的区别，另一方面，如果就人类生活的多姿多彩的意义来说，各种不同人群的生活方式并没有高低的区别。世界各地，各民族都有自己的饮食方式、起居方式、衣着方式、婚娶方式、宗教方式等，如果不存在伤生残性这样反人性的性质，应该说不存在高低雅俗之别。我们知道，在中国的少数民族地区，多有对歌谈恋受的方式，这种方式与汉族青年男女花前月下谈心交友一样的美丽、动人。

不同人群的生活方式，作为文明的积淀，有两种形态：一种是动态的，表现为一定的活动，包括生产活动、政治活动、宗教活动、艺术活动和各种日常生活活动；另一种表现为静态的物资，如房屋、服饰、艺术品、生产工具等。这两种形态在实际的生活中，是结合在一起的，它们共同构成当地环境美的因

---

① 《马克思恩格斯全集》第42卷，人民出版社，1979年，第128页。

素。不管是哪种意义的环境，也不管是大环境还是小环境，作为人的生存之所、生活之所，都必然投射了人的印记。它的文明性，必然影响着环境的审美价值，影响着环境的美。

三、环境美的真实性与生活性

环境，当其作为欣赏对象时，它类似于一幅画，所以加拿大学者艾伦·卡尔松提出景观欣赏具有“如画性”。[①] 这一观点，意思是说，景观具有艺术美的一些性质。这当然是不错的，但是，环境构成的景观与艺术形象有一个很大的不同，即景观是真实的存在，而艺术形象是虚拟的存在。

看屠格涅夫所描写的俄罗斯乡村的环境：

是静静的夏朝。太阳已高悬在明净的天空，而田野仍闪烁着晓露。一阵凉爽的微风，馥郁地从初醒的山谷吹来，群鸟在朝露未霁、阒无声息的森林中快乐地颂着晨歌。在自顶至麓都满布着放花的裸麦的隆起的高原的瓴脊，有一个小小的村落。沿着到这村落去的狭径，一个少妇在走着，她穿着白纱巾的长袍，戴着一顶圆草帽，手里拿了遮阳伞。离开她的后面不远，尾随着一个僮仆。

她好像在欣赏这步行之乐，缓缓地前进，前前后后临风点首的裸麦，以轻柔地沙沙作响的长波摆动着，时而在这边投下一片灰绿色的光影，在那边皱起一道红波；百灵鸟在头顶上流啭。少妇适间从自己的田庄来，这田庄离开她正朝向着走去的小村落的一里许……

——《罗亭》

屠格涅夫在这里描写的这个环境是真实的存在。按真实的存在，我们对它的感受是全面的，有视觉的、听觉的，还有肤觉的、嗅觉的，准确地说，我们是全身心地融入这个环境中。但在我们只是欣赏这段文字时，我们对这个环境

① ［加］艾伦·卡尔松：《自然与景观》，陈李波译，湖南科学技术出版社，2006年，第94页。

的感受全要借助于想象，所有的感觉只是在想象中存在。也就是说，即使屠格涅夫这里全是写实，也只是写的实，而不是真的实。艺术的真实性是借助于一种约定俗成的法则所认可的真实。

现在的立体电影力求创造一个更为实际的环境。

它比起平面的电影，感受要真切得多。如看一部表现尼罗河的立体电影时，你会感觉到那河流、那沙漠，特别是沙漠中行进的骆驼，仿佛就在身边。尽管如此，它与真实的感觉还是相差太远，我们仍然还只是运用视觉与听觉。我们感受不到沙漠上那份炎热、那份干燥、那份骆驼从身旁走过的凉风。整个环境还只能借助于虚拟的想象才能完成，而且这种完成也只是精神性的，并非物质性的。

绝对的真实性是环境美的一个十分重要的特性。说它绝对，是指它的存在是物质性的，是实际的存在。艺术也不是不要真实性，真也是艺术美的重要品格，但是艺术的真实性是一种虚拟的真实性，它的真实性是以艺术理论所规定的法则来认定的。各种不同门类艺术的真实性又有许多不同的要求。像中国的京剧，它的真实性是象征性的，一片桨叶，只在演员手中划动，就意味着在划船了。

环境美的真实性与它的生活性相联系，它是我们的生存之所。我们欣赏别的美，目的是单纯的，特别是艺术美，它是人们的一种精神性的享受，艺术的非实用性保障了它的纯精神性与非物质功利性。艺术的功能虽然也可列出好几项，比如作为宣传的工具，作为商业谋利的手段，但它的本质性的功能却是审美。其他功能都是可有可无的，只有审美是不可或缺的。没有了审美就没有了艺术。但环境美的欣赏就不是这样。在环境的诸多功能中，审美欣赏只是其中一项，也许还不是最为重要的一项。人们实际上是生活在环境中，而不是将环境单纯地当作一出戏或一幅画来欣赏。生活是第一位的，审美只是生活的派生物，如果要说欣赏，那也是在生活中欣赏。来到一座城市或一座乡镇，当然有第一印象，也有继入的印象，这些印象中都有审美的成分。尽管你是旅游者，你不会太看重这座城市的某些实用功能，你可能主要是欣赏，但是你毕竟要在这座城市吃饭、乘车，要像这座城市的市民一样生活着。这座城市的生活状况包括天气情况，都直接地影响到你的审美。自然环境美的欣赏虽然没有城市或乡镇的审美那样强调生活性，也没有那样复杂，但也是强调生活性的。一座正在喷发的火山，近距离是无法审美的，正在发作的海啸只会让人感到恐惧，而根本不能作为审美对象。道理很简单，正在喷发的火山与正在发作的海啸没有办法让人在其中生活，它不是生活环境就不能成为审美对象。但是，一幅描绘火山喷发的油画、一曲表现海啸的交响乐都是可以作为欣赏对象的，因为它们不是生活的环境。

在一定的环境中生活，在生活中审美，而且审美性质与效果在很大程度上受制于生活的质量，这是环境美的重要的甚至于本质性的特性。

环境既然是人的生活场所，它的美必然具有宜人性。环境的宜人性体现为生理的宜人性、心理的宜人性、文化的宜人性、活动的宜人性。生理的宜人性可以分为三个层面，首先指感官的宜人性，也就是说，它让人悦耳悦目。其次，与任何一种艺术只侧重于某一种感官让人感到舒适不同，环境对人感官的满足是多元的，也就是说人的所有感官都可以在与环境的接触中感到舒适。这里特别要提到嗅觉与肤觉。环境中清新好闻的气味、清爽洁净的空气，甚至具有比颜色与声音更为重要的审美价值。因此，较感官宜人性更高的层面是有益于健康，有益于人类的生存与发展。第三个层面是宜居性。环境对于人的生活有多方面的意义，其中有的宜于观赏，有的宜于居住。大漠，旅游者可能对它很感兴趣，摄影师也喜欢将它作为拍摄对象，但它不适合居住，不能说是理想的环境。既适合居住，又具观赏性的环境才是理想的环境。

心理的宜人性主要是指愉悦。此种情感上的愉悦当然也含有理性的内涵，但它的表现形态是情感性的。刘勰在《文心雕龙》中说的“登山则情满于山，观海则意溢于海”，说的就是这种心理上的宜人性。心理上的宜人性既有群体性的，也有个体性的。环境对于人的心理上的宜人性更强调群体性，这与艺术有所不同。因为环境总是将群体的利益摆在首位，也许某人对香烟的气味有特殊的愉悦，但对于绝大多数的人来说，有烟味的环境不能说是宜人的。心理上的宜人性一般总是可以追溯或挖掘出某种功利性的意义，但不一定有明确的功利性。大凡视野开阔、有山有水且空气清新的环境容易让人心情愉快。

文化的宜人性主要指人文社会环境，但也与自然环境相关。文化的宜人性涉及的面是非常广的，其中最重要的是民族的生活习惯与宗教习俗。这方面亦存在较大的宽容性，尤其在现代。不过，还是有必要区分旅游与居住。旅游追求刺激，异域风光具有最大的吸引力。居住就不同了，居住要求居住者融进这个文化环境，否则就感到有诸多不便。

活动的宜人性与以上所说的宜人性有所交叉，之所以特别提出来是因为对当今世界上的人来说，活动的方便与否太重要了。这里说的方便主要指办事的方便，包括交通、通信的便利以及多方面生活满足的便利。除此以外，良好的社会秩序、人际关系、安定祥和的社会氛围也是十分重要的。社会环境的质量如何对环境的美学质量关系很大。

以上说的种种宜人性并不纯是审美的，有许多超出审美的内涵，但种种宜人性融会提炼，均以审美体现出来，也就是说，最简洁、最明确、最有生命力的表达是这个环境之美。

四、环境美的根本性质：家园感

环境美的生态性、文明性、宜人性是从不同的维度说的。生态性，指的是科学的维度，它立足于人类的立场，是人类与自然的统一。文明性指的是人文的维度，它立足于人类某一族群的立场，这族群主要指的是民族，不同的民族有不同的生活方式、不同的生产方式、不同的生活水准、不同的观念形态，这样所构成的环境则显示出民族文化的特色。宜人性则兼合自然与人文的内容，主要立足于个体生命的立场，重在环境对生命包括肉体生命与精神生命两者的意义。

人在环境中生活，环境是人类的家，由此派生了环境美的重要特性——家园感。这是环境美最根本的性质。

环境作为人类的家园，可以从三个层面理解：

其一，环境是人的生存所托。人是环境的产物，这环境首先是自然环境，维持人的生命的最基本的物质材料包括空气、水、食物无一不是来自自然，人的肉体的任何元素都是自然物质化合而来的。从这个意义上讲，自然环境是人的自然生命之源。人是群体的动物，这群体就是社会，虽然自然环境给了人自然的生命，却是社会环境给了人社会的生命。离开自然环境，人就没有了自然的生命，而离开了社会环境人就没有社会的生命。从这个意义上说，环境不仅是人类的家园，而且是人类的生命之根。

人的生命也可以理解成物质生命与精神生命，物质生命即肉体生命，它主要来自自然界，但人类维持肉体生命所需要的物质资料的生产其实是离不开整个社会的协作的，因此，也可以说它来自自然与社会二者。人的精神生命，是人的生命高于动物植物生命之所在，它又来自什么呢？也同样来自自然与社会，是自然与社会的现象及其内在本质作用于人的感官，经感官传入大脑并经大脑创造性制作而产生的。因此，从物质生命与精神生命之源来看，环境也是人的生命之本。

其二，环境作为人类的家园，还可以理解成人类的发展所托。环境不仅造就了人的生命，而且人的生命要发展，也必须依赖环境。环境在不断地变化着，人类为了自身生命的存在与发展必须要适应环境，否则就会为环境所淘汰。地球上曾经存在的许多生物诸如恐龙就是因为不能适应地球上的变化而消亡了。从这个意义上讲，正是环境不停运动这一不容置疑的铁的法则迫使人类不能消极地生存，而要积极地生存。所谓积极地生存就是发展，在生命的发展中生存，更好地生存。可以说，正是环境自身的运动给了人类发展的原动力。人类的发展需要智慧，人类的智慧其源头也来自环境。环境中，自然是基础。人类智慧之一的自然科学即是自然界运动规律的相对正确的揭示。人类社会是由若干个人构成的，但它的运动却有着不以某一个人的意识为转移的法则，也就是说，它也有自身客观的规律性。对这种规律性的认识构成了人类智慧的另一个重要组成部分。可以说，人类的发展与环境的发展息息相关，一方面，人类的发展从环境的运动中获得原动力和智慧，另一方面，由于环境本身也是人参与其中的，如中国哲学所说的“与天地参”。所以，人的发展也推动了环境的发展。

其三，环境对于人类活动的意义可以从两个维度去理解，即它作为人类活动的资源或者对象。如果这资源或对象属于自然环境，那人的活动就表现为认识自然改造自然的活动；如果这资源或对象属于社会环境，那人的活动就表现为认识社会改造社会的活动。人类认识或改造环境的活动，结果只能是如下两种：人与环境两益两伤，或一益一伤。环境对于人类的活动的意义，还可以理解成它是人类活动的背景或者说凭借。

正是人与环境这种血肉般不可分离的关系，人对环境天然地有一种依恋感。美国学者段义孚将这种感情称为“恋地情结”（Topophilia）。① 这种对大地的依恋感既好像儿女依恋母亲，又好像夫妻相互依恋。这是一种类似于对家庭的依恋，所以我们将这种依恋感称为家园感。

家园感作为人类的一种本质性的情感，是可以细分为若干层次的：一是从人类学或哲学本体论意义上所体现出来的人类对自然、对社会的依恋。这就是我们上面说过的人类与环境的那种生命关系，这种关系激发出一种对自然与社会的情感。这种情感相对来说，比较理性化，也比较抽象。二是从伦理学意义上所体现的对祖国、对民族发源地、对故乡、对亲人的深深依恋。苏联教育家苏霍姆林斯基说：“我们应尽力使每一个学生在青少年时期真正看到田野、树林和河流，到过那些无名的、偏僻的角落，因为正是这些东西的独特的美构成了我们祖国的美，我们拄着棍棒，背着行囊，到家乡各地去旅行。这些旅行跟阅读好书一样是不可缺少的。只有青少年时期在家乡的土地上作过几公里旅行的学生，他才能体会到祖国的美，对祖国怀有眷恋之情。”② 这种情感的对象具

① Yi-FuTuan, *Topophilia*, *Astudy of environmental perception*, *Attitudes and values*, Prentice hall Inc, Englewood Clifs, New Jersey, 1974, p.92.

② ［苏联］苏霍姆林斯基：《和青年校长的谈话》，赵玮等译，上海教育出版社，1983年，第107页。

体程度有别，可能是整个祖国大地，也可能是祖国最有代表性的山水景观，也可能就是自己的家乡。三是从人生哲学意义上所体现出来的对自然山水的依恋。孔子说："智者乐水，仁者乐山。"《世说新语·任诞》载，晋代名士王子猷在临时租借的住宅周围种竹，人皆不解，而王子猷啸咏良久，直指竹曰："何可一日无此君。"均属此类。四是从心理调控意义上体现出对自然山水的依恋。如美国著名哲学家乔治·桑塔耶那说："自然也往往是我们的第二情人，她对我们的第一次失恋发出安慰。"①

珍惜环境就是珍惜我们的家。虽然宇宙是无限的，但是称得上我们人类环境的只有地球，地球是人类唯一的家。环境有大有小，看以什么样的主体身份和从什么角度去看，如果以人类为主体，那么地球是我们的环境；如果以公民的身份来看，那么你所在的国家是你的环境；如果以市民的身份来看，那么你所在的城市是你的环境；同样，如果你是以一个住宅小区的居民的身份来看，那么这个小区就是你的环境。各种不同层面、不同意义、不同大小的环境都是我们的家。它们彼此联系，有着或远或近，或亲或疏的关系，保护、珍惜任何地方的环境，都是在保护、珍惜我们的家。

对环境的认同感最高层次是家园感。正是从这个意义上，我们将家园感视为环境美的根本性质。

（刊于《郑州大学学报》2006 年第 4 期）

---

① ［美］乔治·桑塔耶那：《美感》，缪灵珠译，中国社会科学出版社，1982 年，第 92 页。

环境美学的兴起

⊙陈望衡
⊙武汉大学哲学学院

20世纪60年代，一门新的学科——环境美学在欧美兴起。这门新兴学科得到了来自美学、哲学、环境设计、建筑学、景观设计学、人文地理学、环境心理学等多种学科的关注和研究。环境美学的兴起有其双重背景：首先是经济的高速增长带来环境的严重破坏。20世纪以来，随着各国工业化进程的加速发展，环境质量不断恶化，生态危机愈演愈烈，已经直接影响到人的生存和生活质量。处于经济狂热中的人们开始认识到环境问题的严峻性。在全世界范围内以欧美为中心，人们掀起了日益高涨的环境保护运动。在这场运动之中，不仅有关环境的属于自然科学方面的研究得到迅猛发展，而且有关环境的属于人文科学、社会科学的研究也日益为广大的人文社会科学工作者所重视，于是，环境哲学、环境伦理学、环境美学在20世纪崛起。

就美学学科的发展来说，自从德国哲学家鲍姆嘉通18纪中叶创立这门学科，直至20世纪，美学基本上将自己的研究对象规定在艺术的领域里，与环境相关的自然山水审美价值问题、建筑的审美风格问题，相应归属于经典美学的框架。前者仅仅因为与审美的本质相关而得以重视，后者则几无疑义地被认定为艺术问题。而在环境问题凸显之后，环境则成为与艺术相抗衡的另一重要研究领域，自然、建筑则被认定为环境中的重要构成因子而具有重要的美学价值。这样，美学的疆域大为拓展，环境美学与艺术美学处于平等地位。美学学科的性质虽然没有变，但它的规模与意义则令此前的经典美学无法望其项背。

一、由自然美学走向环境美学

在历史久远的东西方文化中，人们在自然之中寻找到了美。中国有着悠久的自然审美史，凝结着独特的东方智慧。同样，在2400多年前，亚里士多德发现了自然的美和规律，古希腊和古罗马的哲学家和诗人们对自然的看法都融入了一定的美学意识。文艺复兴时期，人们有着彼得拉特式的为了眺望远景而去登山的热情。长久以来，自然都是美学欣赏的源头和灵感。但是，从美学史的角度来看，自然美是从来不占有主流地位的。美学作为一门独立学科在18世纪建立之后的很长一段时间内，众多哲学家、美学家的美学巨著中几乎都没有自然美的一席之地。在西方美学史中，对自然美的论述和推崇都建立在人与自然对立的基础之上，充满了主观与客观、审美与实践的矛盾和冲突，也经常在自然的科学客观化和自然的艺术主观化两个倾向中摇摆不定。

18世纪早期，英国经验主义思想家约瑟夫·艾迪生和弗朗西斯·哈奇生提出，与艺术相比，自然更适合成为审美体验的理想对象，而在这个审美欣赏中，无利害性是核心所在。无利害性的提出为自然审美的“崇高”建立了根基。崇高性和无利害性的理论在康德的《判断力批判》那里得到了认同，并且达到形式上的完善。“崇高”在当时的美学讨论中占据了中心地位，它以自然世界为例证，无边的沙漠、连绵的山脉和广阔的水面这样的宏伟、辽阔和壮丽，被认为是审美愉悦的源泉之一，它打破了自然和艺术的平衡而显示出自然的卓尔不凡。然而到了黑格尔那里，美学被明确地定位为艺术哲学。自然美是远远低于艺术美的，它被驱逐出美学的中心领域。19世纪的谢林和20世纪的桑塔耶那、杜威都在某种程度上探讨了自然美学，但他们的主要兴趣都还是放在作为主流的艺术上。1966年，罗纳德·W. 赫伯恩发表《当代美学和对自然美的忽视》一文，指出：将美学本质上简化为艺术哲学之后，分析美学实质上就忽略了自然世界。

自工业革命之后，随着各国工业化进程的加速发展，人工改造自然的规模日益增大，人们赖以生存和生活的环境质量急遽下降，处于经济狂热中的人们开始冷静下来审视环境问题，并且把日趋深沉的家园感寄托于对大自然的审美之中。

从18世纪浪漫主义开始，卢梭提出“回归自然”，诗人们和画家们都乐于赞美和描绘自然的各种景象，推崇自然的激情，原生自然被赋予新的意义。到了19世纪，对自然的一个全新的看法应运而生。以梭罗的作品为范例，他的《瓦尔登湖》反映出尊崇原始自然和返璞归真的思想倾向。19世纪中期，这种看法在美国地理学家马什的作品中得以强化，他认为人类是自然美的毁灭者。19世纪末，美国人缪尔将这一看法推向极致。他认为整个自然界特别是原生自然在美学意义上都是美的，仅当它受到人类侵扰时才变得丑陋不堪。更极端的看法则是认为自然中不可能存在丑。这些观点可称为肯定美学。肯定美学强烈影响着当时的北美荒地保护运动，并且与同时代的环境保护论相联系。同时，随着保护自然的理念的增强，参与对自然的关注和保护的学者越来越多，主要来自人文和科学领域。

在美国著名的画家、博物学家奥杜邦绘制出版的《美洲鸟类》（1838年）和《美洲的四足动物》（1840年）中，就已经流露出保护自然、保护野生动物、尊重生命的思想。马什首次公开提出了保护自然的概念，在他的《人与自然》一书中，他指出了自然本身的协调性和复杂性，以及人类破坏自然的弊害，强调了人与自然应相互结合。自然不仅具有如伐木等功利性的经济价值，也具有景观和审美价值。

自然在美学研究对象中的凸现，具有美学革命的性质。以前的美学都是以艺术为主要研究对象，美学与艺术学、诗学几乎到了概念互换的程度，自然美学在美学领域中的异军突起，不仅意味着现实生活中人们审美对象的扩大，而且反映了美学学科性质的本质性变化。美学再也不能称为艺术学，也不能称为诗学。美学理所当然地涵盖艺术学、诗学中涉及审美的部分，但它不能归于艺术学、诗学，也不能归于艺术哲学、艺术美学。原因很简单，环境特别是其中的自然环境成了美学研究的重要对象。

二、从景观美学走向环境美学

环境美学通常也被人看作景观美学。景观美学通常也称为景观学，它主要落实为景观设计，用在园林建设与城市规划、风景名胜区的规划中。景观是一个美学概念，18 世纪的英国园林学家，用如画性来表述景观的美。“如画性”这一概念首先在英国流行，后来扩展到整个欧洲，成为风景审美的一个相当时髦的概念。阿诺德·伯林特在《生活在景观中》一书中介绍过“如画性”。他认为，这种如画性，主要是一种设计理论，代表人物是威廉·吉尔平、理查德·培恩·赖特和尤维达尔·普赖斯，他们都具有相近的观点：“赞同摈弃设计的规律性和系统性秩序而倾向于不规则、变化、野性、改变和颓废风格”，并说“‘如画性’是对 18 世纪美学那绅士派头的沉思的观察风格式化典型写照”。说到底，如画性也还是自然美学中的观赏方式。它不仅摈弃事物的利害关系，而且只是强调视觉性，显然跟现在的环境美学不同。现在的景观学主要用在绘画理论与环境艺术中，它明显地侧重于艺术理念，是一种具有工具性的、形而下层面的艺术学科。

环境美学则首先是一种哲学，或者说它是环境哲学的直接派生物。环境哲学有关环境的思考成为环境美学的基础，环境哲学思考的是人与自然、主体与客体、生态与文化的基本关系问题，并寻求这些对立因素的和谐。这种和谐当其作为理性的认知时，它是哲学；当其作为感性的体验时，它是美学。

首先，当然是上面说的三种关系的理性认知。人和自然的关系问题一直是哲学的主体，但是在不同的时期，人类对自然的看法是不一样的。人类的初级阶段，由于认识自然、改造自然的能力极其低下，普遍存在着一种对自然的崇拜心理。与自然的联系更多地看重人对自然的服从、屈服，这可以说是一种自然主体的哲学。而在人类的文明时期，人类的主体性逐渐觉醒，这种觉醒在德国的古典哲学中达到了极致。康德、黑格尔是这种哲学的最主要代表。这种哲学有一个突出特点，就是它所弘扬的主体性是精神的主体性，马克思批判地继承了德国古典哲学，将精神的主体性移到物质的主体性来，这种物质的主体性就是人的生产实践。历史发展到后工业社会，人类的精神主体性、实践主体性遭到了挑战，自然的主体性跃入人的视野，于是，人与自然的双主体性被提出来。而这两者在现实层面的实现则是生态与文化的统一，生态强调的是自然的主体性，文化强调的是人的主体性，两者都具有合理性，然而它们却又是相互矛盾的。矛盾双方不能互相克服，只能通过调节实现平衡，在利益均沾的理论下，同时实现两者的主体性。自然，这种主体性不可能是绝对的、完全的，而只能是相对的、不完全的。这同样影响到对主体与客体的看法，既然是双主体，既然是不完全的主体性，主客体两方就打了折扣，而只具相对的意义。单向思维须改换成双向思维，对立的理念须改换成统一的理念，分析的维度须让位于整体的维度。这里至关重要的是生命、生机、生意的观念须提升到生态主义与文化主义相统一的高度。生命、生机、生意不仅是文化的，也是尊重生态的，而生态的也应是不否定人，不否定文化，并且在一定程度上容纳、肯定文化的。

这样一种环境哲学思想当其联系人的生存时，环境伦理的问题发生了。相应于环境哲学中有关人与自然关系认识的三阶段，伦理学也存在自然伦理、社会伦理、环境伦理三个阶段。贯穿三个阶段的基本问题是人与自然价值的认识、自然伦理畏惧自然和人的价值屈服于自然的价值。社会伦理崇尚人的权利，将人的价值看得高于一切，从根本上漠视自然的价值。而在环境伦理的视野下，人的价值与自然的价值需要实现调整，既尊重人的权利，也尊重自然的权利。就审美来说，固然人有自身的审美权利，自然特别是动物和植物，作为生物，也有自身的审美权利。它们的这种权利也需要得到尊重。尽管在审美上人与某些动物的某些审美爱好有相似的认同性，但却是两种不同的价值。罗尔斯顿在他的《环境伦理学：大自然的价值以及人对大自然的义务》中说到一件事：罗瓦赫原野公园过去的标牌上写的是："请留下鲜花供人欣赏。"现在标牌上写的是："请让鲜花开放！""其含义是：雏菊、万寿菊、天竺葵和飞燕草，是能保持它们种类善的可评价系统，在没有例外时，它们是善的种类。人们可能在欣赏这些花的时候，也在其中体会到有这种迹象。”①

两条标语，表面上看意思是一样的，让人爱惜鲜花，实际上却是两种不同的伦理立场。“请留下鲜花供人欣赏”显然是站在人本位的立场上，肯定的是人的价值；而“请让鲜花开放”却是站在自然本体的立场上，肯定的是鲜花自身的价值。

虽然是两种不同的价值尺度，却不是不可以统一的。鲜花的开放，既于人有益，也于鲜花自身有益。当然也有不一致的地方，这就需要协调，按照利益公正的原则加以妥善的处理。

这样一种关于环境的理念当其作为概念存在时，它是哲学，是伦理学。如果不是将其作为概念，而是作为感性的体验而存在时，它就是审美的了。对环境的审美是不能不强调感性体验的，“人类环境，说到底，是一个感知系统，即由一系列体验的体验链”。只有感知世界，才是审美的世界，且世界本来就是感性的。因此，回到生活本身，也就是回到审美本身，因为审美本身就是最生活化的。鲍姆嘉通将审美定义为感性学，不是神秘了审美，而是平易化了审美；不是禁锢了审美，而是解放了审美。这种解放，如果说在艺术欣赏中表现得不是很充分，那么可以说，在环境中是再充分不过的了。环境的审美实际是一种生活的体验，将这种体验表达出来，就上升到了美学。

芬兰的环境美学家约·瑟帕玛说，审美的表达有三种方式：描述的、阐释的、评价的。基础的是描述，阐释、评价都在描述之中。在环境美学中，描述

① ［美］霍尔姆斯·罗尔斯顿：《环境伦理学：大自然的价值以及人对大自然的义务》，叶平译，载邱仁宗主编《国外自然科学哲学问题》，中国社会科学出版社，1991 年。

是基本的表达方式，也是最为重要的表达方式。[①]

尽管环境美的表述方式主要是描述，对环境的审美主要是体验，但是，千万不要忽视，环境美学从其本质上来说，是哲学的。它将对环境的体验上升到理性的层面，是在当下的感性体验中实现精神上的超越。对环境的审美是感性，对环境美的描述也可以是描述的，但是，环境美学却不能不是理性的，概念的。景观美学是环境美学较为形而下的层次，它一般结合具体的景观进行描述，不做形而上的概括。而环境美学尽管其描述多为感性的，但不能不触及或引发具体事物以外的较为抽象的层面、一般性问题的层面，而见出哲理性来。瑟帕玛说美学有三个研究传统：美的哲学、艺术哲学、批评哲学。景观美学较多地归属于艺术哲学，而环境美学则较多地归属于美的哲学。它们都有批评的哲学，但景观美学的批评更注重景观个体，而环境美学的批评更注重整个环境。

概括地说，景观美学与环境美学主要有两点差异：一是源头有异，景观美学源于绘画、园林、城市规划，环境美学源于环境哲学。二是品格有异，景观美学更多地趋向于形而下，引向艺术实践、生产实践，而环境美学更多地趋向形而上，引向有关环境的美学思考。如果就它们的联系来说，可以将环境美学看成是景观美学的一个理论上的指导，景观美学则可以看成是环境美学形而下

---

① 强调环境美学研究和表达方式是描述，似是西方环境美学界的共识。除约·瑟帕玛这样说以外，阿诺德·伯林特也持这种说法。他说有多种研究美学的方式，其中，“实质美学”（subbstantive aesthetics）发展历史最为悠久，它主要在哲学的框架下，对艺术的特征、体验、意义作正面肯定性的分析；另一种是“超美学”（meta-aesthetics），则尽量搁置大的问题，对艺术作精细的分析；再一种为“描述美学”（descriptive aesthetics），它主要表现为对审美体验的记录。这种描述散见于各种文体，如小说、诗歌、散文、游记等。见［美］阿诺德·伯林特：《环境美学》第三章，湖南科学技术出版社，2006年，第26页。

的一种延伸。[1]

三、环境伦理学与环境美学

环境美学产生的另一背景是工业社会以来全人类的环境保护运动。可以说，环境的问题从来没有像今天这样为人们所关注。显然，这是因为我们生存的环境遇到了前所未有的麻烦。问题的产生可以追溯到工业社会。工业革命无疑为人类的进步、发展开辟了极为光辉灿烂的前景，近代的工业社会也为人类创造了前所未有的巨大的幸福，但正如老子所言："祸兮福之所倚，福兮祸之所伏。"工业社会的巨大进步又为人类埋下了祸根。自诩为"万物灵长"的人类从来不知道对自然的征战应有所节制，而是疯狂地掠夺大自然的资源。虽然这也创造了巨大的财富，却让人与环境建立在生命共存共荣基础上的"生物圈"出现了可怕的断裂。自然环境的严重破坏，给人类带来的是无穷无尽的灾难。事实上，从远古开始，人类对自然的每一次掠夺，自然都给了人类以报复。而在近半个世纪，这种报复越来越频繁，越来越强烈，越来越让人类难以对付。英国著名历史学家汤因比说："如果人类仍不一致采取有力行动，紧急制止贪婪短视的行为对生物圈造成的污染和掠夺，就会在不远的将来造成这种自杀性的后果。"[2] 1972年6月5日，联合国召开"联合国人类环境会议"，会议通过了具有全球性影响的《斯德哥尔摩人类环境宣言》，标志着世界性环境保护运动的开始。随着环境的审美价值日益凸显，人们对环境的认识从功利性发展到道德和审美，对环境的实践从改造环境到保护环境和美化环境，环境美

---

① 阿诺德·伯林特在《生活在景观中——走向一种环境美学》一书中描述过环境美学向工艺美术、城市建筑、规划发展的过程，他说："过去的两个世纪中，环境的美学吸引力扩展到一方面与建筑和室内设计相结合，另一方面与城市和商业、工业景观相结合。"见此书译文，湖南科学技术出版社，2006年，第22页。

② ［英］阿诺德·约瑟夫·汤因比：《人类与地球母亲》，上海人民出版社，1992年，第10页。

学就是在这个认识和实践的最高阶段上被提出来的。

应该说，主要的还不是学科发展的需要，而是现实的需要，环境的问题几乎摆到各种不同学科学者的案头。从20世纪开始，有关环境的研究呈蓬勃发展之势，就对环境美学的催生来说，环境伦理学具有不可忽视的重要作用。环境伦理学建立在环境生态学与环境哲学的基础上。随着全球生态环境的严重破坏，差不多每时每刻都有生命物种在地球上消失，与之相关的十分严肃的问题被提出来了：如何看待人之外的生命？如何处理好人与其他生命的关系？

早在1919年，德国思想家阿尔贝特·史怀泽就在斯特拉斯堡的布道中提出了“敬畏生命”的原则，他说：“我们生存在世界中，世界也生存在我们之中。这个认识包含着许多的奥秘。……如果我们能深刻地理解生命，敬畏生命，与其他生命休戚与共，那么我们怎样使作为自然力的上帝，与我们所必然想象的作为道德意志的上帝、爱的上帝统一起来？”[①] 问世于1949年的《沙乡年鉴》是美国伦理学家利奥波德逝世后出版的著作，书中《土地伦理》一文指出自然保护应尊重生物的多样性，应重视保护“陆地”这一生命共同体的整体稳定性和美观，提出了立足于整体观的大地伦理学。20世纪60年代后，先后出版了环境问题先驱者莱切尔·卡逊的《寂静的春天》、巴里·康芒纳的《封闭的循环》、霍尔姆斯·罗尔斯顿的《哲学走向荒野》和《环境伦理学》等。

在属于哲学的诸多学科中，美学与伦理学有着极其内在的联系，它们都以生命作为自己的关注对象，只是伦理学侧重于生命的内在价值，而美学则侧重于生命的外在现象。伦理学所关注的“善”作为人类行事的基本原则总是内在地决定了美学的价值取向。环境伦理学所提出的一系列关于生命的新的原则，极大地启发了美学，不仅为美学提供了一个新的视角，而且提供了理论基础。

至20世纪中叶，西方的环境伦理学已经发展得相当成熟，众多学者探讨了环境伦理学和环境美学的关系。70年代后，从大地伦理学到深层生态学的转

---

① ［法］阿尔贝特·史怀泽：《敬畏生命》，上海社会科学院出版社，1996年，第21页。

变使环境运动从改良走向激进。以深层生态学为代表的“新文化”运动在西方兴起，带来了一种新的生态世界观。这种环境伦理学影响了很多环境研究者，包括一些美学家。阿诺德·伯林特、艾米莉·布雷迪、罗尔斯顿等人认为环境美学根本上需要一种伦理的关怀。艾米莉·布雷迪指出，在对环境的改造时，有时审美价值的获得是以生态和自然环境受损害为代价的，这样，美学目的就和我们的道德责任相冲突了。如何在达到人与自然和谐的同时达到审美与道德的共存，是实践面临的难题。

环境保护的发展在实际生活中导致了环境的美化，相应地，城市规划、建筑设计、景观设计、园艺设计、环境设计等美化环境的新学科蓬勃发展。这些学科需要理论上的指导，也就不约而同地诉求于美学。这样，不仅从事哲学理论研究的学者，而且还有众多从事环境保护工作、环境美化工作的学者、艺术家、工程师也加入研究环境美学的行列。从某种意义上讲，环境美学是在环境伦理学的胚胎中吸取环境伦理的营养发展起来的。

环境美学的发展越来越显示出它的价值：美学研究的重心从艺术转移到自然，其哲学基础由传统的人文主义和科学主义扩展到人文主义、科学主义和生态主义；美学正在走向日常生活和应用实践。不难预见，环境美学将成为美学研究的显学，也势必为人类的实践指出一条通往人与环境的和谐美的道路。

美学属于哲学，以美和审美价值作为它的主要研究对象。传统美学在很大程度上仅限于研究艺术的美和审美价值，因此美学也被称为“艺术哲学”。环境美学的出现，是对传统美学研究领域的一种扩展，意味着一种新的以环境为中心的美学理论的诞生。

（刊于《郑州大学学报》2007年第3期）

环境美与文化

⊙陈望衡
⊙武汉大学哲学学院

人对客观世界的看法不能不立足于人的利益、人的能力。从人的视角看世界可以说自人类产生就开始了，但真正形成一门名之为人本学的学问那是19世纪的事。一般将人本学的创始人定为费尔巴哈。我们这里使用这个概念不是试图阐述费尔巴哈的学说，而是说明人有一种以自身利益价值为基本立场的学说。考察人与环境的关系，生态主义是非常重要的，但不是唯一的。我们是人，人作为地球上最高等的生物，不能没有人自身的立场，也不能不考虑人自身的利益。生态主义不是要将我们拉回到原始状态，让人回到动物，一任自然的盲目力量来摆布。事实上，人类经过数十万年的演变、进化，也不可能再回到原始状态，人只能在现在这个水平上与自然对话。

那么，现在的人类处于什么样的水平呢？首先，现在的人具有高度发达的意识，虽然动物也有意识，但人的意识远不是动物可比的。最能体现人的意识水平的是哲学。在高度发达的意识指导下，人创造了无与伦比的物质文明与精神文明。这种文明，让人自豪地将自己与自然区别开来，即运用科学技术的手段，将自己与动物区分开来。科学技术虽然从使用与制造工具的生产实践活动中发展而来，它与生产实践有一定程度的分离，而且它往往走在人类生产实践水平的前面。可以说，科学技术的发展水平是人类发展水平的标尺。在这个世界上，人之所以能够向自然挑战，凭的就是科学技术。科学技术的不断发展，帮助人不断地揭开自然神秘的面纱。从这个意义上说，人就是现今世界上唯一能用科学技术的手段不断揭开自然秘密的生物。

正是由于人拥有科学技术的手段，人才将自己与自然区分开来。早在公元前5世纪，古希腊智者普罗泰戈拉就说："人是万物的尺度。"这句话包括两个方面的意思：一是将人看成天地万物的主人；二是否定事物的客观规定性。人的感觉怎样，事物就怎样。虽然这种看法曾经遭到亚里士多德的批评，但它仍然为欧洲哲学所继承下来。到了近代，它还发展出主体论哲学。主体论哲学在德国古典主义哲学中达到极致。中国哲学虽然没有欧洲哲学主体与客体对立的传统，但是中国哲学有天人相分的思想。荀子就说过："天行有常，不为尧存，不为桀亡。"他认为，不能将人事上的得失归于天，强调"明于天人之分"。荀子认为："大天而思之，孰与物畜而制之；从天而颂之，孰与制天命而用之。"他的基本思想为"人定胜天"，这显然也是一种主体论哲学。不可忽视这种哲学在中国民族发展史中的作用，中国古代的"天人合一"思想其实也包含有荀子的这种哲学。中华民族几千年来一直在进步，一直在发展，不能说与这种哲学没有关系。

应该指出的是，尽管人类一直在与自然做斗争，但是在工业社会前，这种斗争的水平还是比较低的，人类在自然面前基本上处于服从、顺从的地位。工业革命以来特别是19世纪以来科学技术突飞猛进，人类对自然认识的深度与广度迅速发展，人类驾驭自然的能力达到过去神话都难以想象的地步。在这种背景下，人与自然的关系发生了极大的变化。可以说，在一定程度上，在某些范围内，人类对自然不再服从、顺从，而是改造、驾驭，实际上也取得了这种地位。自然在一定程度上的确人化了。

人化自然，最早是黑格尔提出来的。黑格尔所说的人化自然，这个"化"，主要是在精神领域，马克思发展了黑格尔的思想，将自然人化建立在生产劳动的基础上。也就是说，不是精神而是人的劳动，使自然成为人的对象。人通过劳动不只是认识与改造自然，创造了人所需要的物质财富与精神财富，满足了人生存与发展的需要，而且人在人化自然的过程中，也让人自身得到了进化。

就人本来是自然的一分子而言，这种进化也可以视为一种人化。自然人化，也可以说是自然的文化。人的全部创造包括经过人化了的自然，都可以称为文化。人是目前世界上唯一的文化动物。

作为文化动物的人对其对象总是自觉不自觉地进行着感知、认知、体验、反映、模仿、评价乃至实践性的改造，从而将对象转化为文化。人的文化活动创造了人的最基本的价值——真善美。环境作为围绕人的对象世界，也是文化——物质的文化。

人的环境主要分为自然环境与人文环境两种，人文环境原本就是人类活动的结晶，它完全是文化的产物；自然环境则具有两重性，它有自然性，也有文化性。这种文化性，自然原本是没有的，是人与之建立了某种联系之后才具有的。

人对环境的文化活动主要有四种方式：

第一种，通过生产实践的方式，直接地改造自然，创造出新的能体现人的需要的自然。这种人造的自然最为突出的代表是农业景观。那些在农田里长势良好的庄稼，虽然完整地保留着自然的属性，却是人让它保留的。为了突破自然季节对农作物的影响，农民还通过科学技术的手段，营造温室，培植反季节作物。菜市一年四季供应的蔬菜许多就是在温室里培植出来的。人造自然另一突出的例子是人造树林，包括城市中的林荫道、江堤上的防护林等。

我们只要稍许注意一下就会发现，真正原始的自然实在不多。人工自然有两重性，一方面它仍然是自然，仍然按照它的自然禀性进行着新陈代谢，另一方面人在相当程度上干预着这种自然的生存与代谢，因而在人造自然中总是较多地体现着人的本质力量。由于人总是自觉不自觉地按照美的规律来创造世界，因此，人造的自然不仅一般地体现人的功利性的需求，还体现了人的审美需要。一方面是自然的本质力量，另一方面是人的本质力量，两者的结合，构成了人造自然。因此，人造自然，就其是自然物来说，它是自然；就其是人造物来说，它是文化。

第二种，通过人的科学实验活动，让自然成为人的认识对象。这种自然包括原始的自然与人造的自然。科学家根据科学研究的需要，对某类自然现象或自然物做精细的深入的研究，这种研究是从感性入手的，必须对自然现象有精细的观察，但又必须提到理性的高度，从大量的现象中归纳出规律性的东西来。

第三种，通过艺术的手段描述自然物。这种描述突出的特点是感性。这里大致分两种情况：一种是再现的方式，力求真实地显现某一自然物的感性的状态；另一种是表现的方式，即在再现自然物形态的基础上突出表达人的某种特定的情感和思想。艺术描述自然物，因艺术品种不同而存在很大的差别，特别是视觉艺术与听觉艺术。同样是表现月夜，视觉艺术能细致地描绘月夜的具体景象，而听觉艺术只能表现出人在月夜的情感状态，从这个情感状态依约地想象月夜的景象。我们听阿炳的名曲《二泉映月》，心中会浮出月夜的情景，但那情景在很大程度上属于欣赏者的想象。如果事前并不知道这首乐曲的名字，也许会有另外的想象。对于艺术来说，事实的真实性并不重要，重要的是艺术家的真情实感。

第四种，通过品赏的方式，无任何功利目的地欣赏自然。比如，站在阳台上仰望星空，不是在做天文观察，而仅仅是在欣赏。星空中的每一颗星，在欣赏者的心目中唤起的是不同的情感效应，或温馨，或怅惘，或欢乐，或悲伤。

这四种方式的区别是明显的。生产实践的方式主要为物质性的活动，具有最强的功利性和主观意志性。科学认知、艺术创造与品赏的方式主要为精神性的活动。虽然同为精神性活动，它们之间的差别也是明显的。科学研究活动主要是理性的，它力求揭示自然物的客观规律，它的功能为认知。艺术创作活动主要是感性的，它既要求真实地再现客观事物的景象，也要求表达作者主观的情感与思想，它也有一定的功利性，那就是创作出作品来。这两种活动都表现为主观与客观的统一，但科学认知是主观符合客观，统一于客观；艺术活动是客观符合主观，统一于主观。以品赏的方式观察自然现象，实际的功利性基本上是没有的。如果要说有功利，它的功利就是愉快，而愉快其实不能作为欣赏的前提，而只能是欣赏的产物。所以这种方式相对于其他的方式而言，更具有审美性。

生产实践、科学认知、艺术创造三种方式都可以实现审美，但它们实现审美的途径不一样。生产实践与科学研究不能直接转化为审美，要转化为审美，需要将它们的功利性目的悬置起来。具体来说，作为审美对象的自然不能是掠取的对象，也不能是认识的对象，而只能是玩赏的对象。处于审美关系中的自然，在人的眼中是可爱的，好像是朋友，是情人。许多人简单地将生产劳动看成美，是不妥当的。生产劳动只能是美的来源，而且只是来源之一。同样，简单地将科学认知看成美也是不妥当的。尽管如此，因为从事生产实践与科学认知活动的人，不是单一的人，而是有着健全心理的人，他们亦如普通人，有审美需求，也有审美的能力。只要创造审美情境的条件具备，他们的审美本能就自然地获得释放，在他们的实践活动中也会产生美感。对于生产实践来说，不仅要适当地将功利性目的悬置起来，还需要从物质活动的领域进入精神性的领域，因为科学认知本来就是一种精神性的活动。不过，它除了要适当地将功利性的目的悬置起来，还需要实现从认知的思维模式向审美的感悟模式转换。

我们知道，审美关系不只是感性的，还是具体的，这种具体达到个体对个体的地步。也就是说审美的人是个体的人，审美的物是个体的物（由个体组成的整体也可以看成个体的物）。认识关系则不是这样。作为认知的主体，科学家可以是一个人，也可以是一群人甚至一个科学界。认知的对象——某一自然现象，虽然相对于整个自然界来说是具体的，但就这一自然现象而言，它是类的，并不是具体的。比如，作为认知对象的松树，就不是某一棵松树，而是松树这个类。所以，虽然科学家面对的是一件件的自然物，但思维的趋向却是从这一件件的自然物中找出它们共同性的东西来。关注一般性、规律性是科学认知活动的基本立场。不过，一旦科学家从本职工作中跳出来，就有可能进入审美的领域，于是他们的兴趣就更多地沉浸在自然物的个体和特殊性上，以及事物的现象、外观、形式上。英国著名物理学家特奥多·安德列·库克 20 多年来对自然界的螺旋结构做了精心的观察，搜集了大量的事例，描绘出这种自然形态丰富多姿的美，并将之归结为生命的曲线。他说：“生命和生长的理论与美学（或许读者认为是艺术）理论之间存在很多的联系，其中之一，就在于所观察到的细微差异和微妙的变化之中。如果仅仅在数学上是正确的，无论任何东西都不能表明生物的特征或美的吸引力。正是这种说明了个体本身特征的微妙变化，使艺术家赋予了自己的作品以魅力。”①

艺术创造活动的基础是审美活动，作为艺术表现对象的自然物首先作为审美对象而存在。艺术家只有对自己的对象玩赏过、品味过，触动了感知，投入了情感，融进了想象，同时也加进了理解，才能进入艺术的创造。与一般人欣赏自然不同的是，艺术家的欣赏总是自觉不自觉地用专业的眼光，而且总是自觉不自觉地考虑艺术表现的手段。比如，在欣赏流水时，音乐家的头脑中会情不自禁地跳出乐音、旋律来，而画家的头脑中则会出现色彩、线条。

人作为文化动物，在处理与对象的关系时，总是自觉不自觉地将它的对象“拟人化”，这是一种与生俱来的本能。早期的人类有大量的将自然对象拟人化的行为。他们认为万物是有灵的，有类似于人的情感与思想。意大利哲学家维柯在他的巨著《新科学》中谈到这一点，他说：“值得注意的是，在一切语种里大部分涉及无生命的事物的表达方式都是用人体及其各部分以及用人的感觉和情欲的隐喻来形成的。例如用‘首’（头）来表达顶或开始，用‘额’或‘肩’来表达一座山的部位，针和土豆都可以有‘眼’，杯或壶都可以有‘嘴’，耙、锯或梳都可以有‘齿’，任何空隙或洞都可叫做‘口’，麦穗的‘须’，鞋的‘舌’，河的‘咽喉’，地的‘颈’，海的‘手臂’……拉丁地区农民们常说田地‘干渴’‘生产果实’‘让粮食胀肿’，我们意大利乡下人说植物‘在讲恋爱’，葡萄长得‘欢’，流脂的树在‘哭泣’，从任何语种里都可举出无数其他事例。这一切事例都是那条公理的后果，人在无知中就把他自己当作权衡世间一切事物的标准，在上述事例中人把自己变成整个世界了。”② 这种拟人化，维柯说是“转喻”，即以行动主体代替行动。而在 19 世纪的西方美学

---

① ［英］特奥多·安德列·库克：《生命的曲线》，吉林人民出版社，2000 年，第 5 页。

② ［意］乔瓦尼·巴蒂斯塔·维柯：《新科学》，人民文学出版社，1987 年，第 180~181 页。

中，则叫做移情说。最早提出“移情说”的是德国哲学家劳伯特·费肖尔。他对移情说的解释是“对象的人化”，即在审美中，“把他自己外射到或感入到自然界事物里去”。移情说在略晚于费肖尔的德国心理学家立普斯那里得到更大发展。此后，许多学者诸如德国的谷鲁斯、英国的浮龙·李移、法国的巴希都从不同的角度阐释移情说，移情说遂成为近代西方心理学美学中非常有影响的理论。这种理论在自然美的欣赏中特别突出，以至于有相当一些美学家认为，自然美就美在移情。

将自然物拟人化在人类早期是一种普遍的文化现象，这种现象导致将自然物神化。神对早期人类有三种意义：第一，它是人类对自然力的崇拜。早期人类对自然力存在严重的恐惧心理。科学认知水平的低下使得早期人类无法解释这种威力的来源，只好将它归于神。于是山有山神，水有水神，风有风神。基本上，与人的生活发展有关系的自然物都有神。第二，它是人类对超自然力的崇拜。早期人类不仅认为各种自然力都是神的表现，而且认为在各种自然力之上，还有一种超自然力在作用，这种超自然力安排着、决定着这世界上的一切，包括人的吉凶祸福。这种超自然力就是最高神。在古希腊神话中，有万神之王宙斯；在中国古代神话中，有天帝。宙斯、天帝都是超自然力的体现者。第三，它是人类想象力的体现。早期人类神化自然物，是通过想象的方式完成的。想象物具有两方面的功能：一是自然物本身的属性与功能，只是强化了，夸张了；二是人的属性与功能，只是将它附着在想象物上。比如，水神是人的一种想象，它一方面具有水的属性功能，能流动，而且威力极大，足以吞没天地；另一方面它像人一样，有情感，有思想，甚至还可以有人的形象。

原始神话将自然环境神化，将人不可能认知的某些自然现象强化、夸张，使得自然环境具有怪异性，为审美的崇高奠定了基础。如《山海经·中山经》中所描绘的洞庭山：“又东南一百二十里，曰洞庭之山，其上多黄金，其下多银铁，其木多柤、梨、橘、櫾，其草多葌、蘪芜、芍药、芎藭。帝之二妃居之，是常游于江渊。被澧、沅之风，交潇、湘之渊，是在九江之间，出入必以飘风暴雨。是多怪神，状如人而载蛇，左右手操蛇，多怪鸟。”这座洞庭山上既有真物，又有神物，真真假假，实实虚虚，让人感到神秘、恐惧，又充满向往。

原始宗教与神话对自然物的神化，内含审美的意义，只是这种审美的意义被宗教性的恐惧与神秘压抑了，一旦从宗教性的恐惧、神秘中解放出来，这种景象就显得特别清新可喜。中国历代都有表现自然神的故事，有些故事非常美。明代白话小说《秋翁遇仙记》塑造出非常可爱的花神形象，清代蒲松龄写的《聊斋志异》，也有好多篇狐仙故事。这些幻化成可爱女孩的狐狸基本上没有多少狐狸的特征，而是美的象征了。将自然物符号化，使之成为一种具有文化意义的象征，这是人类一种比较重要的文化行为。这些象征可能是人类的，更多的是民族的，或者是某一阶级、某一行业的，它们反映出人类的某种集体意识，是一种具有审美意味的文化心理。对自然物符号化的研究，已构成一种独特的理论，成为文化人类学的一个学派。一般来说，象征是相对固定的，至少是在同一个民族之内被约定俗成的。因此，关于它的理解一般不存在问题。但是在艺术创作中，艺术家出于独创性的需要，总是将他的象征尽可能地个性化。这种个性化实际上是在象征的民族普遍性与象征的个体独创性中寻找一个中介点，使之既能为人所理解，又不易为人所理解。高尔基的《海燕之歌》描绘了暴风雨来临前的大海，它着力表现的是在大海上空飞翔的几种鸟：海燕、海鸥等。文章所写的一切自然物，包括乌云、闪电全是象征。高尔基对自然物所赋予的象征意义既兼顾到俄罗斯民族的理解习惯与接受能力，又充分体现他个人的独创性。

中华民族喜欢给自然物赋予象征的意义。中国传统的自然审美观中有比德说。所谓“比德说”，就是将自然物比喻成某种品德。孔子说“智者乐水，仁者乐山”，水与山分别成为智与仁的象征。以自然物来比德，基本上保留自然物本身的属性，外在形式具有明显的可辨识性。中国元代兴起的文人喜欢画松、竹、梅、兰、菊等几种自然物，将其作为君子人格的象征，但是画面上的松、竹、梅、兰、菊，仍然是自然物的形象。当然，也有极端的情况，元代画家倪瓒说他画竹只是聊以抒胸中逸气，不管这竹画得像与不像。虽然如此，但是倪瓒也并没有将竹画得一点儿也不像，只是有意地淡化竹的外在形象，以凸显竹的精神气质罢了。

人是地球上唯一能运用符号的生物。人为了便于自己认识世界，总是程度不一地将所面对的世界分类，赋予其各种名目，让丰富多彩的自然界抽象化、符号化。人赋予自然物以符号，既可以根据自然物的属性，使这种符号成为科学认知的符号，也可以根据自己某种意念、情感的需要，而相对忽视自然物本身的自然属性，从而使自然物仅仅成为表达人的意念、情感的标签。将世界符号化易走向抽象，抽象当然是人们认识世界不可或缺的思维方式，它让人在纷纭复杂的世界中较为容易抓住事物的本质。但是，这个世界本来就不是以抽象的、概念的形式存在的，抽象的、概念的世界是人用自己头脑、用语言重新组织过的世界。实际的世界完全不是这样，它是具体的、感性的、复杂的、变异的，是一个现象的世界。一个是本质的世界，它由概念组成，是人脑思维的产物；一个是现象的世界，它是大自然本来的状态。人怎样才能完整地把握这个世界呢？看来，两者都是需要的。但欧洲近代以来的理性主义哲学都是强调第一种把握世界的方式，20 世纪出现的现象学哲学提出的“现象还原”，反理性主义哲学之道而行之。较之理性主义哲学，它更富于美学的意义，因为审美重视的就是感性地把握世界。

从文化主义的立场看待人与自然的关系，与从生态主义的立场看待环境、环境美是不同的。文化主义不认为这个世界上有非文化的环境，非文化的自然。在它看来，环境总是文化的，自然也总是文化的。

它认为，环境文化体现为人类的全部历史。当人类从自然中脱离出来，具有一定的自我意识时，它就开始了对自然环境的文化。这种文化最为突出的特点是将环境区别为表层与深层——表层为物，深层为人(也许进而通向神)。这样，环境就成为自然与人的统一体。环境就其是物来说，它满足人的物质性的需求，成为人的生产实践的对象与科学研究的对象。就其是人来说，它满足人的精神性的需求，或为宗教，或为政治，或为道德，或为艺术……其中均不同程度地体现出审美的意味。不管怎样，它是人类的感知对象，也正是这一点保证了它的审美性。阿诺德·伯林特说得好："人类环境，说到底，是一个感知系统，即由一系列体验构成的体验链。从美学角度而言，它具有感觉的丰富性、直接性和当下性，同时受文化意蕴及范式的影响，所有这一切赋予环境体验沉甸甸的质感。因此，环境是极为复杂的概念。"[①] 环境是感性的，但如果仅仅将它看成是感性的，那是远远不够的。环境作为人的活动场所、人的工作对象，与人的生命已经不可分割。将环境看成人的又一体，并不过分。实际上，环境就是文化。"环境作为一个物质——文化领域，它吸收了全部行为及其反应，由此才汇聚成人类生活的汪洋巨流，其中跳跃着历史、社会的浪花。"[②]

文化主义的立场是人的价值、人的利益；生态主义的立场是整个地球的生态平衡，是宇宙的和谐存在与运转。这两者有时会产生矛盾，但不是不可以实现统一。兼顾生态平衡与人类的利益是当前人类所面临的最大的问题，环境美学的哲学基础只能是生态主义与文化主义两种哲学的统一。环境美既是生态的，也是文化的。既如此，对环境美的感受，不仅是生动的生态教育之旅、自然欣赏之旅，而且是极为丰盛的文化之旅。阿诺德说："任何关于环境美学的讨论也必然具有我所称做的文化美学。"[③] 这种观点笔者是完全赞同的。

从文化美学的维度来看环境，也就是站在人的维度来看环境，有一个重要特点，就是将环境看成景观，而且首先是文化景观。在文化美学看来，呈现在面前的环境景观，无不是人的景观，是人的文化活动的产物。从这景观中，我们要看出人的历史、人的现实。人的任何对环境的感知在绝大多数的情况下是综合的、整一的。这种综合、整一，概而言之，就是文化的。其中有审美，但不会是纯粹的审美。这正如在自然界，纯粹的铁是没有的。即使是含铁量高达百分之九十的铁矿，它也含有一定的非铁成分。法国的启蒙思想家卢梭在《一个孤独的散步者的遐想》中谈到他在大自然中散步的感受，其中一段云：

---

① ［美］阿诺德·伯林特：《环境美学》，湖南科学技术出版社，2005 年，第 20 页。

② ［美］阿诺德·伯林特：《环境美学》，第 20 页。

③ ［美］阿诺德·伯林特：《环境美学》，第 21 页。

……我逍遥自在地溜达在草和植物之间，既不必太破费，又无需太劳累。我观察它们，对其不同的特性进行比较，标出其相互间的联系和差异，最后观察其结构。摸索这些生命机体的生长过程及其活动规律，探索它们的普遍规律和不同结构的原因和结果，偶然还颇有成绩，并一股脑儿沉迷在对使我享受这一切造物主那只手的赞叹和感激之中。……植物学是悠闲而懒散的孤独者最适合于作的研究，一把尖刀、一个放大镜，就是他的观察所需的全部工具了。他自由自在地溜达，挨个儿走过各种植物，带着兴趣和好奇查看每一朵花。刚一悟到花的构造规律，他便马上领略到了那种轻松而强烈的乐趣，就好像他为此付出了巨大的辛劳似的。这种懒散的活计自有一股魅力，一个人唯有万念俱灰时方能感受到，而且单是这股魅力就叫生活变得幸福和甜美了。但是，无论是为了履行职务还是为了著书立说，一旦是为了增加学问才想去学习，为了当个作家或教授才去搜集植物标本，这股甜美的魅力就会消失殆尽。在植物界中，就只能看见满足我们欲望的手段，而在这种研究工作中就再也找不出任何真正的乐趣……①

卢梭在这里谈他在大自然中研究植物的乐趣，这种活动有三个方面的背景：第一，卢梭是一位伟大的启蒙思想家，他生活道路坎坷，晚年十分孤独。他在大自然中散步，不是在做植物学的研究，而是在大自然中寻找慰藉。第二，卢梭不仅是伟大的思想家，而且也是一位植物学家。因此，他在大自然中的散步明显具有专业观察的意味，一般人是不太可能像他这样观察植物的。第三，卢梭具有很高的审美修养。他明白，审美是需要超越功利的，所以，他一再强调“为了当个作家或教授才去搜集植物标本，这股甜美的魅力就会消失殆尽”。卢梭对自然界中植物的欣赏就是这样紧密地联系着他的思想、情感、修养，联系着他的人生体验，联系着他那个时代、那个社会，联系着那惊心动魂

① ［法］让-雅克·卢梭：《一个孤独的散步者的遐想》，湖南人民出版社，1986 年，第 114~115 页。

的历史烟云……如果我们对卢梭了解得越多，对他所处的那个时代、那个社会了解得越多，就越能认识到这种对自然的感悟具有何等深刻、何等丰富的文化内涵。

正是从人与环境这种文化关系的意义上，我们认为环境美学本质上是文化美学。

（刊于《郑州大学学报》2008年第5期）

论环境作为美学的研究对象

⊙张　敏

⊙郑州大学文学院

一

环境适合作为美学对象有一个复杂的理论历程，这一理论历程要追溯到18世纪早期的景观美学，当时对自然的欣赏成为现在进行环境美学研究的背景。

18世纪将自然景观和环境纳入美学框架的活动，导致了“如画性”概念的构建。“如画性”是18世纪对自然欣赏的核心观念，它是一条理解作为审美对象的环境的重要途径。“如画性”照字面理解就是“像画一样”，并且呈现一种审美欣赏的模式：自然世界被分割成一些具有艺术感的景色。这些景色要么指向某一主题，要么自身就成为艺术特别是诗歌和风景画所想表达理念中的一部分。事实上，“如画性”是与旅游形态相关联的审美欣赏模式，18世纪的英国大学生盛行大陆旅行，英国上层社会较多接触到了风景画领域和外国景观，开始对景观进行鉴赏。而且当时拥有大量土地的贵族和绅士都对改善庄园的外貌极感兴趣，这些因素使得“如画性”成为旅游、造园艺术和风景描写中占统治地位的美学观念。

“如画性”将观赏者置于景观之外，使观赏者脱离了对景观功利方面的考虑，而必须从恰当的视角和方式来观赏一个令人舒服的真实画境，其方式经常是以某种视角观看、漫游或者游览等。“如画性”强调拉开距离和无利害。拉开距离指将现实的自然与审美主体的视野拉开距离的方式，把自然转化成审美的自然；无利害是指观赏者脱离行动、道德责任、社会和经济利益的纯粹审美体验。

在倡导“如画性”的学者中，最著名的人物是威廉·吉尔平（Rev. William Gilpin）。他对游览的描述迎合了对如画风景的需求，认为“如画性”是博克提出的崇高与优美之外的第三种范畴。理查德·佩恩·奈特（Richard Payne Knight）也是一个试图将“如画性”并入已有美学体系的代表。1794年，维达尔·普莱斯发表的《论如画性》，可以说是把“如画性”理论应用到景观园艺领域的里程碑式作品。在文章中，普莱斯详细说明了他的哲学观点，他讨论了景观的性质，认为景观的性质应该成为景观园艺艺术的指导方针。他吸收了博克的思想，认为优美和崇高不能涵盖人们的全部情感，因此提出第三个范畴“如画性”。“如画性”来源于绘画作品的性质，普莱斯认为虽然景观园艺和绘画艺术存在很大差异，但景观绘画的构图原则仍然应该应用到景观设计实践中去。吉尔平、佩恩和普莱斯等作为“如画性”理论的倡导者，讨厌单调乏味缺乏激情的景观园艺样式，追求粗糙豪放、不规则、不对称、若隐若现、出其不意、自然而然的景观品质。

18 世纪晚期和 19 世纪浪漫主义的美学广泛运用了基于自然特征之上的表现特征，确证自然物体的表现特征是想象的产物，尤其是作为心灵自身的表达。当时，“如画性”理论的探讨和自然与艺术中对于“如画性”的趣味，已经有效地提供了一种表达词汇，来将自然纳入基于想象和观念联想的新美学。“如画性”经过 18 世纪的发展，成为一条表达自然美的基本美学道路。通过精心组织和控制感官经验产生的联想，它将物理环境看作审美表达的原料。通过艺术训练，尤其是风景画和田园诗，心灵被导向正确的联想，并且这些联想通过景观本身的安排而客观呈现出来。

在 18 世纪末，“如画性”依旧残留在对自然欣赏的大众模式中。但对于自然美学的哲学研究，繁荣昌盛后便逐渐走向衰败。康德之后，黑格尔开辟了一个全新的世界秩序。在该世界中，艺术作为绝对理念的一种方式而成为哲学的美学的主题。美学青睐艺术，这似乎构成了一种传统，一直影响到20世纪的许多学者，赫伯特·里德、乔治·科林伍德、V. C. 奥尔德里奇、摩里斯·魏茨、C. J. 杜卡斯等不约而同地都把自己的美学称做艺术哲学或艺术理论。

这个阶段至少使我们对艺术的认识大大深化了一步，以至于19世纪末20世纪初，经过德国哲学界的讨论，形成了独立于美学的艺术学，而同时我们对美学的认识也深化了。美学作为哲学的一个分支，它所面对的不应仅仅是艺术所提供的审美对象，而应该包括环绕人的存在并与人的生命攸关的整个自然界。当然，这与整个人类思想和理论的进程是一致的。

到了20世纪60年代，由于环境质量的不断恶化以及生态危机的愈演愈烈，西方国家掀起了日益高涨的环境运动。人们发现，环境的美学价值在人类的生活中常常被忽略，环境的美学质量因而遭受着更大的破坏并面临着严重的危险。在这场运动中，人们开始对环境问题进行全方位的研究，环境作为美学的研究对象引起了研究者和公众普遍的关注，不仅成为自然科学各学科关注的对象，同时也凸现在人文学科学者们的视野中。

这个时期较早进行有创意的阐述并产生深远影响的是赫伯恩（Ronald Hepburn）发表于1966年的一篇论文《当代美学和对自然美的忽略》。在随后的几十年中，关于环境美学的研究产生了大量的研究成果，同时在欧洲和北美获得了长足的进展。

二

美学的研究对象不应该只限于研究艺术，它应该扩展到整个环境。这个环境包含括各种类型，有自然环境，也有人造环境。不仅包括未受人类活动影响的环境如荒野，还包括受文化模式深刻影响形成的城市环境，以及介于自然和文化之间的许多环境类型如农业景观等。可以说，我们的身体每时每刻都处于一定的环境之中，尤其是我们日常生活的环境更值得关注，对这个广大领域的美学研究，具有重要的理论意义和现实意义。

环境作为美学的研究对象，与传统的美学研究对象——艺术——相比有着明显的区别。首先，感知对于美感的重要性，在西方一直得到不少美学家的肯定。经过柏拉图、托马斯·阿奎那和黑格尔等学者的论述，人们通常认为，在各种感官中，视觉和听觉所起的作用最为突出，因而历来把视、听两种感官称为主要的审美感官。但我们生活在环境中对环境进行感知，在行进时感知雨、雪和风冲击皮肤的感觉，在不同的地点、不同的气味帮助我们对场所进行感觉，如海边充满咸味的空气，森林中腐败的落叶发出的霉味，以及街头烧烤的味道，环境的主要要素——空间、质量、体质和深度——并非首先通过眼睛遇到，而是在我们的移动和运动中与身体相遇。把其他的感官引入对环境的审美理解，我们必须克服已经建立的习规，环境感知需要人全部的感觉器官参与进来。

其次，艺术品通常有一定的边界，是一个固定的整体，如绘画有边框，雕塑有底座，戏剧有舞台，这些不同形式的边界把它们与周围的环境区别开来。而环境是不断生成的，流动不居，时刻都在变化，是一个活的事物，在自然规律和人类社会规律的共同影响下发生变化。环境的背后蕴含着千百年来生态演进的历史和文化发展变化的历史，它是人与自然共同的作品。环境不像艺术品那样有确切的作者，环境的形成很少是单个人的作品，而更多的是集体和自然共同创造的结晶。就环境美的欣赏而言，它不像艺术欣赏那样需要一定的审美距离和无利害的审美态度，不同环境类型需要采取不同的欣赏方式，城市环境、乡村环境和自然环境，由于与人的关系不同，对美的评判的标准也不同。

城市是与人关系最密切的，评判一个城市环境离不开其是否给人提供便利，是否人性化的城市，是否具有感知的多样性和丰富性以满足人的精神生活。乡村也是人们的生活环境，但它同时也是一种生产性的环境，并在维护生态平衡方面起着重要的作用，因此对乡村景观的欣赏离不开生产、生态和生活的结合，美丽的乡村景观应该包含富饶的土地、良好的生态和富含民间文化的乡村生活。自然环境不是人的日常生活环境，尤其荒野更是人类未加改造过的环境，对这种环境的欣赏提倡科学知识和想象两种方式并重。

环境美学成为多个学科共同关注的领域。关于环境美学的多学科性，阿诺德·伯林特在他的《环境美学》一书序言中写道：“近年来，随着各个学科领域的学者们共同关注，一个新的研究方向——环境美学逐渐展现在人们面前。这种关注首先从美学、环境设计、哲学和人类科学等交叉学科开始。紧接着，越来越多的文章和专著相继问世，涉及领域包括哲学、文化人类学、建筑学、规划学、景观设计学、文化地理学、环境设计和心理学等等。艺术家也加入这一潮流，不光有环境艺术家，还有作曲家、剧作家、摄影师和电影导演。……而且，这一趋势从国内蔓延到全球，不同国家、传统和文化的人们都表现出共同的兴趣。”① 美学研究队伍的扩大也可以从国际环境美学会议的与会人员反映出来，他们中除了来自不同领域的研究者，还有政府人员、资源管理人员甚至农场主。迄今为止，从多学科途径进行的研究已经取得了许多重要的成果，如以哲学为代表的人文的途径，以心理学为代表进行的试验方面的探索，以设计和规划学为代表的实践层面的研究。环境美学的这种多学科性质，使得美学研究展现出一种与以往不同的新面貌。

三

就美学的最终目的审美教育而言，以艺术作为美育的手段和以环境作为美育的手段所起的作用也是不同的。“正是由于环境美学具有极为丰富的内涵，所以对环境美的欣赏就需要更多的精力投入和更高的审美能力。”② 传统的美育主要以艺术形式为媒介，以达到情感的陶冶为目的。如孔子使用的教材主要是《诗》，《史记·孔子世家》云：《诗》“三百零五篇，孔子皆弦歌之，以求合《韶》《武》《雅》《颂》之音”。③ 这里的“弦”指琴瑟，“歌”指口唱，并可

---

① ［美］阿诺德·伯林特：《环境美学》，张敏、周雨译，湖南科学技术出版社，2006年，第1页。

② 陈望衡：《试论环境美的性质》，《郑州大学学报》（哲学社会科学版）2006年第4期。

③ 司马迁：《史记·孔子世家》。

用乐器伴奏，可见此时的审美教育形式是将诗、歌、乐、舞融为一体。其时审美活动的目的，孔子明确为“三部曲”，即“兴于诗、立于礼、成于乐”。他把《诗经》作为基本教材，在此基础上确立立身行事的准则，而知诗循礼后，还必须通过音乐教育怡情养性，净化心灵。《乐记》中认为人“感物而动”，自然有“哀心”“喜心”“乐心”“怒心”“敬心”“爱心”等不同表现，人的情感表现一旦不合度数，就会导致不良后果，审美的使命在于通过“乐”来诱导、调节、控制“人情”的发展，使七情不致漫无节制地表现，从而达到“乐而不乱”“乐而不淫”“乐而不荒”的中和之美。近代蔡元培也把美育的功能主要解释为化育情感：“人人都有情感，而并非都有伟大而高尚的行为，这由于感情推动力的薄弱。要转弱而为强，转薄而为厚，有待于陶养。陶养的工具，为美的对象；陶养的作用，叫做美育。”①

在西方，柏拉图认为艺术作为美的最高形式，其任务是感动心灵，“它的对象无疑就是心灵”。亚里士多德美育的核心思想是“净化”，他主张通过音乐和其他艺术，使某种过分强烈的情绪因宣泄而达到平静，并由此恢复和保持心理的健康。传统美育通过以艺术为主要媒介使人的情感更丰富、审美趣味更健康，审美能力得到提高。

当代环境和艺术一样作为美学研究领域的重要组成部分，其对审美教育而言具有独特的贡献。关于环境的美育功能，不少有洞见的哲人都谈到过。孔子就非常重视自然的审美作用，如在《论语·先进》篇中，他赞成弟子曾皙的意见：“莫春者，春服既成，冠者五六人，童子六七人，浴乎沂，风乎舞雩，咏而归。”② 就是说，暮春季节天热的时候，让学生到河里去游泳，到高台上去乘凉、玩耍，然后一路唱着歌走回来，接受大自然的陶冶。古希腊哲学家柏拉图认为，一切事情都是开头最关重要，幼儿身心正处在刚刚发育阶段，很容易受环境的影响。“应该寻找一些有本领的艺术家，把自然的优美方面描绘出来，

---

① 蔡元培：《蔡元培全集》，中华书局，1989 年，第 508 页。

② 杨伯峻：《论语译注》，中华书局，1980 年，第 119 页。

使我们的青年们像住在风和日暖的地带一样，四围一切都对健康有益，天天耳濡目染于优美的作品，像从一种清幽境界呼吸一阵清风，来呼吸它们的好影响，使他们不知不觉地从小就培养起对于美的爱好，并且培养起融美于心灵的习惯。"①

环境的美育功能有三：首先，环境美具有情感陶冶作用。自然的内容和形式都可以给人丰富的审美愉悦。孔子讲的"智者乐水，仁者乐山"是从自然美的角度来谈，智者之所以乐水是因为水具有川流不息的特点，而智者总是在探索事物的发展变化，具有动的特点，而且水的浪潮也象征着人的明智。仁者之所以乐山，是因为山显得稳重宽厚，具有静的特点，而且山林的蕴藏丰富又可以施惠于人。自然的形式美更为突出，大自然千姿百态的美，使置身其中的游人无不为之陶醉，情感得到宣泄，紧张的压力得以缓解。

其次，就审美价值而言，艺术的审美价值是可以独立的，但环境不同，环境的各种价值融汇在环境之中，对环境的审美欣赏和对环境的伦理责任有着密切的关联。西方环境伦理学的产生最初与人们对环境美的强烈感知是分不开的。美与爱都源于人的情感，柏拉图在谈到爱的时候指出爱是对美的事物的爱，客观环境的美能够激发主体的审美心理和一种对环境爱的态度。这种爱，不同于神学研究中的上帝的爱，也不同于社会学研究中所关心的人与人之间的爱，如亲情和友情，而是自然之爱。这种自然之爱有三层含义，即基于平等基础上的对自然的同情，主体对对象的一种积极、肯定的态度，人与万物达成的一种和谐状态。

最后，基于自然之爱的环境美育，不仅是个欣赏的问题，还是对主体行为的约束，要给人的欲望和手段区分边界，即在面对环境的改造时，要明白什么样的欲望是可以实现的，什么样的欲望是不可以实现的，何种手段是可以使用的，何种手段是不可以使用的。如果我们具备了对环境的爱，从否定方面而言，是对环境的不伤害、保护、守护；从肯定方面而言，是让其存在，让其是

---

① ［古希腊］柏拉图：《文艺对话集》，人民文学出版社，1963 年。

其所是和为其所是。从这个意义上讲，爱就是让环境之美不要遭到破坏和毁灭，同时让美作为美而存在，同时在缺乏美的环境中通过运用美的规律创造出环境美来。环境美育，使我们在情感得到陶冶之外，拥有了爱的维度和创造美的维度，这使它在我们的当代生活中具有不可忽视的重要性，并对我们的文化和现实的改造产生积极和深远的影响。

（刊于《郑州大学学报》2010年第5期）

非美自然的美学

⊙［美］齐藤百合子
⊙美国罗得岛设计学院哲学系

一

当人们开始欣赏自然中过去认为不具有审美价值的部分时，对于自然的审美观就发生了革命性的变化。例如 18 世纪早期发生的对于山的审美观的变化。目前，我们正亲眼见证我们国家的始于一个世纪前的一场“革命”。这场“革命”最初的目的是克服 18 世纪后半期建立起来的对于自然环境的“如画性”的欣赏模式。以对影像“如画性”的强调来欣赏自然环境，使得我们认为一系列的景观都是由二维图案组成的。这种方式使得我们主要寻找并欣赏自然环境中有趣的和风景优美的部分。结果，环境中不具有“如画性”的部分都被认为是没有什么价值的。

例如，约翰·缪尔在塞拉利昂的里特尔山遇到的两位艺术家就持这样的看法，缪尔抱怨他们只对那些能引人入胜、令人惊奇的景观感到满意。然而，其它的像被秋色笼罩的牧场和沼泽这些能吸引缪尔的景观对这两位艺术家来说却是非常令人失望的，因为它们没有画面的美感。

半个世纪后，利奥波德发出了与缪尔同样的抱怨。利奥波德认为，人们喜欢聚集在风景优美的地方，那些拥有瀑布、峭壁和湖泊的山，通常被认为是壮观的，因为我们总是期待被自然中壮观的、有趣的、引人入胜的部分（例如国家公园）所愉悦。我们认为堪萨斯州平原是乏味的，爱荷华州大草原和威斯康辛州南部是令人厌烦的。利奥波德反对这种普遍的倾向，他提醒我们：与人一样，自然中平淡无奇的外表背后往往隐藏着宝贵的财富。此外，他还敦促我们培养善于从平凡中发现潜在的价值这种敏锐的审美能力。

当代画家艾伦·格林斯潘表达了相同的观点。他不反对将国家公园系统视为“王冠上的宝石”这种普遍的观点，同时他又号召“培养对湿地和野生动物栖居地这样的更朴素的、不怎么具有视觉冲击力的环境的审美能力”。根据格林斯潘的观点，与雄伟壮丽的大峡谷、黄石公园或者里特尔山相比，那些环境的美建立在有益人类健康和可持续发展的基础上，它们的美比较不明显，不易被人注意到。[①]

当代的环境伦理学家霍尔姆斯·罗尔斯顿重申了对贬低自然中残缺部分的美的普遍倾向的担忧。出于对腐烂的、长满蛆的麋鹿尸体这样的通常认为不美的东西的正面审美价值的辩解，罗尔斯顿建议我们不要只是局限于欣赏那些适合做成明信片的美丽的事物和如画的景色。罗尔斯顿认为：“人们起初总是寻找外观美丽的或者色彩斑斓的事物。景观总是可以满足我们对“如画性”的需求，但是当有些环境不能满足我们的这种需求时，我们不必认为它们没有审美价值。”[②]

艾伦·卡尔松在他近期关于自然美的著作中，也对“如画性”这种欣赏自然的模式提出了质疑。卡尔松认为，将自然视为一系列如画的景观是不合适的，因为这并非自然的本真状态。这种欣赏自然的景观模式要求我们将环境看作本质上是二维的、静止的、具象的东西。这无疑会限制我们的欣赏，甚至误导我们的欣赏。卡尔松认为，利用适当的方式（后来卡尔松又对这一方式进行

---

① Alan Gussow, *Beauty in the Landscape: An Ecological Viewpoint*, Landscape in America: University of Texas Press, 1995, pp.230–231.

② Holmes Rolston III, *Environmental Ethics: Duties to and Values in the Natural World*, Temple University Press, 1988, p.342.

了具体的说明)，自然中有缺陷的事物将会呈现它们的正面的审美价值。卡尔松的这一观点已被人们对高山、热带丛林、昆虫、爬行动物的态度的转变所证实。[①]

二

上文提到的作者都一致地批评用欣赏图画的方式欣赏自然，而且都还关注自然中有缺陷部分的审美价值。然而，为什么克服大众普遍的景观欣赏倾向如此重要呢？因为这样的欣赏模式忽略了自然中有缺陷的部分，使我们对自然的欣赏被那些如画的令人愉悦的东西所限制或者误导。然而，这种回答避开了问题的实质。我们为什么不能只欣赏吸引我们的景观而忽略那些令人讨厌的东西，比如那些散发着腐烂气味、爬满蛆虫的动物死尸？正如卡尔松所指出的(虽然他自己并不接受这样的观点)，我们当然能够像欣赏艺术一样欣赏自然，这意味着我们只是欣赏它的形式和色彩或者只是感知它。那么我们为什么不能只欣赏自然中和艺术相似的东西呢？

卡尔松的回答在很大程度上建立在认识论的基础上。他声称："如果我们想要做出那些没有疏漏的和欺骗性的正确的审美判断，我们必须用正确的科学的范畴来解释和欣赏自然物，而不是用图案设计的方式。"罗尔斯顿也作出类似的结论："用娱乐消遣的模式或者欣赏图画的标准来理解野性的美难免会犯错误。"然而，单是这种理由还不能证明为什么这种认识论上的因素应该高于其他因素。如伴随着不恰当的审美欣赏而产生的愉悦、快感和享受这些因素。就艺术来说，最令人愉快的经验并不总是对应于基于艺术史知识的了解而做出的最正确的判断。与欣赏抽象派的作品一样，欣赏表现主义的作品，单是通过免除对耗时费力的象征内容和隐喻的解读就可以获得更多的愉悦。另外，一个误读可能会使令人讨厌的、单调乏味的物体变得看起来巧妙，令人赏心悦目，因此而将被视为杰作。用审慎的不合潮流的眼光和非科学的方法来读一部文学

① Allen Carlson, "Nature and Positive Aesthetics", *Environmental Ethics*, 6(Spring 1984).

作品可能会使平淡无奇的作品焕发出不同寻常的光彩。

同样地，有人会争辩说非科学的解释可能会使我们从对自然物的审美经验中获得更多的乐趣。“如画性”的景观欣赏模式能够存在这么长的时间并受到普遍的欢迎本身已经显示了这种方式的迷人之处，之所以这样很可能是因为用这种欣赏方式我们不需要做太多的工作。另外，当我们将家门口一棵普通的橡树当作枫树来欣赏时，它看起来更有趣。虽然将橡树当作枫树来欣赏是错误的，然而它却很独特，带给我们新鲜感。

我认为，现在倡导科学的欣赏是出于道义上的考虑。首先，让我们审视为什么一件艺术品即使可以给我们提供最大的享受和娱乐，那种非科学的欣赏依然是不恰当的。我们拒绝根据艺术对象自身的历史和文化背景以及艺术家的意图来欣赏对象，这表明我们不愿（至少在很大程度上）放下自己的立场，即使它是具有种族主义优越感的或者视角狭隘的或者只是为了追求单纯的享乐。正如约翰·杜威所说，艺术的道德功用是消除偏见，消除蒙蔽视线的东西，撕去由于习惯和风俗而造成的面纱，完善感知能力。艺术引领我们进入由艺术家创造的陌生的有时甚至让人感到不太舒适的世界，使我们“进入超越于现实世界之外的其它形式的关系之中”。[①] 当然，可能会由于艺术品的质量低劣而致使我们的艺术之旅被证明是令人失望的，然而这种可能性不应该阻止我们怀着敬畏的态度去欣赏每件艺术品，给它们一个展示的机会。

同样，就自然而言，我们试图准确地了解它的起源、结构和功能，这意味着我们愿意承认自然和我们相当不同，还意味着我们不再只是从自然中寻找乐趣。我们不将自己的审美价值标准（例如像欣赏绘画一样欣赏自然）强加给自然，相反，我们更愿意承认和赞赏自然多样的言说方式，虽然起初我们并不能清楚地领会这种言说方式。

虽然和卡尔松一样，罗尔斯顿也援引认识论上的论据，但是他还力主对自然的正确欣赏还具有道义上的重要性。要求自然像图画一样带给我们愉悦是将

---

① John Dewey, *Art as Experience*, New York: Capricorn Books, 1958, pp.325-333.

自然看作构成带图画的明信片的素材了。然而，环境伦理使我们从狭隘的个人中心主义视角中摆脱出来，进而考虑整体的、系统的美。这样做的结果是，我们游览国家冰川公园时不应该“只将它当做图画来欣赏，并认为即使它不能够使我们满足至少也可以使我们获得愉悦”。从审美的角度来欣赏自然中的残缺部分最根本的原因是，在道义上它可以使我们克服将自然当作用来娱乐的视觉资源来感知这种欣赏自然的方式。

利奥波德更具体而明确地从道义的角度来拥护对自然中被低估部分的审美欣赏。他担心“美国的保护政策关注的仍然是那些由细小的碎片组成的大的环境”，“我们还没有学会从小齿轮和螺丝钉的角度来考虑问题”。自然中这些被低估的部分，像大草原上的植物群落和动物群落，通常是不美的。但是，它们对于维持自然环境的正常运行是必不可少的。然而，有关这些小齿轮和螺丝钉的知识必须辅以对自然物的高雅品位。这种高雅的品位以对相关科学事实的了解而产生的感知为先觉条件，而不仅仅是满足那些无知的人，因为门外汉对大部分被破坏的土地是视而不见的。利奥波德希望，用这种感知能力，我们将会从审美的角度来欣赏这些非美的部分。这为我们用对生态的负责任的态度来对待自然提供了一个桥梁。

我认为我们不应该过度地褒扬从道义的角度对自然作出适当的欣赏，而不分青红皂白地批评图画式的欣赏方式。欣赏自然和欣赏艺术一样，必须有一个出发点，正如利奥波德所认可的：“我们对自然的感知，就像对艺术的感知一样，始于美。”在这一部分的叙述中我赞成从道义的维度来欣赏自然，是为了表明我们对自然审美的教育应该朝向的问题。

三

前面陈述了对自然中有缺陷的部分进行审美欣赏的原因，现在要讨论如何来对自然中不令人满意的部分进行正面的审美欣赏。

首先让我们来考虑罗尔斯顿提出的纠正我们的“如画性”欣赏模式的策略。他认为，我们对长满蛆的麋鹿的死尸先验的负面的审美判断源于我们将这些物体从广阔的背景中隔离出去。

“对任何事物都不应该孤立来看，而应该在大的环境的框架之下来看待，这种大的框架又反过来使事物变成了我们不得不欣赏的更大的图画——不是一个框架而是一出戏剧。”

我们应该在更广阔的时间、空间背景中观察自然物或自然现象，以便我们可以理解它在生态系统中所扮演的角色。简而言之，“人们应该充满激情地投入到自然之中，这样自然就不会让人失望”。这种观赏方式的结果之一就是自然景观拥有理想中的美而从不会让人失望。

然而，我发现这种策略存在着几个问题。对整个生态系统（其中包括动物死尸和蛆虫）这个更广阔背景的强调使得确切的审美对象变得不明显了。审美对象是整个生态系统还是个体的对象（像动物的死尸）？如果这种看起来丑陋的部分只是“正在播放的电影中的一个镜头、一块拼图，或者是一部戏剧中的演员”，而不是审美客体，那么是不是就意味着整部电影、整个拼图游戏或者生态系统是审美对象，而并非动物死尸和蛆虫就是审美对象。如果是这样的话，即使我们赞同整体具有正面的审美价值，也并不意味部分都具有审美价值。

有人要回答说，事实上，自然中的审美对象不是个别的碎片而是由个体组成的整个生态系统。然而，这种回答会产生更多的问题。首先，像罗尔斯顿所主张的（其他科学家可能也会持同样的主张），包含麋鹿死尸和蛆虫的特殊的生态系统，反过来会变成我们不得不欣赏的更大的图画，欣赏的客体实际上不是环绕这些事物的具体的环境而是全球环境。如果我们将自然作为一个大的机体来欣赏，就会导致和用直觉来欣赏不同的结果。对自然的审美经验的合理的客体是全球生态圈。其次，即使我们赞成生态系统是美的（由于它的和谐、整一和各部分相互依赖），它也只是我们通过口头描述和图表经验到的高度概念化的东西。除非我们是能够长期观察生态系统中的成员及其活动的生态学家，不然的话，生态系统的美是我们日常所无法感知的经验。另外，我们是很容易看到麋鹿的尸体和蛆虫并感知它们的。通过强调整个生态系统的审美价值，生态系统中的个体的经验就变得不那么重要了。事实上，如果生态系统的美决定了个体成员的美，那么个体的正面的审美价值就是先定的，这就使得我们对个体的色彩、形状、气味、质地及活动的实际的经验变得与它们的审美价值没有关系了。

但是，我们强调生蛆的麋鹿尸体的审美价值，并不仅仅是我们对它在生态系统中所扮演的角色的概念性的理解，而更多的是它们通过多样的感性特征来证明或表达它们的重要性。刺激的生活、奋斗及短暂的生存必须在正在腐烂的动物死尸及蛆虫的气味及结构中呈现出来。由对动物死尸和蛆虫的感知激发的对整个生态系统的运行的概念性的理解必须马上回归到对这些个体的欣赏中。

在这个意义上，我赞同卡尔松关于用自然自身的言说来科学地阐释自然的理论。卡尔松在其著作中多次强调在对自然的适当的审美欣赏中科学知识的重要性。他说，如同对艺术的适当的欣赏必须始于对对象的艺术史的准确了解一样，对自然的恰如其分的欣赏也必须基于对相关信息的掌握。这些信息必须是由自然本身提供的，与我们无关。因为“自然是天然的，不是我们的创造物”，这意味着我们会发现它们是独立于任何我们参与创造的东西。关于自然物的结构、历史和功能的科学知识将有利于我们通过对不同环境的最适当的欣赏方法来对自然作出最正确、最有价值的欣赏。此外，关于自然的科学知识“通过使自然的秩序变得更明晰、更易于理解或者通过把秩序强加给自然来使自然显得有秩序”①。

我们欣赏里特尔山刻在石头上的天然的诗的言说方式，而且我们还喜欢读造物主刻在岩石上的记号。据利奥波德描述，鹤的审美价值包含在它的叫声之中，这种审美价值通过地球的历史之谜慢慢被人们揭示更容易把握到，这象征了古生物学的优良的特性。通过对自然的学习，尤其是对进化论和生态学知识的学习，我们的感知能力将会得到提升。这不仅仅是对自然表面的感知，更是

---

① Allen Carlson, *Appreciating Art and Appreciating Nature*, *Landscape*, *Natural Beauty & the Arts*, Cambridge: Cambridge University Press, 1993, p.221.

自然的起源、功能和机制得以表现在外部的方式。尽管起初很难看出来，也很难理解，但是适当的科学知识会使我们的心灵发生变化，使得我们能够破解并欣赏“大地的合唱”“河流的歌唱”“山脉的诉说”，这是一个激动人心的和谐的局面——它的乐谱刻在山上，旋律随动物和植物的生存和死亡而动，节奏跨越瞬间和永恒。动植物群落的错综复杂是不可思议的。

对自然的欣赏所作的描述之所以这么重要，是因为这些欣赏植根于对自然对象的起源、历史及功能的科学理解。之所以需要将科学的理解掺入其中，是因为它有助于人们在一看到对象时就立即产生感官上的快感。我相信感官的享受贯穿审美欣赏的全过程，虽然这种感官上的享乐可能常常被概念性的东西所改变。利奥波德以此反思他自己在对自然的欣赏中感官的重要性：“最初我对野生动物的色彩、所处的环境及其捕食的方式保留了一个生动鲜明的印象，这是我半个世纪前以专业的经验获得的印象。这种印象一直没有消失或者变化。”

自然通过它的感性特征来言说自己。如果我们考虑以欣赏这种言说来对自然进行审美欣赏，我们就可以解释艺术和自然之间的不对称的审美价值。当我们欣赏一件艺术品，即使我们接受杜威的劝告，努力适应对象的表达方式，对象依然不会因为我们的努力和意愿而使我们得到满足。如果此时我们作为讲述者来分析艺术作品，不管我们的叙述多么生动，这故事本身依然会使我们失望，因为它太令人反感了。比如，一件恭贺第三帝国或者赞美强奸妇女和虐待儿童的艺术作品，是很难让我们从中获得纯粹的审美愉悦的。

相反，即使我们不反对艺术对象所叙述的内容，它们与我们如此不相干，以至于我们很难在对象中发现它的审美价值。我们批评那些贫乏的、表现不成功的作品。因此，就艺术而言，即使我们尽最大努力来提供必要的框架和背景，某些表达方式仍然被认为是缺乏审美价值的。

然而，上述因素并不适用于对自然的审美欣赏，这使得“自然全美”这一概念看起来似乎是可信的。因为自然是超道德的。考虑它的起源、结构及生态功能，而从道德的角度来反对它、不接受它是不成立的。另外，我认为没有乏味的、无价值的自然。正如利奥波德委婉地强调的，城市中的杂草与红杉传达出同样的讯息，蛆虫如何分解动物的肉并将其作为食物以及它们在整个生态系统中的作用，对此所作的解释与大峡谷在千万年前是如何形成的，同样地吸引人。不管最初看起来多么不重要、多么乏味、多么令人反感，自然的历史和生态科学还是能揭示出自然的每一部分的神奇。

此外，自然在言说技能的高低方面可能不同，然而，自然中没有沉默的部分。单是通过展示各种感性特征，它们就能见证它们自己的起源、结构和功能，使我们清楚明白地对其作出科学的解释。事实上，由于自然具有可视性，我们才得以对其进行科学的讨论。在这个意义上，我赞同卡尔松的见解："自然的所有部分都必然能显示出自然的秩序，虽然在某些情况下这种秩序更容易被感知和理解。在这个意义上，任何自然都可以同样被欣赏。"

也许，我可以将这段话重申如下：自然的每一部分因其言说能力而具有积极的审美价值。在我们的欣赏中，我们正从科学的解释回溯到感性的方面。因为感性在科学的解释中处于首要的位置。

四

然而，自然中的一切都具有审美欣赏价值吗？让我们反思一下我们的日常经验，有人可能会说，即使我们试着去倾听自然的言说，自然中的某些东西还是那么令人讨厌，毫无吸引力，以至于我们无法对它们作出正面的审美判断。跳蚤、苍蝇、蟑螂、蚊子这些东西，不管它们的解剖结构多么有趣，它们在生态中起着多么重要的作用，它们依然是令人讨厌的。蝙蝠、蛇、鼻涕虫、蠕虫、蜈蚣和蜘蛛只会使我们毛骨悚然，看到就发抖。蒲公英、杂草看起来就不顺眼。我们对这些东西的负面的反应超过它们所包含的正面的审美价值。

对这些自然物作出负面的反应有好几个理由，其中之一是我们没有体会到自然物在它的环境中的经验。当蒲公英和其他杂草出现在我们精心维护的高尔夫球场草坪上时，我们会谴责它们。当它们出现在野生草地上时，我们就没必要厌恶它们。当蛇溜到我的地下室时，我就会痛恨它，但是当它穿过森林时，我对它的负面的反应可能会少一些——这是我对森林的经验的一部分。

此外，对这些事物的某些负面反应可能是由于某种文化的因素。在西方，蛇象征着邪恶，黑色的、在夜间活动的蝙蝠也与黑暗和邪恶联系在一起。“野草”这个概念看起来似乎与文化和历史有关。小孩通常总是对黏乎乎的生物和爬行动物很着迷，到长大以后他们才会对那些动物产生厌恶之情。看起来拉开我们与那些东西的距离可能会克服我们对它们的某些负面反应。科学的、客观的立场或许能使我们从阻碍对这些对象作出正面的审美价值的东西中解放出来。

有人可能还会指出这种拉开距离的观念可以帮助我们克服基于现实考虑所作出的负面的反应。例如，我们因为那些令人讨厌的东西有时候会对人们的健康造成危害而对它们产生负面的反应。蝙蝠可能会携带狂犬病毒，苍蝇和蚊子会引发多种疾病，有些蛇和蜘蛛是有毒的。此外，当我们面对那些拥有超强力量和巨大体积的鲨鱼、狮子和熊等动物时，我们也会为我们的安全担心。因此，如果我们不用为安全担心，我们就能够镇定地去观察和欣赏这些动物所具有的审美价值。通常总是在我们和那些危险的动物之间设置有形的障碍来拉开和它们的距离，比如说用玻璃窗、壕沟、铁栅栏来将我们和那些动物隔离。也可以通过抽取标本来实现这种距离的设置。在动物园和水族馆这样的场所可以和那些动物面对面而不感到有切身的和心理的危险，但在野外这是不可能的。

然而，当有足够的空间使我们的审美欣赏得以产生的时候，这种距离化还是要付出高昂的代价的。我们将会失去对对象的感性特征的审美经验。比如说，如果动物被隔离起来或者做成标本，我们就难以欣赏它们的活动。此外，我们剥夺了对象的环境，而这环境对于对象的审美特性来说是很重要的。正如卡尔松所指出的，自然对象与它的环境是个不可分割的整体，这与许多艺术品不同。旷野里狮子的吼叫所表达出来的是雄壮的威严，而当一个被囚禁的狮子发出同样的声音时却变成了可怜的哭泣。

到目前为止，我们在像动物园这样的地方欣赏自然付出的最高代价是：它使我们倾向于做自然的旁观者，而不是参与到自然中与它互动。我们通过对对象的静观驱除了自然对我们的威胁，然而这却剥夺了自然对我们的直接影响。

在这儿我用的是阿诺德·伯林特提出的欣赏方式，即审美经验是来自主体的参与而不是远距离的静观。据伯林特所说，用远距离的、漠不关心的态度静观自然物将导致自然物与我们隔离而无法对我们产生影响，而这会损害我们对自然的审美经验，因为“我们对自然的许多也可能是大部分的审美经验超出了对自然静观冥想的范围并拒绝被限制在一定的范围之内”。[①] 具体来说，我们试图使自然客观化并掌握自然的努力不会克服由于我们的软弱无力而造成的对自然的恐惧感。然而，直接影响或参与到对象之中，这种恐惧感就应该成为我们对危险的自然对象的欣赏的不可分割的一部分了。简而言之，在对自然中的危险的对象的审美欣赏中保持适当的距离是必需的，然而过分的距离将会剥夺我们完全沉浸在审美对象中的机会。

涉及大规模的、大能量的自然灾害如飓风、地震、龙卷风、雪崩、海潮、火山喷发、洪水泛滥时，这种矛盾就变得更加尖锐。虽然我不能对自然的审美欣赏作出一个先验的判断，但这些威胁我们生存现象的急剧的和戏剧化的方式使得要对它们的庄严崇高作出审美欣赏是非常困难和极具挑战性的。如果我们身陷龙卷风之中，或者流动的熔岩逼近我们时，我们当中还有几人能够以审美的态度欣赏它们？

有几个策略使得对这种自然灾害的审美欣赏成为可能，但是我仍然怀疑它们成功的可能性及其可取性。第一种策略是通过从远处（例如通过双筒望远镜或者在飞机上）观察自然灾害以产生心理上的距离。此外，我们还可以通过观看电视或者电影来感受自然的戏剧场面所带来的刺激和令人敬畏的庄严。

然而，对自然灾害的距离化欣赏所付出的代价比对危险动物的距离化欣赏更明显一些。远距离地欣赏龙卷风或火山喷发的景象与身处于这些场景之中欣赏是不同的。正如伯林特所提醒的：“在环境之中感知环境，似乎不是在观看环境而是成为环境。”自然成为由人们参与其中的一个王国，人们并不是作为旁观者。“山，作为景观的一部分，主要靠视觉来欣赏，然而参与到环境之中

---

① Arnold Berleant, *The Aesthetics of Environment*, Temple University Press, 1992, p.166.

来欣赏将会影响我们的整个身体。”与此相似，通过远距离地审视自然灾害所获得的替代性的经验会使我们成为自然的戏剧性场面的旁观者。然而，对自然灾害的实际经验会通过可怕的地面晃动、火山岩浆的飞溅及倾盆而下的火山灰或雪崩的咆哮和震动来影响我们的整个存在。此外，通过身处这些自然场景中对自己弱点的痛苦了解，对于我们的审美经验来说是非常重要的。

在这一点上，有人可能会提出另外的方式，自然灾害被作为审美对象来欣赏。这种方式与我们意识到并超越在对自然灾害的恐惧性的经验中暗示出的人类中心主义有关。如保罗·萨特认为：人是唯一能造成毁灭性破坏的存在物。地质的褶皱、暴风雨都不会造成毁灭性的破坏，至少不会直接造成那样的破坏。它们只是改变许多存在物的分布情况。暴风雨过后和它来临之前，没有多大区别①。

换句话说，这些自然灾害的影响实际上既非正面的，也非负面的。我们对它们的负面反应完全取决于我们站在人类的立场上看问题。而实际上自然本身的运作完全无视人类的需求。

赛迪斯·卡玛也持这种超越人本主义的视角，他以此解释了印度人的世界观：如果某物是自然的，那么它就是美的。在印度，一根刺、一个蠕虫甚至一次地震都是神圣的，因为某事要发生是因为地球在维护自身、修正自身，使自身得以平衡地运行。

地震只是地球板块表现其碰撞、撕裂、移动和挤压的方式。火山喷发是热岩浆通过地表的裂缝而向上升腾引起的。其他的天气现象也有可以解释的原因，使得它们能够被理解。在地球这个大的系统中，它们成为地球运转必不可或缺的部分。正如在一个大的范围内，像动物死尸看起来这么丑陋的东西都被认为是具有审美价值的。自然灾害之所以被认为是有价值的，是因为它们在更大的范围内有着自己应有的位置。

---

① Jean-Paul Sartre, *Beingand Nothingness*, trans, Hazel E, Barnes, New York: Washington Square Press, 1975, p.39.

然而，我发现用这种超越人类中心主义的视角来定位自然灾害依然存在着问题。一是采用超越人类中心主义的视角与过于站在人类立场上的视角是矛盾的，因为它否认了我们的健康的首要性。它反映了这么一种潜在的假定：自然的所有部分，甚至是最具威胁性质及给人以压倒性力量的部分，都在我们的控制和掌握之中。伯林特对于康德崇高概念的批判有助于我们解释当前的问题。根据康德所说，我们在对自然中给人以压倒性力量及危及人类的部分的崇高的经验中获得的快感，来源于最终我们认识到人类理性能力的无上权威。在这儿，伯林特指出，通过有目的、有秩序的思考，西方传统中的理性主义能够方便地将我们从对自然巨大的体积和力量的恐惧中解救出来。但是，他继续说道："这种手段已经不再有用，因为自然不会停留在规定的范围内，而是参与到人类之中。"这就是说，"我们的理性再也不能将自然囊括在内"。虽然卡玛解释并信奉的印度人的世界观最初看起来似乎是完全放弃以人为本的视角，而实际上却是试图在人类的理性控制之下努力囊括和控制自然。二是在某种意义上，这种概念性的方法与我们人类的感性能力太隔膜。因为在制服并压倒我们的自然灾害中，虽然地球通过它的活动及气象现象来向我们言说它的运行方式，然而它所表达给我们的太过于戏剧化，也太过于激烈，以至于我们无法倾听、理解和欣赏。理论上，通过超越自然对人类造成影响这种现实的担心，我们应该能够欣赏自然现象表达地球运行的方式。但是，我们根据实际经验，不敢肯定在心理上是否能够接受这样一种彻底的反人类中心主义的立场。毕竟，我们的审美经验要由我们自己的一套独特的感觉器官、我们的倾向、我们关心的东西来支持。我们不关心超人可能有的审美经验。超人可能会以全球的、更广阔的视角来审视自然灾害，这种对待自然灾害的态度与我们的不同。

此外，如果我之前所提出的主张是正确的（对自然的恰当的欣赏的要求归根到底是基于道德考虑的），那么这种不考虑自然的影响而对自然灾害作出审美欣赏，即使是可能的，也是与道德考量相冲突的。通过采取超人的视角，发现这些有害于我们生存的自然现象的正面的审美价值，这意味着我不考虑它们对我及其他人造成的灾难性的影响——死亡、受伤、对财产的破坏。因为自然不是根据道德律创造的，不像广岛上空的蘑菇云，因此我们不能对它作出负面的道德判断。然而，道德因素会质疑我们对蘑菇云的恰如其分的审美判断。我相信，这对于给人类造成痛苦的自然灾难的审美经验也是适用的。

有人可能会问，麋鹿的受难和死亡与某些自然灾害造成的人类的受难和死亡是否存在差异？如果在一个大的背景下前者可以成为审美欣赏的源泉，后者为什么不能呢？仅仅由于属于不同的物种，使得人类对待人类的痛苦和动物的痛苦就有不同的态度，彼得·辛格将这称为"物种主义"。我们会为这种"物种主义"产生内疚吗？

我相信在某种程度我们会。不管是可取的还是不可取的，明智的还是不明智的，我们以人为本的道德情感都表明我们不会从人类的灾难中获得快感，即使这种灾难是由地球的正常运行造成的。赛迪斯·卡玛声称地震可能对人类来说有一些疼痛、一些苦难、一些困难，但是如果将地球作为一个整体来看，所有的自然现象都有它应有的位置。与此相反，我认为虽然所有的自然现象都有它应有的位置，但是必须由人类来决定它们是否具有潜在的审美价值，而对于这些现象给人类造成的疼痛、苦难和困难的道德考虑否定了自然灾害具有潜在的审美价值。

总而言之，我强烈反对自然全美的观点。那些用危及人类的部分来压倒我们的自然现象，使得我们即使可能，也很难用足够的距离、足够的理性去倾听它们并对它们进行审美欣赏。另外，即使我们能够做到这一点，我还是会质疑这样做是否具有道德合理性。只要我们讨论建立在人类的情感、能力及思考尤其是道德考虑的基础上的审美经验，我们就必然会得出这样的结论：自然不可能也不应该全部都具有审美欣赏价值。

译者：李菲

（刊于《郑州大学学报》2012年第2期）

环境美学是什么？

⊙陈望衡
⊙武汉大学城市设计学院

环境美学是美学的分支学科。相对于美学来说，它虽然可以称为应用性学科，但毕竟是理论的。相对于园林、建筑、城市规划、公共艺术等学科，环境美学是它们的形而上学。

真正称得上环境美学研究的学术著作产生于20世纪末，主要有美国学者阿诺德·伯林特的《环境美学》、芬兰学者约·瑟帕玛的《环境之美》和加拿大学者艾伦·卡尔松的《美学与环境——关于自然、艺术和建筑的欣赏》等。虽然各位学者均建立了自己的美学思想，但并没有建立起环境美学的体系。因此，关于环境美学，还有许多问题需要进一步弄明白。

一、环境美学的基本问题

环境美学的基本问题是人与自然的关系问题。自然对于人具有两种意义：一是资源，二是家园。资源是掠夺的对象，家园是保护建设的对象。环境就其本质来说，是人的家园。人的生存与发展，既需要资源，也需要家园，两者均在自然之中，共存共处。

适合人需要的资源，在地球上是有限的。同样，适合人生存的家园也是有限的。目前适合人生存的自然界只是地球，地球是人类唯一共同的家园。

人对自然的过度掠取，竭泽而渔，会导致自然的不正常改变，以致危及家园。地球上的情况现在就是这样。

人既需要资源，也需要家园，这就需要一个调节，在调节不了的情况下，就需要有一个权衡：是要绿水青山，还是要金山银山？最好的回答是：保住绿水青山，谋建金山银山。“谋”指科学。

由人与自然的关系问题派生出生态与文明的关系问题。从本质上说，文明从破坏生态开始，具体来说，从掠夺自然资源开始。

工业社会后，科学技术突飞猛进，人对自然资源掠夺的规模空前扩大，地球上原有的生态链破坏了。这种生态链的破坏，给人的生存带来了危机。我们称之为生态危机。其实，自然无所谓危机，危机是对人而言的。

在人与自然、文明与生态矛盾的背景下，以自然为本，显然是行不通的。老子说“道法自然”，似是以自然为本，其实还是以人为本，“法自然”的目的，不是让人灭绝，而是让人更好地生存。

以生态为本，也不行！以生态为本，人就要毁掉自己建立的文明，回到丛林中去，过茹毛饮血的生活。

可见，不论在哪种情况下，人只能以人为本。

需要特别强调的是，以人为本，这“本”指的是人的根本利益与长远利益，而不是所有的利益。

在生态与文明矛盾激烈的情况下，人的办法只能有二：一是文明适当退让，牺牲人的某些非根本性的利益；二是文明与生态共生。“共生”在这里的意思既是文明的，又是生态的，文明与生态双赢。

两种办法，无疑后一种是最好的，生态文明指的就是这样一种文明。

二、环境美学的主题

环境是我们的家园。家园的意义有二：一是生命之本，二是居住之所。

生命之本，是从哲学意义上说的，指的是人的生命之源、发展之力。居住之所，是从生活意义上说的。因为从某种意义上讲，人只有定居下来后，才有真正的发展，或者说有比较大的发展。

农业对人最大的意义，是让人定居。定居才有家园的概念。所以，在某种意义上，农业是环境美学之源。

就生命之本这一哲学意义而言，环境的概念涵盖了资源；就居住之所这一生活意义而言，环境的概念又不涵盖资源。

环境的概念既是物质的，也是精神的，其基础是物质的。

在居住的意义上，环境可分为宜居、利居和乐居三个层面。宜居，是就生存的可能性即自然环境而言，重在生态；就社会环境而言，重在人际关系的良性有序。利居，是就利益的发展性而言。乐居，是就生活的品位和质量而言。

乐居之乐，不是一般的快乐，也不是指娱乐，而是指幸福。幸福不是幸福感，而是兼顾物质与精神，而且物质处在基础层面。概言之，乐居有四个看重：第一，看重文化生活；第二，看重精神享受；第三，看重个人自由；第四，看重审美品位。

宜居是乐居的基础，利居是乐居的必要条件。但是，乐居与宜居、利居不存在正比例的关系，不是说越宜居的城市越乐居，或者说越利居的城市越乐居。乐居有自身相对独立的标准，不是宜居和利居发展到极致就可以自然达到的。

宜居、利居、乐居均是就环境的生活意义而言的，因此，生活是环境美学的主题。

三、环境美学的审美

人们通常以康德的无利害关系和自由作为审美的特质。康德确实说过“美的欣赏的愉快是唯一无利害关系的和自由的愉快”①。

“无利害关系”是一种哲学性的表述，其实质是精神上的自由创造。

康德虽然为美做了这样一个哲学性的定性，但回到现实界，他发现，无利

① 北京大学哲学系美学教研室：《西方美学家论美和美感》，商务印书馆，1980年，第154页。

害关系的美很少，大量的美是有利害关系的，正如朱光潜先生所说，康德“也认识到这种独立性、超然性和纯粹性毕竟是假想的，或则说，为分析方便而设立的”。[①] 于是，他将美分成两种：一种是纯粹美，另一种为依存美。

环境美无疑是有利害关系的，属于依存美。这是它与艺术美、自然美的最大区别。

环境美的审美方式可以分为两种：一种可称之为赏，类似于欣赏艺术美和自然美。另一种可称之为居，这种审美当然也有赏，但根本的是居——生活。在实实在在的生活中，人们感受到环境的美。

由于环境的主题是生活，所以后一种审美方式才是主要的。

加拿大学者艾伦·卡尔松将环境审美模式进行梳理，概括出对象模式、景观模式、自然环境模式、参与模式、神秘模式、唤醒模式等十种模式，唯独没有生活模式。这说明西方学者心目中的环境美学其实还是自然美学，他们仍然只是将环境看作欣赏对象，与欣赏艺术没有本质的差别。

任何审美，所审的对象都是感性的存在——象。象中有意，故称之为意象。审美的初级本体为意象，高级本体为境界。

景观是环境美的存在方式，环境审美是对景观的审美。我们在环境中生活，当将环境看成景观或感觉到景观时，那就是在审美了。

四、环境美学视界的自然美

人看自然，不可能不持人的立场，因此，所有进入人的生活的自然均是人的自然。

人的立场，按人的需要分成若干种，于是，自然也因人看自然的不同立场呈现出不同面目。

科学的立场是尽量将自然客体化，将自然与人分开来。科学家眼中的自然是某种科学理论的符号。以改造自然为目的的生产活动是建立在这种立场之

---

① 《朱光潜美学文集》第四卷，上海文艺出版社，1984年，第419页。

上的。

艺术的立场是尽量将自然主观化，将自然与人融汇起来。艺术家眼中的自然是人类情感的符号。

环境的立场是将自然尽量地主体化。主观化与主体化是不同的。主体化在某种意义上包含主观化，但主体化中的“体”不只是精神性的，而具有物质性。人为主体，将环境主体化，即将环境也看成主体，将环境也看成人。作为主体的环境是人的生命之本、居住之所。环境的正能量要肯定、支持人的生命，肯定、适宜于人的居住。

自然是环境的基础，作为环境基础的自然既然在环境视域下是和人一样的主体，那它就必然具有亲人性。

亲人性，从本质上来说，是指自然适合人的生存，适合人居住的属性。

人性是复杂的，它的本质是生命。人的生命大体上可以分为三个层面：动物性、文明性和神性。相应地，作为人的另一体的环境，其亲人性也可以分为三个层次：本然性的自然（原始—动物性）、可然性的自然（文明—人）、应然性的自然（神性—生态）。本然性的自然与可然性的自然具有某种对立性，应然性的自然具有对这两种自然的超越性。

作为环境基础的自然，它的神性在于它的不可知性和对人的绝对的控制性。自然虽然是可知的，但人永远只知道它的某些部分，不可全知、彻知。自然虽然可以是亲人的，但不独是亲人的，它有自身的目的性或无目的性。这种目的性或无目的性不都是亲人的。因此，自然对人既是可爱可亲的，也是可敬可惧的。

人对自然的认识和改造永远只能限制在“可然性”的程度上，人永远不可能认识到自然的应然性即它的必然性。

工业社会以来的高科技发展，让自然的许多魅力没有了，但自然的魅力是不可穷尽的。所以，自然去魅的结果，是生态平衡遭受严重破坏，人遭到自然的严重报复，可以说两败俱伤。

后工业社会是工业社会的继续，也是对工业社会的批判与反驳。为了让人与自然和谐相处，一方面要继续让自然去魅，另一方面要更多地尊重自然，敬畏自然，让自然复魅是生态文明建设的一大使命。

五、环境美学视域中的城市化问题

人类的生活环境经历了三个阶段：自然、乡村、城市。史前人类主要生活在自然之中，进入文明社会后主要生活在乡村，其后逐渐走向城市。乡村环境是农业文明的产物，城市环境是工业文明的产物，城市化具有某种必然性。

但是，现代社会又在向后工业社会过渡，后工业社会的潮流在某种意义上却又是反城市化的。

工业社会为什么需要发展城市？因为工业社会的本质是追求高额的经济利益，为了经济利益的最大化，它需要集中物力、财力，将各种从事生产的工厂、从事商贸的公司集中在城市。在工业社会，乡村成为城市的掠夺对象，乡村衰败了。

后工业社会还需要这样的城市吗？后工业社会最大的特点是信息化。互联网是信息社会的突出标志。既然人们获得信息资源如此便捷，那种为了信息获得需要，生产机构、商贸机构是不是要集中在一起，就变得不那么重要了。

更重要的是，后工业社会是一个富裕社会。人们的追求出现一个重要特点，即追求生活品位。有品位的生活一方面体现在精神追求上，另一方面还体现在追求自然的居住环境上。人们普遍地希望居住在美丽的大自然之中。当然，这种美丽的大自然是生态与文明共生的大自然，既能满足人对自然的需求，也能满足人对文明的需要。这种兼具生态与文明两性的生活环境从某种意义上讲是在乡村。乡村不仅有更接近原生态的自然，还有人工的自然——农作物。居住在乡村，可以适当从事一些农业劳动，这对人的身心发展极为有利。

城市化不是将城市建得越来越大，相反，它是城市的解构或瘦身。城市的许多机构要搬出城市，搬到乡村或者大自然中去。美国的许多大公司不在大城市，而在乡村。

城市化一方面是城市解构或者说瘦身，另一方面又是将自然“请进”城市，诸如垒山、凿水、植树、养鸟、驯兽等。在合适的地方，还可以开辟农田，种庄稼。只要是文明的、有序的，与城市融为一体的，都可以在城市占有一席之地。

对于农村来说，城乡一体化主要是将文明的生活方式建立起来，而不是将农村建成一座小城市。

六、环境建设和环境保护问题

几乎所有的建设均是工程，工程是有它自身的功利要求的。比如，水电工程中的大坝是为了蓄水，高速公路是为了让车流顺畅。

凡工程都要追求高功利，这是无疑的，但是，高功利的追求有可能带来环境的破坏。工程带来的环境破坏可以分成三类：一是有害物质的产生，二是生态平衡的破坏，三是景观的破坏。

前两种破坏已经为人们所重视，第三种破坏似乎还没有受到人们的重视。景观的破坏我们可以叫作视觉污染，或听觉伤害，这种情况在市政工程中比较普遍。如高架路，城市原本没有为高架路腾出地方，现在因为交通紧张，凭空在狭窄的街道上建起高架路，使行人和街道两旁的住户都感到极大的不舒服。

城市工程当然需要建，但应当在设计上较多地考虑到工程的审美功能，力求将工程建设成景观。工程能不能建设成景观，关涉到诸多问题，首要的是观念上对功能与审美关系的理解。功能与审美可以构成一定的冲突，也可以实现统一，即既是功能的，又是审美的，功能即审美。这种优秀的市政工程也是存在的。

关于环境保护，有科学技术上的保护，也有观念上的保护。目前许多科学技术上的保护没有用上去，主要是观念不到位。观念达到什么层次，保护就达到什么层次。

环境保护的观念有一个将保护提升到美学高度的问题，直言之，我们希望将环境保护工程同时也建设成环境美化工程——景观工程。那种为保护而保护的工作是消极的保护，以美学作指导的保护则是积极的保护。美学的保护不只是外观上的，它在本质上首先应是生态的，当然也必须是科学的。但光这些还不够，它还应该是有文化的，有品位的，可以欣赏、品味的。

环境美学是一门很有前途的学科，它在当今社会上的实际影响，将有力地推动生态文明与美丽中国的建设。

（刊于《郑州大学学报》2014 年第 1 期）

超越美学的美学

——环境美学的学科特征

⊙陈国雄　李　信
⊙中南大学文学院

德国哲学家沃尔夫冈·韦尔施深入反思了传统美学在面对当代审美泛化现象而出现的危机，在《重构美学》一书中提出了建构一种“超越美学的美学”，为了有效地对当代出现的审美泛化，这种新美学应是多元化、跨学科的美学。本文借用“超越美学的美学”这个词语来描述环境美学的学科特征，除表征环境美学的跨学科特征之外，同时强调环境美学力图突破美学研究艺术的单一立场和拓展传统美学偏于理论研究的学科视野，为了加强美学学科对当代问题的把握能力，力图将理论研究与应用研究进行有效的结合。

一

罗纳德·赫伯恩《当代美学对自然美的忽视》的发表，被视为当代西方环境美学的开端。该文正式发表于1966年出版的《英国分析哲学》一书。在这篇重要的文献里，赫伯恩着眼于传统美学理论对自然美忽视的纠偏，从历史的维度梳理了当代美学中导致自然美被放逐的主要原因。通过对艺术审美与自然审美区别的梳理，赫伯恩认为，由于自然的审美特质，自然美的欣赏能给我们提供独特的审美经验与审美方式，从而有效地拓展我们的审美经验与审美方式。基于此，赫伯恩反对艺术美优于自然美的传统理论见解，主张自然美与艺术美都应成为美学研究的重要组成部分，从而力图打破艺术独占美学的垄断局面。

在论文中，赫伯恩首先描述了自然被完全逐出美学领域的历史境遇。在赫伯恩看来，对美学而言，自然美只是美学学科地图上不标名字的地方，既然不标名字，被人遗忘就理所当然了。然而，这种对自然美的忽视是一件十分糟糕的事情，因为这种忽视使美学放弃了对一组重要而丰富多彩的材料的考察，而且关于自然美的一整套经验被美学理论冷落时，就不容易作为经验对美学理论发挥其应有的作用，这也必然使得现存的美学研究存在理论缺陷。基于此，赫伯恩认真分析了自然美这种历史境遇形成的主要原因：一是浪漫主义文学自然观的隐退和人类审美趣味的转移。浪漫主义文学家笔下的自然是人类审美和道德的教科书，然而随着历史进入 20 世纪，人类审美兴趣更多地转向艺术，人的典型形象就是被自然包围着的“陌生人”，人类不屑于或已无能力与自然进行审美交流，自然对人类而言不仅毫不重要、毫无意义，而且是一种荒诞的存在。二是科学的发展使人类对自然的审美欣赏产生了迷惑与彷徨。显微镜和望远镜不仅为人类增加了大量的审美材料，而且也使得自然景色的各种形象在科学的引领下成为主观的任意选择，“自然是什么”不再是一目了然，这似乎也印证了分析美学对自然审美的认知：自然审美是主观的、琐碎的。三是自然审美经验的特殊性。随着美学理论日益精细化，审美经验的某些特征很难从自然中直接获得，因为作为没有边缘的普通对象，自然景色不太可能像成功的艺术品那样精细地控制审美者的反应。因此，人们趋于将人工制品当作唯一的审美对象与美学研究的核心①。为了扭转这种美学对自然美的遗忘，赫伯恩认为必须认真区分作为审美对象的艺术与自然。与艺术相较，作为审美对象的自然一方面具有时间性，“从肯定的意义层面来说，自然对象这种暂时的、捉摸不定的美学特质成就了人们对新的视角以及新的‘格式塔’式理解的追寻，而且这

① Ronald Hepburn, Contemporary Aesthetics and the Neglec tof Natural Beauty, Allen Carlson & Arnold Berleant, *The Aesthetics of Natural Environments*, Canada: Broadview Press, 2004, pp.43-45.

是一种无休止的、机敏的追寻”;[①] 另一方面，艺术品一般具有“边框”或“基座”，而自然审美对象具有“无框架”的审美特质，从而给予自然更多的审美优势。在自然审美中，尽管审美主体可能偶然以静止的态度面对自然，但更多的时侯，审美主体被自然对象所环绕，审美主体的运动也会成为其审美经验的重要因素，因为“我们在自然之中并且是自然的一部分，我们并不会像站在一幅固定在墙上的画面前一样站在自然的对面”。[②] 由于自然没有边框的特性，超出我们原来审美注意范围的外来视觉或听觉能有效地扩展我们的审美想象力。自然的上述审美特质造就了自然审美应该是开放与流动的，从而为我们的审美想象提供了更多自由发挥的空间。

通过与艺术审美的比较，在赫伯恩的视野中，自然的审美体验极大地拓展了人类审美体验的范围，因而具有艺术无法替代的价值，它必然会成为美学研究的重要内容。赫伯恩的理论表述在很大程度上为环境美学的产生提供了一种合理性论证。

从 20 世纪 70 年代末开始，早期的环境美学发展真正进入理论建构阶段。由于赫伯恩对自然审美的钟情，早期的环境美学研究者出于对传统美学的修正，也将如何审美地欣赏自然环境作为其研究的理论重心。最早的比较有代表性的是艾伦·卡尔松 1979 年发表于美国《美学与艺术批评》的论文《欣赏与自然环境》。接着，卡尔松在 20 世纪 80 年代发表了一系列关于自然美学研究的论文，集中批评了当时景观评估和管理中过度专注于视觉品质和价值的不当做法，并且批驳了在传统“如画性”观念的影响下形成的关于自然的对象模式，提出了关于自然审美的自然环境模式。随后，伯林特、卡罗尔、萨格夫、伊顿、瑟帕玛等人也进入自然美学研究的领域，并对自然的审美方式进行深入

---

① Ronald Hepburn, Contemporary Aesthetics and the Neglec tof Natural Beauty, Allen Carlson & Arnold Berleant, *The Aesthetics of Natural Environments*, Canada: Broadview Press, 2004, p.47.

② Ronald Hepburn, Contemporary Aesthetics and the Neglect of Natural Beauty, Allen Carlson & Arnold Berleant, *The Aesthetics of Natural Environments*, Canada: Broadview Press, 2004, p.45.

的探讨。关于环境审美模式，环境美学在其早期的理论发展过程中将其归纳为对象模式、景观模式、自然环境模式、介入模式、神秘模式、唤醒模式、非审美模式、后现代模式、多元模式、形而上学的想象模式等十种模式。[①] 在环境审美模式研究的推动下，作为环境美学组成部分的自然美学研究打破了艺术独占美学领域的局面。

20 世纪 90 年代初至今，可被视为环境美学的全面建构期。随着环境运动与生态世界观的进一步发展，环境美学在其发展过程中，研究对象由早期的“自然环境”调整为全面发展的“人类环境”，环境美学所关注的哲学主题已转化为如何在美学层面上欣赏我们身边的大千世界。[②] 这一转折主要体现在环境美学研究者伯林特与卡尔松的相关著作与论文中。伯林特以《环境美学》《生活在景观中——走向一种环境美学》两本理论专著开启了这种转折，而卡尔松则以《美学与环境：自然的鉴赏、艺术与建筑》《自然与景观》和《论人类环境的审美欣赏》《当代环境美学与环境保护要求》等论著有力地推动了这种具有重要意义的转折，从而最终完成了自然风景审美——自然环境审美——人类环境审美这一不断发展的过程。

环境美学把在 18 世纪如画美学传统影响下的自然风景审美扩展为自然环境审美，自然首要地并非被体验为“风景”，而是被体验为“日常的环境”。这种扩展不仅有效地改变了 18 世纪以来的风景审美，促成了自然审美对普通自然环境的青睐，而且这种青睐普通的、日常环境的新视角进一步促进了作为整体的人类环境审美的生成。作为整体的人类环境审美的生成有效地打破了美学研究艺术的单一立场，避免了以艺术美与艺术欣赏的标准衡量环境美与环境欣赏，从而轻视甚至排斥环境美与环境欣赏。

---

① Allen Carlson, *Aesthetics and the Environment: The Appreciation of Nature, Art and Architecture*, London and New York: Routledge, 2000, pp.5-15.

② ［加］艾伦·卡尔松：《自然与景观》，陈李波译，湖南科学技术出版社，2006 年，第 2 页。

二

环境美学的未来发展必须将自身置于多学科的视野中，而这种多学科的视野更加有利于其在理论建构层面与实践价值生成层面发挥多元的作用。

韦尔施所主张的美学跨学科发展思路为环境美学的跨学科发展描述了一个美妙的前景："在我想象中，美学应该是这样一种研究领域，它综合了与'感知'相关的所有问题，吸纳着哲学、社会学、艺术史、心理学、人类学、神经科学等的成果。'感知'构成其学科的框架，尽管艺术可能是最重要的，但它只是这一学科中的一个，也仅仅是一个研究对象。"① 环境美学的这种学科发展思路注定要突破美学仅仅关注艺术的单一方向，而是将学科重心移向环境的审美，关注环境审美的多种类型，建构多元的审美范式及进行相关概念的分析。

韦尔施强调美学这个词从词源学上是用以概述感觉与知觉的，这种内涵早于任何艺术论的内涵。即使到了鲍姆嘉通提出美学学科构想的时候，他将其设定为有关认识的学科，其目的是提高我们的感性认识能力，并且韦尔施认为，在鲍姆嘉通确定的美学定义内，艺术甚至都没有被提及。虽然他也引用艺术，但这种引用只是用来说明完美的感性认识是一种怎样的形态。② 但在康德、黑格尔、谢林的努力下，美学逐步被理解为艺术哲学，正因为如此，"美学这一'学科'，却并不十分关注感觉与知觉，而是更多地关注艺术，并且给予了艺术的概念性的部分而不是感受性部分以更多的关注"③。因此，韦尔施力图恢复美学的本源含义，极力强调美学学科中有关"感知"的部分，正是在此意义上，他才认为美学不仅仅在与其他学科交会时才体现其跨学科性，美学本身就具有跨学科性。

---

① ［德］沃尔夫冈·韦尔施：《重构美学》，第 137 页。

② ［德］沃尔夫冈·韦尔施：《重构美学》，第 140 页。

③ ［德］沃尔夫冈·韦尔施：《重构美学》，陆扬、张岩冰译，上海泽文出版社，2002 年，第 104 页。

美学本身的跨学科性不仅赋予了环境美学多学科视野发展思路的学科必然性，更赋予了环境美学多学科视野发展更大的拓展空间，而这种多学科视野的发展思路已然得到了环境美学研究主流学者的认可。卡尔森与萨德勒主编的《环境美学：阐释性论文集》中，由两人合写的引论《跨学科视界中的环境美学》明确地强调了环境美学的跨学科性质。[①] 阿诺德·伯林特在他的《环境美学》一书序言中也说道："近年来，随着各个学科领域学者们的共同关注，一个新的研究方向——环境美学——逐渐展现在人们面前。这种关注首先从美学、环境设计学、哲学和人类科学等交叉学科开始。紧接着，越来越多的文章和专著相继问世，涉及领域包括哲学、文化人类学、建筑学、规划学、景观设计学、人文地理学、环境设计和心理学等艺术家也加入这一潮流，不光有环境艺术家，还有作曲家、剧作家、摄影师和电影导演。他们最早接触环境，有实际的感知体验。而且，这一趋势从国内蔓延到全球，不同国家、传统和文化的人们都表现出共同的兴趣。"[②] 在此，伯林特认为环境美学的产生得益于美学、环境设计学、哲学、人类科学等多种学科对环境问题的关注，并且在环境美学的发展过程中，更多相关学科的加入进一步拓展了其多学科视野的发展思路，同时，这种发展思路呈现出一种全球化的趋势。瑟帕玛也很明确地提出了环境美学发展的多学科思路。他主张环境美学家必须与自然保护者、建筑师、生态学家、文物修复师、工程师、林学家及农民协同工作，这种多学科的视野不仅应体现在环境美学的基础研究层面，而且也应体现在环境美学的实践层面。[③] 伯林特与瑟帕玛提出的这种多学科视野在环境美学的发展过程中得到了很好的

---

① Barry Sadle & Allen Carlson, "Environmental Aesthetics in Interdisciplinary Perspective", *Environmental Aesthetics: essays in interpretation*, 1982, pp.1-19.

② ［美］阿诺德·伯林特：《环境美学》，张敏、周雨译，湖南科学技术出版社，2006年，第1页。

③ ［芬］约·瑟帕玛：《环境之美》，武小西、张宜译，湖南科学技学出版社，2006年，第220页。

印证。环境美学学者纳斯认为：“环境美学是两个领域的研究的一种融合：经验主义美学和环境心理学。这两个领域均使用科学方法解释物理刺激和人的反应之间的关系。”[①] 并且他对从引入环境心理学的视角进行环境美学研究十分重视。这种引入环境心理学的研究主要由心理学家进行，他们一方面对环境的变量（复杂性与神秘性）进行研究，另一方面也重视作用于环境的人的个性、文化、社会的变化。这种研究大多采用实验的方式，通过实验室实验、田野调查和问卷调查等方式，力图对环境的发现与解释进行验证。基于上述方式的使用，这种研究更多采用自然科学的方法，在实现研究工具标准化的前提下，建立模型，进行研究设计，从而获取数据，并对数据进行分析，最终验证假设。[②] 随着人们对具体的环境设计与规划提出更高的要求，建筑师、城市规划师、景观设计师也加入环境美学的研究，《美国规划协会杂志》《景观规划》《景观研究》《环境与规划》《景观设计学》《设计学》等杂志发表了许多环境美学研究的论文。“具备对视觉环境特征和人的情感之间关系的相关知识，设计专业能够更好地规划、设计和管理适合使用者偏好和活动的环境，从而有效地促成生活质量的提高。”[③] 除了心理学家与建筑师、城市规划师和景观设计师的介入，环境美学研究也吸引了伦理学家、地理学家、人类学家的广泛关注，不同学科的有效介入，不仅进一步促成环境美学的多学科特质，而且也极大地推动其向纵深发展。

环境美学的不断发展得益于我们这个时代智慧与文化的进步，这种进步促成了环境美学的多学科视野。这种多学科的视野不仅使其成为当代应运而生的

---

① Jack L. Nasar, *Environmental Aesthetics: Theory, Research and Application*, The Cambridge University Press, 1988, p.xxi.

② J. douglas porteous, *Environmental Aesthetics: Ideas, Politics and Planning*, Routledge, 1996, p.113.

③ Jack L. Nasar, *Environmental Aesthetics: Theory, Research and Application*, The Cambridge University Press, 1988, p.xxi.

综合体，而且也使其呈现出与传统美学迥然不同的新面貌。

三

美学的跨学科性必然要求其自身更好地关注与把握当代问题，这可以推动美学走上一条积极的应用研究之路。依这种发展逻辑，环境美学的跨学科性决定其不再只是一般意义上的哲学美学，过度纠结于美学理论与概念的无穷演绎，而是将更多的关注转向积极的环境美学建构上。而早期的环境美学发展正是这样一条积极的环境美学之路，这与传统美学的理论建构之路迥然不同。

西方环境美学从产生到20世纪70年代末，其发展的重心没有像传统美学专注于理论建构，而主要在实践层面应对环境问题。正如卡尔松所言："在环境美学这一领域中，相对早一些的进展主要是集中在应用层面。"[①] 这种着眼于实践层面的发展一方面呈现为环境规划与环境工程的实践。20世纪60年代中期，环境艺术（大地艺术）开始集中关注艺术与自然的关系，从而引起了人们对环境与生态问题的广泛关注。而作为"环境艺术"典范形式的"大地艺术"融入了"同大地相联的、同污染危机和消费主义过剩相关的生态论争"，[②] 进而引导人们从艺术与自然的关系入手反思人与自然的关系，并最终推动了环境美学早期发展阶段的环境规划与环境工程实践。麦克哈根从生态学的视角来研究自然环境与人的关系。他认为，自然现象是相互作用的、动态的发展过程，是各种自然规律的反映，在人类社会高速发展的过程中，发展是不可避免的，但不受约束的发展必然带有破坏性。[③] 帕特丽夏·约翰松在环境规划与工程中，

① ［加］艾伦·卡尔松：《自然与景观》，陈李波译，湖南科学技术出版社，2006年，第12页。

② Jane Turner, *From Expressionism to Post-Modernism: Styles and Movement in 20th-century Western Art*, London: Macmilian Reference Limited, 2000, pp.231-232.

③ ［英］伊恩·伦诺史斯·麦克哈根：《设计结合自然》，芮经纬译，天津人民出版社，2006年，第102页。

也同样坚持生态主义与人文主义相结合的理念。她认为，环境设计应“不仅充满了诗情画意、与民族文化精神相契合，还能创造有利于动植物生存的生态系统”。[①] 因此，在麦克哈根与帕特丽夏·约翰松的环境设计中，很好地坚持了生态主义、人文主义与科学主义的结合，这种结合与环境美学的哲学基础有内在的沟通性。正基于此，麦克哈根与帕特丽夏·约翰松的生态规划与设计自然地融入了环境美学学科的整体发展。

另外，环境美学则表现为对环境（景观）的审美价值进行量化研究。在环境美学发展的初期，一大批具体从事实际环境规划和设计的专家力图对环境的审美价值进行科学的、量化的估算，并以此来影响有关环境问题的各种决策。1975 年，应美国工程集团的要求，美国西雅图的约翰斯与约翰斯咨询公司就一项水电工程对当地娱乐资源和审美资源所产生的影响进行了非常复杂的论证与评价。[②] 这种量化研究力图获取环境景观有关美的属性的数据，从而更好地促进环境规划。

但是，随着环境美学的进一步发展，这种积极的环境美学之路没能很好地兼顾消极环境美学的发展，甚至有脱离基础理论研究的趋势。如果没有消极环境美学的配合，单纯的积极的环境美学发展不仅不利于其学科的整体建构，而且也不利于其跨学科性的进一步发展，最终导致无法对当代问题的深入把握。因此，建构系统的环境美学理论势在必行。而且环境美学的实践层面亟须系统的理论指导，这就要求环境美学的发展实现理论与实践的深层结合。正如伯林特所言：“在环境美学中，理论思考和实践是不可分割的。”[③]

---

① ［加］卡菲·凯丽：《艺术与生存——帕特丽夏·约翰松的环境工程》，陈国雄译，湖南科学技术出版社，2008 年，第 109 页。

② 彭锋：《完美的自然——当代环境美学的哲学基础》，北京大学出版社，2005 年，第 11~12 页。

③ ［美］阿诺德·伯林特：《生活在景观中——走向一种环境美学》，陈盼译，湖南科学技术出版社，2006 年，第 28 页。

这种理论与实践的深层结合建基于上述两个实践层面的理论反思。卡尔松在《环境美学——自然、艺术与建筑的鉴赏》一书中对环境艺术进行了深入的审美反思。他认为，艺术家如果执着于将自然引入艺术，在艺术欣赏的视界中必然会造成自然审美特征的扭曲，以至于出现环境艺术对自然的审美侵犯。[①] 基于此，他认为恰当的环境审美欣赏应采用一种“环境模式”，这种“环境模式”能够回答自然环境欣赏中欣赏什么和如何欣赏的问题。[②] 而对于对环境（景观）的审美价值进行量化研究的做法，阿诺德·伯林特从客观性与精确性方面指出量化研究存在的弊病：“量化途径致力于一种如同科学一样的客观性和精确性，但其范围太窄，并且采用的数据是缺乏说服力和值得怀疑的。……量化研究产生的数据只提供了有限的、似是而非的证明。”[③] 而卡尔松则集中关注了照片常被作为量化工具的问题，他认为，环境审美应采用自由而非限制的角度，具有非框架性、感官的多样性和可进入性。如果我们将环境看作一幅照片，我们对环境的欣赏只能采用限定的角度，这必然会导致框架性、感官的单一性（视觉）和不可进入性[④]。在这两种审美反思的基础上，环境美学将其理论探讨的视角首先集中于解决如何正确地实现环境审美鉴赏的问题，并进而扩展到其他方面的理论建构，推动环境美学理论与实践的深层结合。

随着环境美学多学科视野发展的进一步展开，未来环境美学的动态发展与

---

① Allen Carlson, *Aesthetics and the Environment: The Appreciation of Nature, Art and Architecture*, London and New York: Routledge, 2000, p.56.

② [加] 艾伦·卡尔松：《欣赏与自然环境》，《从自然到人文——艾伦·卡尔松环境美学论文选》，薛富兴译，广西师范大学出版社，2012 年，第 52 页。

③ [美] 阿诺德·伯林特：《生活在景观中——走向一种环境美学》，陈盼译，湖南科学技术出版社，2006 年，第 25 页。

④ Allen Carlson, *Aesthetics and the Environment: The Appreciation of Nature, Art and Architecture*, London and New York: Routledge, 2000, pp.34-36.

变革必定要在理论与实践之间获得一种平衡，并在两者之间形成一种良性的互动。理论的环境美学与应用的环境美学的相互协作，是环境美学发展融入日常生活世界的必由之路。

（刊于《郑州大学学报》2015 年第 1 期）

二、环境美学的模式

环境美学的审美模式分析

⊙彭　锋
⊙北京大学美学与美育研究中心

环境美学的兴起，给以艺术为中心的现代美学提出了多方面的挑战。比如，从审美对象上看，环境就远不如艺术作品那样确定，这不仅因为环境一般来说都没有像艺术作品那样明显的边界，而且因为欣赏者可以在环境之中而不能在艺术作品之中，在环境之中的欣赏者的任何举动，都会导致作为欣赏对象的环境本身的改变。由于作为审美对象的环境具有明显不同于艺术作品的特征，因此许多环境美学家主张，针对环境的审美模式应该不同于针对艺术作品的审美模式。由于在构成环境的诸因素中，与艺术作品形成典型对照的主要是自然物，因此本文将自然审美作为环境审美的典型来考察。就像绝大多数的环境美学问题的解决最终都牵涉到美学基础理论的变革一样，对于环境审美模式的考察，最终将触及对美与审美经验这样的核心美学问题的重新思考。

一

环境美学家伯林特（Arnold Berleant）为了应付环境向美学的挑战而提出了一种新的审美模式，也就是所谓的介入模式，以区别现代美学所倡导的分离模式。所谓“分离模式”，是18世纪现代美学确立以来所倡导的审美模式，它的典型特征是无利害的静观。用康德的经典表述来说，这种审美模式不涉及对象的任何功利、概念、目的，只涉及对象的纯粹形式。更具体地说，就是对象的纯粹形式所引起的想象力和知解力之间的和谐合作。也就是说，在这种审美模式中，欣赏者完全外在于审美对象，借用布洛的术语来说，欣赏者要与审美对象保持必要的心理距离。作为与分离模式相反的介入模式，就是全面介入对象的各个方面，与对象保持最亲近的、零距离的接触。

事实上，在现代美学中，早就存在两种审美模式的对立。比如，朱光潜在《文艺心理学》中采用德国美学家弗莱因斐尔斯的说法，将审美者分成两类，一类为“分享者”，一类为“旁观者”。“‘分享者’观赏事物，必起移情作用，把我放在物里，设身处地，分享它的活动和生命。‘旁观者’则不起移情作用，虽分明觉察物是物，我是我，却仍能静观其形象而觉其美。”[①] 这里的“旁观者”与“分享者”之间的区分，大致相当于当代环境美学中的分离模式与介入模式之间的区分。现代美学的主要任务，是剔除“分享者”的审美模式，维护“旁观者”的审美模式。因此，全面继承了西方现代美学的一般观念的朱光潜，表面上把这两种审美者看得同等重要，但实际上是重视“旁观者”的。朱光潜引用罗斯金、狄德罗等人的观点，说明“旁观者”要比“分享者”高一个层次。“分享者”“这一班人看戏最起劲，所得的快感也最大。但是这种快感往往不是美感，因为他们不能把艺术当作艺术看，艺术和他们的实际人生之中简直没有距离，他们的态度还是实用的或伦理的。真正能欣赏戏的人大半是冷静的旁观者，看一部戏和看一幅画一样，能总观全局，细察各部，衡量各部的关联，分析人物的情理”。[②] 为了不至于引起术语上的混乱，让我们将“旁观者”的审美模式称为现代审美模式，因为这种审美模式是以哈奇森和康德为代表的西方现代美学家所极力维护的一种审美模式，而将现代美学家们批判的“分享者”的审美模式，称为前现代审美模式。显然，当代环境美学所倡导的介入模式是对“旁观者”的现代审美模式的反驳和对“分享者”的前现代审美模式的回归。不过，考虑到介入模式不是简单地回归“分享者”模式，因此

---

① 朱光潜：《文艺心理学》，安徽教育出版社，1996 年。

② 朱光潜：《文艺心理学》，安徽教育出版社，1996 年。

我们可以将介入模式称为后现代审美模式。

与属于哲学阵营的环境美学家喜欢用介入与分离来表达两种审美模式之间的差别不同，属于人文地理阵营的景观美学家则喜欢用内在者与外在者来表达这种差异。比如，博拉萨（Steven Bourassa）在《景观美学》中就强调内在者与外在者的区别。内在者通常被认为是长期生活在某个地方的本地居民，他们与周围环境有一种存在论上的密切关系；外在者通常被认为是旅游观光者，他们只是某处自然景观前的匆匆过客。人文地理学者强调内在者的感受具有优先性，因为我们毕竟更多时候是作为居民生活在某个环境之中，观光客不是我们的正常生存方式。

显然，导致伯林特主张介入的审美模式是这样一个事实：我们无法将环境作为对象来静观。将环境作为对象来静观需要我们站到环境之外，就像我们必须在一幅绘画的对面才能静观这幅绘画一样。但我们不可能在环境之外，我们总是在环境之中。因此，如果说我们可以采取分离模式来欣赏一幅绘画的话，我们绝不可以采取分离模式来欣赏环境，这就迫使我们去寻找适宜于环境的审美模式，在伯林特看来，这种适宜于环境的审美模式就是他所倡导的介入模式。

但是，伯林特走得更远。由于环境美学的启示，伯林特试图彻底推翻分离模式。也就是说，介入模式不仅适合于环境的审美欣赏，而且适合于艺术的审美欣赏，以康德为代表的那种现代美学的分离模式在根本上是一个错误。显然，伯林特试图通过环境美学确立起一种全新的审美模式，即他的具有后现代色彩的介入模式。这就是我们一再强调的，对于环境美学的研究往往会涉及一般美学理论的变革。不过，伯林特的这个主张显然过于鲁莽，因为某些场合的艺术审美明显是分离式的，比如在音乐厅里安静地欣赏古典音乐或者在画廊里欣赏绘画作品。有鉴于此，伯林特提出了一种想象式的介入进行补救，也就是说，所有的欣赏至少都应该是想象式的介入。但是，伯林特的这种过于鲁莽的主张掩盖了将自然物作为环境来欣赏的独特性，进而掩盖了他的介入模式的独特性。想象一幅绘画作品中的花香跟在大自然中闻到真正的花香是截然不同的，由此就不难明白想象式的介入与真正的介入是不能混为一谈的。

尽管伯林特反复申述他的介入模式的主张，但他似乎始终没有明确介入的对象。如果他的介入模式是直接反对康德的无利害性的静观，那么需要介入的就是功利、概念、目的。如果果真是这样的话，审美与非审美之间如何区别？当然，伯林特可以用杜威的连续性来回应这种责难。根据杜威的观点，审美经验与日常经验没有本质上的区别，只有程度上的差异。与日常经验相比，审美经验只不过显得更强烈、更集中、更完满而已。如果真是这样的话，伯林特就完全没有必要用“介入”一词，尤其是没有必要用“欣赏者不可以从环境中超越出来”这个论据，来论证他的介入模式。因为对于一个完全外在于欣赏者的对象，欣赏者也可以用有功利、有目的、有概念的眼光来看它，也可以介入到它的功利、目的和概念之中，就像某些人用色迷迷的眼光盯着墙上的一幅裸体绘画一样。更重要的是，即使在对象之中，也能做到分离式的欣赏。比如，一个钢琴演奏家完全沉浸在他的演奏之中，他不可能从他的演奏之中超脱出来，但他仍然可以对他演奏的音乐做一种无利害的静观。

二

另一位环境美学家卡尔松（Allen Carlson）主张一种对自然的环境审美模式或简称环境模式。卡尔松的主张与伯林特的主张在许多方面相似，但卡尔松的论证显然要具体和细致得多。

卡尔松反对当代环境美学中流行的形式主义主张，即对自然的审美欣赏主要是欣赏自然物的形状和颜色等外在形式。他认为对自然的审美欣赏主要是欣赏自然物的表现性质，比如，我们对鲸的欣赏不是欣赏它的优美曲线，而是欣赏它的宏伟。卡尔松进一步主张，为了正确地欣赏自然物的表现性质，我们需要有关于自然物的相关知识，需要将自然物放在它的正确范畴下来感知。比如，我们只有将鲸放在哺乳动物的范畴下来感知，才能感受到它那宏伟的表现性质。如果将它放在鱼的范畴下来感知，我们就会感到笨拙和可怕。那么，是什么东西决定鲸的正确范畴是哺乳动物而不是鱼？卡尔松认为，是自然史和自然科学，尤其是生物学和生态学。

显然，卡尔松的这个环境模式也不同于现代美学的分离模式，因为康德认为，审美是与概念无关的，而卡尔松的环境模式却依赖正确的范畴。因此我们可以将卡尔松的环境模式归入后现代的介入模式之中。

事实上，在环境美学家之前，当代艺术哲学家就致力于突破以康德为代表的现代美学的分离模式，而卡尔松的环境模式明显受到瓦尔顿（Kendall Walton）和丹托（Arthur Danto）等艺术哲学家的影响。当代艺术哲学家之所以普遍采用介入模式，是因为20世纪出现的现代主义艺术和前卫艺术明显抵制分离式的欣赏。如果我们用无利害的静观去欣赏杜尚的《泉》，我们所欣赏的就只是一个小便池而不是一件艺术作品。要将《泉》作为艺术作品来欣赏，必须将它放到艺术史的上下文中，必须确立好它在艺术语境中的位置，这就相应地需要关于《泉》是一件怎样的艺术作品的知识，需要介入艺术史、艺术理论、艺术评论等所构成的理论氛围之中，需要介入“艺术界”（art world）之中。

然而，如果仔细分析起来，以丹托为代表的艺术哲学所推崇的这种介入模式，并不是真正的介入。因为丹托强调的是介入由艺术史、艺术理论和艺术评论等组成的“艺术界”，而不是介入艺术作品本身。在我们介入“艺术界”的条件下，我们还是可以保持对艺术作品做分离式的欣赏。以欣赏音乐为例，无论我们是否介入“艺术界”，也就是说，无论我们是否能够确定贝多芬的第九交响曲在“艺术界”中的位置，我们都可以安静地坐在音乐厅里欣赏它。这种安静地坐在音乐厅里的欣赏方式就是一种标准的分离式的欣赏方式。与这种安静地坐在音乐厅的欣赏方式相区别的是欣赏爵士乐或摇滚乐时的起舞和吟唱。这种伴随音乐的起舞和吟唱才是真正的介入式的欣赏，因为欣赏者完全介入到音乐作品之中。

由于受到当代艺术哲学的影响，卡尔松主张对自然的审美欣赏既需要介入到自然环境之中，也需要介入到关于自然的历史和科学知识之中。与伯林特相似，卡尔松也强调欣赏者无法从自然环境中超越出来将自然作为对象来静观，但不同的是，卡尔松还强调我们需要将自然放在适当的范畴下来感知。由此我们可以说，卡尔松的环境模式中的介入比伯林特的介入模式中的介入更深刻，同时他也说出了比伯林特更为丰富的内容。

然而，对于是否需要介入关于自然物的历史和科学知识是有争论的。如果对自然物的恰当的审美欣赏需要有关该自然物的历史和科学知识，那么就只有博物学家、生物学家、地理学家、地质学家、生态学家等人才有资格欣赏自然美，但这种推论显然违背常识。事实上，了解花是植物的生殖器官并不会有助于我们对花的审美经验。卡尔松通过适当范畴来确保欣赏者感受到自然物的表现性质，这一点是十分可疑的，至少有多此一举之嫌。因为我们在缺乏关于自然物的历史和科学知识的情况下也可以感受到自然物的表现性质。就主张我们在自然物那里欣赏的是表现性质而不是形式特征来说，卡诺尔（Carroll）与卡尔松是一致的。卡诺尔主张，我们对自然的审美经验的关键在于我们在情感上被自然物所打动，或者自然物唤起了我们心中的某种情感。我们可以将卡诺尔的这种自然审美模式简称为唤起模式。与卡尔松不同的是，这种情感的唤起不必要求建立在对自然物的科学认识的基础之上。卡诺尔经常举的一个例子是对瀑布的经验，他说："我们可以发觉自己站在某条雷鸣般的瀑布下面而为它的宏壮所振奋。""……站在飞流直下的瀑布附近，我们的耳朵里回响着飞落之水的咆哮，我们被它的宏壮所征服并为之感到振奋。人们通常都想获得这种经验。而且，在卷入这种经验的时候，我们的注意力不是集中在其他方面，而是集中在自然的浩瀚的某些方面，如瀑布的明显可知的力量，它的高度和水量，它改变周围空气的方式，等等。"需要指出的是，卡诺尔在这里说的力量、高度、水量都不是指某种可以具体量化的指标，而是指瀑布的高、大、强和因此给人造成的宏壮感。

我们对瀑布的审美是感受到瀑布的宏壮，也就是感受到瀑布的表现性质，而不是感受到瀑布的形式，在这一点上卡诺尔与卡尔松相似。不同的是，卡尔松主张这种表现性质不是所有人都能够感受得到，只有那些了解跟瀑布有关的地理、地质、水文等科学知识的人才能正确地感受到瀑布的表现性质；而卡诺尔主张这是每个人天生就能感受到的东西，它无须借助科学知识的帮助，甚至不受文化知识的影响。卡诺尔说："这不需要专门的科学知识。也许它只是要求作为一个人，具有我们所拥有的感觉，觉得［自己］渺小并能够直觉到咆哮的水流相对于像我们这样的生物所具有的巨大力量。这也不需要我们一般的文化知识来发挥作用。可以想象，来自其他没有瀑布的星球的人们也能够分享我们这样的宏壮感。"

我们很难将卡诺尔的唤起模式简单地归入介入模式还是分离模式。首先，卡诺尔的唤起模式中缺乏对关于自然物的历史和科学知识的介入。其次，它也可以不必介入自然环境之中。对于卡诺尔所说的那种关于瀑布的宏壮感，除我们亲临现场之外，似乎还有某些其他途径可以感受得到，比如观看有关瀑布的电影。如果是这样的话，卡诺尔的唤起模式并不与分离模式相矛盾。当然，卡诺尔可以通过强调我们视听之外的感觉（如触觉和嗅觉）的重要性，来突出我们只有亲临现场才能获得那种宏壮感。由于这些感觉只有介入自然环境之中才能获得，因此卡诺尔的唤起模式又可以归入介入模式。

三

关于环境的审美模式，在当代环境美学中引起了激烈的争论，出现了许多观点，不过总起来可以归结为介入模式和分离模式两大类。我们前面讨论的伯林特、卡尔松甚至包括部分卡诺尔，都可以归入介入模式一类，而代表分离模式的是环境美学中的形式主义一派，它包括某些哲学家和绝大多数景观设计师，因此具有极强的影响力。但由于形式主义者强调将环境作为一个孤立的对象从形式美的角度来欣赏，它本身并没有什么需要澄清的地方，因此我在这里就不再复述。我想指出的是，尽管关于环境的审美模式的争论已经非常深入，但似乎并没有让人看到有解决问题的希望。无论是介入模式的阵营还是分离模式的阵营，似乎都没有触及问题的核心。在本文的最后部分，我试图从在场（presenting）或显现（appearing）美学的角度，来尝试解决介入模式与分离模式的争论。

就分离模式来说，卡尔松已经成功地批判了作为其代表的形式主义者的观点，因为这种注重自然物的外在形式的审美模式，没有将自然作为环境来看，进而没有将自然作为自然本身来看。这种欣赏模式与其说欣赏的是自然物的审美特征，不如说欣赏的是我们在文化世界中形成的某种习惯。换句话说，是我们将文化世界中的形式美的标准强加到自然物之上，借用杜夫海纳的话来说，就是"仍然是人在向他自己打招呼，而根本不是世界在向人打招呼"。[①]

就介入模式来说，卡诺尔已经成功地批判了所谓的深层介入，即卡尔松所要求的对关于自然物的历史和科学知识的介入，赫伯恩（Roland Hepburn）则批判了所谓浅层的介入，即伯林特和卡尔松共同要求的必须介入环境之中而不能超出环境之外。我这里想强调的是，我们首先必须界定介入的内容，才能判断是否需要介入，也就是说，我们必须澄清究竟需要何种意义上的介入，又应该避免何种意义上的介入。一个明显的事实是：无论是博拉萨的内在者意义上的本地居民，还是卡尔松的环境科学专家，他们虽然都在不同程度上介入环境之中，但他们并不因此就必然处在对环境的审美感知之中，就必然拥有对环境的适当的审美经验。因此，如果说介入是环境审美的一个必要条件的话，那么它至少不是充分条件，我们要获得对于环境的审美经验，还需要其他的条件。

现在让我们从在场美学或显现美学的角度来挽救介入模式。我曾经从中国传统美学和现象学美学的角度指出："美学意义上的美，不是日常意义上的美或漂亮，而是事物所呈现的另一种样态，一种不同于日常样态的本然样态，中国美学常用'意象''意境''境界'等词来指称这种本然样态，因此，美学意义上的美，是一种境界美。"[②] 与这种美学意义上的美相应的审美经验，是呈现经验而不是再现经验[③]。最近德国美学家马丁·瑟尔（Martin Seel）提出了

---

① ［法］杜夫海纳：《美学与哲学》，孙非译，中国社会科学出版社，1985 年。

② 彭锋：《美学的意蕴》，中国人民大学出版社，2000 年，第 51 页。

③ 彭锋：《审美经验作为呈现经验》，载于高建平、王柯平主编《美学与文化·东方与西方》，安徽教育出版社，2006 年，第 609~629 页。

一种“显现美学”，认为美不在于事物的本质，也不在于事物的外观，而在于事物的显现过程，在于事物显现为事物的那一刹那。现在，让我举一个大家都很熟悉的例子来说明这种显现美学的要义。王阳明《传习录》中记载了这样一个故事：

先生游南镇，一友指岩中花树问曰：“天下无心外之物，如此花树，在深山中自开自落，于我心亦何相关？”先生曰：“你未看此花时，此花与汝心同归于寂。你来看此花时，则此花颜色一时明白起来。便知此花不在你的心外。”①

叶朗较早用这个例子来阐明美的“显现”特征，认为王阳明的回答说明了“审美体验就是‘照亮’，就是‘唤醒’。在审美体验中不存在没有‘我’的世界，世界一旦显现，就已经有了我”。②

我想着重指出的是，这颜色一时明白起来的花，就是这棵花树所显现的美。这里的关键不在于“颜色”，而在于“明白”。在人们未看此花的时候，此花也有颜色，但那时的颜色是不显现的，因而是不“明白”的。当然，“明白起来”的不仅有花的颜色，还有花的形状、花的芳香、花的妩媚、花的娇柔等一系列的感觉特征。这一时“明白起来的花”具有各个方面的饱满的或充盈的感觉性质。用鲍姆嘉通的术语来说，这是一种明晰的（clear）明白，而不是明确的（distinctive）明白。明晰的明白具有感觉上的饱满性但不具备分析上的确定性，明确的明白具有分析上的确定性但不具备感觉上的饱满性。一个从来没有见过大海的化学家可以通过实验知道海水的确切成分，从而获得一种对海水的明确的明白；一个从来没有进过实验室的渔民可以通过经验知道海水确切的样子，从而获得一种对海水的明晰的明白。

这棵一时明白起来的花树的感觉特征不仅是饱满的，而且是不确定的，因而是难于分析的。这里的不确定不仅指花的颜色的细微差别从理论上很难识别出来，而且指它同时呈现了各种各样的感觉特征，它们以远远超过任何形式的

---

① 《王阳明全集》（上），上海古籍出版社，1992 年，第 107~108 页。

② 叶朗：《现代美学体系》（第二版），北京大学出版社，1999 年，第 456 页。

分析所能容忍的密度同时出现。不确定性不仅是因为饱满的感觉特征，而且是因为刹那在场性。这棵一时明白起来的花树，是在某人的某一时刻的观照中刹那显现出来的花树，它不能从某人某一时刻的观照中超越出来成为一棵一成不变的客观存在的花树。这种刹那在场性使得花树的饱满的感觉特征不容有分析性的分说，它只是兀自在场，呈现为一个不可条分缕析的感觉整体。

这种饱满的、不确定的、刹那在场的感觉整体，用中国古典美学的术语来说就是“象”。“象”本身就包含有“显现”的意思，《周易·系辞上》就有“见乃谓之象”的说法。作为“显现”的“象”包含有“照亮”的意思，宗白华说：“‘象’如日，创化万物，明朗万物！”①

在宗白华看来，“象”不仅具有“显现”“照亮”的意思，而且自身是一个不可分割的整体，是一个艺术的和审美的对象。宗白华说：“象是自足的，完形的，无待的，超关系的。”② “是空间之意象化，表情化，结构化，音乐化。”③

在简单地交代了这个理论背景之后，现在我们可以来尝试解决当代环境美学中的介入模式与分离模式的争论。根据这种显现美学的构想，环境的美不在于环境的形式、功用或物理特征，而在于环境在与观察者遭遇时刹那现起的“象”。因此如果像伯林特和卡尔松主张的那样，介入指的是介入环境的物理存在之中，或者像卡尔松别出心裁主张的那样，介入指的是介入有关自然物的历史和科学的知识之中，那么就无法解释我们对环境的审美经验，无法解释环境审美区别于一般有关环境的实践活动的独特性。介入只能指介入“象”的创造之中，也就是说，环境之美是欣赏者亲自参与构成的。由于人们总是倾向于关注那些一成不变的东西，因此要将我们的注意力集中到刹那现起、稍纵即逝、幻化生成、活泼泼的“象”，我们就必须将某些东西分离出去，尤其是将我们

---

① 宗白华：《宗白华全集》第一卷，安徽教育出版社，1994年，第643页。

② 宗白华：《宗白华全集》第一卷，安徽教育出版社，1994年，第643页。

③ 宗白华：《宗白华全集》第一卷，安徽教育出版社，1994年，第643页。

理解事物的根深蒂固的、一成不变的观念分离出去。分离的目的不是像现代美学家主张的那样，让我们对事物的形式保持一种有距离的、冷静的观照，而是参与事物之“象”的创构之中。只有分离，我们才能更好地介入。这就是我们对当代环境美学关于环境审美的分离模式与介入模式之争的一种辩证的解决方案，而这种解决方案是那些沉浸在这场争论中的环境美学家很难想到的。

（刊于《郑州大学学报》2006 年第 6 期）

环境审美：科学认知还是情感参与？
——从两种环境审美观看中西哲学自然观的整合

⊙刘清平　王　希
⊙北京师范大学价值与文化研究中心

近年来，20 世纪中叶兴起于西方的环境美学引起了我国学界的浓厚兴趣，一些有代表性的看法也通过译著和介绍进入了我们的理论视野。其中值得注意的是艾伦·卡尔松的“科学认知主义”和阿诺德·伯林特的“参与式美学”。如果说前者清晰地体现了西方主流哲学的基本精神的话，后者却似乎与中国哲学的思想倾向存在某些相通之处。本文试图从分析这两种环境美学观入手，对中西传统哲学的自然观思想做一些比较，由此说明在环境美学的视域中整合中西哲学自然观的必要性和意义。

一

在阐述“科学认知主义”的环境审美观时，卡尔松指出，建立在对事物本质认识基础之上的美感，要比单纯依靠经验联想产生的美感更有价值。他曾引用另一位西方学者赫伯恩的话说：“设想积云的轮廓类似于一篮洗涤的衣物，而且我们从观照这种相似性中感到愉悦。设想另一个时候，我们试图去了解积云中气体的紊乱状态，还有在其内部和周边决定着积云的结构和可见的形式的气流。这时，我们难道不认为后一体验比起前一个体验少一点肤浅，本性上多一些真实，并因此更值得去拥有吗？"[1] 他自己也明确宣布："我们对自然的欣赏不仅是在美学层面上，而且无论是性质还是结构上都与艺术相类似。重要区别在于：在艺术欣赏中，艺术的知识由相关的艺术批评和艺术史所提供，而在自然欣赏中，自然的知识是由自然史——科学所提供。"[2] 因此，"在自然中为了实现严肃的、适当的审美欣赏，它也必须通过自然史知识和自然科学知识在认知层面上加以塑造"。[3] 应该说明的是，卡尔松并没有否认人们可以从观赏自然景观的活动中获得感性的审美愉悦，他甚至还谈到了自然事物所具有的"生活价值"和"表现力"。[4] 但很明显，在他看来，严格意义上的环境审美必须建立在有关自然事物本质的科学认识的基础之上。这些看法与西方主流哲学依据认知理性精神对待自然界的基本态度是完全一致的。

事实上，认知理性精神可以说是贯穿西方哲学发展历程的一条主线。从最初的古希腊哲学家力图揭示世界万物的本原开始，一代又一代的西方哲学家总是倾向于把人与自然界之间的关系首先归结为一种认知性的关系，强调人的首要使命就是运用自己独有的理性能力，透过变幻不定的感性现象把握事物的本质属性，获取普遍必然的科学真理。赫拉克利特就曾经指出："智慧就在于说出真理，并且按照自然行事，听自然的话。"[5] 常常被人们认为是构成西方主流哲学基本标志的"主客二分"模式，就深深地植根于这种认知理性精神之中，因为这种哲理精神必然要求我们把人首先看成是能够从事理性认识活动的主体，而把在人之外存在的各种事物首先看成是可以为人的理性认识活动所把握

---

① ［加］艾伦·卡尔松：《自然与景观》，陈李波译，湖南科学技术出版社，2006 年，第 46 页。

② ［加］艾伦·卡尔松：《自然与景观》，第 50 页。

③ ［加］艾伦·卡尔松：《自然与景观》，第 9 页。

④ ［加］艾伦·卡尔松：《自然与景观》，第 69 页。

⑤ 北京大学哲学系外国哲学史教研室编译：《西方哲学原著选读》（上），商务印书馆，1981 年，第 25 页。

的对象，并在二者之间画出一条泾渭分明的界线，以确保通过理性认识活动获得的科学真理客观公正，不受人的主观偏见或情感爱好的干扰扭曲。文艺复兴之后，西方现代哲学虽然开始重视人与自然之间的实践性关系，但依然坚持把这种实践性关系建立在人与自然之间的认知性关系的基础之上，强调人们应该凭借理性认识的力量去征服自然、战胜自然。弗兰西斯·培根指出："人的知识和人的力量合二为一……要命令自然就必须服从自然。"①

这种认知理性精神也极大地影响到了西方美学传统及其自然观。柏拉图把"美"看作是一种永恒不变的客观"理式"，只有理性认识才能真正加以把握。② 同样，鲍姆嘉通也是从认识论的角度入手，把"美学"命名为"感性认知学"。康德在分析自然界的崇高景观时也明确指出："我们愿意把这些对象称为崇高，因为它们把心灵的力量提高到超出其日常的中庸，并让我们心中一种完全不同性质的抵抗能力显露出来，它使我们有勇气能与自然界的这种表面的万能相较量。"③ 他在这里虽然没有强调人对自然美的理性认知，却仍然充分凸显了人凭借理性心灵的力量实现的对自然界的抵抗和征服。黑格尔也是站在类似的立场上抬高艺术美而贬抑自然美的："艺术美高于自然美。因为艺术美是由心灵产生和再生的美，心灵和它的产品比自然和它的现象高多少，艺术美也就比自然美高多少。"④

提出了所谓"自然全美"观念的卡尔松，当然是反对人去征服自然的，也没有贬低自然美的意思。不过，当他从"客观主义的视角"强调"事物应该

---

① 北京大学哲学系外国哲学史教研室编译：《西方哲学原著选读》（上），商务印书馆，1981 年，第 345 页。

② 北京大学哲学系外国哲学史教研室编译：《西方哲学原著选读》（上），第 73~75 页。

③ ［德］康德：《判断力批判》，邓晓芒译，杨祖陶校，人民出版社，2004 年，第 100 页。

④ ［德］黑格尔：《美学》（第一卷），朱光潜译，商务印书馆，1996 年，第 4 页。

‘如其所是’地进行观赏”、[①] 反对人们把主观的东西强加在对象之上的时候，当他主张“在自然审美欣赏中占据中心位置的知识应是如地理学、生物学还有生态学所提供的知识”[②] 的时候，构成他的基本理论支柱的，显然还是西方主流哲学延续了两千多年的那种认知理性精神，那种认为客观理性的科学知识在性质和价值上要远远高于感性经验和情感想象的哲理精神。其实，从亚里士多德的那句名言——“美的主要形式秩序、匀称与明确，这些唯有数理诸学优于为之作证”[③] 中，我们不是很容易发现卡尔松“科学认知主义”环境审美观的悠久历史起源吗？

二

相比之下，伯林特的“参与式美学”似乎更倾向于摆脱西方主流哲学的主客二分结构，不是把“环境”当作在人之外独立存在的客观对象，而是当作某种可以与人的呼吸、生命、感受、体验融为一体的东西：“美学所说的环境不仅是横亘眼前的一片悦目景色，或者从望远镜中看到的事物，抑或被参观平台圈起来的那块地方而已。它无处不在，是一切与我相关的存在者。不光眼前，还包括身后、脚下、头顶的景色。”[④] 因此，在他看来，在环境审美中占据中心位置的，不应该是那种把自然界当作外在客观对象来理解的理性化的科学认识，而首先是人们通过五官肌体获得的感性体验：“事物只有在体验时才变得

---

① ［加］艾伦·卡尔松：《自然与景观》，陈李波译，湖南科学技术出版社，2006 年，第 63 页。

② ［加］艾伦·卡尔松：《自然与景观》，第 9 页。

③ ［古希腊］亚里士多德：《形而上学》，吴寿彭译，商务印书馆，1991 年，第 265~266 页。

④ ［美］阿诺德·伯林特：《环境美学》，张敏、周雨译，湖南科学技术出版社，2006 年，第 27 页。

对我们有意义，因此所有的感知经验中都包含美学因素。”[1] 毋庸置疑，伯林特依然是一位受到西方主流哲学思想浸润的美学家，所以，他才会像鲍姆嘉通那样，十分强调“感知经验”在审美活动中的重大意义。但与此同时，从他那种试图突破西方主流哲学主客二分模式的努力中，我们也不难发现他的“参与式美学”与中国哲学在对待自然界的基本态度方面存在着某些相通之处。

与西方哲学形成了鲜明对照，中国哲学的基本精神不是“理性”精神，而是独树一帜的“情理”精神。[2] 相应地，在人与自然的关系上，它关注的首要问题也不是人如何凭借理性能力认识世界的问题，而是人如何能够通过情感活动与大自然实现和谐统一的问题。这正是它之所以会形成“天人合一”的特色模式的基本原因。事实上，如果说理性认知必然要求把人与世界的关系归结为认知主体与认知对象的两分关系的话，那么情感活动则总是更为突显人与世界之间的互动交融、息息相关，而这恰恰就是中国古代哲人对待大自然的典型态度。例如，在孔子的名言“智者乐水，仁者乐山”中，[3] 我们就很难把智者和仁者说成是所谓的“主体”，而把山和水说成是纯粹客观的“对象”。其实，他更注重的是人与自然之间不分主客、亲密无间的其乐融融。《中庸》和孟子则进一步把情感性的“诚”视为“天之道”与“人之道”内在关联的关键，甚至主张“喜怒哀乐”的特定状态构成了天下之“大本”和“达道”。[4] 在道家哲学中，老子一方面把“慈”置于“我有三宝”之首，另一方面又主张“天将救之，以慈卫之”[5]。庄子则从“性命之情”的角度强调维护自然生物和

---

① ［美］阿诺德·伯林特：《环境美学》，张敏、周雨译，湖南科学技术出版社，2006年，第12页。

② 刘清平：《“人为”与“情理”——中国哲学传统的基本特征初探》，《中国哲学史》1997年第3期。

③ 朱熹：《四书章句集注》，中华书局，1996年，第90页。

④ 朱熹：《四书章句集注》，第18页。

⑤ 慕容真点校：《道教三经合璧》，浙江古籍出版社，1991年，第43页。

人自身的正常发展，主张“任其性命之情”“安其性命之情”，[①] 同样也是从情感活动中寻求“天人合一”的核心环节。正是在这种哲理精神的影响下，先秦哲学文献中才会频繁地出现诸如“真天壤之情”“物之情”“天地之理、万物之情”一类的语词。对于像卡尔松这样的坚持认知理性精神的西方学者来说，这些语词可能颇有些奇怪，因为它们明显将“情”这种本不是对象所具有的东西“强加”于对象之上。

然而，凭借这种独特的感性情理精神，中国哲学却比西方哲学更早地提出了有关自然美的思想观念。例如，庄子就已经指出：“天地有大美而不言……圣人者，原天地之美而达万物之理。”[②] 从这一立场出发，他坚决反对那些“以人灭天”的做法，明确要求人们在“无为”“不作”中“逍遥于天地之间而心意自得”，[③]“得至美而游乎至乐”。[④] 这些话语或许有些抽象或哲理化，但其中强调的“逍遥”“心意自得”“游”“至乐”，却无疑突显了人与大自然在“美”的生存状态中实现的情感性和谐统一。而在社会政治- 伦理问题上与庄子存在根本差异的孔子，则用一种更具体更形象化的语言，表述了一种十分类似的观念。众所周知，在“吾与点也”的著名论述中，他高度赞赏了这样一种人生理想：“莫春者，春服既成，冠者五六人，童子六七人，浴乎沂，风乎舞雩，咏而归。”[⑤] 很明显，我们甚至都难以把它说成是一种西方哲学意义上的自然“审美”或环境“审美”的活动。因为这里所谓的“沂”“风”或者“舞雩”，并不是在人之外存在的“客观”对象，而“冠者”和“童子”当然也不是拥有什么“科学知识”的“主体”，在那里“如其所是”地静态观赏暮春三月的自然景色。可以说，孔子在这里肯定的，首先是人的生存自身所实现的一

---

① 慕容真点校：《道教三经合璧》，第 133~136 页。

② 慕容真点校：《道教三经合璧》，第 239 页。

③ 慕容真点校：《道教三经合璧》，第 294 页。

④ 慕容真点校：《道教三经合璧》，第 233 页。

⑤ 朱熹：《四书章句集注》，中华书局，1996 年，第 130 页。

种特定境界，一种在“逍遥”“心意自得”“游”“至乐”的情感心态中达到了天人合一层面的存在状态。也正是在儒道哲学共同拥有的这种哲理精神的深度影响下，中国古代美学在讨论文学艺术尤其是诗歌和绘画对于自然美的刻画和表现时，才会特别强调“情景交融”的根本原则。如王夫之所说："情、景名为二，而实不可离。神于诗者，妙合无垠。巧者，则有情中景，景中情。"[①]

在理解了中国传统哲学特有的这种基本精神之后，我们可能会发现，伯林特的下述论述似乎要比卡尔松的“科学认知主义”更具有亲和性。“美学的环境不仅由视觉形象组成，它还能被脚感觉到，存在于身体的肌肉动觉，树枝摇曳外套的触觉，皮肤被风和阳光抚摩的感觉，以及从四面八方传来、吸引注意力的听觉，等等。”[②]“感性体验不仅是神经或心理现象，而且让身体意识作为环境复合体的一部分作当下、直接的参与。这正是环境美学中审美的发生地。”[③] 尽管他在这些话语中并没有直接突显情感体验在环境审美活动中的积极意义，但我们岂不是很有理由说：两千年前的孔子和庄子，已经从中国哲人的特定视角出发，向人们展示了环境美学中这种“审美的发生地”吗？

三

严格说来，中西传统哲学中是没有所谓“环境美学”的内容的，因为环境美学本质上是20世纪的产物。不过，当我们从中西哲学比较的视角注意到伯林特与卡尔松上述环境美学观念之间的种种分歧的时候，我们可能很自然地会想到如何通过批判地汲取中西传统哲学中的有关合理因素，对它们进行有机的整合，以解决当代环境美学面临的一些重要的理论和实践问题。

---

① 王夫之：《姜斋诗话》卷二，人民文学出版社，1961年。

② ［美］阿诺德·伯林特：《环境美学》，张敏、周雨译，湖南科学技术出版社，2006年，第27页。

③ ［美］阿诺德·伯林特：《环境美学》，第16页。

首先，必须指出的是，卡尔松及其他一些西方学者在不同程度上持有的那种认为凭借对云团紊乱状态和气流结构的科学认识形成的审美体验要比凭借浮想联翩和情景交融形成的白云苍狗的审美体验更真实、更深刻的看法，不仅带有理性中心主义的明显痕迹（主张理性认识在本质上高于感性经验和情感想象），而且也不符合审美活动自身的特点。就其本性而言，在人的“生活世界”中，与“真”的领域不同，“美”的领域既不是一个“客观主义”的王国，也不是一个“认知理性”的王国，而首先是一个充满“主观”和“感性”——尤其是情感体验——内涵的王国。正是由于这一原因，仅仅依据认知理性精神，在主客二分的模式中把自然界看成是理性认识的客观对象，乃至把文学艺术仅仅归结为对事情进行“如其所是”的认知性欣赏或摹仿，势必会在很大程度上妨碍人们以审美的态度看待自然界。所以，相对而言，在西方文明史上，无论是有关自然美的理论观念，还是有关自然山水的艺术作品，都产生得相当晚，而且地位也不是那么重要（前面论及的黑格尔在19世纪做出的对于自然美的贬抑，便是一个典型的例证）。相比之下，倒是在强调情感体验、天人合一的中国传统文化中，不仅很早就出现了高度赞赏自然美的哲理观念，而且山水诗和山水画早在3世纪左右就开始形成，而在此后的长足发展中更是达到了相当高的艺术造诣——虽然中国古代文化中明显缺乏有关自然事物本质的科学理论知识。再从自然审美或环境审美的实际活动看，我们当然也没有理由说，一个人如果不了解喀斯特地貌的地质学知识，便难以对桂林山水产生真实而深刻的审美体验，而像“云想衣裳花想容”“云破月来花弄影”这样一些不包含多少客观知识却充满主观情感想象的诗句，也一定要比气象学教授瞭望云团时产生的美感愉悦肤浅庸俗。问题在于，人并不像西方主流哲学强调的那样，仅仅是理性的动物或者求知的动物，相反，人的整体存在中还包含着肉身感性、本能欲望、情感体验等深度内容。更重要的是，如上所述，在“美”的王国里，不是前者而是后者，占据着主导性的地位。如果我们否认了“美”的这一本质特点，就有可能把“美”等同于认知理性意义上的“真”，把艺术等同于科学，把审美等同于认识，从而导致人的存在、人的“生活世界”的片面化、抽象化、失色化。从这个意义上说，中国哲学的情理精神以及伯林特的“参与式美学”，或许要比西方哲学的理性精神以及卡尔松的“科学认知主义”，更为切近人的生存的美的现实，更能说明今天我们的环境审美活动的实质。

不过，这并不意味着西方哲学的认知理性精神或是卡尔松的“科学认知主义”态度，在今天我们解决当前人类面临的环境危机、创造美的自然环境的活动中，就没有什么意义可言了。有一种相当流行的看法认为，科学技术应该对现代性的生态危机承担主要的责任。这其实是一种误解。因为造成这种危机的罪魁祸首，归根结底还是人类自身那种贪得无厌的不当欲望，科学技术只不过是在这种欲望的主导下被利用的“工具理性”而已。[①] 更进一步看，科学技术不仅不应该在这方面代“人”受过，而且还能够充分发挥其特有的积极作用。问题在于，在环境危机已经成为现实的今天，中国传统美学提倡的那种情感性天人合一的观念，虽然有助于人们形成自觉的环境保护意识和丰富的环境审美体验，防止进一步破坏生态环境的事件发生，却不足以以一种付诸实践的建设性方式，积极地改变和克服我们当下面临的环境危机的现实状况。在这方面，我们只有借助于现代化的科学技术这种有效可行的“工具理性”，才能在实践中真正达到这一目的。举例来说，一旦涉及诸如城市环境规划、自然景观保护、消除各类污染这样一些具体而又现实的问题，仅仅凭借那种富于浪漫情感的天人合一的呼吁是远远不够的，它们更需要的是理性化科学技术的冷静透视和积极干预。同时，我们也应该承认，如果能够放弃那种理性中心主义或是科学至上主义的偏见，对自然事物“如其所是”的科学认识，的确可以在一定程度上有助于我们丰富和充实环境审美的情感性体验。

当然，中西传统哲学有关自然美的思想观念是十分丰富的，本文只是从它们的基本哲理精神出发，试图说明它们对于我们今天整合环境美学中的不同理

---

① 刘清平：《我们需要的是“工具理性批判”吗?》，《甘肃社会科学》2005 年第 4 期。

论观点、解决现实环境危机问题所具有的理论意义。而我们由此可以得到的一点具有普遍意义的启示是，在那些看似对立而不兼容的思想观念中，其实往往存在着相通而又互补的因素。

（刊于《郑州大学学报》2007 年第 3 期)

环境美学视野下的身体问题

⊙王　燚
⊙北京师范大学哲学与社会学学院

近十年来，环境美学在理论上取得了相当显著的成果。它不仅丰富了中国当代美学的理论内容，而且对当今社会广泛关注的环境问题作出了理论上的回应。但是，环境美学在发展的同时也暴露出一些问题，比如身体维度的缺失。如果不从具有奠基性的身体出发来解决问题，那么环境美学会逐渐沿着环境的维度向文化或其他学科蔓延，这个结果往往会导致美学意义的淡化。所以我们需要把环境美学研究的重心拉到身体对环境的审美层面，从而为这一学科的理论发展提供新的领域和路径。

一、环境美学的兴起与理论缺失

环境美学的兴起一方面是美学理论发展的内在需要，另一方面也受到了环境运动这个外来力量的推动。目前的环境美学研究基本上沿着这两条道路进展。实际上，这两条路径的发展都存在着问题。

第一，美学自身理论的拓展。20世纪60年代，赫伯恩在《对自然的审美欣赏》中说道："当代美学著述大部分关注的是艺术，极少有关心自然美的。一些本世纪中叶的理论家甚至将美学界定为'艺术哲学''批评哲学'。"[①] 赫

---

① ［美］M. 李普曼：《当代美学》，邓鹏译，光明日报出版社，1986年，第365页。

伯恩的这句话点出了传统美学在研究范围上的狭隘性。传统美学关注的主要对象是艺术，却忽略了对自然美的欣赏。在他看来，自然没有作为纯粹的审美对象加以重视，而是在某种程度上成为人类审美和道德联姻的典范。随着科学的发展，自然那神秘的面纱逐渐被揭露，其审美意义慢慢减少。这种情况会使人们的审美范围和审美经验缩小，也会使美学的道路越走越窄。赫伯恩基于这种考虑，提出了应该重新审视“对自然美的欣赏”这个被忽略已久的问题。这就意味着美学研究对象和范围需要拓展，即由传统美学对艺术的研究，转换到对环境、身体、艺术共同作为审美对象的研究。当代美学家提出了身体美学和环境美学的概念，就是试图扭转传统美学在研究对象上的狭隘性，从而拓展当代美学的研究范围。由此而言，环境美学可以说是美学理论自身发展的内在要求。

第二，环境运动的兴起。自工业社会以来，人类对于自然环境的占有与破坏达到了无以复加的地步。于是，西方的环境运动方兴未艾，受人瞩目。环境设计学、环境心理学、环境哲学、环境伦理学、景观设计学、人文地理学等学科也都在各自的领域得到发展。它们一方面从现实层面关注环境破坏的问题，另一方面也在学理上对环境保护进行论证。基于多学科的发展，环境美学得到了各个学科的理论支持。陈望衡认为：“环境美学的源头可以追溯到自然美学、环境伦理学和景观美学。”[①] 这就精辟地指出了环境美学的理论来源，它既是自身学科发展的需要，又受到其他学科的影响。正因为如此，环境美学才能得到长足有效的发展。它以审美的角度来切入环境，把环境作为审美的对象，从而对人的生存起到“诗意地栖居”的效用。陈望衡就认为环境美学就是培养一种家园感，不仅宜居、利居，而且重在乐居，最终达到人与环境的和谐。[②] 这是环境美学的使命，也是环境运动的目的。

但也应该看到，环境美学在理论上既有自身的建构，又似乎缺失了身体这

---

① 陈望衡：《环境美学的兴起》，《郑州大学学报》2007 年第 3 期。

② 陈望衡：《环境美学的当代使命》，《学术月刊》2010 年第 7 期。

样一个重要的维度。如刘成纪所言，环境“这一概念虽然指涉自然对象，但这里的自然明显以人为中心，以人的可居性体现其价值。它是自然对作为主体的人的‘环绕’，或者指由周围事物对人的环绕所形成的一个境域”①。此外，随着研究的深入，一些学者把环境美学的视角逐渐漫向了文化、伦理、生态以及工程与景观等。这种漫向有一定的道理，即把与环境相关的东西都作为研究的对象，使环境保护更具有实践性与可行性。但也要看到，如果一味地把环境美学的研究视角进行拓展，而不紧紧抓住人与环境两极的话，那么最终会导致对环境美学理论上的淡化。我们说环境美学所要达到的终极目的在于人与环境的和谐，当然这种和谐既要指向作为对象的环境，同时也要指向作为主体的人。从这个意义上说，目前环境美学的研究似乎缺失了重要的一极即主体性的人，而这个主体性的人在物质层面上其实还是身体。

实际上，人与自然的和谐在物的层面上就是身体与环境的和谐。因为人是一个类概念，它不能全部表达出环境美学所要求的如何实现和谐的问题。如果我们把研究的视角转向存在论和生存论的话，那么人与环境的审美关系就不再是西方传统美学意义上的外观和形式审美，而是注重身体对环境的审美体验。这就逐渐摆脱了西方传统美学所提倡的审美无功利的思维方式，使得审美具有利害性的特质。这样，基于人与环境和谐的环境美学，一方面研究人与环境的关系问题，另一方面也要关乎人的生存问题。正是如此，环境美学视野下的身体问题就成为亟需解决的问题。

二、环境美学的身体理论问题

环境美学研究身体问题有一定的理论基础，这个基础就是知觉现象学。在梅洛-庞蒂看来，我们就是用身体在世界之中存在，并用身体来感知世界。身体感知世界是一种存在论和生存论意义上的，而不是胡塞尔那种先验和反思逻辑关系意义上的。也就是说，所谓的知觉世界只是身体与世界在原初对话活动

① 刘成纪：《重新认识中国当代美学中的自然美问题》，《郑州大学学报》2006年第5期。

中构成的，而不是在意识中先验地存在的。这就意味着，身体介入世界就是靠身体感官及知觉达成人与世界的统一。正是如此，梅洛-庞蒂的知觉现象学可为环境美学的身体问题提供理论上的资源，因为它揭示了身体与世界之间融合的本源。

梅洛-庞蒂认为，身体不仅指客观存在的肉身，而且还指主观存在的心灵。它既是被感知的，又具有感知性。这种双重可感性就把精神和肉体交织在一起。在此情况下，身体就克服了西方传统哲学的灵肉、主客以及人与世界分离的思维模式。它统摄了灵肉、主客以及人与世界，使之成为一种共存共在的状态。所以身体就成为意识、肉身和世界的契合点，它通过“身体图式”来整体地感知世界，并呈现出一种开放式、有生命的状态，从而成为介入世界的主体。身体向世界的敞开方式就是知觉。“知觉之所以在这里得到特殊对待是因为被知觉物从根本上讲是在场的并且是鲜活的，旨在确定一种研究方法，它使我们面对着在场的、鲜活的存在。另外它应在其后应用到人与人在语言、知识、社会和宗教中的关系上去，就如同我在该书中将其应用到人与感性的关系或在感性层面上人与人的关系上一样。”① 正是由于知觉的存在，人的身体才不是纯粹机体的生物性，而是充满生机与活力的生命体。人与世界的关系不再是主客二分的关系，而是鸢飞鱼跃的生命关系。

在此基础上，梅洛-庞蒂试图突破传统哲学纯粹意识的牢笼，提出身体、肉和肉身化的概念。在他看来，身体指人具有感觉和知觉的身体，肉则指宇宙万物。无论是身体还是肉，都是肉身化的一种表现。身体之肉与世界之肉是一种同质同构的关系。他说：“我的身体是用与世界（它是被知觉的）同样的肉身做成的。还有，我的身体也被世界所分享，世界反射我的身体的肉身，世界和我的身体的肉身相互僭越（感觉同时充满了主观性，充满了物质性），它们进入了一种互相对抗又互相融合的关系——这还意味着：我的身体不仅是被知

① ［法］莫里斯·梅洛-庞蒂：《知觉的首要地位及其哲学结论》，王东亮译，上海三联书店，2002年，第32页。

觉者中的一个被知觉者，而且是一切的测量者，世界的所有维度的零度。”① 正是身体与世界的同质同构关系，才使得它们之间有着共通性与可逆性。身体知觉的存在可以说融合了身体与世界，使两者成为一个有机的整体。一方面身体在意向性的作用下指向了世界，另一方面世界向身体呈现出其表象。身体的表达就成了一个现象场，在此活动中主客体进入互动互融的过程。在此过程中，生命主体的身体与具象化的现象形成整个世界的意义。“感知就是与世界的这种生命联系，而世界则把感知当作我们的生活的熟悉场所呈现给我们。”② 这种感知世界的方式就是体验，只有在体验中才能感知到物体、他人以及身体知觉之外的自在世界。也就是说，自在世界是通过现象被我们所认识的，而我们对世界的体验就是对现象的把握。当然，我们对现象的体验也不是预先存在的体验，而是身体对现象当下的一种体验。它是具有生命意义的体验。

梅洛-庞蒂的这种理论模式为我们研究环境美学提供了哲学和理论上的根基，因为身体与世界的这种互动融合性在环境美学中表现得尤为突出。我们在欣赏环境时，一方面身体意向性地朝向环境形成一个开放的无蔽现象场，另一方面环境及其表象又向身体进行一种呈现。这样，身体作为向内和向外的一种媒介，在知觉的作用下与环境相往来，从而达到融合为一的情景。身体与环境的融合使主体感到一种无比的畅快，身心也得到放松，即是进入一种无比澄明的境界之中。这种审美体验是一种活泼泼的生命形式，最具生命力和现实感。它是以身体的审美感知为基础，最终上升到精神的愉悦。也就是说，在身体对环境的审美体验中，身体感官的愉悦启发精神上的愉悦，从而在身心与环境之间形成具有生存意味的审美实体。因此，环境美学应该把身体作为思考人与环境和谐统一的逻辑起点。

---

① ［法］莫里斯·梅洛-庞蒂：《可见的与不可见的》，罗国祥译，商务印书馆，2008年，第317页。

② ［法］莫里斯·梅洛-庞蒂：《知觉现象学》，姜志辉译，商务印书馆，2001年，第82页。

三、环境美学的身体维度

从审美上讲，人对环境的欣赏首先是身体对环境的欣赏。因此，环境美学研究中要加入身体的维度。这样，人与环境的和谐就不再成为一句空话，而是实实在在的身体与环境的融合。总体来看，作为主体的身体对环境的审美欣赏主要表现在三个方面：参与性、连续性与体验性。

第一，参与性。阿诺德·伯林特提出参与美学的审美模式。实际上，这种模式最具奠基性的就是身体，即身体参与到环境之中，形成审美的连续性。这就从一定程度上化解了人与环境主客二分的认知模式。这种介入式的审美欣赏模式是对传统审美模式的颠覆或者补充。从审美感知上来说，传统美学的出发点是视听范围。这种狭隘的审美感知方式直接导致欣赏者把审美对象作为一个客观事物，审美感知指向对象而忽略欣赏主体在审美过程中的参与性。尤为重要的是，它把视听之外的审美感官归入了非审美的范围，这样就忽略了审美主体多重感官的整体参与。环境美学的兴起正是补充了传统美学的这种不足，它扩大了审美的边界。正如伯林特所言："扩大美学的边界，不仅意味着将更多对象纳入研究视野，而且随着审美意识的增强，会产生一系列的连锁反应。倘若我们承认任何'物'都有美学意义，因此所有的感知经验中都包含美学因素。这样美学就成为普遍存在的学科，不是某个特指的学科，而是涉及普遍感知的、无所不在的概念。"[①] 这种普遍感知的经验其实也就是感官普遍参与其中。它已经不是传统意义上的视听感觉，而是各个感觉（如视觉、听觉、触觉、嗅觉、味觉等）的综合运用。这样，身体的审美经验就会得到最大程度的满足。只有身体参与到环境之中，身体感官才能一起使用，从而对环境进行一种审美的投入。需要注意的是，欣赏者的身体参与不是被动的，而是积极的、主动的。"一个欣赏者从心理态度转变为活跃的、身体的、多感觉地融入美学

① ［美］阿诺德·伯林特：《环境美学》，张敏、周雨译，湖南科学技术出版社，2006年，第12页。

领域的审美参与。”[1] 只有如此，我们对环境的欣赏才是真正具有生命意味的审美。

身体介入环境的模式首先是多重感官的介入，在这里多重感官对环境是一种敞开状态。“在环境欣赏当中，远远不止满足视觉的需要。视觉当然是一种重要的感官，但眼睛是身体的一部分，视觉感受与其他的感官的体验密不可分，如对表面和质地的触觉感受，对压力和运动的肌肉运动知觉的反应，还有听觉对空间中的声音的获得，等等。对环境的欣赏需要我们积极地投入到各种不断变化的环境中去，穿行于各种体量、质地、颜色、光和影构成的空间之中，在这个过程中，我们的身体也在不断地重建。”[2] 身体感知环境就是在各种感官对环境的意向性作用下形成的，在此过程中身体具有创造作用。身体不断通过环境进行重建，同时也在建构着环境。正如伯林特所说：“从最重要的意义上来讲，环境美学意味着人类作为整个环境复合体的一部分以欣赏的心理参与到环境中去，在此过程中对感觉特性和直接意义的内在体验占支配地位。环境体验作为包含一切的感觉体系，包括类似于空间、质量、体积、时间、运动、色彩、光线、气味、声音、触感、运动感、模式、秩序和意义这些要素。”[3] 身体的这种双重建构是生命形式的扩张，是对环境的一种积极的态度。一方面身体通过参与到环境中去，使自身的多重感官向环境敞开；另一方面环境的多重意义向身体的感官进行呈现。这种双向的交流与融合就形成身体与环境的互赏，正所谓“我看青山多妩媚，青山看我应如是”。

第二，连续性。按照杜威的观点，我们就是要恢复审美经验与生活的正常过程间的连续性，发现这些经验中所拥有的审美性质。为此他提出“活的生

---

① ［美］阿诺德·伯林特：《生活在景观中》，陈盼译，湖南科学技术出版社，2006年，第67页。

② ［美］阿诺德·伯林特：《环境美学》，张敏、周雨译，湖南科学技术出版社，2006年，第117页。

③ ［美］阿诺德·伯林特：《生活在景观中》，第25页。

物”的概念，即活的生物与环境条件息息相关。这种相关性具有连续性。当所经验的物质走完其整个历程并达到完满之时，就会拥有一个经验。[①] 这个意义上说，杜威所谓的身体与梅洛-庞蒂奠定具有生命特质的身体形成理论上的呼应。梅洛-庞蒂关注身体与世界的知觉关系，杜威则关注身体与世界通过连续性形成一个经验。伯林特在他们的基础上有所发挥，他认为："连续性不是吸收或是消化，也不是分离的事物之间的外在联系。相反，它意味着与整体的联系而不是离散的事物之间的联系。"[②] 由此可见，连续性决定了事物之间的整体联系，它注重的是整体性。当然，这种连续性必须是身体的参与，否则就只能成为一个空洞的概念。

连续性具有这样的特点，即身体在感知环境时并非一种静观模式，而是随身体的移动形成活动的感知状态。身体不是一个固定的静态的存在，"它们是动态的和易变的、接受的和行动的、摄取的和表现的，它们与其居住的领域进行一种动态的交换"。[③] 在这种动态的交换中，身体连续性成为一个中心的问题，它连接了身体与环境并形成整体性。与此同时，环境也并非固定不变的，而是具有多重乃至无限的，它在身体连续性之下也同样会产生连续性。"自然风景是一种无定形的东西。它几乎时时都是气象万千，可以让你的眼睛有大量的自由去取舍、突出和组合它的种种因素，况且风景寓意丰富，而感情刺激又颇为暧昧。"[④] 由于自然环境的无定型的特点，所以对它欣赏时就不能和欣赏艺术一样。随着身体的移动，环境时刻都处于变化之中，并不断地生成。这样，身体的连续性审美感知也会使环境的多重美感呈现出来，其体验也更为丰富多彩。如伯林特所说："通过我们的身体可以把握环境的各种质量，通过我们的

---

① [美] 杜威：《艺术即经验》，高建平译，商务印书馆，2005 年，第 37 页。

② [美] 阿诺德·伯林特：《生活在景观中》，陈盼译，湖南科学技术出版社，2006 年，第 10 页。

③ [美] 阿诺德·伯林特：《生活在景观中》，第 81 页。

④ [美] 乔治·桑塔耶那：《美感》，缪灵珠译，中国社会科学出版社，1982 年，第 90 页。

脚可以理解这个地形的轮廓，通过我们的鼻子可以感受到空气中的芳香和污染，通过皮肤感受到阳光和阴影。环境不是与我们相分离的领域。环境不仅是我们存在的条件，而且是与我们的存在相连续的部分。”[①] 这样，身体与环境就创造出一个动态的整体。人们对环境的体验应该是身体性的，而不只是视听觉的。当然，对环境的审美欣赏不像传统那样确定一个边界，身体处于环境中会时时形成一个连续性的整体。从这个意义上说，连续性是身体审美不可缺少的一个过程。只有如此，身体与环境才能形成具有生命气息的共同体。在这个共同体中，身体对环境的审美知觉会化作身体体验，而这种体验才是环境欣赏的意蕴所在。

第三，体验性。在环境美学视野下，身体对环境的审美是一种体验关系。对此，伯林特说得很清楚：“景观，一种环境，甚至是具体化的体验。同样地，它是我们的肉体、我们的世界、我们自己。这种环境是我们的场所，它实现的程度越大，它就越是完全意义上的我们自己。”[②] 即环境是身体的一种延伸，而身体又是环境的一种映照，这种关系其实是身体在体验环境时形成的。当身体成为审美体验的主体之时，人与环境的融合就不再成为一句空话，而是具有实质性的进展。这种进展的方式就是从身体出发，形成对环境的审美感知。“当审美体验不仅来自视听觉，也不仅来自触、味、嗅觉，它所预示的就是审美体验‘以体去验’的身体性。”[③] “以体去验”的实在性，就是环境美学具有存在论和生存论的意义。

身体对环境的审美体验具有丰富性、直接性和当下性的特点。伯林特说：“人类环境，说到底，是一个感知系统，即由一系列体验构成的体验链。从美

---

① ［美］阿诺德·伯林特：《环境美学》，张敏、周雨译，湖南科学技术出版社，2006年，第118页。

② ［美］阿诺德·伯林特：《生活在景观中》，陈盼译，湖南科学技术出版社，2006年，第84页。

③ 刘成纪：《什么是审美体验》，《中州学刊》2006年第5期。

学角度而言，它具有感觉的丰富性、直接性和当下性，同时受文化意蕴及范式的影响，所有这一切赋予环境体验沉甸甸的质感。"[①] "我们通过以下的知觉尺度直接体验环境——当我们在其中穿行时，我们听到什么，看到什么，我们的身体感觉到什么，这些感觉特性结合我们的知识和信仰，创造出一个统一的体验环境。"[②] 在审美过程中，尽管身体综合了文化与思想，但审美体验的丰富性、当下性和创造性是不可改变的。

身体对环境的体验就在于，环境中的点点滴滴都会进入身体，同时身体也会不断向环境敞开。从这一点来说，环境已经成为身体的塑造者。身体与环境的互融就成为体验的最高境界。按照陈望衡的观点，环境审美的最高追求在于"乐居"。"乐居"主要体现为情感性，即一种情致。[③] 这种情感性的来源就在于身体对环境的审美体验，它是身体多重感官的敞开与多重环境之间的双向交流。"乐居"在最现实的层面上，就是身体与环境互相融合。在这种互融过程中，形成身心具悦的精神境界。

总而言之，环境美学从身体视角关注人与环境的和谐主要体现在两点：第一，环境美学的身体观不是要人的审美下降到动物性的生理层面，而是在对环境审美中发现那难以超越的客观存在的身体及其建构的诗意世界。当然，即便是"以体去验"的审美欣赏，其结果绝对不会滞留于感觉或感性的层面，最终还是由身体感觉上升为精神与身体统一的具有质感的审美实体。第二，环境的破坏不但影响到生理的身体，而且影响到身体的审美。伯林特说："我们与我们所居住的环境之间没有明显的分界线。在我们呼吸时我们也同时吸入了空气

---

① ［美］阿诺德·伯林特：《环境美学》，张敏、周雨译，湖南科学技术出版社，2006年，第20页。

② ［美］阿诺德·伯林特：《生活在景观中》，陈盼译，湖南科学技术出版社，2006年，第32页。

③ 陈望衡：《乐居：环境美的最高追求》，《中国地质大学学报》2011年第1期。

中的污染物并把它吸收到我们的血液中，它成了我们身体的一部分。”[①] 当身体处于被破坏的环境之中，其审美感官必然会受到阻碍。有毒的烟气会熏坏人的嗅觉，肮脏的污水会破坏人的味觉，杂乱无章的环境会扰乱人的视觉，刺耳的噪声会损害人的听觉，这就意味着环境破坏与否主要在于它是否影响到身体的审美感官。从这个意义上说，我们保护环境实际上就是保护我们的身体。

（刊于《郑州大学学报》2012 年第 3 期）

---

① ［美］阿诺德 · 伯林特：《生活在景观中》，陈盼译，湖南科学技术出版社，2006 年，第 8 页。

自然审美参与模式与环境模式之逻辑辨析

⊙张胜前

⊙南开大学哲学院

环境美学所关注的是如何能够更好地对我们生活的世界进行审美的构建，其中，如何能够更好地欣赏自然一直是环境美学家讨论的焦点。在这些争论中，艾伦·卡尔松的环境模式和阿诺德·伯林特的参与模式最引人注目。这两种模式有着某些相似的联系，又有着各自不同的特点，因此对于两者的辨析有助于我们厘清自然审美中一些混淆不清的观点，并引起我们对环境美学的核心问题进行重新思考。

一、分离与连续之争：参与模式与环境模式共同的哲学起点

18 世纪以来的西方哲学侧重于主客体分裂的二元论，其发展的典型代表就是笛卡儿的身心二元论。对后世产生巨大影响的康德美学就是建立在此基础之上的。由于受到夏夫兹博里和博克等人的影响，康德在《判断力批判》中论述审美鉴赏的第一契机时总结道："鉴赏是通过不带任何利害的愉悦或不悦而对一个对象或者表象方式做判断的能力。"① 康德在此提出了审美的无利害性或非功利性的特征。审美的非功利性表现在审美过程中审美主体对审美客体的"静观"："审美判断只是静观的，也就是这样一种判断，它对于一个对象的存在是

---

① ［德］康德：《判断力批判》，邓晓芒译，人民文学出版社，2002 年，第 45 页。

不关心的，而只是把对象的性状和愉悦以及不愉悦的情感相对照。但这种静观本身也不是针对概念的；因为鉴赏判断不是认识判断（既不是理论上的认识判断也不是实践上的认识判断），因而也不是建立在概念之上乃至于以概念为目的。”① 康德“静观”的审美方式实质上表现为一种审美主体与审美对象的分离，审美对象在审美主体之外，而审美主体对审美对象通过保持一定的审美距离来实现对其欣赏。

之后的西方哲学开始出现了反对主客分离的二元论，其中杜威的经验论就是代表。杜威的经验与传统理解的经验不同。传统意义上的经验是主体受到外部刺激从而产生的一种被动的感受，而杜威的经验是指一种参与到周围环境中去的积极主动行为。杜威的经验论的理论基础就是连续。他认为人与自然是有着连续性关系的，这种连续性表现在艺术审美中就是艺术与非艺术具有连续性，审美经验与日常生活经验有着连续性。由此，杜威认为所谓的审美并不是人对审美对象的非功利性的静观，而是一种全身心参与其中的结果。“不存在自我隔绝，没有将之分隔开，而是存在着参与的完满性。”② 同时，现象学代表梅洛-庞蒂同样强调了人与世界的连续性问题，他的知觉世界不是与主体相分离的外部环境，而是主体和环境相互作用的共同结果。对这种环境与人的对话交流，梅洛-庞蒂用“肉身化”这一概念来表述，强调了人与世界的连续性。

伯林特在杜威和梅洛-庞蒂连续性理论的基础上进一步发展。杜威的关注点还是在艺术欣赏上，而伯林特将他的理论演进到环境美学之中。他根据连续性理论认为，人的内部与外部是连续的，人与自己生存的环境是融为一体的，不存在独立于环境之外的人。由此他认为无论是在艺术审美还是环境审美中，主体都应该是参与性的而不是非功利性的静观。正如他所说：“美学所说的环境不仅是横亘眼前的一片悦目景色，或者从望远镜中看到的事物，抑或被参观平台圈起来的那块地方而已，它无处不在，是一切与我相关的存在者。不光眼

---

① ［德］康德：《判断力批判》，第44页。

② ［美］约翰·杜威：《艺术即经验》，高建平译，商务印书馆，2007年，第287页。

前，还包括身后、脚下、头顶的景色。”[1] 伯林特的审美参与模式是在非功利性的审美之外寻求另一种审美的新途径，确立了人与环境的一种全新关系。

另一位环境美学家卡尔松通过对西方传统的自然审美传统的考察，以期解决如何欣赏自然和欣赏自然的什么等问题，提出了“恰当的自然审美”的概念，并得出了许多与伯林特相似的观点。

他首先考察了西方传统自然欣赏的两种范式，一种是对象模式，一种是景观模式。在分析对象模式时，卡尔松认为这种将审美对象孤立于环境之外，作为独立存在的对象进行欣赏，对雕塑这样的艺术是合适的，因为它是一个自足的审美整体。正如卡尔松对形式主义自然审美的批判，我们不能从想象中或者在实际行动中将自然对象作为一个孤立的对象，从整体自然之中将其分离，然后对其形态、色彩等感官特征进行非功利性的静观。“自然对象拥有所谓的与它们所创造的环境融为一个有机的整体：在这些环境中，通过作品力量的作用，这些对象是它们环境的一部分，同时，它们在环境因素之外逐步发展。因而创造的环境在审美上与自然对象相关。”[2] 也就是说，自然欣赏应如其本然，不能将对象与环境进行分离，自然是环境的。针对景观模式卡尔松认为，这种模式如同欣赏景观画时采用的方式相同，将自然作为一幅风景画，在特定的地点、特定的角度进行欣赏。这种自然欣赏的方式不是对自然本身的欣赏，而是根据欣赏主体的位置、距离和角度的选择而有不同的表现，因此卡尔松提出自然不是风景画，自然是“自然”的，不应将艺术欣赏中的静观方式引入自然的欣赏。

通过对传统自然欣赏范式的分析，卡尔松认为对象模式和景观模式对于自然欣赏而言都是不充分的。他受罗伯特·赫伯恩的启发，提出了自然欣赏的环

---

① ［美］阿诺德·伯林特：《环境美学》，张敏、周雨译，湖南科学技术出版社，2006年，第155页。

② ［加］艾伦·卡尔松：《环境美学——自然、艺术与建筑的鉴赏》，杨平译，四川人民出版社，2006年，第70页。

境模式。他指出，我们欣赏自然既不能将对象与其环境相分离，又不能如同欣赏景观画那样静观，而是将对象融入环境，全身心投入其中，动态地、全方位地去体验和感受。“我们必须用所有那些方式经验我们背景的环境，通过看、嗅、触摸诸如此类的方式。然而，我们必须不是将其作为不显著的背景来经验，而是作为引人注目的前景来经验。”①

无论是参与模式还是环境模式，伯林特和卡尔松都是从对审美的非功利性的批判开始的，他们提出的这两个概念都是反对传统美学中的主体客体分离的静观模式，强调人与自然、人与环境的连续性和融合性。虽然这两位环境美学家分别提出了不同的概念，但在这个意义上讲，环境模式就是一种参与模式。

二、经验与认知：参与模式与环境模式的分歧

正如前文所分析的，在反对对自然的非功利性静观欣赏模式上，参与模式与环境模式有着共通性，但是这两个概念又有着内涵上的分歧。如果说参与模式是一种经验美学的话，环境模式则是一种认知美学。

两者最大的区别在于自然审美中是否引入自然科学知识。参与模式主要是强调人与自然都属于同一个环境，因此只有在这个整体的环境之中才能够真正进行自然欣赏。因此在自然欣赏中非认知因素才是最为重要的，人在自然欣赏中应该是全方位地融入其中。

而环境模式强调的是在对自然的审美欣赏中科学知识不可或缺。卡尔松说：“这种知识在本质上是常识/科学知识，它对我来说似乎是唯一可行的选择，以便对自然鉴赏发挥作用，就像艺术类型的知识、艺术传统以及类似的东西对艺术鉴赏产生作用。”② 他认为我们可以在各种各样的范畴中去感知自然，

① ［加］艾伦·卡尔松：《环境美学——自然、艺术与建筑的鉴赏》，第 77 页。

② ［加］艾伦·卡尔松：《环境美学——自然、艺术与建筑的鉴赏》，第 79 页。

但是并不是在所有的范畴中我们都能够恰当地进行自然欣赏，只有在由审美对象自身特质决定的正确范畴中才能够恰当审美。那么什么样的审美是恰当的自然审美呢？首先这种审美不是肤浅的，是非形式主义的。它不是仅仅关注自然的色彩、光线等，而是超越这种表象进入深层次的感受。要想达到这种恰当的自然审美就必须要有自然科学知识的参与。

卡尔松把艺术审美与自然审美相比较，他认为在艺术鉴赏中，艺术史、艺术理论等知识对正确的艺术鉴赏有重要的作用。如果我们不能很好地掌握关于现代艺术的相关知识的话，许多现代艺术作品我们将无法进行鉴赏，或者无法进行恰当的鉴赏。同样，如果我们不能掌握与自然相关的科学知识，我们也将无法进行恰当的自然鉴赏。那么什么样的科学知识对自然鉴赏而言是有帮助的呢？卡尔松认为地质学、生态学和生物学等知识能够真正揭示自然的内在审美特征。

在此，卡尔松进行了一个主旨上的转换，也就是将对自然审美价值的讨论转换为如何进行自然审美才是恰当的自然审美。这就预设了一个前提，自然是美的，一切讨论都是从此开始的。也就是说在卡尔松看来，自然与艺术品不同，艺术品是人工制品，因此我们可以进行价值判断，或肯定或批评，而自然是天然的，面对自然，人类不是创造，而是发现和接受。因此卡尔松的环境模式是一种认识论而不是价值论，在对自然的价值评价上是一种肯定美学，即自然全美。卡尔松的环境模式最终导向的自然全美论实质上是一种主客二元论，即将人类与自然进行了区分，作为主体的人类只有通过科学认知才能获得恰当的对自然的欣赏。但是完全把人排除在外的纯粹自然是不存在的，因为人本身就是自然的一部分，自然是通过人的活动而加以确认的，自然是人化的自然。但是人不会将所有的自然对象都认定为具有积极的审美价值，只有那些与人的心境相对应的自然对象才能引起人的审美愉悦。因此，自然全美将自然的积极审美价值极端化的表述是难以成立的。

同时，环境模式也解释不了这样一种现象，就是当我们没有掌握与自然对象相关的科学知识时我们就不能对其欣赏了吗？我们不知道玫瑰花属于什么科，它有什么样的生物属性，但是并不妨碍我们去欣赏它的美。如果只有掌握了科学知识才能够进行自然审美的话，那么对自然美的欣赏也只能属于生物学家、生态学家和地质学家，但这与事实是不相符的。再者，如果我们只是掌握了对自然对象的科学知识而没有个人的情感体验相融入的话，那么对自然审美的欣赏就算是恰当的，这种恰当性也将是单一的。如此推论，李白和苏轼在关于月亮的审美体验上将是一样的，如此我们也就不会欣赏到“举杯邀明月，对影成三人”和“明月几时有，把酒问青天”中对于月亮的不同审美欣赏。按照卡尔松的环境模式理论，李白对月亮的欣赏与苏轼对月亮的欣赏，哪一个是恰当的呢？这也就显示出了环境模式的局限性了。

三、参与模式与环境模式的融合

针对参与模式与环境模式的分歧，罗尔斯顿认为不能孤立地倾向参与或者倾向科学认知。

罗尔斯顿以山脉为例，认为早期先民将山脉看作自然界的赘生物，就像地球脸上的可怕的伤疤，是丑陋的。但是当人们掌握了更多的地质学知识后，人们开始逐渐认识山脉，并且开始审美地欣赏山脉，将山脉作为永恒的象征。而这种对山脉的态度的转变正是来自自然科学知识，所以罗尔斯顿说：“（自然审美）要超越科学，但是（自然审美）又必须通过科学来达到对科学的超越。”[①]由此罗尔斯顿在谈及中国的风水时指出，中国人在建造房屋时会将陶制的公鸡形象放置在屋顶上，因为公鸡的啼鸣预示着代表“阴”的黑夜即将过去，而代表“阳”的白天即将来临。他认为“这将导致对中国自然的恰当的审美欣赏

① Holmes Rolston, *Does Aesthetic Appreciation of Landscapes Need to Be Science-based*, British Journal Aesthetics, Vol.35, No.4, October, 1995, p.8.

成为不可能”[①]。因为在这种视野下，人们不可能达到对自然的正确认识。这种建立在非科学的人文视野中的自然审美不能达到对自然本质的感知，这种自然欣赏将是不恰当的，因此自然审美欣赏将是以自然科学知识为基础的。

当我们驾车在高速公路上行驶时，我们看到公路两侧的自然风景时的感受就如同我们在画廊里欣赏两侧墙上的绘画一般。当我们旅游时，我们总是选择风景中最优美的景点、最佳的位置去欣赏和拍照留念。然而自然并不如景观一般有其重点，自然是全然之美。我们对优美景观的强调会导致我们忽略甚至贬低那些不是那么优美的自然景观，如荒野、河马等“丑陋”的事物，而导致这种自然审美方式出现的原因就在于没有自然科学的基础。

那么是不是说自然科学知识就是我们恰当审美的唯一正确的选择呢？罗尔斯顿的答案是否定的。他认为科学知识只不过是我们世界的一种建构方式，而我们对世界进行建构的方式有多种，如神话、民间传说等，只不过科学相对于其他方式相对客观而已。在这一层面上，科学与神话有着相同的意义。

再者，美学也不是仅靠科学的客观发现就能完成的，美学离不开人的存在，美是要靠人的参与构成的。科学也不能够保证一个人能够完全感知对象，一对老夫妇可能没有生态学或者生物学的相关知识，但并不能说他们不能感知其生活环境之美。科学能够使我们理解景观是如何形成的，但景观同样也需要人们去感性地体验，去融入其中。

总之，丰富完整的自然审美需要的不仅仅是自然科学知识，还需要对自然的参与。“科学是我们鉴赏自然景观的首要途径，相对于其它方式——对于自然最丰富的理解而言是必要但不是充分的。”[②] 也就是说，我们对于自然的欣赏

---

① Holmes Rolston, *Does Aesthetic Appreciation of Landscapes Need to Be Science-based*, British Journal Aesthetics, Vol.35, No.4, October, 1995, p.9.

② Holmes Rolston, *Does Aesthetic Appreciation of Landscapes Need to Be Science-based*, British Journal Aesthetics, Vol.35, No.4, October, 1995, p.10.

是必须建立在自然科学知识基础上的，但仅仅如此并不能够达到全面鉴赏，还需要主体全方位、动态地融入和感受。由此，罗尔斯顿将参与模式和环境模式两者融合起来，指出自然审美是在认知的基础上参与，这种认知与参与的辩证观点或许是较为恰当的自然欣赏之路。

(刊于《郑州大学学报》2012 年第 4 期)

如画概念及其在环境美学中的后果

⊙彭　锋

⊙北京大学艺术学院

由于环境美学的兴起，人们开始关注西方美学中的如画（picturesque）概念。在18世纪英国，如画是一个重要的美学范畴，可以与优美、崇高并列。只是在随后的发展过程中，如画概念才逐渐淡出美学领域。从20世纪80年代开始，西方美学家们对自然、景观、环境的兴趣日渐浓厚，于是有人开始追溯到如画概念，因为它与人们对自然的审美观念直接相关。但是，在西方环境美学中，如画所蕴含的思想，通常被当作反面教材来批判。由此，我们可以看到，经过两个世纪之后，人们对自然的审美观念已经有了彻底的改变。今天的环境美学家关于自然美的见解，与18世纪英国经验主义美学家的看法可谓天壤之别。对此，卡尔松、伯林特等环境美学家已经做出精彩的论述。但是，我这里的兴趣并不在古今之争，而在中西之别，即通过如画概念的分析，来揭示中西环境美学的差异。

在中西美学史上，几乎没有哪个概念能够像如画和picturesque这样，刚好对应起来，形成绝配。它们的字面含义，都是像画或者像画的一样。然而，这种巧合也容易引起误解，误导我们忽略它们之间的重要差异。对此，我们有必要对它们的含义做一些考察和整理，以便在此基础上展开进一步的讨论。

一

据罗斯为《美学百科全书》撰写的“如画”词条，作为美学范畴的如画，是18世纪后30年在英国确立起来的。[①] 在将如画概念由日常语汇转变为美学概念的过程中，吉尔平、普利斯和赖特三人起了重要的作用。

吉尔平首先将如画与优美区别开来：优美的特征是光滑，如画的特征是粗犷；如画是用来评价绘画的，优美是用来评价现实中的事物的。对此，吉尔平列举了一些例子来加以说明：“一幢帕拉第奥建筑可以说是十分优雅的。它的各部分之间的比例，它的装饰物的妥贴，以及建筑整体的对称，都是高度令人愉快的。但是，如果我们把它画到画面上，它就会变得刻板拘谨，而不再令人愉快。如果我们还希望给它以如画之美，就必须用大锤而不是小锥：我们必须把它打掉一半，破坏另一半的表面，将破碎的部分堆成一堆。总之，我们必须将一幢光整的建筑变成一片粗糙的废墟。如果让画家在这两个对象之间做出选择，他会毫不犹豫选择废墟。”“再如，为什么没有人画优雅的花园？它的形状令人愉快，各种东西的组合也很和谐，还有弯曲优美的小路。所有这些都是真的。如果只是限于自然之中，这种整体的光整是对的，但是，在绘画中它就会令人生厌。将平整的草地弄得凸凹不平，种上粗犷的橡树替代花丛，让地上满是车辙，零星散落一些石头和灌木，总之，要将它弄得杂乱而不是平整，这样你就会把它变成如画的。”[②]

尽管吉尔平主张如画是绘画追求的一种风格，但是他的主要目的是向人们推荐具有如画风格的自然风景。发现具有如画风格的风景，是18世纪英国旅行者的一个特殊嗜好。

---

① Stephanie Ross, *Picturesque in Michael Kellyed. Encyclopedia of Aesthetics*, New York: Oxford University Press, 1998, pp.511-515.

② William Gilpin, Three Essays, in *Dabney Townsended, Eighteenth Century British Aesthetics, Amityville*, New York: Baywood Publishing, 1999, pp.422-423.

在吉尔平的基础上，普利斯对于如画概念做了更加清楚的界定。借助博克将优美与崇高区别开来的理论，普利斯将如画确立在优美与崇高之间，其特征是粗犷、突然变化和没有规则。普利斯说："如画好像处于优美与崇高之间。由于这个缘故，如画经常恰当地与优美和崇高相配，甚至甚于优美与崇高相配。当然，如画也能完美地与优美和崇高区别开来。首先，就优美来说……它与如画建立在完全相反的特性上：优美建立在光滑之上，如画建立在粗糙之上；优美建立在逐渐变化之上，如画建立在突然变化之上；优美建立在年轻和新鲜的观念之上，如画建立在年老甚或衰亡的观念之上。""有一些根本因素将如画与优美区别开来。同样如画也可以与崇高区别开来。尽管如画与崇高共有某些特征，但是它们在许多根本点上是完全不同的，而且它们产生于完全不同的原因。首先，幅员辽阔是引起崇高感的强有力的原因，但是如画与尺寸没有任何关系（在这一点上如画也与优美不同），既可以在最小的东西中发现如画，也可以在最大的东西中发现如画。崇高建立在惊愕和恐惧的原理之上，它从来不会落入轻松或者玩乐的事物之中；如画的特征是复杂和变化，它既可以适合于庄严的事物，也可以适合于玩笑的事物。无限是引起崇高感的最有效的原因之一，正因为如此，无边的海洋可以引起惊愕的感觉；如果要赋予某物如画的特征，就一定会摧毁产生崇高感的原因，因为如画差不多必须建立在边界分明的形状和安排的基础之上。"①

由于引入了博克的理论框架，普利斯对如画概念的界定，显得清晰而明确。同时，普利斯也没有像吉尔平那样，将如画拘泥在绘画之内。普利斯已经不满足于只是到大自然中寻找如画的风景，而是要在没有如画风景的地方建造如画的景观。据说他自己的庄园就有小径穿过长满野生树木的林地，有小桥横跨急湍的溪水，与当时流行的平缓起伏、纯净空旷的布朗式庄园全然不同。

---

① Uvedale Price, An Essay on the Picturesque as Compared with the Sublime and Beautiful, in *Dabney Townsended*, *Eighteenth Century British Aesthetics*, *Amityville*, New York: Baywood Publishing, 1999, pp.438-440.

对于如画的风格特征的看法，赖特与吉尔平和普利斯并没有什么不同。但是，对于如何实现如画或者如何获得如画的感受，他们的看法却截然不同。吉尔平是去自然中猎奇，寻找如画风格的风景；普利斯是大兴土木，建造如画风格的庄园；赖特则不同，他是通过想象，让景观与如画风格的诗歌和绘画发生关联，从而获得如画的审美享受。在赖特看来，如画只是一种联想原理，而不是由一系列可感知特征所标志的客观特性，因此从景观的外部特征去界定如画，就犯了方向性错误。赖特说："'如画'一词所表达的与绘画的真正联系，是通过联想获得的整体愉快，因此它只能由某些特别的人感觉到，这种人要拥有与之发生关联的相关观念。也就是说，这种人要在某种程度上熟悉那种艺术。那种有看精美图像习惯并且能够从中获得愉快的人，在观看自然中的这些对象时，就会很自然地感到愉快，这种愉快还会激发那些模仿和润饰的力量。"①

由此可见，赖特所说的如画，并不是指景观的物理特性（无论是自然景观还是人造景观），而是指通过联想建立起来的环绕在景观周围的艺术氛围。如画并不要求景观跟绘画一模一样，而是要通过景观让我们联想到绘画。换句话说，景观依然是景观，绘画依然是绘画，它们之间在外在特征上可以没有相似关系，它们之间的关系是通过欣赏者的联想建立起来的。而联想的方式可以多种多样，可以是根据相似关系的联想，也可以是根据接触关系的联想，还可以是各种其他关系的联想。同一处自然景观，对于有教养的观赏者来说，可以是如画的，因为它让他想起了某幅绘画；对于没有教养的观赏者来说，它不是如画的，因为它不能让他想起某幅绘画，或者他根本就没有见过那幅绘画甚至任何一幅绘画。由此可见，在赖特的如画观念中，重要的不是对景观进行单方面的改造，而是在自然与文化之间建立起联系。

通过上述简要考察，对于如画概念在 18 世纪英国美学中的一些重要含义，

---

① Richard Payne Knight, *An Analytical Inquiryin to the Principles of Taste*, London: T.Payneetc, 1806, pp.154-155.

我们可以做出这样的总结：首先，在字面意义上，它指的是像画，即无论自然风景还是人造景观看起来像绘画一样。其次，在风格意义上，指的是介于优美和崇高之间的风格，大体可以称之为粗犷。再次，它包含文化想象因素，借用丹托的“理论氛围”一词来说，如画风景周围环绕着一种“艺术氛围”，这种艺术氛围是欣赏者通过联想赋予它的，因此，并不是所有人看到的风景都是如画的。

二

在中国美学史上，如画并不是一个十分重要的概念，很少有人对它做专门研究。朱自清写过一篇《论逼真与如画》的文章，对如画概念做了详细的历史考证和有趣的理论分析，为我们研究如画提供了重要的基础。

朱自清指出，如画是像画。像画的东西本身不能是画，因此如画概念不是用来评价绘画的，而是用来评价诸如山水、人物等绘画题材的。相应地，逼真是近乎真的。近乎真的东西本身不能是真的，因此逼真概念是用来评价绘画的。朱自清引用清朝大画家王鉴的说法来支持他的主张：“人见佳山水，辄曰如画，见善丹青，辄曰逼真。”[①]

将如画与逼真对照起来，不能算是王鉴的发明。宋朝蔡梦弼《草堂诗话》卷下记载丹阳洪景卢《容斋随笔》的文字：“江山登临之美，泉石赏玩之胜，世间佳境也，观者必曰如画。……至于丹青之妙，好事君子嗟叹之不足者，则又以逼真目之。”蔡梦弼还引述了杜甫许多论画的诗句，证明逼真是对绘画的最高评价。

由于如画最初并不是用来描述绘画的，它就不限于某种风格的绘画。当我们说山水如画的时候，只是一种笼统的好的评价。为什么说山水如画就是佳的呢？蔡梦弼在罗列杜甫的诗句之后做了一个概括：“以真为假，以假为真，均

---

① 朱自清：《论逼真与如画——关于传统的对于自然和艺术的态度的一个考察》，《朱自清古典文学论文集》，上海古籍出版社，1981 年，第 115~124 页。

之为妄境耳。人生万事如是，何特此耶。”（《草堂诗话》）山水和绘画之所以是好的，全因为它们真假难辨。山水之佳在于以真为假，丹青之妙在于以假为真。蔡梦弼甚至认为，人生万事都是这样，佳处妙处，都在以真为假，以假为真。[①] 我不敢说人生其他事务是否真的如此，但就审美来说的确说得中肯。历来美学家推崇虚实相生、真假参半、似与不似之间，这些说法可以为证。如果采用道—象—器这种一分为三的模式，我们可以说如画更接近介于道器之间的象[②]。这种说法，就带有更强的理论概括性了。

其实，如画也有逼真、栩栩如生的意思。不过这层意思，既不是用来指绘画，也不是用来指山水，而是用来指文学中的人物或景物描写。比如，宋朝阮阅《诗话总》卷十六记载：“余宿孤山下，读林和靖诗，句句皆西湖写生。时天姿自然，不施铅华，再作诗书壁曰：长爱东坡眼不枯，解将西子比西湖。先生诗妙真如画，为作春寒小谷图。”这里的“写生”和“如画”，都是指诗句能够给人栩栩如生的画面感。这种用法在历代诗论中也很常见。如明朝唐元竑称赞杜甫《野望》一诗“字字如画”（《杜诗捃》卷一）。明朝安磐称赞谢康乐的诗“模写行役江山，历历如画，信一代之伟作也”（《颐山诗话》）。如画的这层意思，与中国美学中的“诗中有画，画中有诗”的追求不无关系。

当如画用来描写人物时，更多的指人物的美貌。《后汉书·马援传》里说他：“为人明须发，眉目如画。”根据朱自清的解释，意思是说马援“相貌生得匀称分明，也就是生得好”。《诗话补遗》卷一记载：“越王嗣位，史称其眉目如画，温厚仁爱，风格俨然。”朱自清根据中国传统人物画的风格，认为被称为如画的人一定生得匀称分明，这种判断不无道理。宋词中就有形容美女的名句：“青春半面妆如画。”（周密：《浩然斋雅谈》卷中）如画美人，一定是

---

① 其实，王鉴也表达了同样的意思，只是朱自清只引了王鉴的前半段，没有引后半段：“则知形影无定法，真假无滞趣，惟在妙悟人得之。不尔，虽工未为上乘也。故论画者，有神品、妙品之别，有大家、名家之殊。”（《染香庵跋画》）

② 庞朴：《一分为三：中国传统思想考释》，海天出版社，1995 年，第 335 页。

眉清目秀。从这种意义上来说，如画接近 18 世纪英国美学中的优美，而不是 picturesque，当然更不是崇高。由此可见，此如画不是彼如画。

三

由于中国美学思想多半蕴含在有关诗词书画的评点中，这些评点本身有很强的随意性，所用术语的含义相对复杂和不够明确。但是，就上述所做的简要比较来说，中西美学中如画概念的根本差异，已经体现出来。

在西方美学中，如画概念首先是用来描述绘画的，然后再用来描述风景，但基本上没有用来描述人物。在中国美学中，如画概念首先是用来描述人物，然后用来描述山水，从来没有用来描述绘画。这种描述对象上的差别，造成中西美学中如画概念的含义非常不同。西方如画概念不描述人物，中国如画概念不描述绘画，但它们都描述风景或山水。由此，将风景作为考察的焦点，也许能够更好地体现中西美学的差异。

就风景来说，西方如画概念，指的是一种风格，即介于优美与崇高之间的风格，基本特征是粗犷、变化和无序。中国如画概念，指的是一种境界或者本体论差异。如画山水，必须是虚实相生、真假难辨。不管任何风格的山水，只要它满足了这种本体论要求，都可以是如画的。当然，如果一定要从风格上来界定，如画山水更接近优美，而不是西方美学中的如画。因为中国如画概念中包含分明的意思，这种意思与西方如画概念中的无序刚好相反。中国美学中的如画概念所包含的境界或本体论差异，在西方美学的如画概念中很少见到。只有赖特的联想概念，比较接近中国如画概念中的这层意思。

现在，我们可以做出一个初步的结论：在对风景做出审美评价的时候，西方美学更多的是从风格上考虑，中国美学更多的是从境界上考虑。从中国美学的角度来说，一片风景，无论风格是雄浑、冲淡，还是纤秾、沉著，只要能够亦真亦幻，就都是如画的。从西方美学的角度来说，如果不具备粗犷、变化、无序的风格特征，无论是绘画还是风景，就都不能说是如画的。如果具备这些特征，就都是如画的。由此，我们可以看出，在中西美学中存在着两个完全不同的三分法，在西方美学中，是优美、如画、崇高之间的三分；在中国美学中是真实、如画、虚幻之间的三分。在西方美学中，如画介于优美与崇高之间，在中国美学中，如画介于真实与虚幻之间。

四

中西美学中的如画概念，会引起两种非常不同的后果。由于西方如画概念更多地从对象的风格特征上去界定，因此无论是发现的如画风景还是建造的如画风景，最终都是一种风格类似的风景，不可避免地会导致对自然的削足适履的改造，把自然风景改造成为符合如画概念要求的风景。正是在这种意义上，当代环境美学家对如画概念展开了猛烈的批判。比如，卡尔松就指出，如画这个范畴，无异于“给自然穿上了一件主观主义和浪漫主义的外衣”，因而完全遮蔽了自然。[①] 卡利科更加直截了当地说，如果我们还用 18 世纪英国美学家们采用的景观、风景、如画等概念来欣赏自然，那么我们的看法就“不是自然地出自自然自身，不是就自然自身而直接针对自然，也不能体现来自生态学和进化动力学方面的知识，这种看法是肤浅的、自恋的，总之是微不足道的”。[②] 更多环境美学家强调，为了将自然作为自然本身来欣赏，我们不仅需要关于自然的生态学、生物学、地理学和地质学等方面的知识，而且需要让自己完全沉浸在自然之中，而不是将自然当作一幅图画来旁观。比如，罗尔斯顿就指出：“森林本身没有风景存在，是我们创造了风景。”[③] 环境美学家们对如画概念的批判，是否适合中国美学中的如画概念呢？换句话说，中国美学中的如画概念所导致的后果是否符合环境美学家的期待呢？对于这些问题，我们很难用

---

① Allen Carlson, *Aesthetic Appreciation of Nature*, *Routledge Encyclopaedia of Philosophy*, Volume E.Craiged, London: Routledge, 1998.

② Baird Callicott, "The Land Aesthetic," *Renewable Resources Journal*, Winter, 1992.

③ ［美］霍尔姆斯·罗尔斯顿：《森林中的审美体验》，张敏、潘淑兰译，《郑州大学学报》（哲学社会科学版）2012 年第 2 期。

"是"或"否"来回答。当代环境美学的主张，与中国如画概念一方面有不同，另一方面又有相似。不同的地方在于：当代环境美学极力将人文因素排除在环境评价之外，或者将人为因素视为环境审美价值的负面因素；中国如画概念不排除人为因素，认为如果没有人为因素的加入，自然风景就不会转变成为如画境界。如果从中国美学的角度来看，当代环境美学家推崇的自然风景，更像是穷山恶水，而不是风景如画。相同的地方在于：它们都是从境界上而不是从风格上来评价自然风景。当代环境美学家心目中理想的风景，是没有受到人为污染的风景。无论一种风景具有怎样的风格，只要它没有受到人工干扰，就都是美的风景，都具有审美价值。由此，当代环境美学家推崇的风景，就在层次上或者境界上与受到人工干扰的风景区别开来了。无论是优美、崇高还是如画，只要没有受到人工干扰，就都是理想的风景。中国如画概念中所包含的思想，在方法论上与当代环境美学非常一致，都是从境界上而不是从风格上来进行区分。只不过中国美学家推崇的不是未受人工干扰的风景，而是受到适度的人工改造的风景。

所谓"适度的人工改造"，并不是像西方如画概念所要求的那样，将风景改造成为具有统一风格的景观，而是适当加以点染和提炼，将自然风景与人文理想联系起来，形成虚实相生、真假参半的景观。由于这种改造并不是依据统一的风格标准的剪裁，而是依据自然本身的特征的发扬，因此不会形成风格的匀质化。相反，经过人工点染和提炼的风景，因为更能突出自然的特征而显得更加自然。中国如画概念的后果，是景观的多样性而不是匀质性。

让我们在当代环境美学、西方如画观念和中国如画观念所引起的后果之间做点对比：当代环境美学的结果是原生态的自然景观，西方如画观念的结果是人工化的人文景观，中国如画观念的结果是半自然半文化的景观。当代环境美学家们完全推崇自然科学、排斥人文因素的倾向，或许形成了另外的偏见。这种科学主义偏见，无助于我们在环境中获得审美享受。在将自然风景转变成为审美对象的过程中，我们至少需要诸如赖特的想象或者萨特的见证之类的最低限度的人工因素。萨特说："我们的每一种感觉都伴随着意识活动，即意识到人的存在是起揭示作用的，就是说由于人的存在，才‘有’万物的存在，或者说人是万物借以显示自己的手段；由于我们存在于世界之中，于是便产生了繁复的关系。是我们使这一棵树与这一角天空发生关联；多亏我们，这颗灭寂了几千年的星、这一弯新月和这条阴沉的河流在一个统一的风景中显现出来；是我们的汽车和飞机的速度把地球的庞大体积组织起来；我们每有所举动，世界便被揭示出一种新的面貌。这个风景，如果我们弃之不顾，它就失去见证者，停滞在永恒的默默无闻状态中。至少它将停滞在那里；没有那么疯狂的人会相信它将要消失。将要消失的是我们自己，而大地将停留在麻痹状态中，直到有另一个意识来唤醒它。”①

对于环境美学来说，人的这种“揭示作用”仍然十分重要，无论是通过干预进行揭示，还是通过想象进行揭示。离开了人的“揭示作用”，环境就无所谓美丑可言。在科学主义占据主导地位的环境美学领域，如果缺乏这种人文主义的反思，就不可避免会走向另一个极端。

（刊于《郑州大学学报》2012 年第 5 期）

① ［法］萨特：《萨特文学论文集》，施康强等译，安徽文艺出版社，1998 年，第 94~95 页。

环境体验的审美描述

——环境美学视野中的审美经验剖析

⊙陈国雄

⊙中南大学文学院

作为一种最为基础的审美形态，环境审美提供了一种更为本源性的审美体验，其体验既是对世界的体验，也是对自身的体验。阿诺德·伯林特认为："人类环境，说到底，是一个感知系统，即由一系列体验构成的体验链。从美学角度而言，它具有感觉的丰富性、直接性和当下性，同时受文化意蕴及范式的影响，所有这一切赋予环境体验沉甸甸的质感。"① 通过对环境的多种感官的体验，结合对环境的文化意蕴与范式的经验，人类从环境中获得的审美体验包含更多的隐性因素，并且这些隐性因素对于其身体的审美冲击更有力度、更生动、更深刻。这种审美冲击力提供了源源不断的机会扩大人类对环境的审美感知能力，在体验环境的同时也真正地找回自身。

一、功利的超融

审美无功利的观念经过康德那周密的思辨，被现代美学作为一个艺术审美的教条继承下来了。在审美无功利的理论视野中，环境的实用性可阻碍我们的审美体验，转移我们对环境感知关注的视线，分散对审美体验的注意力。审美

---

① Arnold Berleant, *The Aesthetics of Environment*, Philadelphia: Temple University Press, 1992, p.20.

无功利提醒我们在观照环境的审美因素时，采取无利害的态度从日常实用的关心中抽离出来是必需的。

布洛对海上大雾的描绘，已经成为说明审美无功利的经典。他极力主张有距离的态度对船上的乘客们审美地体验浓雾是必不可少的，这样他们就不会执着于覆船的危险。然而他并没有把我们对海上大雾的审美体验的来源限定在它的“由于透明乳状物模糊了事物的轮廓，并把它们扭曲成奇形怪状而导致的晦暗不清”上。相反，体验的强度来源于看似宁静平和而实际上“虚假地否定任何危险的暗示”“与其盲目混乱的焦虑的一面形成鲜明对比”的这种现象产生的“平静和恐惧的奇异混合”。[①] 因此，依布洛所说，审美距离并没有消除我们意识中紧迫的危险和恐惧感，其审美体验融所有实用意识和“一个纯粹观者的无关心”[②] 于一体。

因此，审美领域不能从实践领域中完全分离出来，甚至康德最终也开始在审美与实践之间建立联系。在对审美判断讨论的结尾，康德得出了一个结论：美是德行——善的象征，并且也只有在这种考虑中（在一种对每个人都很自然的且每个人都作为义务向别人要求着的关系中），美才伴随着对每个别人都来赞同的要求而使人喜欢，这时内心同时意识到自己的某种高贵化和对感官印象的愉快的单纯感受性的超升，并对别人也按照他们的判断力的类似准则来估量其价值。[③]

这种主张看起来像是事后附加在他的批判上的想法，但是他明显地放弃了某些审美的独立性，并把对美与道德之间的类比看作趣味判断的普遍主体性的最终解释，这种表征说明了其对于审美领域与道德或实践领域之间联系的

---

① Edward Bullough, *Psychical distance as a factor in art and as an aesthetic principle*, British Journal Psychology, 1912, pp.88-89.

② Edward Bullough, *Psychical distance as a factor in art and as an aesthetic principle*, British Journal Psychology, 1912, p.88.

③ ［德］康德：《判断力批判》，邓晓芒译，杨祖陶校，人民出版社，2002年，第200页。

确认。

环境审美中，忽视或弱化环境的实用性方面会不恰当地限制环境所具有的审美经验的丰富性与深度。环境的功利性与实用性能修饰、改造与强化环境的美感。环境审美可以通过整合我们对环境的实用性关心而使环境的美感得以深化。环境美学在理论的建构与发展中，充分地汲取了杜威等实用主义美学家的审美经验理论，认为环境审美经验与日常经验是相关的，而不是截然不同的东西。在《艺术即经验》中，杜威认为："将艺术与对它们的欣赏放进自身的王国之中，使之孤立，与其他类型的经验分离开来的各种理论……深深地影响着生活实践，驱除作为幸福的必然组成部分的审美知觉，或者将它们降低到对短暂的快乐刺激的补偿的层次。"[①] 因此，他主张"恢复审美经验与生活的正常过程间的连续性"，"回到对普通或平常的东西的经验，发现这些经验中所拥有的审美性质"。[②] 所以，他主张将艺术与生活联系起来，主张在一大群被分割的美学观念之间重新建立起它们的内在关系。杜威所要强调的是，审美经验同日常经验不存在本质的差异，任何一种完整、统一而有强度的经验，都具有审美性质。

但仅仅恢复美学与生活和功利的关联性是不够的，环境审美经验的探讨更需要正视在环境审美中如何协调两者关系的问题。

环境审美经验不应执着于功利性，而应实现对功利性的超融，但这种对功利性的超融要如何才能真正有效地实现呢？主要在于审美心理距离的保持。"不是没有欲望与思想，而是它们彻底地结合到视觉经验之中，从而与那些特别理智的与实际的经验区分开来。……审美知觉者在落日、教堂或者一束花面前心中不存有欲望，意思是，他的欲望在知觉本身中完成。"[③] 审美心理距离首先作为审美态度，它具有超越实用、功利目的的一面，但同时它又并不完全割

---

① [美] 约翰·杜威：《艺术即经验》，高建平译，商务印书馆，2005 年，第 3 页。

② [美] 约翰·杜威：《艺术即经验》，第 9 页。

③ [美] 约翰·杜威：《艺术即经验》，第 282 页。

断与生活、实际功利的联系，而是功利向审美的超融并实现两者的有机统一。审美心理距离强调“无论是在艺术欣赏的领域，还是在艺术生产之中，最受欢迎的境界乃是把距离最大限度地缩小，而又不至于使其消失的境界”。[①] 环境审美模式不仅要缩小身体距离，更要缩小心理距离，而缩小心理距离就要在审美的过程中介入功利性的因素，但是审美的过程中不应执着于功利性，导致距离的消失，而更应该超越功利性，保持适度的审美心理距离，从而将功利性融化于审美中。

环境审美着眼于审美与功利对立的关系的消融与扬弃，通过这种消融与扬弃，在更高层次上将审美经验与日常经验双方的重要品格融会于内，实现对立双方的统一，从而实现环境审美经验的生成。

二、感知的联觉

在环境美学的视野中，康德美学有一种浓厚的唯智主义倾向。“唯智主义传统通过将世界客体化来对其进行认知和把握，并通过将世界置于思想秩序的支配之下来实现对它的控制。”[②] 康德认为通过人类自身的理性认识能力能探究世界表象背后永恒不变的本质，因此，视觉和听觉因与认知世界本质的使命相关被视为高级感官，而其他的感觉如触觉、嗅觉、味觉等则被视为低级感官，与审美无关，或者被视为有损于审美。因此在艺术的审美体验中，主体运用的审美感官主要是视觉与听觉，其所面对的是一个被给定的整体，这个整体是一种“有框架”的审美对象，所有的艺术都具有使自己与一切非艺术因素隔绝的物理的和心理的边界。因此，艺术的审美体验相对来说比较明确，比较确定。

而作为一种审美客体的环境因其具有无框架的特征而不同于典型的艺术客

---

① ［英］爱德华·布洛：《作为艺术因素与审美原则的“心理距离说”》，牛耕译，《美学译文》（第2辑），中国社会科学出版社，1982年，第100页。

② Arnold Berleant, *Aesthetics and Environment*: *Theme and Variations on Art and Culture*, Ashgate Pub.Ltd, 2005, p.5.

体，它不是一种以纯艺术为中心的美学相适合的客体，也不是为了附和传统的审美共识与审美体验而挑选的相关素材。环境的这种无框架的特征对于传统审美理论是一种弊端，但这种相对缺乏明确范围的客体有利于主体想象力与创造力的介入。正如赫伯恩所说："自然作为一种'无框架'的审美对象，当我们在对其进行审美时，来自我们原有注意范围之外的一种声音或可见的事物，就会迫使我们修正自己的经验以容纳它们，并把它们纳入我们的整个经验之中。"① 而且主体对于环境的审美体验并不局限于发挥想象力和创造力上，更重要的这种"经验"是整个身体的"经验"与"参与"。环境的审美具有感知的全息性，对于典型艺术品的欣赏，我们尽量克制自己不去触摸与嗅闻视觉艺术品，同时也不参与到一场音乐会与戏剧的表演中，而对于环境的欣赏，我们追求的是与环境的交相感应，不能分离环境特有的气味、温度、雨水与风拂过皮肤的感受。在与环境的交会中，各种感觉互相交织，主体通过听觉、视觉、触觉、肤觉、味觉与嗅觉体验到一个充满生机的世界，我们不仅要运用传统审美中所谓的"高级感官（如视觉与听觉）"，而且也要运用传统审美所要抵制的所谓的"低级感官（如味觉、触觉与嗅觉）"。正如清代郑日奎在《游钓台记》中所述："山既奇秀，境复幽茜……足不及游，而目游之。俯仰间，清风徐来，无名之香，四山飘至，则鼻游之。舟子谓滩水佳甚，试之良然，盖是即陆羽所品十九泉也，则舌游之。顷之，帆行峰转，瞻望弗及矣。……惝恍间如舍舟登陆……盖神游之矣。……呼舟子劳以酒，细询之曰：'若尝登钓台乎？山之中景何若？其上更有异否？四际云物，何如奇也？'舟子具能悉之，于是乎并以耳游。噫嘻，快矣哉，是游乎！"② 此游记完整而生动地说明了环境审美的全息性，目游、鼻游、舌游、神游、耳游并存，视觉、听觉、味觉、触觉、

---

① Ronald Hepburn, "Contemporary Aesthetics and the Neglect of Natural Beauty", Allen Carlson & Arnold Berleant, *The Aesthetics of Natural Environments*, Canada: Broadview Press, 2004, p. 46.

② 郑日奎：《游钓台记》，《清代散文选注》，岳麓书社，1998年，第145页。

嗅觉纷起。

因此，环境不是艺术，对环境的欣赏，并不仅仅是看美丽的风景，而应该包括在蜿蜒的乡间小道上流连，在清澈的溪流中嬉戏，在杂草丛生的山坡上驻足，以及在所有的这些活动中感受到的声音、气味、太阳与风。“环境体验作为包含一切的感觉体系，包括类似于空间、质量、体积、时间、运动、色彩、光线、气味、声音、触感、运动感、模式、秩序和意义这些要素。”① 由此可见，环境体验不一定完全是视觉的，它是综合的，涵盖了所有的感觉形式。

在这种整体体验中，主体通过身体与环境相互渗透，我们成了环境的一部分，环境体验也运用了整个的人类感觉系统。因此，我们把握环境并不是仅仅通过色彩、质地和形状，而且还要通过呼吸，通过气味，通过我们的皮肤，通过我们的肢体活动。“环境的主要的维度——空间、质量、体积和深度并不是首先与眼睛相遇，而是先同我们运动和行为的身体相遇。”② 真正的环境体验，它存在于鲜活的审美感知中，而且这种感知超出了简单的合并意义，成为知觉的持继生成与一体化。这是一种真正的联觉，是感觉样式的全面整合。“无边无际的自然世界不仅只是环绕我们，它还刺激着我们。我们不仅不能在本质上感觉到自然世界的界限，而且也不能将其与我们自身相隔离……我们在环境之中去感知，宛若不是去看到它，而应置身于其中，这样，自然就会变得非常不同，自然转变为一个领域。我们作为一个参与者生活其中，而不仅仅是一名旁观者……所有这些情形给人的审美感受并非无利害的整体体验。敏锐的感官意识的参与，感官融入到自然之中并获得一种不平凡的整体体验。”③

---

① ［美］阿诺德·伯林特：《生活在景观中——走向一种环境美学》，湖南科学技术出版社，2006 年，第 24 页。

② ［美］阿诺德·伯林特：《环境美学的发展及其新近问题》，刘悦笛译，《世界哲学》，2008 第 3 期。

③ Arnold Berleant, *The Aesthetics of Environment*, Philadelphia: Temple University Press, 1992, pp.169-170.

环境中审美参与的核心就是感知力的持继在场，尽管卡尔松与伯林特在艺术审美问题上有较大的分歧——卡尔松主张艺术审美是趋于“静”的“静观”，而伯林特认为艺术审美也是遵循其提出的介入模式的——但是，对于环境审美而言，二者都赞同环境审美是一种“动”的“介入”。环境的欣赏者就是环境的一部分，欣赏者不仅不与环境保持距离，而且直接介入到环境之中。卡尔松反对在环境欣赏中采取“静观”，认为自然的观赏者要求成为自然环境的一部分，并作用于自然环境。阿诺德·伯林特更是强调介入，主张建立一种以“介入”为特征的美学，实现人与自然、主体与客体、审美与实践的结合。在环境的审美欣赏中，审美主体往往不局限于运用传统的审美感官——“欣赏音乐的耳朵”和“观看绘画的眼睛”，主体的味觉系统、触觉系统乃至皮下组织的各种感官都沉浸于其中。一个审美主体置身于优美的环境中，其审美体验与其在封闭的艺术馆中是不同的。环境中所拥有的一切，青山绿水，气候体验，人与自然的互相介入，都决定着审美过程的复杂性和审美体验的多元性。

这种“全方位”的审美经验，如海德格尔所言，就是“在世界中存在”的“此在”的基本生存经验。[①] 环境的审美体验是对整体性的生活实践的根源性体验，它包含更多的审美因素，并且这些因素对身体的审美冲击更有力度、更生动、更深刻。

三、家园感的凸显

环境不仅是由物理学的语言所描述的客体集合，更是人类的家园，人类的栖息地。在伯林特看来，环境美学不只关注建筑、场所等空间形态，它还处理整体环境下人们作为参与者所遇到的各种情境。环境的审美经验是对于环境的整体感受：“完整地感受世界，使用全方位的感知，这是在放大我们的经验、我们的人类世界、我们的生活。由此，它的目标是一种扩张的但有识别力的意识，作为整体地活动着的有机的社会生活的一部分。这就要求在全部经验中要

---

① 靳希平：《海德格尔早期思想研究》，上海译文出版社，1995 年，第 287 页。

有机敏的、智慧的和积极的投入。环境的审美意识就是这样一种生活的主要方面。”[①] 其实这样一种对于环境的整体感受就是“家园感”所具有的内涵，这种“家园感”必然成为环境审美的内在需求。陈望衡在《环境美学》中将环境美的根本性质定位成一种人的“家园感”：对环境的认同感最高层次是家园感。正是从这个意义上，我们将家园感视为环境美的根本性质。[②] 这种家园感，就是人对环境天然就有的一种“依恋感”，就是人对环境的“既好像儿女依恋母亲，又好像夫妻相互依恋”。[③] 这种家园感最切实地体现在环境宜居与宜游的统一性上。当然，这种“双宜”（宜居与宜游）的环境体验必然是由自由而独特的个体进行具体而感性的环境审美而建构的。只要美学所关注的人是具体的人而不是抽象的人，只要美学所关注的环境是具体的环境而不是抽象的环境，环境美的主导层面就不应该执着于从事环境规划和景观设计的专家们所看重的外部特征，而在于它能给予独特地域环境中感性而具体的个体一种温馨的“家园感”。

这种环境审美经验的生成来源于人与环境的和谐互动：“经验是有机体与环境之间的一种互动。这种环境既是人类的也是物质的，既包括传统和习俗上的材料，也包括当地的周围事物。有机体通过它天生的或后天获得的结构而带来的对互动产生影响的力量。”[④] 所以，在此种互动中建构起来的审美经验，强调主体与环境之间的一种交互关系。从这种立场而言，“环境可被理解为一个从有机体持续而来的力的场，一种在其中存在有机体对环境和环境对有机体的交互作用，并且在它们之间没有真正界限的场。”[⑤] 在此，伯林特认为，环境与

---

① Arnold Berleant, *The Aesthetics of Environment*, Philadelphia: Temple University Press, 1992, p.24.

② 陈望衡：《环境美学》，武汉大学出版社，2007 年，第 112 页。

③ 陈望衡：《环境美学》，第 111 页。

④ ［美］约翰·杜威：《艺术即经验》，高建平译，商务印书馆，2005 年，第 246 页。

⑤ Arnold Berleant, *Aesthetic participation and environment*, Urban Resources, 1984(1).

人并不是割裂的，我们与环境保持着一种连续性，是整个环境的一部分，环境是人的生存之所，两者是互动互生的。人类的发展从环境的运动中获得最初动力和生存智慧，同时，环境的特点也决定了人的发展最终促成环境的发展与完善。正是这种建立在生生不息的发展过程中的关系，决定了人与环境的互生互荣。因此，这种审美经验的获得要求人类不仅仅作为外在者或旅游者而存在，更重要的是作为环境的内在者而存在。外在者对环境的审美经验往往追求一种形式主义的陌生与新奇，而内在者对环境的审美经验则源于与环境的完全契合而产生的一种与之同体的感觉。环境的广大与多样满足人类作为外在者与旅游者对陌生与新奇的经验需求，但更重要的是，环境对于人类的栖息与庇护功能又能够满足人类作为内在者对安全和信赖的经验要求。内在者的环境审美感建基于人类对于自身的合理定位，人类只有居住在环境中，成为环境的一部分，才能获得与环境的相互交感。

“一般来说，因为一个地方的常住居民必须每日都经验他们的环境，而旅游者或其他外来者的经验只是暂时的，所以存在论意义上的内在者的审美价值就应该具有优先权。采用杜威的术语来说，一个地方给它正在居住的居民提供完满的经验，比它为暂时的参观者提供完满的经验似乎真的要重要得多。”① 所以，对于环境美学与环境家园感的构建而言，不仅内在者的审美价值具有优先权，而且内在者（常住居民）的生成有利于环境家园感的获得。所以，在环境美学视野中，对于环境而言，我们不应该仅限于做一个对其提出积极改变建议的旅游者或规划者和设计者，因为这只是一个外在者，我们更应该成为一个环境的内在者，作为居住者在与环境的交相融洽中建构一种家园感。

因此，归属感、依托感、安全感是家园感的主要组成部分。而人类对环境的这种归属感、依托感、安全感通常表现为“大地情结”，这种对于大地的依恋之情，在不同的文化中有着相同的表现形态。段义孚认为：“‘恋地情结’

---

① ［美］史蒂文·C. 布拉萨：《景观美学》，彭锋译，北京大学出版社，2008 年，第 58 ~59 页。

是一个新词，可被宽广定义为包含了所有人类与物质环境的情感纽带。这些情感纽带从强度、微妙性和表达方式上看彼此都有很大的区别。对环境的反应也许主要是审美的：这种反应会在从风景中感到的短暂愉悦到突然显现出的美所给予的同样短暂却更加强烈的愉悦之间变化。这反应也许是触觉上的，如感觉到空气、流水、土地时的乐趣。更持久却不容易表达的感情是一个人对某地的感情，因为这里是家乡，是记忆中的场所，是谋生方式的所在。”① 段义孚提出的“恋地情结”，表现了人类对物质环境的情感纽带，人创造或者改变环境，以各种方式回应环境包括视觉和美学欣赏以及亲身接触。环境不是由若干自然物综合而成的空间，它与人类生活包括主体自己的生命融为一体。将家园感纳入环境审美经验的研究视野，并将之定位为环境审美经验的主要内容，这是一种极具前瞻意识的美学创见，家园感的建构也必然成为生态文明视野中环境美学的重大使命。

概言之，首先环境的审美经验是一种与实践的、日常的经验相关的经验，但这种经验不是人类对环境功利性的执着，而是一种功利向审美的超融。其次，它存在于鲜活的审美感知中，而且这种感知超出了简单的感官合并，是各种知觉的持继生成与一体化。再次，它生成于个体的审美经验中，而且融合了最独特的地域体验。这种地域体验，使得环境审美经验超融了日常经验，从而建构起最深沉的家园感。

（刊于《郑州大学学报》2014 年第 6 期）

---

① Yi-Fu Tuan, *Topophilia, A Studh of Environmental Perception, Attitudes and Values, Englewood Cliffs*, New Jersey: Prentice-Hall, 1974, p.93.

环境审美特质辨析

——从一种范畴系统的整体性出发

⊙史建成
⊙武汉大学哲学学院

环境作为与人类生产生活密切相关的生存境遇，自人类诞生之时就不能和人相分割，人类环境审美经验同人类文明的发展历程一样久远。中国自古就重视自然与人文的和谐统一。从儒家的“天人合一”、道家的“道法自然”到禅宗的“黄花翠竹皆有佛性”，都不难看出环境自然的美学意义。在西方古希腊时期，自然事物的和谐、比例、对称是美的。从19世纪英国浪漫主义诗人对田园风光的赞美也可以看出人与自然的统一。然而，尽管人类文明发展始终与自然环境息息相关，哲学家们对于环境美的学科化探讨却相对滞后，甚至一度否认环境美的重要性。这突出体现在鲍姆嘉通之后美学与艺术哲学日益紧密的联姻，美学家从建筑、音乐、绘画等艺术形式中寻求审美普遍性问题。

一、环境的特质

“环境”一直以来都是一个隐而不显的学术话题，直到西方工业社会发展后期，人类与环境的矛盾成为一个尖锐的社会问题之后，人类才意识到对环境进行严肃思考的重要意义。1966年，赫伯恩发表了《当代美学对自然美的忽视》，认为在分析美学的繁荣背景下，自然界却遭到遗忘。这篇文章实际上确立了自然美学作为一门学科领域的独立性。有关环境问题的研究首先从生态学、社会学、地理学、法学、经济学等学科出现，当前西方美学家大都立足于已有的学科领域深入环境之美的意义诠释、环境审美参与方式、环境审美经验以及环境审美批评，并同时注重对其他学科以及实践领域的反思，试图建构当代环境美学的哲学体系。我们将通过环境美学中的环境概念及环境的伦理属性两方面来具体分析环境的特质。

（一）环境美学中的环境概念

具体而言，人类对于环境的认识首先源于生活经验，环境的意义和价值是从生活内涵出发的。英文“环境”一词的原意是指环绕，而中国的“环境”一词始见于《元史·余阙传》中的“环境筑堡寨，选精甲外捍，而耕稼于中”，[①]“环”即围绕，“境”指境地。当我们用语言对环境进行表述时，我们会说我站立的周围是一个环境，办公室外面的风景是一个环境，我们房子里面的家是一个环境，或者说我们生活在一个积极进取、乐观向上的文化环境之中。尽管生活中我们深刻地领会着环境的存在，但当其表述出来之后，其内涵明显地带有一种身心二元论的色彩，即明确地区分出环境与我的边界，认为环境是一种包围我们的客观存在。这种二元论色彩的视角在对环境的科学探讨中得以保留，只不过科学研究更加细化并且加深了这种价值观。

如果说环境概念的生活内涵由来已久，并形成一种自然而然的偏见的话，那么环境的科学内涵则更多地显示了近代人类文明的主动探索。实际上，随着近代自然科学的发展，人类对环境的认知更多地体现了一种主体性的张扬。主客分立世界观带来了物理、化学、机械、生物等自然科学的飞速发展，对象性思维为我们发现客观世界的规律提供了便利。自然科学的进步加剧了人对于环境资源的利用频率，生态破坏与环境污染也随之愈演愈烈。也就是说，人类在以科学技术为工具确定环境为人的实践对象的时候，主客对立趋于激化。科学层面的环境观往往将客观世界的客观性作为其唯一的内涵而忽略其与人的存在关系，这也是从哲学层面和从科学层面来认识环境的重要区别。20世纪中后期，随着生态学观念引入到了各门科学之中，一批以环境治理与保护为主旨的

---

① ［明］宋濂：《元史》，中华书局，1999年，第2277页。

环境科学逐渐兴起。在环境科学中，“环境是相对于某中心事物而言的，它作为中心事物的对立面而存在”,[①] 环境科学旨在研究人类环境质量及其保护和改善。环境科学以环境哲学、环境伦理学及环境美学等人文科学的最新成果为指导，并最终导向环境工程建设。但需注意的是，科学无论怎样发展总归要有一个客观化的实践对象，总要打破人们认识中人与环境的一气贯通，所以对环境进行哲学、美学的反思，有必要也必须成为环境科学与工程学的指导原则。

与生活内涵、科学内涵的环境观念有所不同的是，哲学美学突破了有限的功用论视角，正如芬兰环境美学家约·瑟帕玛所言，“环境总是以某种方式与其中的观察者和它的存在场所紧密相连”,[②] 总是以各种物质和精神形态构成我们的生存之境。这里所说的环境概念范畴极为广阔，大体可分为自然环境、人文环境。自然环境是一种处于自然状态的环境；人文环境一方面包括了物质性的建筑、广场、雕塑、道路等实体环境，另一方面也包括了一定社会的伦理、艺术、道德氛围。将自然环境与人文环境清晰地区分开来是困难的，因为无论是城市公园还是我们认同的野生环境，从古至今无不有着人类活动的印记。人类对森林的砍伐、异域植被的引进、工业活动排放物对原始环境的间接影响都时刻证明着阿诺德·伯林特认同的“地球没有一处地方能对人类免疫”。[③] 那么，我们应当如何理解环境的独特性呢？彭锋教授认为，从审美视角来看环境，它没有像艺术作品那样有明显的边界，而且欣赏者明显不能超越环境之外。的确，环境与人的存在关系极为密切，这种密切的关系让我们不能从绝对意义上区分出环境与审美主体的界限，所以陈望衡先生从相对和相关两方面来理解人与环境的关系。从相对意义上看，环境作为人的肉体与精神的实践对象

---

① 樊芷芸、黎松强：《环境学概论》，中国纺织出版社，2004 年，第 1 页。

② ［芬］约·瑟帕玛：《环境之美》，武小西、张宜译，湖南科学技术出版社，2006 年，第 23 页。

③ ［美］阿诺德·伯林特：《环境美学》，张敏、周雨译，湖南科学技术出版社，2006 年，第 5 页。

而存在，是外在于人的；从相关意义上看，人与环境处于一种相互生成的关系之中[①]。从美学角度出发，我们更注重后者对环境的意义。

我们认为环境是与人的物质、精神存在密切沟通的价值范畴。人与环境的关联建基于存在，西方现代哲学的发轫就开始于理性向存在的转变。马克思在《1844 年经济学-哲学手稿》中论述了人同自然的关系，他认为："在实践上，人的普遍性正是表现为这样的普遍性，它把整个自然界——首先作为人的直接的生活资料，其次作为人的生命活动的对象（材料）和工具——变成人的无机的身体。"[②] 这样人同自然的统一性就建基于存在意义上的实践，自然环境真正成为"人化的自然"也是在社会性的活动中得以完成。海德格尔的"存在论"哲学则强化了人与世界的存在关系，他强调"人在世界之中"是一种天、地、人、神的统一整体，因而也就非常契合于当代环境美学观念的探讨。当代的环境美学反思可以说是对现代哲学思考方式的继承，同时又扩大了传统哲学美学的思考范围。然而，对环境的反思还不能仅仅停留在自然与社会的统一、此在的诗意栖居等观念上，否则关于环境的理论必将重复一种人与环境统一的解释体系的循环。我们应当避免这一循环，探讨此种存在如何得以实现。那么此种存在是如何得以实现的呢？我们认为这种与人一体存在的环境就是一种价值范畴。传统的价值论认为，价值"就是客体的存在、属性及其变化同主体的尺度是否相一致或相接近"[③]，因而环境的意义首先在于同我们的需要相契合，也就是价值意义。这种价值意义是多方面的，包含了空气满足我们的呼吸需要，资源满足我们的功利需要，景观满足我们的审美需要等，这种意义使得人类生存成为可能。阿诺德·伯林特认为："景观为一个不同的相互联系的价值的复合体，而不是相互分离的独立的利益的合成物。美学的价值与这些其他的价值直

---

① 陈望衡：《环境美学》，武汉大学出版社，2007 年，第 13 页。

② ［德］马克思：《1844 年经济学-哲学手稿》，中共中央编译局，2000 年，第 56 页。

③ 李德顺：《价值论》，中国人民大学出版社，2007 年，第 27 页。

接融合形成了景观的标准尺度。”[①] 从传统的价值论到当代环境理论的阐发，环境的价值属性乃至多元价值的复合性都被广泛提及，但问题是如果环境仅具有对人的单向价值，那么人与环境的统一性就要受到怀疑。所以，我们必须认识到环境就其自身而言并非仅仅是为人而存在的价值客体，而应是一种价值主体间进行价值沟通的范畴系统，人是这一范畴的组成部分。人的行为对环境中的其他存在者以及环境本身的变动生成都具有一定的价值意义。

将环境视为一种价值范畴的存在，可以打破对环境进行清晰的对象化区分，从而使环境的哲学美学研究深入到环境存在的价值层面。这种价值存在源于人与环境的双向一体生成，即人与环境整一性存在，并且在这种双向确证之中得以成就其区别于他物的独特性。正如伯林特所说：“这个系统（环境）是由物质的、社会的、文化的情境共同构造的复杂联系和一体性，正是这些显现了我们行动、反应、感知，并且给予我们自己生活的内容。”[②] 因此环境是在与人的交融过程中确认人自身的存在，同时确立环境自身的价值及范畴大小的。

（二）环境的伦理属性

既然人之生存是与环境密不可分的，多元主体组成了统一的价值范畴，那么，在生存论意义上对环境进行反思就必定无法回避其中的伦理含义。我们知道伦理学是研究道德及其发展规律的科学，传统的伦理学研究的是人与人之间的道德关系，从人类中心主义的伦理观出发是不可能承认自然环境是有正当的伦理地位的。因为环境仅仅以人类实践、征服的对象出现。然而当人类的工业活动一次次破坏我们的环境并使人类遭到前所未有的惩罚的时候，人们才真正反思环境与人类密不可分的伦理关系。这种反思开始于近代生态学的兴起。

“生态学”一词源自希腊语词根“住所”“房屋”，它于1866年被德国生

---

① ［美］阿诺德·伯林特：《生活在景观中——走向一种环境美学》，陈盼译，湖南科学技术出版社，2006年，第15页。

② ［美］阿诺德·伯林特：《环境美学》，张敏、周雨译，湖南科学技术出版社，2006年，第2277页。

物学家海克尔所定义，成为一个专门学科。起初它仅仅局限于动物科学领域，但随着生态学的不断发展，一批新观念开始引起广泛的讨论与思考。1927年查尔斯·爱顿在《动物生态学》中提出了“食物链”概念，细致描绘了细菌、植物、动物、人以及阳光所构成的金字塔式关系。1935年坦斯利的“生态系统”观念以及1949年威廉·福格特首创的“生态平衡”概念对当代生态学研究以及环境哲学、环境美学产生了重大影响。当代更有一批哲学家专门从生态学视角思考人与生态环境的深层关系。例如利奥波德提出的“大地伦理学”、阿伦·奈斯的“深层生态学”和罗尔斯顿的“荒野哲学”等。

综观当代的环境生态哲学研究，我们可以发现以下三个特点：

第一，价值观上从人类中心主义转向生态整体主义。传统的人类中心主义伦理观认为，只有人与人之间才存在道德关系，人与自然、人与其他物种的关系仅仅是满足人际伦理完善的附加条件。人类中心主义的伦理观实际上否认了环境作为其自身存在的价值，而将其视为人类自身价值实现的工具。虽然强调弱势人类中心论的诺顿认为出于人类长远利益的考虑应当给予自然以道德关心，但这种关心是最终缺乏价值根基的。在当今环境伦理的讨论中最受广泛认同的要属生态整体主义的观点了。阿伦·奈斯提出了一种深层生态学以对应人类中心主义的浅层生态学，他认为人类的自我实现要经由本我发展到社会之我然后到生态整体的大我，实现生态整体的利益就要将生态有机体的丰富多样性作为人类的责任。当代另一位环境伦理学家罗尔斯顿“第一次系统而全面地叙述和说明了自然的内在价值”，[①] 他将生态系统视为价值观照的重要单元并且就其自身而言是一个工具价值与内在价值的统一体。

第二，尊重生态个体的价值。这里的“生态个体”是种类个体与单独个体的统称。整个生态系统牵一发而动全身，其中的每一环特别是种类个体都有重要价值和系统意义。人类在对自然进行改造的过程中应当保障生态整体的完整性、生物的多样性。在地球的生态系统中，作为唯一自觉的道德代理人，人类

① 杨通进：《环境伦理：全球话语中国视野》，重庆出版社，2007年，第122页。

肩负着维护生物多样性的重要使命。为此，建基于生态整体主义之上的环境伦理在实践中要求人类对濒危物种负有道德责任。沃尔特 V. 瑞德、甘顿 R. 米勒提出了保护濒危野生动植物的三条原则：独特性原则、功利性原则、受威胁程度原则。独特性原则要求给予生态系统中比较独特的成分以优先，这样有助于保障最稀少物种的繁衍。功利性原则则从人类生存基本需求出发，优先保护对人类生活来说最具意义的物种。受威胁程度原则要求人类重视受人类影响最大、最容易灭绝的物种。这样就使得人类在生态利益的获取中给予生态系统一定的价值补偿。

第三，以环境伦理处理人与自然的关系。如果说生态学观念体现了人与环境不可分割的整一性关系的话，那么环境伦理则给人以处理同环境关系的行动指导。当代环境伦理学家进行了很多有益探索，提出了很多具体实践的行动原则，例如泰勒基于对生命的尊重提出来的不作恶原则、不干涉原则、忠诚原则、补偿正义原则。中国学者余谋昌也提出了环境伦理的主要规范：保护环境、生态公正、尊重生命、善待自然、适度消费。这些原则的讨论与实施将使环境的价值探讨深化为行动上的实践，这种实践则是当代环境伦理反思的最终目的。当然，环境伦理毕竟包含了人类与整个生态环境的关系，在环境的统一系统中人类的因素只有在实践中不断同环境整体相协调才能保证环境伦理的可靠性。这就要求我们从具体的科技工程活动、生态保护运动、环境立法建设、环境审美参与之中探讨环境伦理的具体标准，并最终实现人类活动同生态环境的整一。

伦理作为处理人与社会关系的一种原则如今已经逐渐扩大其范围，成为一种生态整体意义上的伦理。环境作为一个价值范畴的整体，其内部价值主体间的相互依存与对立必然需要一种伦理规则来加以协调。环境伦理扩大了人类的责任范围，人类要处理好与生态系统中各要素的关系。其中自然生态拥有与人类一样的生存权利，人类要尊重不同物种拥有生存以及保存其周边环境的权利。实际上，人与环境的生态伦理关系自古就有，只不过是在人类活动的早期，对这一关系的忽视并没有威胁到人类的生存。随着工业社会的附属品——

环境污染与破坏导致的河流、大气、土壤以及各种人为造成的地质、生物、气候灾害不断威胁到人类自身的生存，人类才开始反思人与自然的内在伦理关系。在这种伦理反思中，人类不仅在重新确认人对环境所负有的道德责任、人与环境系统中他者的动态平衡，同时也是在思考人类自身的存在方式与存在意义。如果说环境伦理学一直在关注人类生存之善的价值取向的话，那么环境美学对“美”的追问无疑是基于此，因为当代美学已然成为对生存意义的终极反思。人类的环境审美活动本质上建基于一种动态关系之上，人与环境关系的伦理属性作为世界存在的隐性规则必将对其产生深刻影响。

二、环境审美与环境认知

正如上文所述，环境就其自身而言是作为价值范畴而存在，并且价值主体间的存在关系突出体现为一种伦理属性。那么作为人与环境关系特殊形态的审美关系应当如何被规定呢？我们认为从环境参与的内在区分探讨这一问题将有助于环境审美特质的梳理。环境参与可分为环境审美与环境认知，两者既有明显的区别也有共同的基础。我们将从两个方面探讨环境审美与环境认知的关系。

其一，从无利害性与利害性的矛盾到全面的参与审美。关于环境审美有无利害性的问题是当代环境美学的重要话题，卡尔松在《知性与审美经验——自然、艺术与建筑的鉴赏》一文中就以马克·吐温的《密西西比河上的生活》为案例探讨了环境审美有无利害性的问题，中国学者彭锋在其专著《完美的自然——当代环境美学的哲学基础》中也以此文为切入点划分了对自然审美的两种经验。具体而言，卡尔松否认一种无利害性在环境审美中的必要性，认为“甚为稀少的审美鉴赏的一致性需要有利于理解的某种层面以及某种知识”①。彭锋认为“对自然的审美经验不是简单地停留在对自然外表的观赏上，而是在

① ［加］艾伦·卡尔松：《环境美学——自然、艺术与建筑的鉴赏》，杨平译，四川人民出版社，2006 年，第 45 页。

真正读懂了自然这本蕴涵丰富的书之后所获得的”,[①] 他将前者定义为一种外在的、肤浅的审美经验。由此可知，在当今环境审美的探讨中，无利害性受到直接批判。那么究竟无利害性如何成为当今环境审美研究的众矢之的，环境审美究竟在多大程度上同利害性的环境认知相关联呢？

斯托尔尼兹是当代审美无利害性的主要倡导者，他在《“审美无利害性”的起源》中将这一传统追溯到18世纪的英国经验主义美学家。18世纪西方对于自然美的重视达到高峰，这一审美无利害性的提出契合了当时自然欣赏对于去除宗教幻想以及个人利害考虑的需要。夏夫兹博里将无利害性同为某种目的而利用对象进行了比较，认为那种去除欲望目的的静观才是真正适合审美的方式。其后艾迪生、哈奇生拓展了无利害性观念，不仅要求排除个人的实用利害，还要去除心灵的认知思考与自然反思。经验主义的审美观为自然审美的崇高与优美奠定了基础，“许多这些主要的观念，譬如，崇高的观念、无利害性观念以及以自然而不是以艺术为核心的理念，它们在康德那里达到高峰”。[②] 康德在《判断力批判》中强调：“对自然的关怀有一种直接的兴趣……当它乐意与对自然的静观相结合时，它就至少表明了一种有利于道德情感的内心情调。”[③] 康德认为在自然审美中，重要的是对自然美的形式的静观，反对经验性的参与。但问题出现了，环境的审美活动恰恰要求一种参与性，这种同我们生活相关联的方式杜绝一种静观的无利害性审美。陈望衡认为在环境审美中“生活是第一位的，审美是生活的派生物，如果要说欣赏，那也是在生活中欣赏”。[④] 无独有偶，卡尔松也主张环境美学应当被理解为日常生活美学的一个主

---

① 彭锋：《完美的自然——当代环境美学的哲学基础》，北京大学出版社，2005年，第32页。

② ［加］艾伦·卡尔松：《环境美学——自然、艺术与建筑的鉴赏》，第15页。

③ ［德］康德：《判断力批判》，邓晓芒译，人民出版社，2002年，第141页。

④ 陈望衡：《试论环境美的性质》，《郑州大学学报》（哲学社会科学版）2006年第4期，第13页。

要领域。由此可知，传统审美中的无利害性显然不能作为环境审美的指导原则，那么环境审美是否就强调一种功利性的原则呢?

我们认为这种极端化的表述也是错误的。传统的无利害性与利害性的区别是基于一种艺术审美与功利认知的区别，从这个意义上说，人类对于环境的认知无疑是一种利害性的参与方式。但艺术审美中的无利害性却在环境审美中遭遇困境，环境审美倡导一种全面的参与审美而不同于无利害性与利害性的划分。究其原因在于，传统艺术领域将艺术品视为自足完备的静止客体，这种客体的自足性使得对其进行二元化的审美成为可能。然而人类环境的特性决定了我们不能将其作为传统的艺术品来欣赏。伯林特提出了参与美学以突破原有的审美方式，从而使环境审美与环境认知的差异更加明晰。伯林特质疑了传统审美感官的区分，因为在西方，人的感官系统被分为远感受器和近感受器，其中远感受器以视、听为主，被认为是审美感官；而近感受器包含触觉、嗅觉、味觉等，被认为是非审美的日常感知。伯林特打破了这种审美感官的桎梏，将人的视、听、嗅、触、味等感官融入环境审美体验中，使环境审美成为一种全面的参与审美。

其二，伦理关系基础上的方向悖反。正如上文所示，基于一种利害性的考量，人们将环境认知同传统的审美方式区别开来，那么是否意味着环境审美同环境认知就失去了可以进行沟通的基础呢？我们的回答是否定的。我们将环境定义为与人的物质、精神存在密切沟通的价值范畴，人与环境的关系就建立在如此存在的价值互动之中，这种互动关系最终成为使参与者相互协调的伦理事实。伯林特意识到环境对人而言有“肯定价值”和“否定价值”，他认为“景观可能被制作得很熟练并且很漂亮，但是其中包含了一种破坏性的主题或会引起一种毁坏性的反应”,[①] 而“美学的和道德的尺度不仅是结合在一起的，而

---

① [美] 阿诺德·伯林特：《生活在景观中——走向一种环境美学》，陈盼译，湖南科学技术出版社，2006 年，第 48 页。

且是相互依赖的”。[①]

我们反对将环境审美与环境认知绝对区分，因为两者有一个共同的价值基础——环境伦理。这一价值基础使环境审美与环境认知绝对区分于艺术的审美与认知。我们认为，建基于人与环境之互动关系的环境伦理是将不同参与方式进行区分的核心要素。我们这里所说的环境审美与环境认知的差异就在于一种伦理指向的差异。首先，环境审美是在人与环境和谐、平稳关系之上发生的，人与环境处于一种生态规律的原初感知之中。与之相关的是，卡尔松提出了环境美学的“生态学方法”，“这种方法强调将生态学观念作为欣赏人类环境的一种途径，不是将人类环境视作与艺术作品类似，而是作为可以与组成自然环境的生态系统相类似的一种整体的人类生态系统”。[②] 卡尔松这里所倡导的生态整体性审美方式致力于规范人类的环境审美行为，他强调“一个生态系统中没有任何‘要素’可以被孤立地欣赏，而必须根据其对于一个更大整体之适应来感知”。[③] 我们认为这种生态学意义上的方法不仅是一种指导原则，而且隐含于其背后的环境审美经验事实上就是一种环境生态意义上的适应性。我们将这种环境伦理上的和谐状态视作环境参与过程中导向审美方向的一个核心标志。其次，环境认知产生于人与环境原初感知向利害认知的转变，伦理关系处于一种冲突状态中，人对环境的参与模式急于寻求一种趋利避害的认知视角。正如我们在前文所阐述的，从生态整体主义的立场来看，人与环境中的其他价值主体一直保持一种价值沟通，对人而言这种价值既有可能是“肯定价值”，也有可能是“否定价值”。人如何去面对一种“否定价值”对于自身的影响呢？对环境进行一种认知分析是人类最为合理的一种选择，这种认知分析就是一种对于

---

① ［美］阿诺德·伯林特：《生活在景观中——走向一种环境美学》，第49页。

② Allen Carlson, *On Aesthetically Appreciating Human Environments*, Philosophy and Geography, 2001(1).

③ Allen Carlson, *On Aesthetically Appreciating Human Environments*, Philosophy and Geography, 2001(1).

冲突伦理关系的反应。这在卡尔松所引马克·吐温《密西西比河上的生活》一书中最为明显。金色的落日、血红的江面、闪耀着无数猫眼石一样的漩涡在主人公审美的眼中就像一幅优美的风景画卷，而到了后期所有这些意象都成了启示危机的有用暗示，成了一种即将面临现实的科学性解释。

总而言之，环境审美与环境认知有着巨大差异，这种差异体现为环境审美作为一种全面的参与审美，而环境认知作为主客分立基础之上的利害性认知，并且在奠基性的伦理关系上环境审美倾向于和谐关系而环境认知倾向于冲突关系。我们这里尤其应当注意的是两者共同具有的环境伦理关系基础，这一基础深深根植于人与环境的整一性存在，否定这一点极有可能使环境美学的反思重回艺术审美的旧途。

三、环境审美与艺术审美

陈望衡认为："环境美的真实性与它的生活性相联系，它是我们的生存之所……艺术的非实用性保障了它的纯粹精神性与非物质功利性。"[①] 他认为相对于艺术参与过程中审美作为核心经验，环境的审美参与却深深扎根于生活，因为"生活是第一位的，审美只是生活的派生物"。[②] 美国学者史蒂文·布拉萨在其《景观美学》中对环境参与进行了一个外在者与内在者的划分："一方面，景观的概念，像它在历史上已经形成的那样，往往暗含着一种分离的外在者（outsider）的观点。另一方面，一个人要想充分地领略景观的日常经验，他就必须参考积极地沉浸在景观之中的、存在论意义上的内在者（insider）的看法。"[③] 可以说，这种外在者的观赏是把景观作为一个孤立的艺术对象来欣赏，而内在者的观赏才是真正环境参与意义的环境审美，这两种不同在陈望衡与布拉萨那里都得到了明确的区分。但问题是，如果我们仅仅将环境审美与艺

---

① 陈望衡：《试论环境美的性质》，《郑州大学学报》（哲学社会科学版）2006 年第 4 期。

② 陈望衡：《试论环境美的性质》，《郑州大学学报》（哲学社会科学版），2006 年第 4 期。

③ ［美］史蒂文·布拉萨：《景观美学》，彭锋译，北京大学出版社，2008 年，第 40 页。

术审美的差别固定于一种参与与分离的不同，那么我们就不能抓住环境审美最为根本的革命性因素。

环境作为存在论意义上的价值范畴同艺术最大的不同就在于其自身隐含着伦理属性，而人与艺术之间是不存在直接的伦理关系的。这种差异是如此之大，以至于当代学者很难摆脱这一论域来探讨环境审美与艺术审美的不同。陈望衡在讨论自然环境之美的时候强调“就自然审美潜能的创造来看，生态构成了自然审美潜能的基础”。[①] 他从生态学视角看到了自然物与自然物之间的平衡关系、自然物与人类进行的能量转换，并将这种生态整体意义称为“自然创化”，肯定了其在自然审美中的基础地位。这样他就围绕着人与环境的整一性存在来展开他对自然审美核心内涵的理解，并且提到环境伦理对于环境审美的奠基价值。但他并没有意识到这种伦理基础对于环境审美参与的经验意义，而仅仅将其视为一个奠基，也就是生态整体如何使环境具有一种“审美潜能”。我们应当看到在环境审美经验中，人与环境的价值沟通所展现的伦理属性不是隐含的而是在场的，不仅是奠基的而且是核心的，这使其审美经验根本不同于客体化、静观的艺术审美经验。山东大学的曾繁仁教授、程相占教授就秉持一

① 陈望衡：《自然至美论》，《河北学刊》2005 年第 1 期。

种生态审美方式来反思环境审美。[1] 曾繁仁主张一种生态存在论观点，他认为："自然对象与主体构成共存并紧密联系的机缘性关系。人在世界之中生存，如果自然对象对于主体是一种'称手'的关系，获得肯定性的情感评价，人就会处于一种自由的栖息状态，那么人与自然的对象就是一种审美的关系。"[2] 这样一种生态存在论意义上的反思无疑更加有利于我们反思环境审美经验的独特性，但如何评定海德格尔意义上的"称手"关系状态以及"诗意的栖居"则有可能是审美经验反思带给我们的新难题。但不管怎样，我们应当认识到环境审美与艺术审美的根本差异在于存在整一性基础之上的伦理关联，这一伦理关联是一个经验发生的事实而不是经验之外的理性认知。

如上所述，我们分析了环境审美同艺术审美的经验差别，其实与之相关联的参与形式差别也不应当被我们忽视，这种形式差别的探讨往往成为当今环境美学的热门话题。首先，物理形态的无边界性。环境包围着我们，构成它的真实存在，与艺术欣赏到的稳固对象不同，我们在环境审美中很难划分清楚边界在哪里，因为人所感受到的、体验到的基本都可以划归到环境的范畴，艺术的存在往往要有特定的边界以区别于艺术之外的东西。正如一幅绘画必定要有画

---

① 这里存在一个争论，曾、程两位先生认为生态美学是与环境美学有着明确界限的独立领域，这种主动的学科划分是可以被理解的。因为首先就学科产生的源头来说二者存在差异，环境美学是从英国学者赫伯恩对当代美学缺乏自然审美观照的批判开始的，而生态美学则是从加拿大学者米克主张以生态学观念重新阐发审美理论开始的。其次，当代环境美学的成果突出体现于景观设计学、人文地理学、城市规划学、建筑设计学等以实践改造为主体的领域，而生态美学则主要在于阐发如何突破现代性的审美观而注重生态整体意义上的审美。但我们认为这种划分终究要被二者的巨大关联所取代。环境美学就其当下发展而言还局限于环境客体的反思，特别是对景观、荒野、园林、公园等环境的描述，但未来发展要从事实描述领域深入到价值反思层面。这种必然性建基于这样一个事实，环境美学不仅仅是对扩大范围的审美对象的研究，人与环境的关系根植于存在的一体性。存在意义上的价值反思是必要的，也是趋势，生态学视角预示着环境审美经验反思的未来方向。

② 曾繁仁：《生态存在论美学视野中的自然之美》，《文艺研究》2011 年第 6 期。

框以区别艺术品本身与周围无关的东西，同时一场交响乐的演奏也会同观众的咳嗽声相区别以确定艺术应有的审美关注。瑟帕玛认为："环境是一个普遍整体，人在其中走动并且可以从中挑选任何事物作为观察对象；观察的持续时间也许不同，观察者移动时，许多组事物系列便得以形成。"① 环境的审美打破了如日本美学家齐藤百合子所说的"空间的确定性和艺术客体自给自足的合法性"。②

其次，多感官参与的联觉性。环境审美的当代性首先启示我们要打破审美中"高级感官"（视觉和听觉）的垄断地位，赋予触觉、嗅觉、味觉应有的参与价值。伯林特在这里突出强调了一种"身体化"参与方式，他将视、听、嗅、触、味等器官作为人参与环境审美的重要组成部分。当我们走进一片森林，不仅能够看到高大挺拔的树木，听到鸟儿和悦的鸣叫，还会触摸到樟树那粗糙、苍老的树皮，感受到林间微风的轻抚，闻到雨后林中淡淡的松香。人对于环境的感知是全方位的，并且几乎运用感知觉全体去参与环境审美，这种整体意义上的参与方式将人的感知觉联合成为一体，也就是联觉性。伯林特在发表于1964年的论文《美学中的美感与肉感》③ 中就开始探讨这种感知联觉的可能性了，他认为"因为在经验中，我们的感知器官很少单独活动，而是相应的多种感官同时立刻参与到所要探寻的对象中"。④ 因此，在环境审美中，感知的联觉对全方位的环境审美是必要的，我们在这种联觉中不能区分出各种清晰界

① ［芬］约·瑟帕玛：《环境之美》，武小西、张宜译，湖南科学技术出版社，2006年，第100页。

② ［美］阿诺德·伯林特：《环境与艺术：环境美学的多维视角》，刘悦笛等译，重庆出版社，2007年，第205页。

③ Arnold Berleant, "The Sensuous and Sensual in the Aesthetics", *The Journal of Aesthetics and Art Criticism*, 1964(2), pp.185-192.

④ Arnold Berleant, "The Sensuous and Sensual in the Aesthetics", *The Journal of Aesthetics and Art Criticism*, 1964(2), p.188.

限的感知效应，所得到的体验是一种感知生成一体化，即伯林特所谓的“经验连续体”。

再次，环境参与的动态变易性。在瑟帕玛看来，“艺术品的静观本质与它明确的界限相联系，一旦做成，便是恒久不变了”。[①] 即便在文学、音乐、电影等时间艺术中，其过程的路径也是确定的、静态的。相较于艺术存在形态的静态完成性来说，环境从根本上来说就不是一个固定的存在状态，人与环境永远处在一个动态的平衡之中。从环境的自然状态来说，无论是山川、河流、森林还是阳光、云朵、动物都无时无刻不处在一种动态变化中。而从环境的人文状态来说，城市、园林、道路也要经历岁月的洗礼而具有人文内涵的历史感。具体到环境的审美参与过程之中，人的行为也在影响着环境的整体，人对苍老树皮的抚摩、在湿润的泥土上行走、人体与环境的空气交换都体现了人与环境互动状态下的相互影响，这种交互作用下的影响也是构成环境参与动态变易的一个因素。

（刊于《郑州大学学报》2015年第1期）

① ［芬］约·瑟帕玛：《环境之美》，武小西、张宜译，湖南科学技术出版社，2006年，第194页。

环境美学视域中的环境观

⊙廖建荣
⊙广东工业大学、湖南涉外经济学院文学院

随着环境问题的日益严峻和人们环境保护意识的不断提高，环境美学学科也在蓬勃发展。但是作为环境美学基本概念的“环境”，在中外学界却有着截然不同的定义。不同的环境概念决定了其环境美的性质、环境审美活动、环境审美感受、环境审美追求的差异，因此甄别分析这些环境概念，是反思环境美学学科如何在新的阶段以及在新的时代条件下，取得新发展的迫切需要。

一、传统环境观与主客观环境观

传统的客体环境观，通常认为环境就是“周围”，意味着环境在人之外，是一个供人在其中活动的大“容器”。这一种环境观将环境视为独立于人的客体，是被征服与开发的对象。瑟帕玛、伽德洛维奇、斋藤百合子等学者纷纷批判这种二元对立的环境观，但又无法发展出更合理的环境观，只能权宜地在客体环境之外加以主观环境。

瑟帕玛认为环境是一个外部世界：“环境可被视为这样一个场所：观察者在其中活动，选择他的场所和喜好的地点。”① 基于这样的认识，瑟帕玛认为环

① ［芬］约·瑟帕玛：《环境之美》，武小西、张宜译，湖南科学技术出版社，2006年，第23页。

境是由相对恒久的“不动产”（土地等）和“全部动产”（建筑物、各种事物、植物、动物等）构成。但瑟帕玛意识到这实际上回归到了传统的客体环境观，因此他又补充说，其实存在着许多环境，既有大自然的环境，也有文化环境，最宽泛来说想象的情境、梦境、思想与科学、艺术、宗教、工作、娱乐等都属于环境的范畴。

伽德洛维奇界定何为“环境”的时候，认为“‘环境’意味着‘在我们四周围绕着我们的事物’或‘周围的事物’”,[①] 但他也意识到环境不仅仅是物质层面的，还应该包括人的经验层面，所以他又说：“从最广泛的意义上，‘环境’即是一个人所体验到的经验，无论是内部还是外部的。”[②] 伽德洛维奇还提出，环境是全球主义的环境，环境美学是“全球主义的环境美学”。因为环境既是人所感知到并为人所构建，也是外在世界的独立客观存在，环境既是主观的也是客观的，而人们建构环境具有相同的文化背景的因素，环境既是个人的也是公共的。

斋藤百合子的环境概念也与瑟帕玛、伽德洛维奇相似，它既包括一系列特殊的物理实体，同时还包括人的活动、人与客体的关系。斋藤百合子先是从艺术美学出发，指出审美客体是由欣赏者的审美态度与审美体验所决定，于是作为审美对象的环境也不是纯粹的客体，是客体与体验共同构成的。但是相比于艺术客体，环境具有无框架特征、时间特征和实用性特征。环境的无框架特征是指环境难以像艺术品那样可以与周围无关的东西隔离开来，环境的时间特征是环境的易逝性与流动性，环境的实用性特征是其直接影响着人们的生活。斋藤百合子以购物中心和房屋为例，认为这些环境除了有物理属性之外，人还在其中展开商业、社会活动。环境不能像艺术那样让人旁观，而是人在其中活

---

① Stan Godlovitch, *Some Theoretical Aspects of Environmental Aesthetics*, Journalof Aesthetic Education, 1998.

② Stan Godlovitch, *Some Theoretical Aspects of Environmental Aesthetics*, Journal of Aesthetic Education, 1998.

动，环境尤其是人工环境是实用性的。与此同时斋藤百合子受到伯林特社会美学与环境美学不只是着眼环境的物理层面启发，认识到环境中人的活动体现了人与人之间的社会关系，由此提出环境还具有社会性。因为斋藤百合子思考环境审美是如何影响着人与人的交往以及社会关系的建构，因此认为环境概念应该包含社会关系。

斋藤百合子的社会关系环境观没有存在主义环境观深刻与全面，毕竟社会关系只是人存在的一种状态，远未能达到存在所揭示的人与环境的相互渗透、人在环境中栖居的家园感，所以学界反响不大，不过也是环境概念思考的多元化与深入，是环境美学发展历程中的新观点。尤为难得的是，斋藤百合子的环境概念突破狭隘片面的客观环境论，将环境与人的关系紧密联系起来。

瑟帕玛等人的环境观在环境美学中颇具代表性，许多学者认识到客体环境观的偏颇，但是又无法以更合理的环境观来代替，只能既否定客体环境观，又在使用研究过程中部分接受，同时以文化、主观经验等主观的环境来加以补充。可见发展出合理的环境观，是环境美学理论深入与学科发展的一个迫切性问题。

二、伯林特的大环境观

伯林特的环境观以杜威的实用主义一元论解决了环境的范畴，以海德格尔的存在主义确定了环境与人的关系，在环境经验的分析上采用了庞蒂的身体现象学方法。伯林特的环境概念与范畴，继承了杜威的环境一元论。杜威提出自然、艺术即经验的一元论哲学理论：经验不是主观的，是人与环境相互交织构成的，人接触环境产生了经验——非纯主观与非纯客观的经验，人与环境是不可分离的，环境包含了人生活的每一个场所。

因此在众多环境美学学者中，伯林特对客体环境观的批判是最为彻底的，他指出它是心身二元论和人类中心主义的残余思想作祟。伯林特质疑道："哪里可以划出'一个'环境？哪里是外面？是我站立处的周围？我家窗户外的世界？房间的墙壁？我穿的衣服？”[①] 他认为环境与人的生活、活动息息相关，不能分离。

伯林特环境美学的“环境”，不仅包含了生态环境或自然环境，还在最广义上将人类所有活动场所包含在内。在伯林特看来，生态环境或自然环境只是人类生活场所的一部分，而且在高度城市化的今天，大部分人不是生活在自然环境中。因此，没有所谓独立于人之外、与人无关的环境，如与人隔绝、遗世独立的自然。尤其是工业化社会，地球上没有哪一个地方没有打上人类活动的烙印，如采矿、造林、酸雨、臭氧洞等，对地球每一个角落产生种种影响。

伯林特还立足于海德格尔的存在主义思想与莫里斯・梅洛-庞蒂的身体现象学思想，认为环境除了是物质实体，还是人生存在其中的场所。同时环境也需要人的身体的体验，在实际分析时能够具体到个人某个体验时刻的具体环境，并有着现象学的意向性：“环境是一系列感官意向的混合、意蕴（包括意识到潜意识的）、地理位置、身体在场、个人时间及持续运动。”[②]

伯林特的环境观在西方的环境美学中最为深刻与全面，这也使其环境美学理论最具体系性，影响深广。如环境伦理学的开创者之一——罗尔斯顿在其学术生涯的后期将研究重点转至环境美学，其环境观很大程度上就受伯林特的影响。

令人敬佩的是，伯林特是一个孜孜不倦的研究者，不断接受新理论和新视野，一直求变创新、自我突破。在 2009 年参加山东大学文艺美学研究中心举办的“全球视野中的生态美学与环境美学国际学术研讨会”时，其《都市生活美学》的会议论文弥补了大环境观欠缺生态思想的不足。伯林特接受了文化生态学的观念，以生态学的维度思考环境，指出生态学的观念不是局限于生物界，而是已经拓展到整个文化世界和各种环境。伯林特指出，当今学术界对环

---

① ［美］阿诺德・伯林特：《环境美学》，张敏、周雨译，湖南科学技术出版社，2006 年第 6 页。

② ［美］阿诺德・伯林特：《环境美学》，第 33 页。

境的生态学维度的理解不是只停留在生物学层面，即一个环境中各种生物群落的相互影响和依赖，而是扩大到解释人类及其文化环境关系的概念。人们认识到除了物理因素还有社会、文化、经济、政治、法律等众多因素影响着一个生态系统——而伯林特在其《环境美学》论及环境与生态系统的关系时，还只是认为生态系统包括了微生物、动植物以及人类居住的物理、化学和地理条件，还没有将社会文化纳入其中。

伯林特高度赞誉生态学内涵的发展所带来的巨大转变：人是自然的一部分，被包容在生态系统中，并非置身于自然之外观察、探索和利用自然。文化生态学成为一种无所不包的环境背景，将对生态系统的理解带到环境概念中。伯林特以城市环境为例，认为城市环境可以被视为一个生态系统，拥有着从最简单到最复杂、共同生存和相互依赖的物体和有机体。伯林特还提出将生态学模型的研究方法，运用到社会和文化中，研究社会组织和文化实践是如何影响着人类的存亡和发展的。

伯林特还将连续性和生态学联系起来，从人的各种经验的连续性发展为人和自然的连续性：人是自然的一部分，与自然的其他部分息息相关。于是，伯林特大胆地提出："环境的含义发生了根本变化。环境不能再设想为环绕某物的背景，而应该设想为流动的介质，一种四维的全球流动体。它具有不同的密度和形式，人类与其他万物一同共存在它之中。"① 这也使大环境观彻底摈弃了人类中心主义的立场。伯林特思想的发展，或许是他对卡尔松的科学认知审美模式的一种借鉴：科学知识是人感知、欣赏环境的基础，因此生态视野对环境观念也至关重要，这也与文化和科学融合的潮流不谋而合。

不仅如此，伯林特在2012年的《对环境的生态理解与生态美学建构》中还将现象学、历史文化的大环境观发展为生态的大环境观："生态视野改变了环境这个概念。它引导我们放弃对环境的惯常理解，亦即将环境理解为'周围

---

① 曾繁仁、[美] 阿诺德·伯林特：《全球视野中的生态美学与环境美学》，长春出版社，2011年，第16页。

的事物’，而是引导我们重新设想为包括一切的、相关的综合体——这个综合体包括人类（当人类出现时）、其他生命有机体以及它们赖以生存的各种物质条件——包括地理特征和气候状况。”[①] 大环境观的这种变化，是生态学知识已经成为人们理解世界、理解环境、理解人与自然关系的基础时的必然发展，也使大环境观更为全面、合理。

三、罗尔斯顿的现象学环境观

作为环境伦理学创立者的罗尔斯顿，也深入思考过环境概念，其最初的环境概念是将环境等同于自然。在其《哲学走向荒野》中，环境与自然是同一个概念。他的《环境伦理学》更显示了这一点：序言第一句话就是“人们的生活必然要受到大自然的影响，必然要与自然环境产生冲突”。[②] 于是“环境”伦理学是研究人对“自然”的评价、“自然”中各种生物的权利与义务、“自然”的价值、人在“自然”中应处的地位等。罗尔斯顿在《环境伦理学》最后一节《诗意地栖居于地球》中提出人既是栖息于自然与文化中的人，也是地球上的道德监督者。罗尔斯顿研究人与环境的关系，反对与人分离、客观的环境观：环境不是纯粹客观、被人欣赏发现的自然，自然是被具有文化背景的人所构思、创造出来的，人们欣赏、解释自然的时候不可避免地带有文化背景与价值色彩。人以自身的价值意义将自然美景的一颗颗珍珠穿起来，是存在于“共同体”中的独特生命。罗尔斯顿在这一点上与伯林特殊途同归，不过罗尔斯顿没有继续深入思考环境与人的关系，直到他涉足环境美学领域之后，才对之进行了深入研究。

罗尔斯顿的研究兴趣由环境伦理学扩展到环境美学。受伯林特思想影响，

---

① 程相占、[美] 阿诺德·伯林特等：《生态美学与生态评估及规划》，河南人民出版社，2013 年，第 44 页。

② [美] 霍尔姆斯·罗尔斯顿：《环境伦理学：大自然的价值以及人对大自然的义务》，杨通进译，中国社会科学出版社，2000 年，第 1 页。

虽然罗尔斯顿的环境观依然偏重于自然，忽略农村、城市、人工景观等人类生活环境，但是他进一步阐释了人类与自然的关系。他认为，至少是在审美的时候，人类与自然的关系是辩证地体现的。罗尔斯顿直接引用伯林特的话："美学对于风景的认知的一个贡献在于认识到人类对于经验和它的知识所做出的贡献。环境不会孤立地站在那里拒绝全面和客观的探究。一处风景就像是一套衣服，离开了穿它的人就是空洞和没有意义的。没有了人类，它所拥有的只剩下可能性。"①

当然，罗尔斯顿在认同伯林特的环境观后，也有着自己的思考。罗尔斯顿环境观与伯林特的差异，是他以冰箱里的灯与蛋糕为例加以阐释：当人们打开冰箱门的时候灯亮了，在这之前每个事物还"在黑暗中"。虽然说冰箱里的蛋糕实际一直在那里，带着它的全部属性，包括它的香甜，但是人们没有打开冰箱之前它没有被看到，它不是漂亮的，也不是香甜的。只有当人们打开冰箱，才看到它的漂亮；只有人们品尝了，蛋糕才是香甜的。这应该是罗尔斯顿对人感受环境的意向性的进一步分析。

有意思的是，罗尔斯顿这一观点竟然与王阳明《传习录》中著名的一段话有着异曲同工之妙："先生游南镇，一友指岩中花树问曰：'天下无心外之物，如此花树，在深山中自开自落，于我心亦何相关？'先生曰：'你未看此花时，此花与汝心同归于寂。你来看此花时，则此花颜色一时明白起来。便知此花不在你的心外。'"② 当然，两人的理论语境、哲学基础、针对性有着巨大的差异，或许最大的相似之处是重视人与物的合一。

四、陈望衡融合存在主义与实践论的环境观

陈望衡、王卫东等国内环境美学学者也在研究中发现了传统环境观的偏

---

① ［美］阿诺德·伯林特：《环境与艺术：环境美学的多维视角》，刘悦笛等译，重庆出版集团，2007年。

② 王阳明：《王阳明全集》，上海古籍出版社，1992年，第107页。

颇，在接受伯林特的存在主义环境观的同时，融合了马克思主义实践观，以实践观中环境是人化的自然来解释存在主义的环境观，以与人的存在是否相互依存这一本质来区分环境和自然，避免不少学者将自然等同于环境的错误，使其更为合理、全面。

王卫东在《环境美学的学科定位》中尝试以人、生存、环境的互动来研究环境美学的一些基本问题，包含了界定环境概念："今天所说的环境可以分为广义和狭义两类：广义的环境指人类之外的一切事物；狭义的环境指与人类密切相关的，对人类的生存、发展有巨大影响的外部实在。"① 王卫东分两步来阐释环境概念，首先也是接受伯林特的存在论，认为是生存将人与环境联系起来，环境概念只能从人类生存的角度来研究：人类必须生存在环境中，没有环境，人类就无法生存，而不与人发生联系，环境就不复存在。王卫东的第二步是以实践论来研究人与环境。由于人的实践使人成为超本能、超自然的生命存在，同时改造了自然，使其体现人的意志，更适合人类生存，环境亦因此产生。据此王卫东对伯林特的环境概念进行了重大发展，既从共时的存在，又从历时性的实践两方面澄清了环境与人相互依存的关系。

他认为自然有两层意思：一是从环境领域划分，将自然视为与人造环境相对的环境的一部分；另一层意思是从时间上将环境划分为没有人的存在与实践之前的、先于环境的纯粹的自然。王卫东看到了自然先于环境存在，但是没有真正分清两种自然，甚至造成了混乱：刚刚辨析了环境是人实践的自然，马上又划分环境为自然环境、社会环境。

作为国内环境美学的主要开创者，陈望衡对环境有着更为深入的思索。他在《环境美学》绪论中，专门撰写了"环境美学中的环境概念"一节，认为《环境学词典》和瑟帕玛《环境之美》的环境概念，都没有摆脱"围绕"的观念，还是将环境视为外在于人、客观的空间和因素。陈望衡肯定伯林特从存在主义角度揭示环境的复杂性，并以人化的自然进一步分析环境概念。他认为应

---

① 王卫东：《环境美学的学科定位》，《民族艺术研究》2004年第4期。

该从两个层面来理解环境：从人与环境相对的意义上来看，环境是人周围物质性存在的对象；从人与环境相关的意义上来看，环境与人是不能分开的。陈望衡辩证的环境观看似矛盾，但是更符合实际：即使人暂时不在，环境依然客观存在；如果没有人的存在，环境也不可能存在。陈望衡从海德格尔存在主义意义上的“家园”来阐释人与环境的关系：“环境就是我们的家园。家园的意义有二：一是生命之本，二是居住之所。”[①]

陈望衡还用环境是人化的自然来解决这个矛盾：“离开人的环境与离开环境的人是不可思议的。环境与人相互生产，正如马克思说的‘人创造环境，同样环境也创造人’。”[②] 陈望衡还澄清了自然与环境的概念：自然是先于人产生的客观存在，不能称为环境；只有人产生之后，自然与人发生了关系，才能成为人生存的环境。“从这个意义上来讲，环境只能是人化的自然，从存在论意义上来看，人与环境是同时存在的。没有适宜人存在的环境，人不能存在；而没有人存在的环境，也就不能称之为环境。”[③] 相比于绝大多数学者是将自然视为环境的一部分——与人造环境相对的自然环境，陈望衡是从发展阶段、与人的关系来区分自然与环境。这样就否定了由于混淆自然与环境，认为环境能先于人的出现而独立存在的环境观，并且指出了环境与人的紧密相关，在只顾经济发展、罔顾环境不断恶化的今天，这样的环境观无疑具有积极意义。

将环境理解为人化的自然后，陈望衡继续将环境细化为自然状态性与人文状态性。环境的自然状态性，主要是指山水、大气等所谓的自然环境；人文状态性则包括建筑、道路、园林等物质型，以及人类社会的政治、伦理、艺术、制度等精神型。而环境作为人化的自然，在哲学层面上能成为人观照自我的一面镜子，并帮助人认识自我，从而认识其所面对的世界；在科学层面上，相对地将人搁置起来，作为人的认知对象，具有科学研究的价值；在实践层面上，

---

① 陈望衡：《环境美学是什么》，《郑州大学学报》（哲学社会科学版）2014 年第 1 期。

② 王卫东：《环境美学的学科定位》，《民族艺术研究》2004 年第 4 期，第 13 页。

③ 陈望衡：《环境美学》，武汉大学出版社，2007 年，第 13 页。

环境是人的实践对象，有目的性、功利性的追求；在审美层面上，环境是具体的环境，是人的审美能力特别是人的感受能力所能感知的具体环境。伯林特虽然提及人类文明发展、人类行为影响到地球每一个角落的当代社会，不再有独立自存的自然，自然都被烙上人类的烙印，但由于理论基础的差异，他不可能以人化的自然来定义环境。陈望衡的环境观是辩证地、综合地、实践地看待环境，有助于深刻认识环境与人不能分离、相互依存、相互促进的关系。

环境美学的各种环境观，由主客二分走向一元论，由静态分析走向存在论和实践论，并呈现出生态主义、人文主义和科学主义结合的趋势。对其分析研究有助于取长补短，思考科学合理的环境观，促进中国环境美学学科的发展。正确的环境观还能够引导大众认识、反思人与环境的关系，激发人对环境的关爱和责任感，推动环境保护运动的开展。

（刊于《郑州大学学报》2015 年第 5 期）

环境审美模式建构的理论论争

⊙陈国雄
⊙中南大学文学院

赫伯恩在其《当代美学对自然美的遗忘》一文中第一次提出环境审美模式的建构问题，这个问题的提出基于其对艺术审美与自然审美的区分。由于自然审美与艺术审美的不同，艺术审美模式必然会限制与束缚我们对自然（环境）的审美。为了实现一种严肃的自然（环境）审美，我们需要寻求不同于艺术审美的新的审美模式。在此之后，环境美学家经由对传统的环境审美模式的批判，提出各种不同的环境审美模式，从而形成环境审美模式论争的独特景观。

一

传统美学基于对艺术审美的丰富经验，力图将艺术审美模式嫁接到对环境的审美上，这就形成了环境审美的两种传统模式——对象模式和景观模式。这两种模式显示了传统艺术欣赏方式在环境审美中的延续，卡尔松将其统称为自然鉴赏中的艺术模式。对象模式对环境审美的要求源自对传统雕塑的欣赏，即将对象作为其本身的实在的物质对象，也即从对象环境中分离出对象来进行欣赏。很显然，这种审美模式源于一种传统审美方法，即进入一种主客体关系的方式。关于对象模式，我们可以从两个方面来理解：其一，将环境作为艺术对象来欣赏。当我们把环境当作艺术对象欣赏时，实际上已将自然对象划归到艺术之列，因为环境变成了“现成艺术品”和“自然形态的艺术”，所以自然尽管仍然不同于人为的艺术品，但人所投射其中的视野已经包含了艺术形式的眼光。其二，将环境当作自然对象来鉴赏。对象虽然仍被视为自然之物，但这种自然对象被人所欣赏的元素在于其自身所展现的具象或抽象的表现特征。与此同时，这种眼光又将其与作为环境整体相交融的审美特征抛弃。总之，正如卡尔松所说："这些对象它们创造的环境和呈现它们的环境与审美无关：从其创造的环境中分离出自足的艺术对象将不会改变其审美特征，同时这个呈现对象的环境不应该影响其审美特征。"[①] 所以，我们可以看到这种对象模式立足于对环境整体的分割，试图从环境中独立出某一实物及其形式特征作为环境审美的对象，因而这种模式受到当代学者的广泛批评。

景观模式是一种强调将环境视作风景的鉴赏模式，它源自传统艺术中对于风景画的鉴赏。在这种模式的指导下，环境被分割成一些风景单元，并通过审美者的特定视野，从一个特定的角度被欣赏。这种欣赏一方面专注于环境的色彩和造型等视觉特征，从而忽视了环境的本质与特性，这和"对象模式"一样不恰当地限制了我们对环境的审美欣赏。另一方面，在这种环境即风景的体验中，环境被呈现为一种两维的、静态的画面，从而脱离了动态的日常生活。正是在这种意义上，景观模式下的欣赏偏离了环境的审美本质，误导了我们对环境的审美欣赏，它只会导致我们在环境中寻找仅仅在艺术中才会出现和欣赏的审美元素。

作为传统的环境审美模式，对象模式与景观模式在环境欣赏和促成有关环境思想与作为的过程中发挥过重要作用。尤其是在19至20世纪的环境运动过程中，这两种传统的环境审美模式培育了一种在北美环境运动中起到重要作用的自然审美欣赏。根据这种环境审美方式，那些被发现具有审美魅力的公园、湿地与荒野在美国进行了很好的保护，正如环境哲学家卡利康德所描述的一样，从历史的角度看，在保护与环境资源管理方面，自然审美确实比环境伦理

---

① ［加］艾伦·卡尔松：《环境美学：自然、艺术与建筑的鉴赏》，杨平译，四川人民出版社，2006年，第70页。

更为重要。在当时产生的保护与管理决策更多地由保护对象的审美价值而非伦理价值所推动。[1]

然而与艺术相比，环境具有独有的审美特质，这使得对象模式与景观模式在环境审美实践中日益捉襟见肘，从而遭到环境美学家的质疑与批驳。由于集中于对审美无功利的批判，在建构环境审美模式的过程中，产生在审美无功利基础之上的对象模式与景观模式基本没能纳入伯林特的理论视野，成为他极力抛弃的环境审美模式。而在卡尔松的理论视野中，由于对象模式与景观模式不能够解决在艺术中欣赏什么与如何欣赏的问题，两者也就无法成为有效的艺术审美模式。由于环境异于艺术的审美特质，这两种艺术欣赏模式不能简单地应用到环境审美过程中。

在卡尔松看来，对象模式与景观模式需要将环境简化为一幅场景、一个视图或一个静态的对象，而环境既不是一个场景，也不是一个再现，更不是一个静态的对象。在此基础上，卡尔松结合了马克·萨冈夫《论保护自然环境》中的相关理论，归纳出这两种传统的环境审美模式存在的四种主要缺陷：一是人类中心主义。传统的环境审美模式规定环境的审美欣赏必须是从一个特殊的人类主体角度出发的欣赏，因而必然会导致一种人类中心主义。而真正的环境审美模式必须要确保“我们保护自然是为了自然本身，而不是为了我们。……一种自然审美必须超越那些……规定与主导我们审美反应的人类中心主义的局限”[2]。二是景致迷恋。传统的环境模式（特别是景观模式）不仅聚焦于优美的风景，而且已然达到了对景致迷恋的程度。当环境欣赏变成一种景致迷恋时，那些不太具备优美风景的环境很难进入环境欣赏者的审美视野。尤为明显的是，那些极具生态价值但不符合风景式景观观念的环境（如大草原、荒野与

---

① ［加］艾伦·卡尔松：《当代环境美学与环境保护要求》，《从自然到人文——艾伦·卡尔松环境美学论文选》，薛富兴译，广西师范大学出版社，2012年，第284~285页。

② Stan Godlovitch, Icebreakers: Environmentalism and Natural Aesthetics, in Allen Carlson&Arnold Berleant, eds. *The Aesthetics of Natural Environments*, Canada: Broadview Press, 2004, pp.109-110.

湿地等）几乎不能成为审美的合适对象。三是肤浅琐碎。关于传统环境审美模式造成的肤浅琐碎，赫伯恩最早提出这个问题。他认为如果对环境的审美欣赏仅仅着眼于对象的特殊形状、颜色，必然会造成一种不符合环境真实的肤浅琐碎。他注意到在艺术欣赏中，肤浅琐碎的欣赏可以过渡成一种严肃的欣赏，于是他坚信，在环境欣赏中这种过渡也必然能够完成。不过，他认为这种过渡必须在全新的环境审美模式的指导下才能完成。① 随着环境美学的发展，这种对肤浅琐碎的批评更加直指传统环境审美模式不能对自然进行如其所是的欣赏。四是伦理缺场。合理的环境审美模式应当将审美欣赏与伦理责任有机地结合起来，但传统的环境审美模式聚焦于环境的美学形式，无论是对象模式与景观模式所标扬的风景，还是在它们影响下形成的形式主义者在意的线条、形状与色彩，它们的侧重点在于视觉欣赏，这种视觉欣赏形成的排他性抑制了欣赏者的伦理反应，从而造成一种伦理的缺场。

二

关于当代环境审美模式之间的论争，布雷迪最早在《自然环境美学》一书中进行了概括。她认为，当代环境美学家可归为认知与非认知两大阵营，认知阵营强调知识在环境审美中的作用，其主要代表有卡尔松、罗尔斯顿与伊顿。而非认知阵营虽然不完全反对科学知识在审美中的作用，但更为强调情感、想象等因素，其主要代表为赫伯恩、伯林特、卡罗尔与伽德洛维奇等。布雷迪将自己建构的综合模式归之于非认知模式的阵营。② 随后，卡尔松在《当代环境美学与环境保护论的要求》一文中也提出认知模式与非认知模式的论争。他认

① Ronald Hepburn, "Contemporary Aesthetics and the Neglect of Natural Beauty", Allen Carlson&Arnold Berleant, eds. *The Aesthetics of Natural Environments*, Canada: Broadview Press, 2004, p.57.

② Emily Brady, *Aesthetics of the Natural Environment*, Tuscaloosa: The University of Alabama Press, 2003, pp.86-119.

为，为了寻求自己所认为的恰当的自然审美欣赏，环境美学研究者形成了各种不同的环境审美模式，而这些不同的环境审美模式经常被区分为两个阵营："用不同的术语命名之，诸如非认知的与认知的，或非观念的和观念的。第一种阵营的立场是：强调情感或与情感相关的状态和反应，对审美经验的认知维度关注较少。第二种阵营的立场认为：关于所欣赏对象的知识，是其恰当审美欣赏的必要因素。"[①] 他坚定地将自己的环境模式归于认知阵营。

当然，这种认知模式阵营与非认知模式阵营之间的论争更多地表现为卡尔松的自然环境模式与伯林特的参与模式两种主流模式之间的互相诘难，这种论争首先表现在环境审美过程中对待情感与知识的态度上。为了实现一种恰当而严肃的环境审美，认知模式认为应如其本然地欣赏自然，因此，在环境审美过程中，欣赏对象的知识与知识相关的信息成为审美的关键因素。正如伊顿所坚持的那样，认知模式强调在环境审美中，我们必须慎重地区分关于自然的事实与虚构，因为对于自然事实的知识掌握有利于实现一种恰当的环境审美，而虚构的自然只会将环境审美引向一种不恰当的审美，或者走向一种非审美[②]。当然，认知模式视野中的知识，主要是指"自然史的知识"，集中由地质学、生物学与生态学三个具体学科来提供，但也包括各种地方、民间或历史传统，具体表现为各种地区性叙事、民间神话故事与关于自然的神话故事。

与之相区别的是，非认知模式强调情感或与情感相关的状态与反应，而对于环境对象的认知维度则不甚关注。激发模式、后现代模式、形而上学的想象模式、综合模式以不同的方式表达了对情感的重视，但比较奇特的是，作为非认知模式典型代表的参与模式，很少表达情感在环境审美中的重要作用，甚至

---

① ［加］艾伦·卡尔松：《当代环境美学与环境保护要求》，《从自然到人文——艾伦·卡尔松环境美学论文选》，薛富兴译，广西师范大学出版社，2012 年，第 292 页。

② Marcia Muelder, Eaton, Fact and Fiction in the Aesthetic Appreciation of Nature. Allen Carlson&Arnold Berleant, eds. *The Aesthetics of Natural Environments*, Canada: Broadview Press, 2004, pp.170–181.

还有一定程度的排斥。因为在伯林特看来，“情感”不是一个能够被清楚界定的东西，它本身存在着内涵上的不确定性。正因为这种性质，情感很难在主客统一的理论背景中进行解读。如将其放入主客二分的理论背景中，它或许被错误地客体化，从而被当成我们经验到的或者决定我们经验的一种实体，或许被错误地理解为一种纯粹的主观产物。当我们用“情感”来解释审美体验时，很容易把这种体验降低为一种主观状态，从而使审美体验变得面目全非。站在主客统一的立场，在建构其参与美学与参与模式的过程中，伯林特更喜欢把“感知”视为美学的核心。[①] 在他看来，这种感知体验并不仅仅局限于视觉性的和听觉性的，实际上它是多感官的，或者是联觉式的，并伴随着身体的参与，同时也包括经验得以发生的情境。他用“审美场”这一概念来指代审美经验的情境，具体来说它包括四种成分——审美者、审美对象、艺术性或创造性因素、行动或作为性因素，它们共同决定着审美情境的品质。[②] 至此，我们依然很难看出参与模式对情感的重视。但依我们对美学的基本了解，伯林特建构的“审美场”需要一个内在的动力，他认为，情感是一种伴随着意识和理解的身体反应状态，是被我们称为“审美欣赏”的复杂活动的一部分，这一复杂活动同时又是创作过程的一部分。[③] 他强调情感与感知的内在关系，认为“情感”作为一种底色，存在于所有的感知体验中，有时甚至是支配性的。[④] 通过对伯林特建构参与模式的思路的深入剖析，我们可以看出，虽然从表层来说，伯林特使

① 赵玉、[美]阿诺德·伯林特：《走出美学与“否定美学”的困惑——对话当代环境美学家阿诺德·伯林特》，《学术月刊》2011年第4期。

② 赵玉、[美]阿诺德·伯林特：《再次对话当代环境美学家阿诺德·伯林特》，《鄱阳湖学刊》2013年第3期。

③ 赵玉、[美]阿诺德·伯林特：《再次对话当代环境美学家阿诺德·伯林特》，《鄱阳湖学刊》2013年第3期。

④ 赵玉、[美]阿诺德·伯林特：《走出美学与“否定美学”的困惑——对话当代环境美学家阿诺德·伯林特》，《学术月刊》2011年第4期。

用“感知”来替代“情感”，但为了实现感知体验与“审美场”，他不得不强调感知体验与“审美场”对情感的依赖关系，所以从深层来说，伯林特在环境审美中依然强调情感的重要性。

三

除了上述对待情感与知识的态度的分野，认知模式阵营与非认知模式阵营之间的论争还体现在对主客体关系的认知上，从而在整体上形成了认知模式阵营坚持主客二分而非认知模式阵营主张主客统一的情形。伯林特的参与模式建立在对传统审美无功利反驳的基础之上。他认为，审美无功利连同对自然的孤立、远距离和客观静观，错误地将环境对象与欣赏者进行了分离。这种错误的根源在于传统主客二分的思想，而这也是他认为卡尔松的自然环境模式存在不足的主要原因：“我认为卡尔松持有的正是一种二元论立场，他把自然视为某种客观化的、可外在于人类的感知而独立存在的东西。”[①] 而在参与模式建构中，他极力想克服的就是这种主观与客观的二元性对立，所以在参与模式中，传统的主客对立被抛弃了，它强调审美经验是欣赏者置身于环境之内的投入式体验，是欣赏者在环境中的一种多感官的全面融合。正由于坚持主客统一的立场，伯林特认为环境不只是围绕我们，而是我们就在它之中。我们不可能以完全对象化的方式将环境与我们完全分离，正因为我们从内部感知自然，“自然转变为我们作为参与者生活于其中的领域，而不是作为观看者”。[②] 我们与环境的融合带来的审美感受就是一种身体的全部参与，一种对自然的感性融入。基于此，伯林特认为，在实际的环境审美中，将环境客体化是不可能的，因为只要我们进入了“审美场”，主体就成为环境的一个组成部分。所以，在伯林特

---

① 赵玉、[美] 阿诺德·伯林特：《再次对话当代环境美学家阿诺德·伯林特》，《鄱阳湖学刊》2013 年第 3 期。

② [美] 阿诺德·伯林特：《环境美学》，张敏、周雨译，湖南科学技术出版社，2006 年，第 153 页。

看来，卡尔松所坚持的如其所是的欣赏自然的正确解读并不是对自然进行客观化处理，而是强调对自然的尊重。

而对卡尔松的自然环境模式而言，这种模式坚持的是一种主客二分的立场。一方面，他认为在环境审美中必然对自然进行如其所是的欣赏，强调将自然视作自然本身，而不应将自然置于主观性的视野中进行主观性的选择。因此，环境审美必须由环境的客观本质所牵引，而为了实现这种如其所是的欣赏，他强调环境审美中客观环境知识的极端重要性。另一方面，在卡尔松看来，“无论对艺术还是对自然来说，审美判断客观性问题都是美学的总体要求”，[①] 并且这一问题在自然（环境）美学中显得尤为突出，因此他坚持环境审美的客观主义立场。从环境保护的角度而言，如果环境审美不足以支持环境审美价值的客观判断，这种环境审美对于环境保护便毫无益处，因此，客观主义立场对于当代环境保护至关重要，同时，这种立场也有利于实现伦理参与。正是基于这种建基于主客二分的客观主义立场，卡尔松批评伯林特坚持的主客统一可能会导致审美经验的彻底主观化，甚至沦为一种主观的幻想。

虽然卡尔松仍然立足于主客二分的理论立场，但这种主客二分与传统哲学中的主客二分在某种程度上还是有着根本的不同。在当代生态哲学的影响下，卡尔松承认自然客体本身具有独立的价值，人类并不是价值的唯一承担者，人类应在自然客体面前保持一种谦逊的态度。因此，卡尔松只不过是为了反对建基于人类中心主义的主观主义，利用对科学知识的重视，在主客二分的基础上选择一种客观主义的立场。其实在某种意义上，卡尔松与伯林特在反对建基于人类中心主义的主观主义的立场是一致的，伯林特坚持主客统一，但为了避免卡尔松所批评的主观主义，他认为审美对象并不完全是主体建构的结果，因为自然客体也会向主体的感知能力、过去经验、知识等提出要求，所以主体必须持一种谦逊的态度参与客体，经由客体本身所允许的方式感知与体验它，而不

---

① ［加］艾伦·卡尔松：《当代环境美学与环境保护要求》，《从自然到人文——艾伦·卡尔松环境美学论文选》，薛富兴译，广西师范大学出版社，2012 年，第 290 页。

是完全让客体屈从于主体的意识。与此同时，伯林特与卡尔松的最终目标也是一致的，他们都希望通过审美实现自然（环境）的价值与完整性。由此可见，认知模式与非认知模式的分野并不是像楚河汉界一样有十分严格的界限。

从上述主客二分与主客统一的对立中，我们可以看到伯林特与卡尔松在建构环境审美模式的内在理路：卡尔松力图坚持环境“存在的客观性”，从而实现环境欣赏的“经验、鉴赏的客观性”，这种思路一方面可以保证在环境审美中实现对环境的道德尊重，但另一方面，由于对于“经验、鉴赏的客观性”的强调，从而导致环境审美几乎沦为单纯的理性认知。而伯林特以身体参与为中心，强调感性经验，从而否定“经验、鉴赏的客观性”，并进而否定“存在的客观性”，但这样便很难实现他所坚持的在环境审美中保持的谦逊态度。[①] 正由于意识到伯林特与卡尔松内在理路的问题，处于非认知阵营的斋藤百合子通过多元模式尽力调和主客二分与主客统一决然对立中存在的矛盾她一方面承认感性体验对环境审美的重要意义，并且直接影响环境审美经验的生成，另一方面，为了让自然本身讲述自己的故事，她也强调科学知识、民间神话与本地传说必须成为环境审美的基础，从而在“存在的客观性”的基础上，在环境审美中实现对自然的谦逊态度。

四

与此同时，认知模式与非认知模式的内部，也是存在一定的争论的。同为非认知模式阵营中的参与模式（伯林特）与整合模式（布雷迪），他们在某些具体观点上又存在一定的论争。布雷迪与伯林特虽然赞同在环境审美中应实现多感官的审美参与，但面对审美无功利的观点，伯林特认为应全力批驳，而布雷迪却认为审美无功利的观点可以成为环境审美借鉴的理论。她一方面认为审美无功利的审美距离并非是审美主体与客体之间的物理距离，而应该是一种审

---

① 赵玉、[美] 阿诺德·伯林特：《再次对话当代环境美学家阿诺德·伯林特》，《鄱阳湖学刊》2013 年第 3 期。

美态度的建构，这种审美态度力图在审美主体与主体欲望之间保持一种合理的心理距离。另一方面，她认为审美无功利与形式主义并不存在一种必然的关联性。在审美中，无功利性并不天然地拒斥概念与知识，概念与知识可以作为审美背景合理地参与到康德的无功利审美中："了解蝴蝶由茧中毛虫蜕变而成的知识可能加强我对其艳丽色彩的审美欣赏……这种知识是蝴蝶本身故事的一部分，但因为它使我欣赏的美学品质增添了意义，这种知识可以成为美学欣赏中的合法部分。"① 当然，布雷迪为了反对卡尔松的自然环境模式对科学知识的推重，她反对在审美中用概念、知识取代感知成为审美评价的最终依据。她认为，如果对蝴蝶的高度评价仅仅依据它的一些特别品质，并且这些品质使它成为同类中的一个好的标本，那这种评价的依据是"生物学上的优点而非美学品质"②，因而这种评价不可能成为一种审美的评价。为了自己理论建构的目的，布雷迪在某种程度上对传统的审美无功利理论进行了改造，这种改造有利于环境审美中审美态度的合理生成。除了对审美无功利的不同态度，布雷迪与伯林特对于审美过程中的主客关系问题也存在分歧，伯林特极力反对主客二分，主张审美体验中主客融合。而为了达到审美的客观性，布雷迪则主张主客二分，主张审美体验应以审美客体为指向，有些与审美无关的因素必须排除在外。

由上可见，这种认知模式与非认知模式之间的论争更多地表现为卡尔松的自然环境模式与伯林特的介入模式两种主流模式之间的互相诘难，但其他非主流的环境审美模式的参与，引发了人们对环境审美方式更加多元的关注与思考，同时也为未来环境审美的理想模式的建构提供了更多的理论启示。正如卡尔松所说，无论是伯林特的参与模式还是他自己的自然环境模式都只是为了寻求一种更为合理的环境审美方式，从而替代备受批判的传统的景观模式与对象

---

① Emily Brady, *Aesthetics of the Natural Environment*, Tuscaloosa: The University of Alabama Press, 2003, pp.138.

② Emily Brady, *Aesthetics of the Natural Environment*, Tuscaloosa: The University of Alabama Press, 2003, p.138.

模式，因此这两者并不是完全不兼容的，这一点伯林特也深为认可。[1] 推而论之，所有的当代环境审美模式的建构都出于一个目的，即寻求环境审美方式的完善，因此，未来环境审美模式的建构，最重要的不在于在认知模式与非认知模式之间进行非此即彼的选择，正如参与模式与自然环境模式虽然理论上各有侧重点，但它们之间并没有理论上的水火不容，如坚定地站在非认知模式阵营的卡罗尔（激发模式）虽然对卡尔松的自然环境模式有过无情的批评，但他也无意于用激发模式来代替自然环境模式，并且认为这两种模式是可以共存的。

从上述两大阵营的论争中，我们不应过分关注两大阵营的绝对对立，而应集中寻求各种模式内部有价值的理论与观点，从而为未来环境审美模式的建构提供更多的启发。与此同时，上述各种审美模式均建立在西方当代美学思想的基础之上，在一定程度上过于追求对传统审美无功利思想的反叛，因而在环境审美态度的合理建构上均存在不同程度的忽视，因此，未来的环境审美模式需要从中国传统环境审美对审美态度的关注中谋求更为全面的建构。

（刊于《郑州大学学报》2017 年第 1 期）

---

① 赵玉、[美] 阿诺德·伯林特：《再次对话当代环境美学家阿诺德·伯林特》，《鄱阳湖学刊》2013 年第 3 期。

第二编　环境美学的交叉学科资源

一、环境美学与生态美学

试论生态文明审美观

⊙陈望衡　谢梦云

⊙武汉大学城市设计学院

当前人们把追求人与自然和谐相处的实践活动推至社会发展主旋律的地位，表明生态文明已经成为全球性的时代潮流。每个时代有每个时代所独有的审美观念，不断变化发展的文明形态，需要不同的审美视角来对待分析。自人类从动物界分化出来之后，在渔猎社会，产生了渔猎文明之审美观。随后，人类不再完全依赖自然，通过创造工具、文字等提升了生产能力，产生了农业文明之审美观。到工业文明时代，生产力飞速发展，人类在开发、改造自然方面取得的成就远超过去一切时代的总和，产生了工业文明之审美观。如今，生态文明提倡生态文明审美观，其审美核心在于对生态的尊重，同时又兼顾人的利益与价值、肯定人性，这是生态与文明统一共生的审美观。

一、绿色生活与朴素为美

从渔猎文明到农业文明、工业文明及当今生态文明，人类创造了丰富的物质文明成果和灿烂的精神文明结晶，自古以来，为满足自己吃好、穿好、住好、玩好的追求，人们常从各方面努力进行创造，提高生产力。应该肯定的是，正是人类对于生活质量的不断追求或者说奢欲推动了历史的前进。因此，奢欲作为人的一种本能，在自觉意识的指导下可以转化为文明创造的不竭动力。

但是，任何欲望均有度，自古以来人们就对奢欲进行着各种不同的限制。老子从养生的角度提出限欲：“五色令人目盲，五音令人耳聋，五味令人口爽，驰骋田猎，令人心发狂；难得之货，令人行妨。”（《老子·十二章》）墨子从珍惜民力的角度提出限欲：“民尽力于无用，财宝虚以待客。”（《墨子·七患》）韩非子从国家安全的角度提出限欲：“以俭得之，以奢失之。”（《韩非子·十过》）物质财富的积累远胜于前此一切社会，与之相应，人们对财富的消费也是前此一切社会均无法望其项背。“一掷千金”在过去仅是一句夸张之语，而在当今一掷何止千金，动辄上亿亦屡见不鲜，而且纪录还在不断被刷新。

事实上，这种过度消费已完全超出人们的物质所需，其存在只有两个功能：（一）体现消费者的地位。在当今社会，人的身份地位有时候以金钱计，谁钱多谁的地位高。（二）拉动生产。钱多如何体现？——拼命消费。为满足一些人的大把消费，生产必须跟进。于是，消费、生产、更多的消费、更大的生产……殊不知消费会制造垃圾，垃圾会污染环境。在花钱玩出新花样的同时，垃圾同样在创造着新纪录，污染所造成的严重后果越来越超出人们的想象。有限的地球资源受到严重破坏，资源告竭、动植物品种减少等负面消息层出不穷。

环境伦理学家 L. H. 牛顿说：“周围的自然界似乎在不断恶化，而且看起来正是我们的过错造成了这种局面。”[①]牛顿说是人的过错造成了这种局面，这很对。那么，过错何在？不少有良知的学者将矛头直指消费方式，直指人的奢欲。美国学者戴斯·贾丁斯也在反思：“但我们是否消费过度了呢？消费和经济增长真的对环境构成威胁吗？现在的消费方式违背了我们对未来后代的责任

---

① ［美］L. H. 牛顿、C. K. 迪林汉姆：《分水岭：环境伦理学的 10 个案例》（第 3 版），吴晓东、翁端译，清华大学出版社，2005 年，第 1 页。

吗？从我们对未来后代的责任的伦理分析来看，许多环境事实证明的确如此。"[①] 人们开始醒悟：只知索取而不知补偿，用绿水青山去换金山银山，终将得不偿失。

显然，建立一种新的生活方式，培植一种新的生活审美观已经到了时候，生态文明作为对工业文明的否定之否定，亟需新的生活观念和与之相应的审美观念。这种新的生活方式是绿色生活方式，这种新的审美观是朴素审美观。

绿色生活方式的"绿色"只是一个美学性的表述，并非取其实际的意义。有人认为住在花园里，吃着新鲜的有机食品就是绿色生活，这是误解。绿色生活方式的本质是最大程度地尊重生态平衡、节约资源、保护环境、减少污染。我们所提倡的这种绿色生活方式既非传统的"无欲"主张，鼓吹"君子固穷"，苛求"食无求饱，居无求安"，也并非要求人们"同与禽兽居"而委屈至贫困潦倒之境地，更非当下某些消费万岁、奢华无度的生活方式，而是一种既对生态恪守敬重又顺应文明发展进程，低碳、本色的生活方式。现在深入人心的低碳生活只是绿色生活方式之一，并非全部。很显然，这种生活方式与浪费格格不入，它排斥奢华却不反对生活的高品位，尤其是精神品位。

与绿色生活方式相对应的审美观，是以朴素为标志的审美观。朴素，在中国文化中有两大源头：一是道家源头，老子崇道，道为自然，自然不是自然界，而是事物的本身、本性，即自然而然，他将这种状态说成"朴"和"素"。"朴"按本义是没有加工过的原木，"素"是没有染色的丝。《老子》提出抱朴见素，意思是要按照道的原则即自然的原则来生活。用今天的话来说即本色地生活，真实地生活。朴素的另一源头是墨、儒等家的节俭。古今此方面言论甚多。《墨子·辞过》云："节约则昌，淫佚则亡。"《左传·襄公二十七年》云："服美不称，必以恶终。"生态文明时代的朴素审美观充分吸收了中国传统文化中有关朴素美的营养，但其并非古代朴素观的翻版，而是建立在生

---

① ［美］戴斯·贾丁斯：《环境伦理学》，林官明、杨爱民译，北京大学出版社，2002年，第95页，

态文明基础上的一种新的生活方式，其要点有三：

第一，倡导朴素审美观，其目的是全新的——在于保护环境、保护生态平衡，即建设生态文明。历史上虽然有过诸多倡导朴素审美观的言论，但其目的不是为了养生，就是为了防止统治者腐化，或其最高思想境界也只是为了防止社会矛盾激化。从来没有谁认为倡导朴素审美观是为了防止人与自然的矛盾激化，确切说来是防止生态矛盾激化。

有人为自己的奢华生活辩护：用的钱是自己的，且来路清楚。可是即便这样也不行，奢华生活需要耗费大量资源，产生过量垃圾，造成环境污染。固然，奢华生活花的钱是自己的，但资源、环境却是大家的，谁也没有特权更多地耗费资源、破坏环境。

第二，生态文明时代的朴素美不是原生态的呈现，原生态的呈现如果不能为人所接纳、不能肯定人的生命，那么即使是生态的，也不是我们所要的审美，也不能只是文明的，如果这文明不能纳入生态平衡、不能促进生物多样化、不能保护环境，同样也不是我们所要的审美。生态文明时代的朴素美应该是生态与文明的统一，也就是说，它是文明的——是人的选择或创造，却又是生态的——能为自然所认可甚至吸收。生态文明时代的朴素美，其本质是对生态的尊重，对生命的尊重，其突出特点是资源的节约、环境的保护、可持续性的发展，是地球上诸多生命（不只是人的生命）之生生不息。

第三，朴素审美观的朴素具有时代性。不同时代对于朴素有不同要求，历经农业文明、工业文明直至正在建设的当代生态文明，人们生活质量之高远非老子、墨子时代的人们所能想象，因此，不能简单地将中国传统文化中的朴素审美当作我们现今时代的朴素审美。当然，也不能以时代之因，拒绝吸收传统朴素美的精华。需要强调的是，朴素审美观因人因时因地而异，在朴素问题上，切忌制定一个标准、一刀切。朴素美是一种以少胜多、以质胜量、以本色胜修饰、以精神胜物质的美，它是生态文明时代标志性的美。

二、动植物审美与生态公正

人类社会与生态环境相互作用与相互制约，处于同一个生态共同体中，自诞生之日起，人类就一直与自然进行着博弈。随着文明进程的演进，人们逐渐意识到每一种生命形式都有其自我生存与发展的权利，对于整个生态系统中数百万种植物、动物、微生物而言，人类并非自然界的唯一主体。如此高速的自然进化似乎在不断提醒着人们，万事万物均紧密相关，没有任何一个物种可以凌驾于其他物种之上。由此，人与动植物的关系开始被重新审视。

生态文明时代，一个重要的原则出现了——生态公正原则。生态文明主张把生态公正的范畴从人与人关系的领域扩展至人与自然关系的领域，既对人类实行生态正义，也要对自然界中的非人类存在物实行生态正义，让其他物种的权利与价值得到一定的保证和实现。

这种公正，在中国传统哲学思想中早有体现。《礼记·中庸》有言“万物并育而不相害，道并行而不相悖”。庄子提出“物无贵贱”“以道观之，物无贵贱；以物观之，自贵而相贱；以俗观之，贵贱不在己”“万物一齐，孰短孰长”。先哲们“万事万物齐同为一”“和谐共生”的理念启示人们要充分认识到自身与自然界的平等关系，人不仅要与他人和谐相处，还要以平等思想对待天地万物。

与此相应，近现代西方学界也出现了不少万物平等的思想。大地伦理学家利奥波德提出：“要将人类在共同体中以征服者的面目出现的角色，变成这个共同体中的平等一员的公民。它暗含着对每个成员的尊敬，也包括对这个共同体的尊敬。”① 大自然权利的拥护者、美国学者罗德里克·弗雷泽·纳什认为，“与其说人类是自然的主人，不如说他是自然共同体的一个成员。”②达尔文也

---

① ［美］奥尔多·利奥波德：《沙乡年鉴》，吉林人民出版社，1997 年，第 193 页。

② ［美］罗德里克·弗雷泽·纳什：《大自然的权利：环境伦理学史》，青岛出版社，1999 年，第 23 页。

认为动物在某些行为上与人类相一致，因而得出动物某种程度上与人类拥有同等价值的结论。

中西方哲人们所倡导的生态公正，以其清晰的理性和严谨的逻辑要求我们认识到一切生物都具有平等的内在价值。既然我们在道德上毫无疑问已承认享有资格权利的不仅有人类，还包括动物、植物、生态系统，也承认其他物种所具有的内在价值，那么，我们是否该对此保护？该予以何种保护？

人类对于动植物的保护有两种意义层面的考虑。第一层面，就生态公正来说，尊重动物植物物种的保全。美国动物权利保护者汤姆·雷根教授认为，人之所以拥有天赋价值是因为人是生命的主体，而动物也是生命的主体，由此便可知动物也具有天赋价值，因而人和动物拥有平等的权利。由于动物、植物、生态系统没有行使自身权利的主体能力，人类就有义务公正地对待它们，保障其权利的实现。所幸当今各国都在法律中明确提及保护濒临灭绝的物种和生态系统，这意味着人们已经承认并尊重这些自然物的物种保全。然而，目前为止人类所能达到的这种保全还只能涉及物种层面。第二层面，就生态公正而言，应给予动植物以精神上的尊重。动物应该得到精神关怀，是因为动物也具有感受苦乐的能力。国外学界已经承认动物有感情、有利益诉求这一事实，这便意味着我们应尊重生命主体的个体，尽量避免对其造成伤害。我们所给予的这种精神尊重，不仅仅是人类自身道德关怀的延展，更是由于其所具有的内在价值。

那么，动物所具有的价值在某些性状上与人类的联系表现在哪些方面？古罗马法学家乌尔比安认为大自然传授给所有动物生存法则，这种法则并非人类独有，乃人类与动物所共有。达尔文在《物种起源》中首次科学地阐述了人类的起源与进化历程。首先，他认为人与动物都具有自然选择意识。其次，他认为人同动物一样具有乐群感，有天生的亲子本能。由此达尔文得出人与动物不仅在生物本源上具有同一性，在社会本能上也具有极大相似性。再次，人类的道德感伴随着群居生活形式的出现而产生，这说明具有社会本能和一些理智能力就会获得道德感。因此他认为道德感并非人类专有，而是人类与动物共有。

除却以上三点人类与动植物的主要联系，动植物本身是否具备审美能力呢？美国科普作家纳塔莉·安吉尔在《野兽之美：生命本质的重新审视》一书中写道："人类之所以生存得如此美好，是因为地球上还有许多鸟兽虫鱼始终伴随着我们。芸芸众生自有其存在的理由和生命的秘密，同样也有其兴衰的悲欢和灭绝的宿命。"[①]《野兽之美：生命本质的重新审视》提出动植物也存在自身的审美。当然，动植物是否具有主观审美意识，就现阶段来说我们不得而知，但是，从种种现象我们可以主观判定动植物是具有审美意识的。

在生态公正的视域之下，人类尊重动物的"自得其乐"与"自得其美"。地球上的所有生灵皆有兄弟亲情，天地间的万事万物各有其美，虽未必美美与共，却同谱天地之大美。

三、荒野之美与分界和谐

生态文明之前的任何一种文明均以人对自然的侵夺为特征，这种侵夺的一次又一次胜利即为所谓的"文明"。文明是人对自然改造的成果，人类极为推崇、欣赏自己的胜利果实，将其视为美。人类的审美观从诞生初期的崇尚自然到后来变为崇尚文明。崇尚自然，是因为畏惧自然，将自然看作神。这种畏惧是非理性的，显得盲目。崇尚文明，是因为人类认为自身是天地之灵长，堪与自然并立甚至战胜自然。很显然，这种狂妄也是盲目的。

人类虽然一直存有敬畏自然、崇拜自然、赞美自然的声音，但相较于对文明的崇尚，这种声音略显微弱。工业文明时代，人类对自然的征服达到极致，与之相应，人类遭受的报复也达到极端。人类终于明白，相比于自然，人是渺小的，人无法与自然抗衡。只有尊重自然，自然才能尊重人类；只有维护好生态，生态才能维护好人类。

---

① ［美］纳塔莉·安吉尔：《野兽之美：生命本质的重新审视》，李斯、胡冬霞译，时事出版社，2005 年，第 21 页。

当人类明白这一道理时，地球上的生态已经遍体鳞伤，奄奄一息。恢复地球生态、实现生态平衡成为当今人类第一重大使命。生态恢复是一项极为艰巨的任务，因其有自身内在规律，不以人的意志为转移，而人类现今对其规律所知甚少，人为恢复生态如果做得不好会变成新的破坏。我们比较有把握做好的是，保护好现有的生态，让其发挥自身的良性作用，从而由局部到整体地改进全球的生态。

遍观全球，到处高楼林立，到处车水马龙，哪儿有原生态的自然？人们将眼光投向了荒野。

什么是荒野？《哲学走向荒野》一书的译者叶平先生说："荒野（wildness）一词，狭义上是指荒野地；广义上是指生态规律起主导作用，没有人迹，或虽有人到过、干预过，但没有制约或影响自然规律起主导作用的非人工的陆地自然环境，如原始森林、湿地、草原和野生动物及其生存的迹地等。"[①]达尔文的进化论使人们认识到动植物都经历了由低级向高级的演变，地球之所以衍生出如此繁多的生物种群，正是得益于荒野所提供的广袤土壤，美国环境伦理学家罗尔斯顿由此喟叹："在荒野中，人们能学会珍视整体生命系统中的多种生命形式。"[②]因此，荒野可以说是孕育出自然界万千生命的温床。

荒野还是人类的精神文化之源。"我们高度评价的东西中，有很大一部分是在古老的年代在天然的荒野中产生的，而在文化中则成了基本的预设。"[③]罗尔斯顿强调天然荒野不仅为人类提供初始之期的灵感，还不断记录着人类精神文化的结晶。由此可知，我们对于荒野的认知，不能仅限于单纯的资源利用或是经济上的掠夺，荒野的存在对人类而言更多的是一种情结，荒野赋予人类高度的思维、理性的思想。人最初正是从荒野中走出，因而文化也就产生于出走

---

① 叶平：《生态哲学视野下的荒野》，《哲学研究》2004 年第 10 期。

② ［美］霍尔姆斯·罗尔斯顿：《哲学走向荒野》，刘耳、叶平译，吉林人民出版社，2000 年，第 212 页。

③ ［美］亨利·大卫·梭罗：《瓦尔登湖》，徐迟译，吉林人民出版社，1997 年，第 211 页。

的过程之中，人类的任何奇思妙想，任何被称为优秀的杰作，其源泉，其灵感，均来自荒野。

一个可怕的事实是，自人类出现并意识到自身时，人类就着手改变自然以满足一己之需。人类逐步改造和征服自身文明的源泉——荒野，使得荒野与人类的关系日渐恶化，荒野不再是人类的和睦邻居和家园，而是沦落为人类进步、财富增长的牺牲品。随着文明的推进，人类的活动愈演愈烈，且范围不断扩大，荒野面积骤减且已是满目疮痍。

自《哲学走向荒野》问世以来，荒野自然的价值受到重视，荒野得以从一种全新的生态伦理角度被解读。真正的荒野对人类保有其独特价值，荒野的美给人类生活增添精神佐料。罗尔斯顿强调："我们需要荒野，正是因为它具有独立于人类价值的一个领域。荒野自然有着一种完整性，如果我们不能认识和享受这种完整性，那我们就少了一些东西。"正因为如此，当今文明中的人类才得以以一种审美的、无所求的心态与这些荒野相遇，从这些未经开垦的荒野中体悟自然的价值。荒野对于人类的教育价值与再造功能是任何一种人工化的自然所无法比拟的。

在这种背景下，人们需要反省一下"美是什么"这一问题。

首先，美在文明，这是否需要加以限定？那种破坏生态平衡的文明是否能称为美？

其次，荒野是否也具有美？梭罗在《瓦尔登湖》中说："大地不只是已死的历史的一个片段，地层架地层像一本书的层层盈叠的书页，主要让地质学家和考古学家去研究；大地是活生生的诗歌，像一株树的树叶，它先于花朵，先于果实；不是一个化石的地球，而是一个活生生的地球；和它一比较，一切动植物的生命都不过寄生在这个伟大的中心生命上。"[①]按梭罗的看法，大地作为生命的母体，是一切美的源泉。而罗尔斯顿也认为美来自于产生了这一繁荣的有机共同体的生态自然。因此，生态文明时代，荒野的价值应被重估，荒野之

---

① ［美］亨利·大卫·梭罗：《瓦尔登湖》，徐迟译，吉林人民出版社，1997年，第287页。

美需得到重视。

生态文明新时代背景之下，需要建立一种新的审美观念——生态与文明划界观，这种划界审美观强调将人类文明发展所需的区域与纯粹生态的区域隔离开来，在纯生态的区域内，文明不参与其中，使其遵循规律，自由发展。这种审美观念要求原生态的荒野与现代文明并行存在，在各自区域内荒野与文明互不相犯，自我处之。这样说来二者似乎处于对立状态，但其实它们也是和谐的，只是这种和谐并非中国传统文化中所强调的“你中有我”“我中有你”的交感和谐，而是分界和谐。这种分界和谐的审美观念在世界上很多国家已经逐步推广且力求更完善，比如说绝大多数国家已经将原生态比较好的山岭、水域保护起来，不同层次地限制人在其中的活动。

这种分界和谐的审美新观念，其核心要义为生态划界观，要求人类尊重、善待与保护原生态自然，树立大价值观念，根据自身能力一步步做到生态与文明在不同程度上的隔离，只有这样，才能真正建立起生态与文明你我不犯、守界和谐的并行发展之美。

当前值得我们高度重视的是人居环境中的荒野。一般来说，人居环境中的荒野比较少，但也并非没有。有些城乡存有荒湖、沙洲、湿地、原生态的森林，它们在许多城市建设者看来极其丑陋，他们常常欲将其消灭而以繁华市区取代之。这种想法非常落后，他们有所不知，这些荒湖、沙洲、湿地、原生态的森林——荒野，才是城市真正的宝贝。在生态文明时代，一座城市价值的大小并不在于高楼的多寡，而在于其所保留的荒野面积的大小。荒野的价值在于维护整个地球生态系统的平衡，而生态平衡是无法用金钱计算的。与之相应，生态文明时代具有一种特殊的美——荒野之美，这种美也是其他任何文明形态美所无法比拟的。

四、家国情怀与全球审美

生态文明作为新的时代特征和世界转向，是当前全球范围内的统一共识。随着全球化时代的到来，人们越来越多地超越民族和国家视野，从全球的角度去思考和认识生态问题，从而形成了生态问题上的全球意识。生态环境的全球意识是指生活在地球上的人们，对关系到全人类生存发展的问题所形成的一种超越国家、社会制度乃至种族差异的共同的忧患意识，并在如何解决这些问题的过程中所产生的普遍认同，即全人类意识的世界性思考。[①]现如今之所以要提全球意识，是因为生态在全球范围内遭到严重破坏，地球是所有物种赖以生存的共同家园，也是人类社会不同文化所构成的互相依存的整体。生态文明背景之下，任何一个国家在生态问题上都不能独善其身。全球性的生态环境问题及其危机的应对过程必然复杂而漫长，非任何一个国家能够单独解决，需各国协同合作。全球化背景下的人类需要以一种海纳百川的眼光来改善生态环境，以广博的胸怀去关注人类的命运，保护我们共有的家园。

当前，人类亟需将个人、地区、民族同生态环境的发展以一种全新的全球审美视野统一到一起，认识到全球化背景之下美的本质，这种美是生态与文明二者和谐发展的统一之美，这种全球审美能够指导不同民族、不同地区、不同国家的人们处理好自身与生态环境的关系，从而在全球审美的视野之中找到解决当前全球生态危机的新出路。

全球化的发展必然要求我们将家国情怀扩大到整个地球。审美需要全球化，审美的新姿态就是从全球化的审美视角来构建人与自然的和谐共处，从而实现真正的全球生态文明——人与自然的共生共荣。美国当代环境美学家阿诺德·伯林特说：能不能建立起这样一种新的审美——它既保留传统理论的洞见，又极大地拓展审美理论的领域，以开放性与灵活性取代过去的排外性与教条主义？回答是肯定的。在兴起于20世纪的全球性的大众文化运动中，新的审美方式打破了艺术这种“特立独行的文化制度”，艺术与生活融合起来，艺

① 程林胜：《论人类在生态环境问题上的全球意识》，《未来与发展》1988年第3期。

术的非功利性与生活的功利性融合为一，审美的王国扩大了。[①] 在生态问题上，全人类必将同呼吸共命运！

在生态文明时代，真正的全球美学到来了。

（刊于《郑州大学学报》2016 年第 1 期）

---

① 陈望衡：《“全球美学”与中国美学：中国美学如何与世界接轨》，《学术月刊》2011 年第 8 期。

重新认识中国当代美学中的自然美问题

⊙刘成纪

⊙郑州大学文学院

近十年来，美学界关于自然美的研究有许多值得注意的进展，其中最突出的表现就是生态美学的勃兴。就中国当代美学，甚至就王国维以来中国现代美学的发展而言，由于其理论资源一直被限定在西方人本主义哲学的框架之内，对自然美的研究一直难有进展。但是，生态美学的出现使这种理论的缺失和困难得到了改观——它的哲学视点由人学本体论位移为自然本体论，物性观念由近代的机械自然观转换为现代的有机自然观和生命自然观。由此，自然在美学中的位置有了发生全新变化的必然性：它不再是单纯需要人赋予意义和审美价值的客体，而成为与人共在的主体；审美活动的实现不再以“自然的人化”为唯一途径，而是增加了“人的自然化”这一反向生成的维度；人与自然的审美关系也不再是单纯的“人审自然”，而是双方在交互主体中的互动和共赏。

但是，这种学科形态，在为自然美研究提供新的理论基点的同时，也在美学学科内部孕育了一场前所未有的理论混乱和危机。首先，生态美学以生态美作为研究对象，和自然美的对象相互交集。同时，它无限扩张自己的理论边界，试图涵盖并解释从自然到社会、从物质到精神的一切内容。在这种背景下，怎么理解自然美与生态美的关系，怎样对这个无限膨胀的交叉学科进行理性的限定，将成为一个问题。其次，在当代，与生态美学的出现几乎同步，景观美学、环境美学应运而生，甚至进一步衍生出自然生态学美学、景观生态学美学、环境生态学美学等更为复杂的学科划分。这种种关于自然的理论形态有没有内在的关联，自然美这一概念还有没有对其进行理论概括和阐释的可能，也将成为一个问题。可以认为，如果这些问题不能得到有效解决，不但自然美这一概念将从美学理论视野中逐渐消失，而且新的探索的价值也会在一系列混乱的命名中自我淹没。由此，为自然美重新定位，探讨将生态、景观、环境美学重新纳入自然美研究的可能性，将是为相关成果重建理论秩序并使此项研究得以深化的重要工作。

一、生态成为美学：局限性与可能性

2003 年，曾繁仁先生曾在其《生态存在论美学论稿》一书中指出："从我们目前所能掌握到的材料来看，迄今为止未见有国外的学者论述生态美学的专著与专文。生态美学这一理论问题是我国学者从 20 世纪 90 年代中期开始涉及的。此后逐步引起较多关注，2000 年以来有更多的论著出版和发表。"① 曾先生这一判断的准确性有待商榷，但一个基本事实又不容否认，即与国内学者从美学角度介入生态问题的热情相比，西方学术界的主要兴趣则在生态哲学、生态伦理学、生态政治学的层面。那么，出现这种中西差异的原因是什么？是因为西方人对"生态"的理解妨碍了它成为一个美学问题，还是他们一不留神让中国学者占了"独创"这门学科的先机？

种种迹象表明，中西方对于生态问题的理解是存在差异的，这种差异妨碍了生态在西方成为美学问题。首先，从词源学上看，西方的"生态"（eco）一词源自古希腊的"oukoq"，其本义为家庭关系及其维持。从这一词义可以看出，古希腊人心目中的生态并非特指自然，而是借家庭的构成方式比喻事物存在的整体性和相互关联性。1866 年，德国生物学家恩斯特·海克尔（Ernst Haeckel）在 *Generele Morphologieder Organis- men* 一书中创造性地使用了生态学（Ecology）这一概念，并赋予了它现代意义。他认为，生态就是自然有机

---

① 曾繁仁：《生态存在论美学论稿》，吉林人民出版社，2003 年，第 15 页。

生命物与周围世界的关系，生态学就是研究这种关系的学科。从希腊人对生态概念的界定和海克尔对它的解释看，在西方，生态学不指称自然或人类生活中的具体对象，而是将重点放在了对某一有机生命体与无数他者所构成的关系的描述。也就是说，它是要呈示事物在相互联系中形成的有机世界的整体状况，而不关涉具体对象。由此，所谓的生态学，其实也就是强调自然生命作为有机整体存在的相互关系学。

海克尔对生态及生态学的定义在西方具有奠基的意义。后来，这一学科虽然不断被拓展、深化，但其核心问题依然是被海克尔的整体性和关联性规定的问题。从这种理论背景可以看出，生态可否成为美学命题就是值得怀疑的。美学作为感性学，它的最重要的特点就是必须指涉具体对象，审美活动必须在具体的活生生的感性形象中进行。生态学强调的有机整体无法成为审美对象，因为整体不是对具象的凸显，而是湮没；生态学强调的关系更无法成为审美对象，因为审美活动不可能用理性的方式去分析事物与事物之间的关系，而必须诉诸当下直观。当然，谈到“关系”的审美价值，人们很容易想到狄德罗“美在关系”的论断，但这一论断并不能为生态成为美学对象提供理论佐证。这是因为，狄德罗讲的是“美在关系”，而不是“美是关系”。也就是说，美虽然可以在“关系”中得到呈现，但“关系”本身并不能成为美。

与生态并不直接呈示形象相比，自然这一概念却可以指涉一切非人工的或者虽经人加工却依然保持原有面貌的事物，比如日月星辰、山川草木、花鸟鱼虫等一切自然中的感性形象。可以认为，生态成为美学的困难，在根本上就是它表象的困难。而自然这一范畴在美学中之所以具有不可替代性，正在于它具有表现为形象的优势。由此也不难理解，为什么西方人在从生态角度谈美学时，会称它为景观生态学美学或者环境生态学美学，这明显是试图用景观、环境这些具有表象功能的关于自然的指称，对生态概念的局限性进行弥补。

但是，生态这一因强调事物的整体性而不指涉具体形象的概念，在中国却轻易地被引申为美学问题。原因是什么呢？

首先，从语义学的角度看，汉语中的“生态”与西语中的“Eco”存在微妙的表意差异。生态一词在汉语中，除具有强调事物有机整体性和相互关联性的意蕴之外，还具有表现为感性形象的可能性，我们可以直解为某一自然物所表现出的生命的形态或样态。作为生命形态或样态存在的自然，虽然它的形象依然没有得到充分凸显和强调，但它毕竟是可以诉诸人的感性观照的。也就是说，生态这一概念在汉语中表意的模糊性，或者说在观念与实体、抽象与具象、整体与个体之间进退自如的特点，使它具有了成为美学命题的可能性。

其次，中国当代美学在其发端和以后相当长的时间内，其主要的理论资源来自德国古典美学，尤其是黑格尔。受其理论建构模式的影响，美学与哲学之间的界限是模糊的，观念形态的东西不但可以成为美学问题，而且占据着美学理论的核心位置。在这种理论背景下，生态成为美学命题具有正当性，甚至生态美这一概念也是可以成立的。关于这一点，国内学界并非没有清醒认识。陈望衡先生曾在他的一篇文章中指出，生态美并不是美的一种形态，它很难独立存在。但生态美又必然是美的不可或缺的要素，而这种研究美的基本性质的学科，必然是美学研究的基础。[①] 从这种观点可以看出，生态美之所以不能独立存在，就在于它显象功能的不足，但这种弱点又不妨碍它成为美学问题，因为我们依然可以因为它涉及自然美的本质而将其纳入美学研究的范围，甚至作为美之为美的决定性因素来看待。

再次，由于对自然的生态学把握与中国传统的有机自然观存在明显的契合关系，生态美学在中国传统美学中显然可以找到更多的理论支持。甚至有人认为，中国传统美学在本质上就是生态美学。确实，用当代生态思想观照中国传统，我们可以轻易从各种思想流派中找到充满智慧的判断，如天人合一的整体观，“民胞物与”的泛爱思想，“己所不欲，勿施于人”甚至“勿施于物”的共处之道等。尤其道家，它的反人类中心主义倾向，更与生态美学具有观念的契合性。但同时必须看到，当我们从生态的角度反观中国传统时，必须注意美学与一般哲学和伦理学的区别。一般而言，思想是哲学的，只有这种思想被赋

---

① 陈望衡：《生态美学及其哲学基础》，《陕西师范大学学报》2001 年第 2 期，第 15 页。

予形象性的表达才能成为美学。而普遍化的思想表达，则只能作为美学沉思的背景而显示其价值。也正因此，我们可以说物象、情象、意象、意境这些概念是中国美学史的核心范畴，而“天人合一”“民胞物与”等却不是。

虽然美学源于哲学，与伦理学也有千丝万缕的联系，但在三者之间进行明晰的划界，仍然是防止美学泛化的关键。由此看生态美学，如果认为关于这一问题的讨论可以取代自然美，就明显存在着一种危险，即用一种观念形态的东西取代美学对形象表达的独特要求，以对自然的哲学把握代替具体的审美观照。根据这种判断，当代中国生态美学研究的现状就明显值得忧虑。从现有成果看，国内学者关于生态美学的讨论大多停留在观念的层面，或者说处于到处为传统智慧和现实状况黏贴美学标签的层面。我们还没有找到对生态美进行审美观照的实例，更没有看到从生态角度介入审美实践的成功范例。因此，所谓的生态美学，其实不过是一种关于生态的“玄学”。

哲学要求普遍，而美学要求具体；哲学要求超越具象和个体的知见，而美学则必须依靠感性形象的传达和个体化的审美判断。这种区别意味着，关于事物有机整体性和相互关联性的生态学，它在成为美学时存在着“越界”的巨大风险；同时也意味着，如果关于生态问题的研究不能落到实处，不能由对整体性和关联性的把握转为对具象之物的感性观照，那么它成为美学的对象就是缺乏理由的。但同时又必须看到，现代生态学所倡导的有机自然观肯定了对象作为生命存在的品质，这种观念明显比依托于经典科学的机械自然观更富有诗性意味和审美格调。从这个角度讲，生态虽然面临着“感性显现”上的困难，但它却具有成为美学问题的巨大潜能。也许可以说，生态作为一个描述自然的概念，它处于哲学与美学之间。它对事物整体性和关联性的强调是哲学的，但它对自然生命本质的肯定，尤其是在汉语中作为形象存在（“生命样态”）的可能性，又使它可以作为美学问题被讨论。

至此，我们将可以对生态美与自然美的关系做出一个明晰的判断：比较言之，生态美更多是一种观念形态的东西，而自然美既是观念性的存在，又是现象的存在。所以生态美不可能代替自然美，它只是自然美的一种本质属性。同样，所谓的生态美学，应该说是一种带有美学意味的生态哲学，它不可能代替自然美学，只可能构成真正的自然美学的基础。

二、生态，景观，环境：自然美研究的三个维度

从以上分析可以看出，生态作为一个美学问题来研究，既有它的可行性又有局限性。但是，对于中国当代的生态美学提倡者来讲，这种局限并没有被考虑。他们更愿意遵循一种想象的逻辑，将生态美学可以涵盖的范围不断扩大，直至蔓延到从城市到乡村、从物质到精神、从自然到人文科学的一切领域。除生态之外，自然在当代还分化为另外两个子范畴，即景观、环境。由此衍生的门类美学被称为景观美学和环境美学。像生态美学一样，这两种美学形态也体现出强烈的扩张性。在此，不但自然美这个需要共同面对的问题被共同遗忘，而且它们相互之间的界限也在扩张中变得日益模糊。

一个理论范畴，总是在一定的界域之内才显得有效。如果它在非理性的指引下一味谋求对问题的普遍解释，那么它的“普遍化”，就不但会在自我弥漫中逐渐耗散其解释效能，而且会因范畴之间的相互越界而造成理论混乱。从这个角度看中国当代美学关于自然问题的研究，它的现状就是值得忧虑的。首先，自然美与生态美、景观美、环境美之间的主次关系没有被认真考虑。这是人们一方面关注自然中的美学问题，另一方面遗忘“自然美”的根本原因。其次，生态、景观、环境这三个词的词性和层次关系没有被注意。概念分类上的混乱和范畴使用上的随意性，是理论研究一直无法走向深入的根源。中国当代美学讨论生态、景观、环境问题至今已有十余年时间，但从现状看，仍然停留在四处贴标签的阶段，这应该和基本概念没有得到厘清有关。

首先，生态（Ecology）这个概念在当代的提出和被使用，是和人对自然内在本质的重新认识密不可分的。在西方，自从近代科学在牛顿时代建立以来，自然被等同于自然物，人的活跃与物的死寂，人的主动与物的受动，被当成人、物二分的依据。但是，现代生物学和生态学的一系列新发现却申明，不但人是生命的存在，而且自然对象也是生命的存在。其中的一些高级生命甚至

具有审美和表情能力。在这种背景下，生态意义上的自然就不再与人异质对立，而是与人同质同构；生态意义上的自然美，就不是一种需要人单向度去“审”的美，而是具有自我开显、自我涌出、自我绽放的主动性质。即生态是自然生命的表现形态，生态美是生命的样态之美。

从这种分析看，生态美学是建立在人对自然物性重新认识的基础上的。它暂时搁置了作为审美者存在的人的重要性，是对自然物自身之美的肯定。或者说，生态美学之所以成立，其前提是物性论的。它立足于对自然美何以可能的对象性考察，而不是首先在人与自然审美关系的探讨中展开问题。它首先是“美者自美”，而不是等待着“人化”才成其为美。于此，自然作为一种自我完成的审美形态，具有独立的美学意义。

其次，从景观（Landscape）这一概念的内涵看，它没有对自然物的内在本质进行重新界定的企图，而是关注自然外在形象的呈现。这种呈现预示着有一个隐性的他者存在，即为了理论探讨的需要而暂时隐身的审美者。在中文中，所谓的“景”，意味着只有审美观照者存在时，对象才成其为景；所谓的“观”，则更预示着这种形象的呈现对审美者虚席以待，使它的价值在“观”中实现。在英文中，景观，可直译为大地之景，它明显也具有对大地上的栖居者进行审美召唤的意味。也即这种景观之美，不是“美者自美”，而是“因人而彰”。

从这个角度看景观美学，它对自然的考察就不是物性论的，而是现象学的；它关注的只是自然事物的表象形式，而不是物之为物的内在本质。进而言之，由于景观的成立离不开作为审美者的人，它就明显缺乏生态这一概念的自我完成性或独立性，而是将自然向美生成的可能寄托在人的发现和观照上。由此可以认定，与生态美学相比，景观美学中人的位置在上升，自然的外在形式的意义压倒了内容的意义，甚至本质和内容被作为虚妄的概念来看待。

再次，环境（Environment）。这一概念虽然指涉自然对象，但这里的自然明显以人为中心，以人的可居性体现其价值。它是自然对作为主体的人的“环绕”，或者指由周围事物对人的环绕所形成的一个境域。在英语中，

Environment 的词义与汉语相当，其中的 en 相当于 in，指“在……中”，viron 意指环绕，ment 是一个词缀。从这种对 Environment 的拆分可以看出，英语中的环境像汉语一样，需要一个人居于中心位置，需要其他事物的聚拢，从而形成一个对既定主体的环绕关系。

由此看来，作为环境存在的自然，它的美就不再像生态美那样具有自我完成的独立性，也不像景观那样仅仅与人发生视觉和情感上的关联，而是要进一步凸显其为人而在的功利价值——有利于人生存的自然环境就是美的，反之则为丑。也就是说，环境美依托于人的价值评估，具有鲜明的目的性。

上面分析了生态、景观、环境三个词语的微妙区别，这为进一步区分与此相应的美学形态提供了一个切入点。比较言之，生态美学侧重对自然的定性研究（存在的本性），它的贡献在于对自然内在生命本质的认识和发现。这种研究是哲学性的，属于美的物性论或本质论。景观美学带有更多的审美意味，它更关注事物的外在表象，侧重对自然呈示形象的观照，属于美的现象学。环境美学侧重自然与人的现实生存的关系，是以人为中心对自然进行价值定位和实践再造，属于美的价值论。这中间，如果说生态美学更偏重于对自然的求真，那么，它在本质上就是对自然的知性把握，由此衍生的美就是一种以真为基础的“真美”；如果说景观美学更偏重于自然可以使人产生视听觉愉快，那么它对自然的把握就是感性或情感的，由此衍生的美就是美之为美自身。如果说环境美学侧重对自然的价值考察，那么自然就是主体意欲的对象，建立在这种功利主义基础上的自然美就是以善为美。

从以上分析可以看出，生态美学、景观美学、环境美学虽然表面上似乎出现了对同一研究对象称谓上的混乱，但它们却代表了人对自然进行审美观照的三个维度：即以真为美、以美自身为美和以善为美。或者说分别强调了自然美的质、自然美的象和自然美的用，代表了以知性重解自然、以情感观照自然和以意志再造自然的三种方式。就三者之间的关系而论，单有对自然内在生命本质的考察，就会忽略美必须寄于感性形象的独特规定；单有对自然表象形式的观照，自然内在生命的审美本质就会被遗忘，从而使形式美因失去内在生命的支撑而缺乏厚重；而环境美学，虽然强调了自然为人而在的实用性，但自然的审美本性却往往被重视不够。由此来看，在这关于自然审美的三个维度之中，单单强调任何一个侧面都会失之片面，都是对自然作为一个完整审美形态的割裂。

由此，如果我们试图实现对自然美的整体考察，就必须在生态、景观和环境这三个维度之上，找到一个更具包容性和超越性的范畴。在这种寻找中不难发现，不管是生态、景观还是环境，在根本意义上都指涉同一个对象，即自然。所谓三种美学形态，则属于同一个整体性的自然美学。但是，自然美学这个称谓，很容易与传统立于机械自然观的自然美学发生混淆。这样，我们不妨将这种当代意义上关于自然的美学考察，称为新自然美学。

三、“自然美的难题”与解决途径

新自然美学的“新”，一方面在于它和生态、景观、环境美学建构的关系，另一方面则有赖于对自然美的特质做出新的界定和阐释。在现实生活中，我们每天都遇到自然界各种美的事物，自然美的存在是常识性的，它给人带来的审美愉悦比艺术更直接、更真实。但是，这种美学形态的现实命运和理论命运却大相径庭。从西方美学史可以看到，自然美没有自己的历史，或者说它的历史就是被主流美学忽视、边缘化的历史。有时，它存在的合法性也受到人们的广泛质疑。

出现这种现象的原因是什么？是自然美缺乏理论探讨的价值，还是现有的美学理论缺乏对自然美的解释能力？关于这一问题，李泽厚先生讲过：“就美的本质说，自然美是美的难题。”[1] 下面，我们将通过对传统自然美理论的分析寻找答案。

从美学史上看，美学言说自然美的困难，和这门学科的创立者对它的定位有直接关系。1750 年，鲍姆嘉通在他的《美学》第一卷中指出，美学是感性

---

① 李泽厚：《李泽厚哲学美学文存》下编，安徽文艺出版社，1999 年，第 688 页。

学或感觉学，美是感性认识的完善。从这种学科定位可以看出，鲍姆嘉通的美学是研究人的感性认识能力的科学，是否指涉对象不是他关注的问题。他曾将这种作为感性存在的美学称为自然美学，但他所言的自然不是自然本身，而是“人的心灵中以美的方式进行思维的自然禀赋”。[①] 后来，康德基本上沿袭了这种从主体角度建构美学的思路，并将人的感性认知能力进一步具体化为审美判断力。同时，由于受法国启蒙运动的影响，他也对自然美——“星光灿烂的夜空”——保持敬畏，但这种敬畏之情的落脚点也不在自然对象，而是为了“离开那间布满虚浮的、为了社交消遣安排的美丽事物的房屋”，[②] 以自然作为人的自由本性的最高证明。康德这种将自然问题置换为人的主体精神的哲学取向，同样体现在黑格尔的美学中。黑格尔曾言：“有生命的自然事物之所以美，既不是因为它本身或从其本身的美中产生出来的，也不是为着要显现而产生出来的。自然美为其它对象而美，也就是说，为我们而美，为理解美的心灵而美。”[③] 而且在他看来：“艺术美是由心灵产生和再生的，心灵和它的产品比自然和它的现象高多少，艺术美也就比自然美高多少。”甚至“任何一个无聊的幻想，它既然是经过了人的头脑，也就比任何一个自然的产品要高些，因为这种产品见出心灵活动和自由”。[④] 从这些言论可以看出，如果说康德是要通过自然为人的自由本性提供合法性，那么黑格尔则以艺术的优先性将自然美弃置于美学的边缘。按照这种主体性原则，除了艺术之外，一切人工制品都会因其灌注了人的精神而比自然更美，而人们“与其去为诸如一个落日景象的美寻找原因，还不如去研究一只奶罐的造型”。[⑤]

建基在人学基础上的美学，它最合适的解释对象是人自身或作为人工制品

---

① ［德］鲍姆嘉通：《美学》，文化艺术出版社，1987年，第22页。

② ［德］康德：《判断力批判》，商务印书馆，1995年，第144页。

③ ［德］黑格尔：《美学》第1卷，商务印书馆，1958年，第156页。

④ ［德］黑格尔：《美学》第1卷，第2页。

⑤ 朱狄：《当代西方艺术美学》，人民出版社，1994年，第2页。

的艺术，而自然，则因为与人的远离甚至对立而必然要被弃置于美学的边缘。从这个角度看，西方古典美学忽视自然美有其理论自身的原因，西方现代美学倾力于人的内在性探索和艺术文本分析也是美学历史发展的必然。但是，与西方美学对自然美问题的忽视和悬置不同，自然美在中国却一度成为热点问题。从20世纪50年代至80年代，由于马克思《1844年哲学-经济学手稿》的理论推动，人们围绕这一问题展开了长期论争。在这场论争中，除蔡仪之外，中国美学家对自然美的认识基本形成了一个共识，即自然美是“自然人化”的结果。这种“人化”又被分别阐释为自然的实践化和人情化。按照前者，自然美是人类社会实践的创造性成果：“所谓自然美，不外是人类实践所创造出来的人与自然的统一（包括物质生活和自然生活）在自然界的各种事物上的感性具体的表现。经过实践创造，自然成了马克思所说的‘人类学的自然’，成了人的作品，成了人的自由的表现，于是自然就产生了美。”[①] 按照后者，作为情感主体的审美者把自己的情思“灌注”于自然对象之中，使之因为人的情感再造和改装而成为美。

按照实践美学的观点，人对自然的实践再造和情感改装之间有一条明晰的界线。即自然到底是客观社会实践的对象还是主体意欲的对象，是划分唯物主义和唯心主义美学的临界点，也是马克思主义的实践论与里普斯的移情说以及克罗齐的表现论的根本区别所在。但稍加注意就不难发现，这种只表现在人介入自然的程度上的区别被有意夸大了。事实上，它们对自然美的认知有共同的前提，即西方哲学的人本主义传统；有共同的切入角度，即用人的本质界定包括自然美在内的美的本质；有大致相同的结论，即美不是自然物，而是社会物。由此，它们也共同背负着人学背景下自然美的合法性问题。在实践美学中，美的自然被视为社会化的结果。按照这种观点，所谓的自然美在逻辑上就是不成立的，它只能作为社会美的一个边缘性的组成部分存在。在美学的情感论者看来，自然因人情感的灌注而成为美的对象，即自然对象只有让人“感时

① 刘纲纪：《美学与哲学》，湖北人民出版社，1986年，第81页。

花溅泪，恨别鸟惊心”时才美。但问题在于，这里的自然美并不是自然本身的美，而只是人关于自然的一厢情愿的幻觉。事实上，花不会溅泪，鸟也不一定惊心。退而言之，我们当然也可以不谈自然的实践化和情感化，而只谈自然的感觉化，但这种理论的撤退依然无法使自然本身成为美，因为感性能够获得的是自然事物的外观形式，而不是它的内在本质。严格说来，这种外观形式依然局限在人的视觉的意义上，而不是自然的自在形式。

从以上分析可以看出，自然，无论是以人的实践、情感还是感觉作为它向美生成的途径，在理论上都是引人怀疑的，都是以谈自然美的名义导致了对自然本身的遮蔽。那么，在自德国古典美学以降以及中国当代美学的学术语境下，自然美何以成为一个问题？关于这一点，阿多诺曾在反思自然美在西方近现代美学中的命运时指出：“自然美之所以从美学中消失，是由于人类自由与尊严观念至上的不断扩展所致。该观念发端于康德，但在席勒和黑格尔那里得到充分认识。”① 阿多诺的这种看法可以作两点阐发：首先，自然美的消失是时代哲学精神发展的必然结果。高扬主体性和人道情怀的哲学总要寻找它最适当的解释对象，而艺术当然是体现这种精神的最理想范本。扩而言之，中国当代美学在一般艺术创造之外，纳入了社会实践的维度，从肯定艺术美发展到肯定社会美。但是，实践的主体是人，实践的目的是人的自由实现，所以实践美学所肯定的社会美，在本质上依然是在这种人本主义哲学范围之内展开问题。即无论艺术美还是社会美，都是人工制品的美，都是对“人类自由与尊严”的肯定。其次，这种主体性的美学有它自己的一套概念系统。由这些概念构成的理论体系对与人有关的一切都可以给出合乎逻辑的解释，但对于溢出这个系统之外的东西则往往表现出无能为力。对于这种状况，美学家的选择也许有两种：一是将赞美的对象集中于自己可解释的事物，即与自然相对立的艺术或其他人工制品；二是认识到“自然美的实质委实具有其不可概括化与概念化等特征”，抱着理性的无奈对它存而不论。正如阿多诺所言：“它（自然）是人类支配能

---

① ［德］西奥多·阿多诺：《美学理论》，四川人民出版社，1998 年，第 110 页。

力和无能为力之限度的提示物，最终来说，也是人类活跃奔忙之限度的提示物。当尼采居住在锡尔斯玛丽娅（Sils Ma-ria）时，他曾以告诫的口吻，于描述自个儿的位置时说道：'海拔两千米，不谈人间事。'"[①]

按照尼采的告诫，人学的哲学，它的解释区域大概就在"海拔两千米"以下的人居的区域。当这种理论被运用到无限广大的自然界，它明显会显示出削自然之足以适人类之履的局促。可以认为，无论对于西方近现代美学还是中国当代美学，美学的过度人学化是自然美成为一个难题的根本原因。一方面，人学的美学注定了自然美在其中是不能界说的，因为自然美越出了这种美学可以行使权利的限界。另一方面，为了捍卫美学理论的同一原则或追求解释的普遍性，它又不得不将自然美纳入理论框架中。面对这种情况，如果说康德将自然美作为一种神秘之物悬置起来表现了一种哲学的审慎，黑格尔对自然美的贬低表现了一种哲学的粗暴，那么中国当代美学在人学框架内为自然美求解的努力则有点缘木求鱼的味道。按照一般的科学逻辑，"科学的系统方法把结论的意义限制在系统之内，限制在这门科学内部，不允许它们弥漫开来加深对其他现象的理解"，[②] 否则就会因为"越界"而失去言说的意义。明白了这一点，我们将能对20世纪西方美学向艺术分析还原的原因有更深刻的体认，也会明白中国当代美学为什么在投入了大量的智力和理论激情之后，留给后人的依然是一个关于自然美的理论残局。

如果说人学的美学无法实现对自然美的真正言说，那么我们今天又应该选择什么方式去言说？目前，除了分析哲学要求对自然保持沉默之外，可行的途径大概还有以下三种：首先，是阿多诺否定性言说的方式。如他所言："自然美是由其不可界说性（undefin-ability）得以界说的，这种不可界说性正是对象及其概念的一个方面。作为不确定的东西，自然美敌视所有一切界说。它不可界说，颇像音乐。……自然中的美，如同音乐中的美一样，就像转瞬即逝的火

---

① ［德］西奥多·阿多诺：《美学理论》，四川人民出版社，1998年，第125页。

② ［美］泽诺·万德勒：《哲学中的语言学》，华夏出版社，2003年，第17页。

花，你刚要捕捉它时，却一闪眼不见了。”[①] 在此，阿多诺显然是在提示一种“反着讲”的方法，即用批判的方式说出自然美的“不可说”，从而使它在人学框架内的异质性得到凸显。其次，是海德格尔诗意言说的方式。即首先追问人与物共在的始基，即存在，然后让一切在者（包括自然）自行绽出它存在的本性，最后敞开一幅天地人神共在的诗意图景。海德格尔对自然的言说，采取的是用诗性的神思与理性对抗的策略，在反人类中心主义这一点上和阿多诺是一致的。再次，是生态哲学“科学的”言说方式。这种方式以有机整体观念为背景，将人重新纳入自然生态系统之中。它不但复活了被近代科学理性规定为死寂之物的自然界，甚至认为自然界的一些生命形态像人一样具有审美感知和创造能力。显然，这种方式比阿多诺的“不说之说”要正面，比海德格尔的诗意言说要实证。也许正因为这两点，从生态学的角度谈自然美成了当代美学的主流。

从以上分析可以看出，西方美学在当代对自然美的重新阐释，是以否定人类中心主义为前提的。这种前提对中国当代美学也同样有效。自 20 世纪 80 年代以来，中国美学界基本形成了如下共识：美学即是人学，抓住了人，也就抓住了美的核心。这种共同的人学信仰正是自然美成为理论难题的根本原因。那么，按照中国当代美学的逻辑进程，这种“人学的美学”有没有进一步发展成“自然的美学”的可能性呢？回答是肯定的。首先，可以从后实践美学“接着讲”。像实践美学一样，后实践美学也以人为中心展开自己的美学思考，但后实践美学，尤其是其中的生命美学，它理解的人却是作为感性生命存在的人，认为抓住了生命也就抓住了美的核心。显然，后实践美学对人生命属性的肯定使它有了与现代自然美观念对接的可能。如果我们认定生命不仅是人的本质，而且是一切存在的普遍本质，那么，所谓人学的生命美学，就可位移为自然的生命美学。其次，从蔡仪的客观论美学接着讲。在中国当代美学中，虽然蔡仪因其机械的唯物自然观无法进入新时期美学的主流话语，但他的观点在生态自

---

① ［德］西奥多·阿多诺：《美学理论》，四川人民出版社，1998 年，第 129 页。

然观背景下却有重新唤发生机的可能。比如他认为，自然美在其本身的自然条件下，不以人的主观意志为转移。这种观点肯定了自然美的自我完成性和独立性，与当代生态美学对自然美的认定是一致的。据此，蔡仪客观论美学的现代转换，其核心问题就是对自然内在属性的重解。如果我们认定自然既是一种自我完成的客观存在，又是一种生命存在，即将活跃的生命植入机械唯物论的静寂甚至僵死的自然，那么这种美学观将会在对自然美的解释上获得新的活力。

四、自然美的再定义

重新定义自然美，一方面依托于对自然生命本质的发现，另一方面依托于对人与自然关系的重新定位。人作为自然界中一种特异的生命，他既生存于世界之中，又生存于世界之外。他存在的本性既被自然限定，又具有认识、改造自然的强烈冲动。依照这种人与自然关系的两面性，哲学的历史基本上是在自然本位论和人类中心论之间摆动的历史。前者认定人是自然的有机组成部分，自然是人的家园；后者认为人是万物的尺度，他有权力为自然立法。比较言之，哲学的自然本位论道出了人与自然关系的实然，而人类中心论则表明了人一厢情愿的应然。

在经典哲学中，人被视为大地上唯一有理性的被创造物。这种理性能力不但使他与动物相区别，而且赋予他再造自然的合法性。但是，在人与动物之间，不管人怎样强调自己作为生命的特异性，他仍然具有根深蒂固的动物性，他的自然本性永远是其他属性的基础。同时，在人与自然之间，虽然人自命为自然的立法者，但自然对人的限定永远大于人对自然的限定。正如康德所言："人类的历史大体可以看作是大自然的一个隐蔽计划的实现。"[①] 因为人不管如何自圣自神，他毕竟是来自自然，最终也必然复归于自然。

自然作为人的存在之家，除了无限肯定其价值，似乎无法做出其他的评

---

① ［德］康德：《历史理性批判文集》，商务印书馆，1991 年，第 15 页。

价。从这个角度讲，有的学者提出“自然全美”的看法是有道理的。[①] 同时，现代生态学将生命特质还给自然，也就等于将美的特质还给了自然。也就是说，不但自然全美，而且这种美是自然本身的美。下面，我们将以此为切入点，看传统的自然美观念会有什么改变。

第一，关于自然美的定义。按照一般美学教科书的解释，自然美是现实生活（或自然界）中自然物的美。这一定义的正确性毋庸置疑，因为这种“定义”只是与被定义对象的同义反复。但仔细分析仍然可以发现，它故意模糊了两个问题，一个是什么是自然，再一个是自然何以为美。在人学美学的背景下，自然即自然物，它的美来自于人的赋予。但在生态学的背景下，自然却是有机的生命体，它本身就具有独立的审美特质。由此，这一简单的定义依然有做出修正的必要，即自然美是生命之美，是自然界的有机生命体自身的美。

第二，关于自然美的内在构成。人们一般认为，社会美重在内容，自然美重在形式，而艺术美则是内容与形式的有机统一。这种对自然美的判断有两个立足点：一是自然作为审美对象，只有外观形式才对人的感官有价值；二是自然物本身是静止甚至僵死的存在，它的内容是材料性的，不具有审美意义。但在生态学的背景下，自然对象作为生命存在的属性，意味着它具有可以做出深度理解的内容。自然美也因此不是形式性的，而是内容与形式合一的。

第三，关于自然美的价值。自然即自然而然，它是自由的最高象征。由此，自然美就是事物按其本性存在的自由之美，它的审美价值高于艺术。传统的自然美，往往因远离上帝而被视为荒蛮的存在，或者因没有充分体现人的本质力量而被边缘化。但新的自然观意味着自然美是自我决定、自我完成的，这种绝对“由自”的本性意味着它可以代表美的最高理想。而艺术作为“第二自然”，它的美来自于对自然的复制，是第二性的。

第四，自然美的历史。在人学美学的视野中，由于自然美来自于人的赋予，所以人类的历史永远早于自然美的历史。但是，现代生物学和生态学的发

---

① 彭锋：《完美的自然》，北京大学出版社，2005 年，第 93 页。

现却一再申明，不但人有美感，而且自然界的高级动物也有。甚至植物对生存环境的选择也有“互赏”的因素在起作用。据此，用人的历史去限定自然美的历史就是独断论的，美的历史更可能与生命的历史相始终。当然，为了捍卫人的审美权利，人们习惯于认为只有人有美感，动物有的只是快感。但这种区分不过反映了人的审美的洁癖，在现实的审美活动中，情与欲、物质性的爱和精神性的爱，没有人能真正严格分开。

第五，自然美的分类。前面已经谈过，自然美可以分为生态美、景观美和环境美三类，但这里的景观、环境不是传统意义上的景观、环境，而是被现代生态思想赋予了新的内涵。当生态美给人展示的是一种生命的样态之美时，这意味着自然景观不仅是自然事物呈示给人的感性外观，而且有其内在生命底蕴的支撑。也就是说，这里的“景”首先是自然内在生命涌动呈现的生命之景，然后才是人的审美观照。而环境美，虽然强调了自然为人而在的属性，但在这里，它首先是作为有机生命的自在，然后才是为人而在。

第六，人与自然的审美关系。在生态哲学的语境下，由于人与自然实现了对生命的分享，这就不但使自然独立的审美特质被肯定，而且人与自然的审美关系也必然发生改变：美不再是人的“单美”，而是人与自然的“共美”；审美活动不再是单向度的“人审自然”，而是人与自然的互赏。在此，人与自然的关系可理解为交互主体的关系，审美的实现可理解为主体与主体之间的一次邂逅和巧遇。当然，人与自然的互赏是一个理想化的审美方案，因为在现实生活中，我们从来没有见过“自然审人”这种审美事件的发生。但是，人作为一种具有反思能力的生命，他不但可以站在人的立场思考问题，而且可以站在自然的立场上对人自身进行反观。这种建立在同情理解基础上的反思和反观，使人类中心论背景下傲慢的主体变成了谦逊的主体，也使人与自然的互赏成为可能。

第七，关于“人也按照美的规律来建造”。在传统美学的语境中，人的审美实践活动可分为两个方面，一是按照物种尺度对自然的复制，二是“处处都把内在的尺度运用到对象上去，”[①] 从而实现对自然的审美再造。但必须看到，这种人对自然的复制是有局限性的，它永远达不到自然美“天然去雕饰”的原生状态。同时，当“人的尺度”被运用于自然，自然本身无限的丰富性也会在这种“人化”中受到威胁。在自然身上处处看到人工的痕迹，固然可以满足人通过对象自我欣赏的愿望，但这种建立在自我迷恋基础上的审美趣味明显会使人的审美视野变得狭窄单调。因此，在审美实践中，当人的实践能力达到不仅可以复制、再造自然，而且可以复制、再造人自身的时候，真正应该防止的是人对自己实践能力的滥用。也就是说，人如何复制自然应该兼及人如何复原自然，人如何再造自然应该兼及人如何守护自然，即“按照美的规律来建造”应该兼及“按照生态的规律来建造”。

（刊于《郑州大学学报》2006 年第 5 期）

---

① 《马克思恩格斯全集》第 42 卷，人民出版社，1978 年，第 97 页。

环境美学与生态美学

⊙廖建荣
⊙广东工业大学通识教育中心

在当下国内外的美学界，环境美学与生态美学无疑是两门显学。众多著名的学者对环境美学与生态美学的哲学基础和理论背景、基本范畴和方法论、性质和意义、与各学科的关系及实际应用、对传统美学的创新等方面作了深入探讨，极大地推动了环境美学与生态美学的发展。

不过有趣的是，比较环境美学与生态美学的研究凤毛麟角，或者在比较时语焉不详。许多学者对环境美学与生态美学异同的认识较为混乱，甚至将两者混为一谈。总结起来，对环境美学与生态美学关系的认识主要有四种：第一种是搁置它们的异同，将其视为互不相关的两个领域。第二种是认为两者本质上同一，如徐恒醇的《生态美学》，以属于环境美学的生活环境、生态环境与城市景观为本体，还有国内学者提出了“生态环境美”“生态环境美学”等术语。第三种是认为环境美学或生态美学优于对方，如前国际美学学会副会长约尔·艾滋恩认为环境美学还是人类中心主义，不如生态美学总是关心自然。贾森·希姆斯《生态学新范式的美学意蕴》认为，环境美学只承认静态、平衡的自然，生态美学却接纳自然系统中动态、侵扰、非平衡的自然。曾繁仁认为，生态比环境具有更积极的意义。第四种是认为环境美学或生态美学将对方纳入自己的范畴之内。如环境美学家卡尔松、伯林特视生态美学为环境美学的组成部分。

所以厘清环境美学与生态美学的异同，确定各自的性质、基础，有助于推动环境美学与生态美学的发展，同时让这两门新兴的美学学科互相促进，共同繁荣，丰富和完善美学，并对保护生态与改善环境有所助益。

一、生态：一个审美维度

随着20世纪科学生态学的发展，“生态系统”“人类生态学”等概念不断被提出，人们意识到人类社会发展的同时，也要兼顾生态的平衡和其他物种的生存，于是生态哲学、生态伦理学与生态美学应运而生。生态美学的思想来源，有利奥波德的大地伦理学、莱切尔·卡逊《寂静的春天》呼吁保护各种生物的生存、阿伦·奈斯的深层生态学等。而中国的生态美学研究，主要是结合西方的生态美学思想与中国天人合一的生态哲学，反思生态形式严峻的当代社会，建立生态美学的学科架构。

关于生态美学与环境美学的哲学基础，陈望衡在其著作《环境美学》中指出：“准确来说，生态并不是美学范畴，但是它可以成为审美的一种视角，当它成为审美的视角时，生态就成为美的重要前提了。”[①] 生态是处理人与自然关系的一个维度，生态美学是帮助人思考如何与自然共同繁荣、和谐相处，改变了以往人征服、改造自然为我所用的美学观念。

曾繁仁对生态美学性质认识的变化，也经历了由模糊到清晰的过程。在其前期的《生态美学研究的难点与当下的探索》与《试论生态美学》中，他认为生态美学是“审美关系”“审美观”“审美状态”，生态含有视野的意思。后来他的《生态存在论美学论稿》直接承认了生态美学不是一门新兴学科，而是“美学学科在当前生态文明新时代的新发展、新视角、新延伸、新立场”。[②] 张华在《生态美学及其在当代中国的建构》中也认为，生态美学是“以人与自

① 陈望衡：《环境美学》，武汉大学出版社，2007年，第56页。

② 曾繁仁：《生态存在论美学论稿》，吉林人民出版社，2009年，第137页。

然整体和谐关系为原则的哲学思想与价值观念”。[1] 2005 年山东大学文艺研究中心举办了“生态文明视野中的美学与文学国际学术研讨会”，也承认了生态是一种视野。

把人与自然生态的关系作为美学的一种维度，正如马克思主义美学的社会性、实践主义美学的实践性，都是为美学提供一种维度和视域。生态维度使美学注重人与自然的和谐以及生态的平衡，使审美在关注形式、精神的同时，不能破坏生态和自然。它改变了审美的眼光和标准——一件艺术品如果破坏了生态，即使形式再优美，也不能引起美感。正如美学的社会性维度，决定了艺术品如果严重地违反了伦理道德，则不能引起美感。因此生态美学侧重的是审美理想与生态原则的统一。

生态也是环境美学最重要的维度：“环境美学哲学基础的第一位应该是生态。”[2] 由于人是生态系统中的一环，如果不尊重生态规律，一味将人的需求、利益凌驾于生态之上，只会造成灾难性后果。因此环境离不开生态系统。以人的意志来破坏生态，就无审美可言。青山绿水变为穷山恶水，大部分物种灭绝后的寂静春天，即使琼楼玉宇、红砖碧瓦、亭台楼榭造型再富有诗情画意，高楼大厦再宏伟，也谈不上环境美。

生态美学还给艺术带来新的视域，产生了生态批评、生态文学、生态音乐、生态舞蹈。1978 年美国学者威廉·克鲁尔特发表了《文学与生态学：生态文学批评的实验》，首次提出“生态批评”的概念，以生态的视野展开文学批评，呼吁建立良好的生态环境。生态批评以描写人与自然关系的文学作品为批评对象，继社会批评、精神分析批评、原型批评、新历史主义、后殖民主义之后，成为一种新的文学批评形态。生态音乐之一的具象音乐，直接取自蛙鸣、鸟啼等自然的声响，加以合成，反映艺术家的生态意识和生态观念。“原生态”音乐、舞蹈也是方兴未艾。

---

① 张华：《生态美学及其在当代中国的建构》，中华书局，2006 年，第 4 页。

② 陈望衡：《环境美学》，武汉大学出版社，2007 年，第 48 页。

二、环境：一种审美对象

在环境日益受到重视的现代社会，环境美学蓬勃发展。环境成为继艺术之后的重要审美对象，大大地拓展了美学的疆域。而环境包含了自然景观与农业景观、城市景观，涵括了人所有的活动场所。不过环境不是外在于人的对象。环境美学家约·瑟帕玛认为环境既是人所观察的对象，又是围绕着人、让人在其中活动的场所。“环境可被视为这样一个场所：观察者在其中活动，选择他的场所和喜好的地点。”[①] 伯林特则更为深邃地看到环境与人的不可分离，环境是生存着的人感知周围的世界而形成，没有人就没有环境。但是又不能将环境客观化，视为外在于人的物质。

环境美学给传统美学带来很大的改变，它彻底扬弃了主客二分与人类中心主义，审美方式由静观式转变为介入式，审美感官超越了视觉与听觉的局限，扩展为嗅觉、味觉、触觉等人身上所有知觉，归根结底在于环境美学的审美对象发生了变化。

环境美学的景观，正如文学、音乐、美术、舞蹈等艺术作品一样，成为审美对象。文学由文字构成，音乐由音符组合，美术由线条、结构、颜色、光影构成，舞蹈由肢体语言呈现，环境美学的审美对象是由自然环境与人的审美理想构成。环境美学极大地拓展了美学的疆域，国外环境美学的三名主将瑟帕玛、卡尔松、伯林特分别有侧重地研究了自然景观、农业景观、城市景观。

自然景观是“自然创化与自然人化共同的产物”。[②] 自然的创化有浩瀚星际、蓝天白云等天象景观，有巍峨山脉、奔腾江海、大漠草原等大地景观，花鸟鱼虫等动植物在自然中生存繁衍，四时交替、风雨雷电、寒雪冰霜等自然规律运行其中。庄子曰“天地有大美而不言”，即是对自然景观的赞叹。

---

① ［芬］约·瑟帕玛：《环境之美》，武小西、张宜译，湖南科学技术出版社，2006年，第23页。

② 陈望衡：《环境美学》，武汉大学出版社，2007年，第187页。

农业景观是自然与人工一同创造的景观。卡尔松在其《环境美学》中提到北美的传统农业景观和新农业景观。陈望衡既有深层次的理论分析又有诗情画意的阐述，全面地概括了农业景观分别有农作物、农业劳作、农民们生活的场所、农民们田园诗般的生活方式。无疑后者的理论更适合建立中国当代的农业景观。

城市化进程是社会发展的大势所趋，城市景观是环境美学最重要的审美对象。伯林特是较早开展城市景观美研究的学者，他呼吁建立人性化的城市，在城市规划中，审美性与功能性一样重要，并从广场、喷泉、自然与生活的声音等方面探讨如何建设城市景观。

由此可见，与传统美学中的艺术不一样，环境这个审美对象不只是给人带来审美的愉悦，更直接关系到人的生存与生活的质量。环境美学思索如何改善人所生存的环境，在探索环境伦理、环境审美之余，还注重结合建筑、园林、规划等应用性学科，指导或亲自参与环境改造、景观创造活动的实践。如哈佛大学米歇尔·柯南的《穿越岩石景观——贝尔纳·拉絮斯的景观言说方式》，从构思到营建，详尽地研究了景观设计家拉絮斯改造喀桑采石场为高速路段景观的全过程。美国当代艺术家兼环境工程师帕特丽夏·约翰松设计了许多的景观，有达拉斯的泻湖游乐公园、旧金山的濒危物种园、肯尼亚的内罗毕河公园、巴西的亚马孙热带雨林公园等。

环境美学与生态美学的另一个区别是其人文性。人不可能完全遵从自然的生态，还要根据需要以及人文精神来创造家园。“环境美的根本性质是家园感。”[①] 环境美学的景观需要人根据文化内涵与审美理想来参与、创造，有着人的审美和文化需求。自然景观的欣赏，是人类文明发展到一定时期，具有相对的独立性，摆脱对自然的膜拜与恐惧，对自然有一定的认识、能利用自然之后。而自然审美意识、情趣的发展，对欣赏自然景观也至关重要，如中国的山水文学、山水画对山水审美的推动，西方如画观对自然风景审美的推动等。现

① 陈望衡：《试论环境美的性质》，《郑州大学学报》（哲学社会科学版）2006 年第 4 期。

代西方欣赏自然景观的盛行，正是由于对工业化漠视、破坏自然的批判的兴起。农业景观与城市景观就更是关系到人的生存与生活，渗透着人文性。伯林特一直坚持环境美学的人文性，坚持人生活在文化的环境中。“任何关于环境美学的讨论也必然具有我所称的文化美学。”①

三、环境美学与生态美学的相互依存

环境美学与生态美学有着本质的区别，生态美学为美学与艺术提供关注生态的新维度，环境美学侧重于将环境作为审美对象进行欣赏、创造，具有应用操作性。相对于生态美学，环境美学以人文性作为其核心原则。但是环境美学与生态美学又有相互依存的关系。环境美学离不开生态美学，因为环境美学必须要以生态为其准则，人文性与生态性都不可或缺；而生态美学的审美维度要落到实处，最终是通过环境美学的景观来表现其生态观。

正如上文所说，环境美学离不开生态维度。因为生态性重视维持生态平衡，人的文化生产活动，以及创造农业景观、城市景观，都是建立在自然生态之上，不能违反生态性。当代的重要环境美学家分别从环境美学的学科范畴与发展历史、环境美学的哲学基础、环境的概念、景观的创造几个方面，阐明了环境美学的生态基础。

约·瑟帕玛直接承认他的环境美学理论得益于生态美学家利奥波德的《沙乡年鉴》。他认为环境美学属于环境哲学的一部分，而环境哲学的所有工作都可置于环境伦理实际即生态伦理的范围内，生态伦理“最重要的问题是生活在当今的人们是否有权利为了自己的利益无限度地开采现存的自然资源而为后代留下无法摆脱的污染”。② 环境美学必须以生态伦理为准则。他在回顾环境美学

---

① ［美］阿诺德·伯林特：《环境美学》，张敏、周雨译，湖南科学技术出版社，2006年，第21页。

② ［芬］约·瑟帕玛：《环境之美》，武小西、张宜译，湖南科学技术出版社，2006年，第24页。

的发展时着重于其与生态的关系，认为如果没有生态维度，环境美学就还是传统意义上的美学："现代环境美学是从 20 世纪 60 年代才开始的……对生态的强调把当今的环境美学从早先有 100 年历史的德国版本中区分出来。"①

伯林特在《环境美学》中思考何谓"环境"的时候，认为在摈弃身心二元论的环境概念方面，"生态学的环境论带来深刻的变革……随着人们的环境意识越来越迫切，生态学的理论逐渐被认同"。②"环境"是以生态为准则，在现代的环境理论与环境美学里是不言而喻的。卡尔松在分析日本的园林景观时，指出其是人工地创造出自然的本质。在分析农业景观时，他侧重的是人与自然的和谐，生态不被破坏，"是生命的生物过程"。③陈望衡也指出："环境美学是生态主义和人文主义的统一。"④卡尔松还特地提出了"丑东西"的论点，认为胡乱丢弃的垃圾、报废的汽车、条形的矿山由于其对生态的破坏，所以是"丑东西"。

与此同时，由于生态是一种维度，不能成为一种审美对象，所以只说自然美、环境美，而不是生态美。这样生态美学在审美本体、实践应用方面遇上了障碍。西方的约·瑟帕玛、卡尔松等一众美学家由生态美学转至环境美学——生态美学比起环境美学的研究要逊色得多，就是这个缘故。如果说环境美学无视生态美学，是无源之水、无本之木，那么生态美学无视环境美学，将会是虚无缥缈的空中楼阁。生态美学在对生态、自然的促进上，最终还是需要通过环境美学的本体——景观呈现出来。虽然说生态美学涵括生态文学、生态音乐等艺术，以此促使、推动生态观的发展与普及，但是落到实处的保护生态，却是

---

① ［芬］约·瑟帕玛：《环境之美》，武小西、张宜译，湖南科学技术出版社，2006 年，第 221 页。

② ［美］阿诺德·伯林特：《环境美学》，张敏、周雨译，湖南科学技术出版社，2006 年，第 6 页。

③ ［加］艾伦·卡尔松：《环境美学》，杨平译，四川人民出版社，2006 年，第 276 页。

④ 陈望衡：《环境美与文化》，《郑州大学学报》2008 年第 5 期。

环境美学的自然景观、农业景观、城市景观。

如约翰松所设计的旧金山濒危物种园，造型是旧金山吊袜蛇。它形体纤细、蜿蜒层叠，有着明艳的色彩与变化多端的图案——条纹、鳞片、腹部，构成了公园的主要结构，头部与颈部形成的小山丘为蝴蝶提供了避难所，而尾部下方的梯形平台沿着海滨向下延伸，为海洋生物提供了栖息地。这个景观是约翰松的生态观与审美趣味、实用性的完美结合。还有美国学者保罗·高博斯特、加拿大学者夏庞德，分别以生态美学的维度来研究森林与风景的景观管理，也是将生态思想融入景观创造中的范例。

可以说，海德格尔"天地神人"的四方游戏、人的"诗意地栖居"与"还乡"，是环境美学与生态美学共同的理想目标。尽管环境美学与生态美学有着本质的区别，但都是反思人如何与自然共处，它们在推动生态平衡、建立可持续发展的世界这一宗旨上可谓殊途同归，它们彼此的关系更是相互依存、相互促进。

（刊于《郑州大学学报》2012 年第 1 期）

环境—景观—生态美学的当代意义

——从比较美学的角度看美学理论前景

⊙张　法

⊙浙江师范大学人文学院

一、环境—景观—生态美学的兴起对美学理论的意义

从美学上对环境进行研究，在西方有三种学说从三个不同的学科产生出来，这就是：美学上的环境美学，以伯林特（Arnold Berleant）、卡尔松（Allen Carlson）、瑟帕玛（YrjöSepänma）等为代表；文学上的生态批评，以布伊尔（Lawrence Buell）、格罗费尔蒂斯（Cheryll Glotfelty）、默菲（Patrick D. Murphy）等为代表；还有景观学中涌出的生态美学。前两个学派，在中国美学界（如曾繁仁、陈望衡、王诺等）得到很好的介绍，后一个学派比较复杂，分为以美国为主的 landscape architecture（简称 LA 学科，孙筱祥等老一辈学人译为“风景园林学”，俞孔坚等新一代学人则译为“景观规划设计学”）和以德国为主的景观生态学（德文为 landschaftso ecologie，英文为 landscape ecology，简称 LE 学科）。二者有重大的差别又有相当的叠，不在这里展开，且为了本文的方便暂把二者按其核心词 landscape 总称为景观学科。20 世纪末期，从景观学科中写出了一批以生态美学为主题和标题的论著，如切努维斯（Richard Chenoweth）和高博斯特（Paul Gobster）的《景观审美体验的本质和生态》等。如果说景观学科在整体上主要被中国的景观园林学界所介绍，那

么，这些新出的生态美学的论著，则被美学界（李庆本、彭锋等）所介绍并被归为生态美学或自然美学之中。环境美学——生态批评、景观学生态派这三个学派虽然各自有不同的学术传统、研究领域、讨论主题和批判对象，但有一点是共同的，就是都从生态的角度讨论环境问题。因此我在几篇文章中将之总括为西方生态型美学，这样是简洁了，但内容不清楚，如要从词而知其所源，则用“环境—景观—生态美学”更能突出其起源背景。从美学角度来看这三大学科，有一个特点比较突出，即都是对西方以艺术作为美学主体和美学原则的美学研究方式表示不满、批判、反抗。它们以生态文明的新视野，把环境—景观—生态美学与西方传统美学区别开来，造成了西方美学的内部冲突，并在这一冲突中开出了西方美学的一片新境，其中最为重要的就是西方美学与世界美学（特别是中国美学）的汇通。这一西方美学内部的冲突和中西美学正在形成的汇通，形成一种新的宏阔视野，让我们去思考美学理论在这一复杂的互动中进行演进的方向。

为了让美学理论的演进更为清晰，可突显三大区别来给予认识：

一是从西方美学的内部之争中突显环境—景观—生态美学与艺术型美学的差别，有了这一区别，西方美学演进的主要关节就呈现出来了，同时新型美学的主要之点也突显出来了。

二是从环境—景观—生态美学中突显小全视野和大全胸怀的差异，这一差异不但显示了西方美学在新型美学中的内部冲突，而且把西方美学与中国美学的同异突显了出来。

三是要突显具有大全胸怀的环境—景观—生态美学与中国自古以来就一直存在并有系统理论总结的环境—景观—生态美学的同异。这一突显不但有益于进一步促进中西美学比较，深化美学基本理论，而且有助于对环境—景观—生态美学本身的推进。

下面就综合这三大区别，围绕环境—景观—生态美学所由产生的一系列基本问题来进行论述。

二、环境—景观—生态美学与艺术美学的区别和与中国美学的关联

环境—景观—生态美学使一系列美学理论问题突显出来，其中主要集中在两个方面：一是对西方由区分性而建立起来的美学进行批判；二是用艺术美学去看待艺术之外的方式遭到质疑。

所谓区分性，即从客体上讲，一切事物（社会、自然、艺术）都有美，但社会和自然中的事物，其美与现实功利和知识概念联系在一起，从而是不纯粹的。而艺术是艺术家为美而产生出来的，从而是纯粹的美。因此，美总是体现为纯粹的艺术形式，美学理论是对艺术美的总结，美学就是艺术哲学。从主体上讲，西方把人的心灵分为知、情、意。知与理性相关，产生科学和逻辑；意与意志相关，产生伦理和宗教；情与感性相关，产生美学。美是感性认识的完善。所谓完善，就是由情感本身而产生，排除掉了日常功利和概念知识，就得到了美感。因此，在西方传统中，美的原理主要关注两点：一是非功利追求的情感（美感），二是非功利内容的艺术形式。这两方面都集中地体现在艺术上。所谓的审美经验就是欣赏艺术时的经验。由此，社会和自然的事物之所以成为美，是由于我们用艺术的法则（排除功利和排除内容）去看待而产生出来的。比如西方的自然之所以呈现为美，就在于观察者一方面采用了心理距离，另一方面用绘画的原则和绘画家的眼光去看它。摄影也是用取景框一样的机器，把自然变成绘画而成为美，这在理论上体现为如画理论（Picturesque）。

西方思维的区分性实质是建立在实验室基础上的。要认识一个事物，必须把这一事物从其环境中区隔出来，放进实验室里，进行仔细的分析，才能达到本质认识。整个工业文明就是在实验室型的思维中产生的。由生态文明而来的环境—景观—生态美学，从思维方式来说，正是要改变实验室把自己与外界的一切隔离开来进行研究的方式。落实到美学上，就是要把一物之美与其所在的环境，把特定环境与整个地球生态联系起来。反对只用艺术美的原则、只用取景框的方式去看自然和景观。在环境—景观—生态美学看来，一个用艺术形式美原则来观照的景观，可能恰恰是违反生态原则的。用艺术之眼来看美的自

然，可能根本上是与生态原则对立的。这一对立，被戈比斯特（Paul Gobster）称为“审美与生态冲突”。[1] 比如，林木采伐之后留下的小树枝、小碎片，有助于森林再生，是一片生态美景，而景观设计师和游客则认为是杂乱或肮脏的景象，应予清除。再比如，在河道和陡坡上种植野草可以减轻水土流失和水质污染，但众多农民和游客却认为这是缺乏管理的表现。从事视觉管理实践的景观设计师往往关注的是传统美学型的“风景美”或“视觉质量”，把森林景观归纳为形式设计概念中的线条、形式、颜色、肌理等，而忽视了景观的生态价值。[2] 在环境—景观—生态美学看来，违反生态原则的自然和景观从根本上是有害于人的。人一旦知道这一点之后，这样的自然和景观就不会引起人的美感，人也不会认为这是美的。因此，美并不完全是非功利和纯形式的，而是与功利紧密联系在一起的。一旦环境—景观—生态美从根本上去反对传统美学，以艺术美学原则作为整个美学的基本原则，整个美学的面貌就发生了变化，于是自然美学、景观美学、生活美学、身体美学纷纷产生出来。这些美学的特点，就是与功利紧密联系在一起，它们的美不仅是形式的问题。

当环境—景观—生态美学产生以后，再反观中国美学，不难发现，它们在一些基本原则上是相通的。就主体来讲，中国主体的性、心、情、意、志从来都是统一的，不能分割。程颢《语录十八》说：“心即性也，在天为命，在人为性，论其所主为心。”其《语录二五》说：“性之本谓之命，性之自然谓之天，性之有形者谓之心，性之有动者谓之情。”《诗大序》说：“在心为志，发言为诗，情动于中而形于言。”情志互文见义。总之，中国美学不会把性、心、知、志、意区分开之后来讲情，而是将之结合起来讲情。同样，中国不把艺术看成是与现实不同，而将艺术与现实打成一片，认为社会和自然本身就有美。天地有大美——日月星，天之文；山河动植，地之文。谈社会，有典章制度之

---

① ［美］保罗·戈比斯特：《西方生态美学的进展：从景观感与评估的视角看》，杭迪译，程相占校，《学术月刊》2010 年第 4 期。

② 程相占：《美国生态美学的思想基础与理论进展》，《文学评论》2009 年第 1 期。

美。论人物，孔子讲“周公才之美”（《论语·泰伯》）。说文学，刘勰认为，六经是一切文学的核心，文学之美由之而出。整个艺术就是要反映天地之心、万物之情、时世风貌，以及人在天地之间、现实之中的真实感受，中国的诗、文、书、画、建筑、音乐，都强调直接反映现实和人在现实中的真实性情。

在当代的美学争论中，环境—景观—生态美学与中国美学站到了一起，而与西方传统美学不同。这一点是值得玩味的。

三、环境—景观—生态美学对审美心理的修正和与中国美学的关联

心理距离是传统美学的一条基本原则，面对自然和景观（比如一棵树），一个人只有从日常意识的功利之念和认识之思中摆脱出来，不起功利之念（这棵树有什么用，值多少钱），也不作认识之思（它是什么树，在植物学上叫什么名字），对象才会作为审美对象呈现，人才会对之进入审美之维。把进入了的审美心理进行强化，就形成了关于这一自然和景观对象的艺术作品（一幅关于树的绘画或诗歌或音乐），这艺术作品完全与自然环境中的树区别开来，成为纯粹的美。在环境—景观—生态美学看来，心理距离虽然可以让人摆脱日常功利态度和科学抽象态度而走向审美，这一初始程序有对的一面，但进一步前进的方向是错的。正确的方式是在摆脱日常功利态度的同时，不走向与现实不同的艺术形式之美，而是走向与现实更紧密更深入联系的生态之美。这时，在人的眼中，一棵树既摆脱了与人的日常功利相联（值多少钱，可以买回家做什么家具），又不像科学家那样，将其从环境中分离出来，仅与植物学上有种、属、差的知识体系相连，更不像传统美学那样，与现实脱离开来，成为只有纯粹的形和色的艺术之树（例如像一个画家或摄影师那样去捕捉树的形、色、光、姿等视觉之美），而是尊重这棵树的活生生的现实性和整体性。不但这棵树的形、色、味、姿是相互关联、不可分地作为一个整体而存在的，而且树与它的环境，从周围的近环境和逐渐远去的大环境，甚而上至苍天，下至大地，以及充溢在天地之间的生动气韵，都以一种生态的方式紧密地不可分割地联系在一起。因此，环境—景观—生态美学与传统美学心理距离这一貌似相同的现

象，得出的却是本质不同的理论，强调的不是距离和摆脱，而是联系和深入。由于不是从距离着眼，就不再走向传统审美心理所讲究的进一步的直觉、内摹仿、移情、同一，而是按照联系和深入的方向，呈现活生生的生态系统中的一棵树，联系着各种功能、关系、植物链，以及让该树得以生长于其中的整体生态环境和该树在这一环境中的生存方式。也就是布德（Malcolm Budd）所讲的“将自然如其所是进行欣赏”。以这样的理论方式，环境—景观—生态美学不仅开辟出了传统美学所忽视或不屑的自然美和现实美，而且要用这一自然美和现实美后面的生态思想去改变传统的艺术美观念。

回望东方，中国美学在面对自然时也正是从生态的整体性进行审美的。审美，首先是人与宇宙在整体上的互动，物和人都是在宇宙整体性的气的流动之中，所谓“气之动物，物之感人”（钟嵘《诗品序》），“物色之动，心亦摇焉”(刘勰《文心雕龙·物色》)。其次是直接面对事物。如钟嵘《诗品序》讲的，要“即是即目”“亦惟所见”，而无需经、史、故实这些理性思考，只要按对象的原样观赏，如宗炳《画山水序》讲的“以色貌色，以形写形”。最后，对象不是孤立起来的对象，而是就在天地之间并与之紧密关联在一起的对象。因此，中国人的审美，一定是要仰观俯察、远近往还地进行。如杜甫《登高》诗：“风急天高猿啸哀（仰观)，渚清沙白鸟飞回（俯察)。无边落木萧萧下（由近到远)，不尽长江滚滚来（由远到近)。”这里没有哪一个对象是被孤立出来进行欣赏的，而是被关联起来进行欣赏的。因此，整个中国美学，不强调心理距离和形式静观，而是突出主体和客体在天地之间的互动。这正与西方当代的环境—景观—生态美学的主张相契合，而与西方传统美学相左。三者之间在美学上的差异，从如下的对立中显示出来：

第一，在审美对象的设定上，是先把对象从现实世界中孤立出来而形成审美对象，构成一个与现实世界不同的审美世界，还是对象就是现实世界，突出对象与现实世界的深度联系而让现实世界本身成为审美世界。

第二，在审美主体的设定上，是让主体从现实主体中孤立出来而成为审美主体，构成一个与现实心理不同的审美心理，还是主体就在现实世界之中，突出主体与现实世界的深度联系而让现实主体不脱离现实而成为审美主体。

第三，在审美方式的设定上，是让审美在专门的场地（美术馆、音乐厅、电影院、博物馆）孤立地进行，获得一种不同于现实的美感，还是可以在天地之间的任何地方进行，如刘勰《文心雕龙·物色》所讲的，面对现实“目即往还，心亦吐纳，情往似赠，兴来如答”和司空图《诗品·自然》所讲的“俱道适往，着手成春”，从而达到庄子所讲的“目击道存”（《庄子·田子方》）。而且，在天地之间的生态性关联中，真善美也不是截然分开的，而是相互关联、内在渗透的，正如中国人所说：“世事洞明皆学问，人情练达亦文章。”

四、环境—景观—生态美学的两种生态观与中国美学

环境—景观—生态美学与传统美学的差别，在一定意义上，可以说是从孤立型认识（把美与其他方面区别开来）和关联型认识（把美与其他方面联系起来）的区别，也可以说是元素型认知（把事物分成元素，通过对元素的认识来认识此物）和系统型认知（把事物看成是在系统中的物，通过认识系统来认识该事物）的区别。这里的所谓关联和系统，都是把事物与生态系统关联起来，通过其与生态系统的关联来感知该事物的美。符合生态的就是美的，不符合生态的就不美。这里，面对事物进行审美判断时，对该事物与生态系统的关系就显得重要起来。因此，有些环境—景观—生态美学家，如卡尔松、罗尔斯顿（H. Rolston）等人，强调理性干预在自然和景观审美中的巨大作用。这理性就是关于生态系统的知识，通过意识到一事物与生态系统之间的关系，可以帮助我们去完成对此事物的审美判断，从而去感受此事物的美。这里就产生了一个问题，理性干预说预设了人能够掌握生态系统知识。而实际上，生态系统具有两个层面：一是具体时空中的生态系统，可以由当前生态学知识来予以把握，以目前人类的认识能力为限，是一个有限的生态系统，可以称为小全知识；二是与具体时空中的生态系统紧密相连的整个地球乃至整个宇宙生态系统，可以称为大全知识（但对此人类知识还有很多盲点，它以一种“无”的

形态呈现出来）。当人们要对审美现象进行理性干预的时候，只能是以小全知识进行干预，它会有效而且可以改变人们的审美感受。但由于小全知识的盲点，它既可能有益于正确地审美，也可能有损于正确地审美，因此，也有些环境—景观—生态美学家，如赫伯恩（Ronald W. Hepbum）、伯林特、卡罗尔（Joseph Carroll）等，不主张审美中的理性干预。这样，环境—景观—生态美学被分成了两派：小全派与大全派。小全美学信心满满地运用着小全生态系统知识，并以此去进行认知干预，大力反对艺术美学的形式美模式，以建立新的生态型审美感知模式。实际上，这种小全美学在内在精神上，还是西方古典型的科学精神和实体型的美感模式。它把在历史长河中还在发展着和变化的知识系统认为是一种终极真理。大全派认识到大全是人类尚未认识到也不可能以一种科学的方式去认识的知识系统，呈现为一种“无”，而小全的生态系统又是由大全的生态系统所决定，并与之紧密相联。由于大全的未知，小全也充满了空白。因此，贝森特（Gregory Bateson）认为，在这一意义上，美学像宗教一样，审美是对整体大全的一瞥，使人在无意识中认识到这一大全的整体。从这一角度来看，生态型美学不仅是实体性的感知模式，而且是对整体大全之无的体悟，以及对小全中因为与大全相关联而产生的类似于“二阶偏向”的空白的体悟。一方面生态感知的客体充满着“无”：“我们设计的任何系统的结构都是不完整的，有许多明显的漏洞。不完整性存在于我们试图加以描述的有机体的关系中，即从外部观察中获得的结构关系，不完整性也出现在生物体自身结构信息的各个方面，即相互联系的信息总和。因此，与物质世界不同，出错和行为异常都是可能的：地图总是不同于领土。”① 另一方面，生态型感知的过程也充满着“无”：“不了解感觉图像形成的过程对于我们感知图像的形成是必需的，因为在我们的视线中，感知的连续性是差异的‘瞬间细节’的首要环节；我们不能为了研究看见某物的过程而将其置于中止状态，这样就不可能看

① ［加］彼得·哈里斯-琼斯：《重访〈天使之惧〉：递归、生态学和美学》，李庆本：《国外生态美学读本》，长春出版社，2010年，第171页。

见某物，眨眼的瞬间存在着间隙，这种间隙存在于试图在各种信息充斥的视觉领域里形成一个不变的形象的过程。”① 如果说，小全派信心满满的生态美学给出的新的审美感知虽是动态但仍为实体的结构，那么，大全派忧心忡忡的生态美学则看到了这一实体结构中充满了不确定性和空白；如果说，小全型的生态美学对与具体的生态系统相关联的更大生态系统怀有一种科学型的实体的想象，从而使其审美感知的景外之景呈现为科学型的一个大系统，那么，大全型的生态美学对与具体生态系统相关联的更大的生态系统则怀着一种哲学型的空无的想象，从而使其审美感知的景外之景充满着“是有真迹，如不可知”的空灵。

中国美学基本上是与大全理论相契合的理论，但又有所不同，主要表现在三个方面：

第一，中国美学的大全理论建立在气的宇宙上，生态系统同时是一个生命系统，气化流行，衍生万物，物亡之后又复归于宇宙之气。而西方的大全理论，建立在物理的基础上，西方进化论是宇宙演化由物质而到生命，宇宙从根本上说是物质的。目前人类还未认识到的物质，被命名为暗物质或反物质，总之是一个物理系统，因此，生态系统也是从物的角度去思考和把握的。

第二，中国美学中由气而来的宇宙的整体是一个虚实相生结构，实的一面是可以认识的，相当于西方的小全派；虚的一面是尚未认识的，相当于西方大全派中的盲点。对于中国美学来说，尚未认识的虚是可以体悟的。这样，面对事物，中国人的审美是从虚实两方面去看待的。通过实去把握虚。

第三，由于虚实相生是中国宇宙的结构，因此中国人的审美一定是从实而体悟到虚，最后达到天人合一的美感。而西方的大全派面对已知和未知对立之时，感受到未知的盲点，往往使主体心理由科学而转向宗教。科学对于不确定的未知，一方面靠科学一定会进步的信心去面对，另一方面又因为未知的不确

① ［加］彼得·哈里斯-琼斯：《重访〈天使之惧〉：递归、生态学和美学》，李庆本：《国外生态美学读本》，长春出版社，2010 年，第 173 页。

定，往往产生迷惘、困惑、无助。而宗教则以一种信仰的方式把大全与上帝等同起来，从而给人以信心。现代性起步时的牛顿是如此，现代性转折时的爱因斯坦也是如此。而这种由科学向宗教的转化，从文化性上讲，又是与西方文化在根本上是一种区分性文化相联系的，科学、宗教、艺术既有区分又有合作，共同推动着西方文化的进步。因此环境—景观—生态美学上的小全派是与西方文化中突出科学思想的思维倾向相关联的，而大全派则是与西方文化中突显文化整体性的思维倾向相关联的。

从这一点看，中国美学不但与西方环境—景观—生态美学中的大全派相契合，而且可以用一种更具有生态精神的方式对环境—景观—生态美学的理论予以推进。

五、从中国意境的理论看中西美学在生态观上的同异

从西方的环境—景观—生态美学的眼光朝东方看，中国美学显示了一种与之相同的性质，从生态的角度去讲解中国美学，又会把中国美学与西方环境—景观—生态美学的同异突显出来。这里且以中国的意境理论为例，呈现中西美学各自的特色。

意境理论讲述主体面对客体时，主体是由眼、耳、鼻、舌、身、意（六根）构成的，客体是由色、声、臭、味、触、法（六识）构成的，用前者去面对后者，而产生境。境者界也。一方面用主体的眼、耳、鼻、舌、身给客观之景划定一个界围，让这一界围之中的景物成为主体感受中的景物；另一方面让这一界围中的景物成为在主体感受中的景物。正如明人祝允明《送蔡子华还关中序》所说："身与事接而境生。"（这里"身"和"事"都用的是以部分代全体的方式）在境中，客体的色、声、臭、味、触、法，已经不是纯客观的，而是在主体的感受之中；主体的眼、耳、鼻、舌、身、意，也不是纯主观的，而包含了所感受的客体。但是最重要的，这里的主体不只是与知与意区分而孤立起来的情，也不是与外在感官相区分而孤立起来的内在感官，而是知情意的合一，即眼、耳、鼻、舌、身、意的合一。同样，客体也不只是事物的形

象，而是色、声、嗅、味、触、法的整体。形象内在的法（包括着功利性的法则与科学性的法则）与主体内在的意（包括意与知）同样是在主客合一的“境”中存在着的，并起着作用的。因此，意境的理论虽然在审美的主客相对中起着变化，但这一变化一直是在天地（生态）的整体中进行的，而不是与天地（生态）的整体拉开距离、孤立起来进行的。因此，它不是让境不同于景而成为另一孤立绝缘的审美对象，而是对景的深化，更确切地说是“身”（主体）与“景”（客体）在天地间（生态中）的双向深化。

这一审美的深化让境中之景和境中之意同时成为意境，但前者突出意在境中，后者突出境中有意。这里的意也可用情来代替，都是为了简洁而用部分代全体，如祝允明讲“身与事接而境生”之后，紧接着讲“境与身接而情生”，这个情也可以用意来代替。王昌龄《诗格》讲到诗有三境——物境、情境、意境，就是对境中某一部分（物或情或意）的强调。但关键之处在于这一深化是在天地之间（或曰生态之中）进行的，深化的结合是境中之意的出现，即客体有某一主题被突显出来。这一突显是在主体中的突显，因此，主体也意识到了这一主题。可以说，境有一种意被突显出来，境成为具有一个主题（意）之境，即成了意境。这里不强调物境或情境而强调意境，在于用“意”突出感性与理性的合一。正如刘勰所说，是一种“物以貌求，心以理应”（《文心雕龙·神思》）的心理整合性行动，同时突出主客合一中理性的作用，还在于突出境虽然在天地间（生态中）生成，但并不脱离天地。审美中形成了意境，达到境中之意的突出，并以这意去统一整个境，这与西方环境—景观—生态美学中的小全理论相契合。然而，意境的生成是在天地之间进行的，而且审美者完全意味到境在天地之间。为了强调境与天地的关联，意境理论不能凝固在境中之意上，而一定要让境中之意与天地相关联。正是这一关联意识，让审美的演进从境中之意进入境外之意。美感的最后达成，是由境中之意到境外之意的跃进而完成，这就是意境理论一再强调的景外之景，象外之象，味外之味，韵外之致。这种韵外之致是超越于人的时代知识的，是不能用时代的主题来进行总结的，是超绝言象的，是言不尽意的，因此，它与环境—景观—生态美学的大全理论相契合，是用有限去表现无限，用瞬间去体现永恒。一如司空图所说："是有真迹，如不可知，意象欲生，造化已奇。"（《诗品·缜密》）亦如刘长卿所言："溪花与禅意，相对亦忘言。"（《寻南溪常山道人隐居》）

把中国的意境理论与西方的环境—景观—生态美学相比较，西方的小全理论相当于境中之意，这里也有境外之景，但这境外之"景"，是具有时代性的生态知识，表现为对时代知识的坚信；西方的大全理论相当于象外之象，体现为人的迷惘和在迷惘中的信仰，而中国的意境理论的韵外之致，内蕴着人与天合一的信心。

从生态视角对中西美学进行比较，对美学理论的演进应该有所推进。

（刊于《郑州大学学报》2012 年第 5 期）

论生态美学与环境美学的关系

⊙赵红梅
⊙湖北大学政法与公共管理学院

生态美学与环境美学的关系是当下中国环境美学和生态美学研究者们都很关心的话题，综观众多美学研究者对生态美学与环境美学关系的研究，我们发现二者关系欲理还乱。但纵使“乱红”飞过，我们还是要把生态美学与环境美学关系细细玩味，何况现在生态美学与环境美学可资借鉴的参考文献甚多，并且生态美学与环境美学都需要进一步发展壮大。中国生态美学家曾繁仁先生也持这种态度：“生态美学与环境美学都属于自然生态审美的范围，是对‘美学是艺术哲学’传统观念的突破，它们应该属于需要联合一致的同盟军，不需要将其疆界划得很清晰。但从学术研究的角度却又有将其划清的必要。”①

一、生态美学与环境美学关系研究的历史回溯

西方环境美学诞生于20世纪60年代，中国生态美学诞生于20世纪90年代；西方生态美学诞生于20世纪50年代，中国环境美学诞生于21世纪初。如果说西方环境美学与中国环境美学有什么区别的话，那就是西方环境美学的开端是与艺术相别，从自然出发；中国环境美学的主流开端是与自然相别，从自我出发。如果说西方生态美学与中国生态美学有什么区别的话，那就是西方生

① 曾繁仁：《生态美学导论》，商务印书馆，2010年，第463页。

态美学的开端是从大地出发，中国生态美学的主流开端是从概念出发。

（一）联系研究

1. 环境美学包含生态美学。环境美学包含生态美学，意味着环境美学比生态美学视域更广，不仅具有形而上的精神，而且“环境美学的研究涉及声学、色彩学、化学、生理学、心理学、生态学、工效学、造林与园艺、建筑学及城乡规划等”众多形而下的学科。[①] 中国生态美学的发起者李欣复认为生态美学隶属于环境美学。生态美学“以研究地球生态环境美为主要任务与对象，是环境美学的核心组成部分”。[②] 贾苏克·科欧认为：“环境美学有两种含义：一是‘环境美学’，这种环境美学根植于人与环境二元论观点基础上；二是‘生态美学’，这是一种关于环境的整体的、演化的美学。”不过，在他看来，生态美学是对环境美学的批判与超越。[③] 环境美学包含生态美学还意味着中国的生态美学是在西方生态文化影响下而诞生的一种美学形态，当然也包括西方环境美学。中国“生态美学的西方资源包括环境美学”。但是，“中国生态美学所凭借的理论立足点比西方环境美学的‘生态中心主义’更加可行，并具有更强的时代感与现实感”。[④]

2. 环境美学与生态美学相互渗透。环境美学与生态美学相互渗透表现在美学范畴互相穿插。国内著名的生态美学家曾繁仁先生认为，生态美学的美学范畴是与生态存在论紧密相关的“诗意地栖居”“四方游戏”“家园意识”“场所意识”“参与美学”“生态审美教育”等。这种表达与环境美学的“城市是我家”“家园感”“肯定美学”“荒野美学”“参与”和“乐居”相互诠释。其实，生态美学的基本范畴应该来自田野，它与生物多样性、生态系统、生态整体、生态和谐有关。环境美学的基本范畴来自与艺术的相别相依、与自然的相

① 郑光磊：《环境美学浅谈》，《环境保护》1980年第4期。

② 李欣复：《论生态美学》，《南京社会科学》1994年第12期。

③ 程相占：《美国生态美学的思想基础与理论进展》，《文学评论》2009年第1期。

④ 罗祖文：《试论曾繁仁的生态美学思想》，《鄱阳湖学刊》2012年第2期。

亲、与环境的相合、与自我的相慰。曾繁仁先生在《论生态美学与环境美学的关系》一文中认为："西方环境美学与中国生态美学有着基本共同的文化立场，而且西方环境美学是中国生态美学建设发展的重要参照与资源。"[①] 但是，他认为"生态"比"环境"具有更加积极的意义，这种说法是值得商榷的。一是因为"生态"的字义具有"家园"的含义，"环境"的字义具有"居住"的含义，二者关系密切；二是因为虽然环境审美需要对象，但是环境审美体验需要身心融入和整体意味的"场"。也就是说，中国环境美学与生态美学一样也不反对生态整体主义。

（二）区别研究

1. 环境美学与生态美学没有关联。有学者认为环境美学与生态美学之间不可能建立联系，原因在于生态美学的存在是虚妄的。王梦湖认为："一般来说，生态学是自然学科，而美学则是人文学科。这两门学科性质上的不同，就导致了由生态学与美学相结合而产生的生态美学学科性质的不确定性及两者之间的不可通约性。生态美学既不能解决美学本身存在的问题，又不能为现实生态问题的解决提供某种行之有效的途径，反而将美学置于一种与自身基本特性相矛盾的尴尬境地。生态美学只能是一门有学无美的致用之学。"[②] "而不是真正意义上的美学。"[③] 董志刚认为，"生态美学不仅不能抵御'人类中心主义'和'科技拜物教'观念，反而无意中加强了这些观念。生态美学所遵循的是一个虚假的原则，依赖的是一种虚假的理论根源"，因而是一种"虚假的美学"。[④]

2. 生态美学比环境美学更具有发展前景。中国生态美学研究者一般都认为生态美学比环境美学更具有生命力，因此他们竭力推动生态美学的研究，从

---

① 曾繁仁：《论生态美学与环境美学的关系》，《探索与争鸣》2008 年第 9 期。

② 王梦湖：《虚妄的生态美学》，《南京师范大学学报》（哲学社会科学版）2008 年第 1 期。

③ 王梦湖：《生态美学——一个时髦的伪命题》，《西北师范大学学报》（哲学社会科学版）2010 年第 3 期。

④ 董志刚：《虚假的美学——质疑生态美学》，《文艺理论与批评》2008 年第 4 期。

“生态美学专题研究”“当代生态美学观的基本范畴”“当代生态美学研究中的几个重要问题”“试论生态美学中的生态中心主义原则”到“中国生态美学发展方向展望”等。王国英先生在《试论生态美学和环境美学的关系分析》一文中，虽然强调了生态美学的发展以环境美学为参照、生态美学与环境美学一样都注重自然审美，但是他的整篇文章重点在于生态美学与环境美学之间区别的把握。他认为：生态美学比环境美学更具有科学依据和理论依据；生态美学比环境美学文化底蕴更深；生态美学比环境美学内容更广泛；生态美学比环境美学意义更加深远。①

3. 环境美学比生态美学更严谨。西方环境美学三巨头伯林特、艾伦·卡尔松和瑟帕玛分别从环境美学理论的模型建构、环境审美理论、参与美学三个方面共筑环境美学的大厦。艾伦·卡尔松认为：“环境美学主要出现在西方，它被公认为是一个范围广泛、内容庞杂的哲学研究领域，划分其边界的方式主要是比较它与艺术哲学之间的不同；另一方面，目前许多冠以‘生态这个’或‘生态那个’的研究领域（比如生态批评与生态女性主义等），都有着与生俱来的不严密性，生态美学似乎跟它们一样。”② 中国环境美学之父陈望衡游于环境多年，他从自身的生命体验出发，从中国古典审美文化出发，借助西方环境美学的前沿阵地，穿梭于生态美学与环境美学，反身大力构建中国环境美学。

二、生态美学与环境美学区别的再把握

环境美学从“别”开始。西方的环境美学与“艺术哲学”相别，走进自然审美；中国的环境美学与“自然美学”相别，走进环境审美，拥抱整个世界，走向自我。与环境美学研究存在“转向”不同，西方生态美学的研究是直接进入。无论是利奥波德、贾苏克·科欧，还是保罗·戈比斯特，他们都是直接服务于土地、森林的林业管员、建筑师和社会科学家，他们的生态美学带着

① 王国英：《试论生态美学和环境美学的关系分析》，《校园英语》2014 年第 25 期。

② ［加］艾伦·卡尔松：《生态美学在环境美学中的位置》，《求是学刊》2015 年第 1 期。

浓浓的泥土气息，他们用“脚”思考。如果说生态美学是“思”，那么环境美学就是“诗”。中国生态美学借哲学语言来诠释自己，而环境美学反身求助美学走进环境。环境美学的追问是哲学的，表达是美学的，具有诗性。

（一）定义

在中国，生态美学是对自然美学的超越，徐恒醇认为：“生态美学不同于生命美学，生态审美也不同于自然审美。这一美学以人对生命活动的审视为逻辑起点，以人的生存环境和生存状态的考察为轴线而展开。”① 生态美学“是一种包含着生态维度的当代生态存在论审美观。它以人与自然的生态审美关系为出发点，包含人与自然、社会以及人自身的生态审美关系，以实现人的审美的生存、诗意的栖居为其指归。”② “狭义的生态美学仅研究人与自然处于生态平衡的审美状态，而广义的生态美学则研究人与自然以及人与社会和人自身处于生态平衡的审美状态。”③ 可见，中国生态美学是引生态进入美学，突破自然美学的局限性，建立人—自然—社会之间的联系。

环境美学是引环境进入美学，突破艺术哲学的局限性，建立人—艺术—社会之间的联系。“从1966年开始，美学学者赫伯恩开始批判黑格尔著名的否定自然审美的‘美学即艺术哲学’的理论，开始了西方现代环境美学的发展历程。随即出现了加拿大的卡尔松、美国的伯林特、罗尔斯顿与芬兰的瑟帕玛等著名的环境美学家。他们批判西方古典美学否弃自然审美的传统观点，坚持审美的自然维度，提出了一系列重要的环境美学理论观点。”④ 中国环境美学承接西方生态美学和环境美学的有关思想，提出了中国特色的环境美学家陈望衡先生提出：“环境美学是美学的分支学科。相对于美学来说，它虽然可以称为应

---

① 徐恒醇：《生态美放谈——生态美学论纲》，《理论与现代化》2000年第10期。

② 曾繁仁：《生态美学——一种具有中国特色的当代美学观念》，《中国文化研究》2005年第4期。

③ 曾繁仁：《试论生态美学》，《文艺研究》2002年第5期。

④ 曾繁仁：《生态美学建设的反思与未来发展》，《马克思主义美学研究》2010年第1期。

用性学科，但毕竟是理论的。相对于园林、建筑、城市规划、公共艺术等学科，环境美学是它们的形而上学。”① “环境美学是一门交叉学科，是根据哲学、美学的基本理论专门研究环境美的一门实用美学。它既是环境科学的组成部分，又是哲学、美学的分支学科，对调节人与自然的关系和提高人们对环境的审美能力、促进人的全面发展及环境建设、经济发展都有十分重要的作用。”②

（二）核心范畴

有些生态美学研究者将生态美学的基本范畴归结为生态美，如徐恒醇认为：“生态美的范畴是生态美学研究的核心概念。”③ 但是，曾繁仁先生认为，当代生态美学的核心范畴就是“家园意识”。“家园意识不仅包含着人与自然生态的关系，而且涵蕴着更为深刻的、本真的‘人之诗意的栖居’之意。‘家园意识’集中体现了当代生态美学作为生态存在论美学的理论特点，反映了生态美学不同于传统美学的根本之处，成为当代生态美学的核心范畴。”正是以“‘家园意识’为出发点才构建了生态美学的‘诗意栖居’‘场所意识’‘四方游戏’‘参与美学’‘生态审美形态’和‘生态美育’等相关范畴。”④

与曾繁仁的“家园意识”借鉴异乡人海德格尔的存在论哲学不同，走向日常生活的环境美学家陈望衡先生认为，环境美学的主题就是生活，就是宜居、利居与乐居。“乐居”是环境美学的核心范畴。不过，陈望衡先生也很重视家园感，他认为“对环境的认同感最高层次是家园感”，他还把环境美的根本性质定位为“家园感”⑤。

中国生态美学的核心范畴更多地体现出西方现代哲学的影响，而中国环境

---

① 陈望衡：《环境美学是什么?》，《郑州大学学报》（哲学社会科学版）2014 年第 1 期。

② 陈清硕：《环境美学的意义和作用》，《环境导报》1994 年第 2 期。

③ 徐恒醇：《生态美放谈——生态美学论纲》，《理论与现代化》2000 年第 10 期。

④ 曾繁仁：《生态美学与生态批评》，《温州大学学报》（哲学社会科学版）2010 年第 3 期。

⑤ 陈望衡：《试论环境美的性质》，《郑州大学学报》（哲学社会科学版）2006 年第 4 期。

美学的核心范畴更多地体现出后现代美学的色彩和中国传统文化的影响。

（三）产生背景

环境美学的产生具有双重背景：环境问题与理论困境。环境美学产生的现实背景就是环境危机引发的环境保护运动，随着环境保护运动而来的是对环境审美价值的关注与欣赏。“随着环境的审美价值日益凸显，人们对环境的认识从功利性发展到道德和审美，对环境的实践从改造环境到保护环境和美化环境，环境美学就是在这个认识和实践的最高阶段上被提出来的。”陈望衡先生认为“20世纪60年代，一门新的学科——环境美学在欧美兴起。这门新兴学科得到了来自美学、哲学、环境设计、建筑学、景观设计学、人文地理学、环境心理学等多种学科的关注和研究。环境美学的兴起有其双重背景：首先是经济的高速增长带来环境的严重破坏……人们掀起了日益高涨的环境保护运动。”其次，“直至20世纪，美学基本上将自己的研究对象规定在艺术的领域里……而在环境问题凸显之后，环境则成为与艺术相抗衡的另一重要研究领域。”“环境美学的出现，是对传统美学研究领域的一种扩展，意味着一种新的以环境为中心的美学理论的诞生。”①

西方环境美学的产生也是如此。一是环境危机，二是现代美学理论的自身危机。西方环境美学家之所以推崇罗纳德·赫伯恩的《当代美学对自然美的遗忘》就是因为环境危机的现实问题所逼。当然，理论上的贫困催逼着环境美学的诞生。20世纪西方美学的最大缺陷就是将美学等同或混同于艺术哲学，将对审美经验的哲学探讨仅仅局限于艺术馆里的经验，忘记了自然审美，也忘记了日常生活审美。诺埃尔·卡罗尔指出，现代以来，西方美学界的主流就是“审美的艺术理论”②。

从理论上看，环境美学起于对艺术哲学的反叛，中国生态美学则是对生态

---

① 陈望衡：《环境美学的兴起》，《郑州大学学报》（哲学社会科学版）2007年第5期。

② 邓军海：《环境美学：是什么与为什么》，《中南林业科技大学学报》（社会科学版）2011年第1期。

环境的承受与批评。曾繁仁先生认为，生态美学的提出是“我国美学工作者对国际美学与文艺理论领域生态理论的一种回应。”① “中国生态美学的产生还在于认识论美学的终结和现代生态批评的兴起。”② “现代文学生态批评的兴起与发展，不仅对生态美学的产生起到了推动作用，而且为生态美学的建设输送了丰富的理论资源与实践经验。”③

（四）哲学基础

不同的理论，哲学基础不同，理论的发展及其未来走向也不一样。生态美学与环境美学的哲学基础相似，但具体表达不同。陈望衡先生认为：“生态美学的哲学基础为生态哲学。生态哲学在主客体关系上不承认人的绝对主体性，反对主客两分，在价值观上既承认人的价值，又承认自然的价值。”“生态的平衡性、系统性以及生命的再生性是生态美的根本性质。”④ 也就是说陈望衡先生主张生态美学的哲学基础的内涵是有机整体观、主客不分论。而“环境美学则首先是一种哲学，或者说它是环境哲学的直接派生物，环境哲学有关环境的思考成为环境美学的基础，环境哲学思考的是人与自然、主体与客体、生态与文化的基本关系问题，并寻求这些对立因素的和谐。”⑤

如果说陈望衡先生的环境美学的哲学基础是立于西方的生态哲学和中国的道家哲学，主要表现为一种语言上的变革的话，那么生态美学的哲学基础是立足于反抗传统的认识论，表现为方法上的变革。生态美学家曾繁仁先生的生态美学的哲学基础是生态哲学、海德格尔的存在哲学、马克思的自然哲学以及中国传统的天人关系。“生态美学的哲学出发点应是本体存在论，而不是主客二

---

① 曾繁仁：《生态美学研究的难点和当下的探索》，《深圳大学学报》2005 年第 1 期。

② 罗祖文：《试论曾繁仁的生态美学思想》，《鄱阳湖学刊》2012 年第 2 期。

③ 曾繁仁：《生态美学导论》，商务印书馆，2010 年，第 78 页。

④ 陈望衡：《生态美学及其哲学基础》，《陕西师范大学学报》（哲学社会科学版）2001 年第 2 期。

⑤ 陈望衡：《环境美学的兴起》，《郑州大学学报》（哲学社会科学版）2007 年第 5 期。

分的认识论。”[1]

（五）研究对象

有些美学家认为生态美学的研究对象是自然。但是在曾繁仁先生看来，“生态美学的研究对象不是‘自然’，而是‘生态系统’的美”。生态美学强调生态整体。“在生态美学中，审美愉悦来自于了解景观的诸多部分是如何与整体相连的，例如，稀有或珍贵的动植物是如何在未触及的生态系统中维持的。”[2]“在生态审美中，愉悦间接地来自理解景观、理解景观与其所属的生态系统‘在生态学意义上的和谐一致’……生态审美促使我们扩展我们对于审美价值的衡量标准，使之超越单纯的视觉偏好而走向更加全面的概念。”[3] 生态美学研究者强调整体、强调系统，突破传统的如画性从而发展出可持续性，但是，他们对具体的审美对象强调不够，更不用说关注日常生活的审美性和日常生活的审美体验。

虽然中西环境美学家众说纷纭，但是环境美学的研究对象很明显：一是审美对象。瑟帕玛在《环境之美》一书中指出：“环境美学的核心问题是审美对象问题。”艾伦·卡尔松认为环境美学的审美对象是自然的或人工的环境，大大小小的环境，非凡和平凡的环境。“任何环境，不管是自然环境，还是城市环境或乡村环境，不管是大环境还是小环境，平凡的还是不凡的，都为我们提供了许多东西，让我们去看，去听，去感受，去审美欣赏。概言之，大千世界的林林总总的环境，就像艺术作品一样，在审美上不仅丰富多彩，而且令人受益。”[4] 陈望衡先生认为环境美学的审美对象是自然、农村与城市。二是审美经

---

① 聂振斌：《关于生态美学的思考》，《贵州师范大学学报》2004年第1期。

② Callicott.J.B.“Leopold's Land aesthetic”, *Journal of Soil and Water Conservation*, 1983, (38).

③ 程相占：《美国生态美学的思想基础与理论进展》，《文学评论》2009年第1期。

④ Allen Carlson, “Aesthetics and the Environment”, *The Appreciation of Nature, Art and Architecture*, London: Routledge, 2000.

验。西方环境美学起于对现代艺术哲学式美学的反抗走向自然，以艺术为范型的审美观难以解释以自然环境为对象的审美观。新的审美经验激发了环境美学家的研究兴趣，他们持续不断地探讨环境中的审美经验，从荒野到日常生活经验。三是审美模式。环境美学虽然走向自然、走向自我，但是传统的艺术美学的审美方式影响着环境美学的欣赏及研究，为此，环境美学掀起了环境审美模式研究的小热潮。卡尔松认为环境美学的审美模式有对象模式、景观模式、自然环境模式、参与模式、情感激发模式、神秘模式。史建成的《当代环境审美模式探究》就是对西方环境美学环境审美模式的专题研究。

三、生态美学与环境美学的联系的再建立

（一）伦理精神

生态美学与生态伦理学关系密切，环境美学对环境伦理学保持一定的尊重。利奥波德的生态美学具有生态伦理学的基础。他认为："在考察任何问题的时候，我们都要根据那些伦理上和审美上正确的标准，也要根据经济上有利的标准[①]。一件事情，只有当它有利于保持生命共同体的完整、稳定和美的时候，它才是正确的。否则，它就是错误的。"[②] 保罗·戈比斯特的生态美学将美学与生态学、伦理学连接了起来。他批判西方传统的如画美学，强调参与美学下的生态价值与生物多样性。美国的生态批评家"坚持文学创作与文学批评的生态维度，强调文学活动与生态伦理的结合。"[③] 中国生态美学的提出与发展为当代文学批评增添了一个新的维度，即生态批评。生态批评大肆挞伐环境问题，体现了文艺工作者的道德良知。曾繁仁先生还提出了"生态审美教育"的

---

① Leopold, Aldo, *A sand county almanac : with essays on conservation*, New York: Oxford University Press, 2001, p.202.

② Leopold, Aldo, *A sand county almanac : with essays on conservation*, New York: Oxford University Press, 2001, p.202.

③ 曾繁仁：《生态美学建设的反思与未来发展》，《马克思主义美学研究》2010 年第 1 期。

范畴，在生态美学与生态伦理学之间加强联系。

虽然部分西方环境美学家主张环境美忽略了环境的伦理价值，但是罗尔斯顿的荒野环境美学强调美善共生。陈望衡先生丰富的审美伦理学理背景决定了他的环境美学思想不会远离伦理学。“环境美学有环境伦理学的意义。环境美学的原则使人类不仅仅成为做出有关生态环境决策的‘经济人’，并且把道德和义务扩大到自然界而成为自觉保护生态、美化生态的‘道德人’，这是环境美学的深层意义之所在。”[①] 当前，环境美学的发展为当代思想教育增添了一个新的维度，即绿色教育。环境美学细心滋润环境中人。生态美学与环境美学一攻一守，互相配合完成环境危机的化解任务。

（二）诗意生存

传统美学三分法是美、美感、艺术。中国的生态美学承接西方的生态批评，从自然出发，反思自然美学，通过实践美学走向诗意生存；环境美学是对从美感出发的艺术哲学的突围，它管窥自然美学，通过回归日常生活获得诗意生存。环境美学与生态美学不同，它如地球一般是运动着的美学。环境美学是正统美学的一次“踏地”与“接地气”，它属于正统美学。

（三）学科建设

无论是生态美学还是环境美学，在环境危机面前，美学研究者的责任担当意识较强，表现为学科建设意识强。其一，积极争取生态美学与环境美学博士生的录取，搭建学科建设平台，培养生态美学与环境美学科研队伍；其二，组织科研团队召开学术会议，持续研讨生态美学和环境美学问题，并在社会上产生积极影响；其三，集中出版生态美学与环境美学方面的文章与书籍，进一步推动生态环境问题的思考与解决。

（四）回归传统

无论是中国生态美学的研究还是中国环境美学的研究，他们都曾回到中国古代寻找智慧之源。曾繁仁先生认为生态美学建设中应该借鉴儒家的“天人合

---

① 陈清硕：《环境美学的意义和作用》，《环境导报》1994 年第 2 期。

一”“和而不同”“民胞物与”和道家的“道法自然”“万物齐一”，以他为代表的生态美学持中庸态度。陈望衡先生浸润于儒道文化，他以“乐居”为核心的环境美学思想颇具道家色彩。

（刊于《郑州大学学报》2013 年第 1 期）

自然美·社会美·生态美

——从实践美学看生态美学之二

⊙徐碧辉

⊙中国社会科学院哲学研究所

一、本质主义、反本质主义与历史主义

自20世纪分析哲学产生以来，西方哲学中便有一种所谓反本质主义潮流。所谓反本质主义，当然是针对本质主义而言的。在一些反本质主义者看来，过去的整个哲学，从柏拉图到黑格尔，都奉行的是一种本质主义思维，这种思维方式把世界分割为现象/本质、感性/理性、经验/先验等二元对立组合，并预设一个不变的事物本质，用抽象的方式将世界纳入一种固定不变的秩序之中，使世界变得合理化、有序化。这样，通过某种方式，言说者便可以把握绝对真理。本质主义的弊端在于，它将复杂的社会事物简单化、绝对化，导致看待问题狭隘化、片面化和僵化。而在反本质主义者看来，世界上没有永恒不变的真理，也没有永恒不变的本质，人对事物的命名、定义，以及看似颠扑不破的真理，其实都是理论建构的结果，是历史的产物。

有学者把马克思看做西方哲学史上第一个具有反本质主义倾向的哲学家。因为马克思批判了黑格尔所代表的认为世界有某种不变本体（即绝对精神）的哲学，认为世界上没有永恒不变的绝对真理，真理都是相对的。特别是马克思提出以历史的发展的观点来看待人类社会，认为从历史观点来看，资本主义社

会也只是人类社会发展的一个阶段，它终究会灭亡，会被更高级的社会形式所代替。这一点，在马克思的《哲学的贫困》《德意志意识形态》等著作中表现得特别突出。在恩格斯的《反杜林论》《自然辩证法》等著作中同样也有明确的论述。这样，历史唯物论便被看做是一种反本质主义的哲学。当然，作为反本质主义的表现，尼采的“重估一切价值”、维特根斯坦的“语言游戏论”和“家族相似论”、海德格尔的“基础本体论”以及德里达解构传统“逻各斯中心主义”的解构哲学等理论更被当做是反本质主义的代表性理论表述。

一些学者甚至根据这种反本质主义思潮，反对任何给事物下定义或追寻事物本质的努力。像“美的本质”“什么是艺术”这类问题都被看做是一种本质主义的提法而被弃如敝屣，“美的本质”“本体论”“艺术的本质”这类命题都被认为是假命题、假概念。因此，近年来，关于美学的基础理论、美的本质这类问题几乎已无人提及。一旦有人论及，则被冠以“保守”“过时”“落后”的帽子。

然而，正如恩格斯所言，真理只有在适当的限度内才是真理，越过这一限度，它便会走向自己的反面，变成谬误。当一种观念被推向极端时，它便常常会走向自己的反面。反对任何本质，断言根本不存在任何本质，这本身便是武断的，不负责任的，正是一种本质主义的思维。反本质主义的提出，目的在于反对各种绝对主义和极端化，本身便是一种开放的思维。如果把它绝对化，岂不是走向了它的反面，把反本质变成了一种新的“本质”？其实，各种反本质主义思潮之代表人物并没有“把反本质主义进行到底”，被视为反本质主义代表的诸家所反对者并非所有的本质，而是超越具体历史和语境的绝对之本质。从这个意义上说，把马克思的历史唯物论看做是反本质主义的先声是说得过去的。马克思和恩格斯从来不承认有超越历史和时代的永恒不变的真理，从来都强调任何真理都是历史性的，具体的，是随时代条件的发展变化而发展变化的。恩格斯早就说过：“真理和谬误，正如一切在两极对立中运动的逻辑范畴一样，只是在非常有限的领域内才具有绝对的意义；……如果我们企图在这一领域之外把这种对立当做绝对有效的东西来应用，那我们就会完全遭到失败；

对立的两极都向自己的对立面转化，真理变成谬误，谬误变成真理。”①

比如，人是什么？在提出这个问题时，已有本质主义之嫌了。但这个问题却是每个时代的思想家都试图回答的。哲学家或政治家们提出了各种答案："人是政治动物""人是理性动物""人是机器""人是上帝之仆人""人是万物的尺度"……而马克思却说，人其实没有一个抽象的本质，人的本质"在其现实性上，它是一切社会关系的总和"。② 人必须被放到现实中、放到他的社会关系中去考察，这样一来，便不再有永恒不变的抽象的"人的本质"。但是，另一方面，作为人，有没有一种相对稳定的、区别于其他动物的特性？如果连这一点都不承认，那么人将何以为人？因此，人虽然没有永恒的固定不变的本质，却依然有着他区别于其他动物的特性，这种特性在马克思看来便是自由自觉的活动。但是，所谓自由自觉的活动，它也是需要在具体的历史语境下考察的，每个时代的自由自觉的活动的内容差别很大，因此，它的具体内涵也必须随历史条件的变化而变化。这样，所谓人的本质、人性，便也不是固定的、一成不变的存在，而是有着具体的历史的内涵。特别是在道德问题上，以往哲学家都试图发现一种永恒不变的道德。恩格斯却指出，道德也是随着时代的变化而变化的。③

---

① ［德］恩格斯：《反杜林论》，《马克思恩格斯文集》第9卷，人民出版社，2009年，第96页。

② ［德］马克思：《关于费尔巴哈的提纲》，《马克思恩格斯文集》第1卷，人民出版社，2009年，第501页。

③ ［德］恩格斯：《反杜林论》："人们自觉地或不自觉地，归根到底总是从他们阶级地位所依据的实际关系中——从他们进行生产和交换的经济关系中，获得自己的道德观念。……一切已往的道德论归根到底都是当时社会经济状况的产物。而社会直到现在还是在阶级对立中运动的，所以道德始终是阶级的道德。"《马克思恩格斯文集》第9卷，人民出版社，2009年，第99~100页。在这个问题上，梁启超提出区分"公德"与"私德"，李泽厚先生提出区分"宗教性道德"和"社会性道德"是一种很好的思路。可参见《梁启超文集》中《公德与私德》篇和李泽厚的《实用理性与乐感文化》《哲学探寻录》《伦理学纲要》等著作。

在美学上，实践美学以马克思的历史唯物论作为基础，把美的本质放到发展着的历史语境中去考察，指出，没有抽象的不变的美的本质，美的本质是一种历史的产物，必须放到人类的社会历史实践中去理解，这正是一种反形而上学、反本质主义的思路。正如前所述，学术界已有学者把历史唯物主义看做是反本质主义哲学的先声。①

但是，把美的本质放在具体的历史语境中去理解不等于取消美的本质，正如反本质主义不等于取消任何本质、反对任何本质一样。所谓反本质主义，反对的只是抽象的不变的本质，按照传统的说法，反对的是机械的形而上学的本质论，却并不反对历史的具体的本质观。事物没有所谓永恒不变的本质，却有相对稳定的小范围之内的本质。审美现象是历史的具体的，但之所以有的事物被称为美的，有的被称为丑的，说明美仍是可言说、可界定、可规定的，是有其可探讨、可发现、可寻找的“本质”的——只是探讨、发现、寻找其本质的路径和方法必须是历史的、具体的，而不是抽象的、非历史的。

二、形式力量与自然美、社会美、生态美

众所周知，实践美学是从人类社会历史实践去理解美和艺术的本质的。按照这种理解，美的本质在于自然的人化，即由于人对自然的改造活动使得自然不再成为与人为敌的陌生和异在力量，而变成人的精神和心灵的家园，这是“外在自然的人化”。同时，由于人的这种实践活动，人类本身的心理结构从单纯动物性变成人的，产生了能认识世界的自由直观、分别善恶的自由意志和把对象当做审美对象进行欣赏的自由享受，这是“内在自然的人化”。外在自然的人化产生美，而内在自然的人化便是美感的产生。李泽厚先生强调，自然的

---

① 比如，童庆炳先生便持此看法。而我个人认为，这种说法是有一定道理的。马克思主义之所以在现代世界影响巨大，正因为它提供了一种与以往任何哲学都不同的历史的具体的方法论和世界观，即以变化、发展的观点看待世界，从而解构了以往不变的机械的形而上学观。

人化是一个实实在在的物质实践过程，是人对自然的实际改造。只有当自然的人化达到一定程度，才可能产生作为价值的真、善、美。因此，美之本质在于自然的人化。①

但是，自然的人化只是美产生的前提，准确地说，它是美的本质的哲学前提，却不是美自身的内涵。正如李泽厚先生本人所曾经谈到的，自然的人化不仅产生美与美感，同样还产生作为自由直观的认识，作为自由意志的道德。也就是说，美产生于自然的人化，但自然的人化并不必然产生美。用逻辑形式来表达便是“只有自然人化，才能产生美”而非“如果自然人化，便能产生美”。从“自然人化”到“美”，还有若干中间环节，其中一个最为关键性的因素，那就是形式。形式结构与法则是宇宙间普遍存在的，整个宇宙正是按照一些基本的形式结构与法则构成的。按照神学的解释，这些形式结构与法则之所以存在，是因为神的作用，即上帝的意志，整个宇宙按照上帝的意志以最美的结构形成。但是，按照历史唯物主义的观点，创造世界的上帝并不存在。那么，宇宙间这种普遍存在的形式法则从何而来？按照实践美学的解释，它是一种康德所谓“无目的的合目的性”，即它不是某个意志力量所制造、设计，更不是由人类的目的和意志而创造，却符合了人的目的与意志，符合了人的审美要求。实践美学认为，之所以如此，恰恰是因为人在实践活动中改造了自身，使人产生了能够掌握并运用这些形式法则的心理构造，也就是通常所谓的人性结构，即自由直观、自由意志和自由享受，从而使得这些形式法则不再是抽象的法则，也不再仅仅是外在于人的客观的法则，而成为人所掌握并且能够到处运用的一种自由的形式，一种实践性的力量。因此，它成为一种主体性的“形式力量”，一种运动着的、动态的实践性的力量。按照我的理解，这便是马克

---

① 参看李泽厚《美学四讲》中关于自然的人化的论述（《已卯五说·说自然人化》）。同时，亦可参看徐碧辉《论实践美学的自然的人化》（《沈阳工程学院学报》2008年第1期）和《从自然人化到人自然化——后工业时代美的本质的哲学内涵》（《四川师范大学学报》2011年第4期））。

思所说的人“懂得按照任何一个种的尺度来进行生产，并且懂得处处都把固有的尺度运用于对象；因此，人也按照美的规律来构造”这句话的真正含义。马克思的另一段话可以作为一个佐证：“随着对象性的现实在社会中对人来说到处成为人的本质力量的现实，成为人的现实，因而成为人自己的本质力量的现实，一切对象对他来说也就成为他自身的对象化，成为确证和实现他的个性的对象，成为他的对象，这就是说，对象成为他自身。”① “对象性的现实”之所以能成为“人的本质力量的现实”，“对象”之所以能够“成为他自身”，正是因为人掌握了对象所赖以构成的形式法则和运动变化的形式规律，并能够运用这些法则与规律。否则，对象对于人来说依然是陌生的，神秘的，不可知的，从而也不可能是美的。由于这些形式力量为人所掌握，它便不再是异在、陌生、与人敌对的力量，而成为一种人可以自由运用的形式力量，这种为人所掌握的自由形式才是美。

举例来说，当原始人学会敲击石头以使之更尖锐一些，从而把它变成自己的工具时，这时石头便成为潜在的审美对象，而这个敲击的过程也可能成为一个美的生产过程。当人们掌握了四时变换的规律，懂得了何时播种、何时收获时，“季节”和“播种”的规律便成为人所掌握的规律，因此，“四季”才能进入人们的视野，成为审美对象。当人们能够依照各种建筑学规则建造起一栋栋房屋时，各种“建筑”的形式规则便成为人所掌握的规则，从而，“建筑”不但能成为遮风挡雨的避难所，成为人们生活居住的场所，同时也成为潜在的审美对象。并且随着实践的发展，其审美功能日益突显，终于成为一门“艺术”。当人们掌握了桥梁建筑技术，能够在湍急的流水中安放下牢固的基座，从而使桥墩稳稳地屹立在洪流之中，能够以圆拱或斜拉形式联结起河流的两岸时，桥梁便在成为人们的交通途径的同时具有了审美属性。无论是建筑房屋还是桥梁隧道，或是修筑水坝，改造河道，人们发现，有一些基本的形式法则和

---

① ［德］马克思：《1844 年经济学–哲学手稿》，《马克思恩格斯文集》第 3 卷，人民出版社，2009 年，第 190~191 页。

规律，是在所有的建筑或建造活动中都必须遵循的，如平衡、匀称、比例等。人们发现，那些稳固耐久的建筑同时也常常有着均衡的结构、适当的比例与节奏，而这些均衡的结构、适当的比例与节奏同时也能带给人愉悦之感。

这样，在漫长的实践过程中，各种形式法则被人们发现、创造和运用，人们逐渐总结出了一系列这类形式规则，如比例、节奏、均衡、多样统一等。于是，人们便产生一种误解，以为存在着某种独立于人的客观的形式法则，只要符合或遵循这些法则，便是美的。于是人们致力于寻找这些规则，先后找到了黄金分割、曲线、比例、对称、明亮的色彩等。但以后人们又发现，有时候没有这些因素的对象同样也能给人带来美感。于是人们又困惑了，便宣称美只是一种主观的感受，于是审美趣味说、审美经验说、心理距离说、移情说、直觉说等研究探讨美感的学说先后登场。这些学说虽然具有其合理性，在美感研究方面做出了重要贡献，却也留下了一些漏洞让人批判。这样，到了20世纪，人们干脆宣称“美”“真理”只是一些感叹词，没有任何意义，而“美是什么”这类问题也被宣称为形而上学的假问题被抛弃了。

其实，这里有一个关键性因素被人所忽略，即所谓“美是什么”这一问题并不存在一种可以超越时代和历史的抽象的、永恒的答案。美一定是人们生活方式、生活环境的综合结果，用传统实践美学的话语来表达，它一定是社会历史实践的产物，不同的时代，它的具体内涵是不同的。正因为实践美学从人类的社会历史实践来理解审美现象，把美看做是一种历史的实践的过程，同时也是这种历史实践活动的结果，因而实践美学不把美的本质看做是某种固定不变的抽象的因素或条件，或形式，或性质，而把它看做是人据以改造世界的一种自由形式。在这里，美既有着相对固定的哲学界定——自由的形式，同时，这种自由的形式又随着时代的不同而有着不同的内涵。在人类社会处于相对低级的阶段时，美是相对单纯的形式，因此，在人类早期社会，比例、对称、均衡、节奏等被认为是美的不变法则与前提。在这个前提下，古典美的风格是和谐。只有遵循一定比例、均衡、对称等法则的事物才被认为是美的。随着社会的发展，实践的拓展，人类掌握了更多的形式规律，也就是说，更多的形式法则成为人所掌握和自由运用的形式力量，因而人的审美视野更加开阔，以往那些被认为是不符合要求的不和谐的形式也被纳入人们的审美对象之中，并且，由于能够更加自由地运用这些形式规律，人们往往故意追求不和谐，故意违反比例、均衡、对称等法则，绘画中引入不和谐的刺目的大块色彩，音乐中产生无调性形式的音乐，文学中各种时空交错、拼接等技法被大量运用。总之，古典艺术追求和谐，现代艺术打破和谐。这正表明，美是实践的产物。如果没有人类社会实践能力的提高，没有对更多的形式法则的掌握和自由运用，审美视野的开阔便无从谈起，各种反审美、怪诞艺术也不可能产生。

如前所述，自然的人化是美的必要条件而非充分条件。人类对自然的改造，是为了生存的目的。也就是说，改造自然也好，人化自然也好，都是人们为实用目的而进行的，因此，人类改造自然的活动首先是一种实用性的活动，一种目的性、功利性活动。只是当这种目的性、功利性活动达到一定程度，一部分人可以脱离实用的功利性目的，脱离物质性的活动而从事纯粹的精神性的活动时，美才可能产生，换言之，人类的活动和产品才可能被当做审美对象。因此，从逻辑上说，应该是首先有社会美（包括人体自身之美和实践活动之美），而后有自然美。人类首先是装饰自身，再装饰居住的环境。首先是人类的狩猎活动和产品成为装饰物，然后才扩展到自然的植物、贝壳等对象。

美的形态种类差别很大，从不同的美本质观可以总结出不同形态之美。传统美学体系在讲到美的形态时一般讲自然美、社会美、艺术美，有的把形式美加上作为一种形态。这个体系近年来颇受攻击和质疑。这里，笔者无意对此进行深入分析，只想提出一点：这种形态的划分的确存在概念之间不匹配的问题。与艺术美相对应的应该是现实美，自然美和社会美都应该被包括在现实美里。而形式美则应该是贯穿于整个自然美、社会美和艺术美之中，是所有这些美的形态所应该具有的共同法则。关于自然美、社会美和艺术美，李泽厚先生在他的《美学四讲》里论述得很明确而透彻，即作为人类实践的产物，作为自然的人化，美是事物的合规律性与合目的性的统一，但自然美更强调的是规律性服从于目的性，社会美则强调的是目的性服从于规律性。而艺术美作为纯粹的精神创造产品，服从的是艺术自身的规律。

五年前，我曾写过一篇文章《从实践美学看“生态美学”》。在那里，我提出，生态美学要成为一门学说或学派，还有一些问题需要解决。但是，生态美学为“学”之不确定，并不等于生态美之不存在。事实上，在那篇文章中，我提出，生态美是比自然美更高级的一种审美形态，它是历史发展到后工业时代的美的理想。后工业时代的标志之一便是生产的电子化、智能化，它使得人类的生产力和改造自然的能力提高到一个前所未有的高度，在这个高度上，人与自然的关系需要重新思考。实践美学始终把问题放到历史语境中去思考，而不是脱离历史实践进行抽象的概念描述。从实践美学的立场出发，我以为，后工业时代的到来正是人与自然关系的一个临界点，即必须改变单纯的征服自然为人对自然的尊重与敬畏。在美学上，美的本质不再仅仅是传统马克思主义讲的“自然的人化”，更是在此基础之上的“人的自然化”和“自然的本真化”。而建基于人自然化基础上的美的形态也不再是单纯的自然美，而是涵融自然美和社会美的生态美。

如果说自然美的实质，是自然的人化，是在“真”的形式结构中积淀了人的本质力量，其形式是“真”，其实质是“善”，社会美的实质，是人的本质力量的直接呈现，其形式是“善”，其内容是“真”，是以“善”的形式显现“真”的内涵，那么，生态美的实质，就是人的自然化和自然的本真化，即是在自然人化的基础上人对自然回归和依赖，是在自然和社会呈现人的“善”目的的基础上对自然之“真”的回归和强调。从形式上说，它接近于自然美，从实质上说，它是人的目的的“善”合于自然之“真”，以含融了人的“善”的自然之“真”为其本质。

人对自然从精神上和生存层面上的这种依赖、回归，人与自然之间这种建立在人既能认识、利用和改造自然，同时又依赖自然基础上的亲近、和谐、共生、共在关系，是人与自然关系中的另一面，即人的自然化。而人的自然化的审美表现就是生态美。所以，生态美是历史的产物，是在人类社会生产力发展到较高阶段、人具备了较高的认识和改造自然的能力、自然的人化达到一定程度的时候才产生的概念。生态美的实质是人的自然化和自然的本真化。从哲学层面上说，它是在自然美和社会美基础之上对自然美和社会美的超越，也是自然美和社会美的综合，是一种更高级的审美形态和审美境界。自然美强调的是人对自然的人化和改造，是人以主体的身份对自然之美的发现。社会美是人对自己在社会活动中所体现和确立的各种社会价值的形式化，是以美的形式对社会善的价值的确认。生态美则是在人化自然的基础上人的自然化和自然的本真化。自然美和社会美强调的是人作为实践主体对自然的改造和对社会的变革，即强调美源于人的社会实践活动，生态美则强调的是人作为自然之子对自然的回归与依赖，是在确立起人的主体地位之后以一种更高的视野重新审视人与自然之间的关系，即把人放到更高、更深、更广阔的宇宙空间和时间中去审视、定位，从而重新树立起人对自然的敬畏和尊敬之情。从价值观上说，自然美是在自然之“真”中发现社会“善”的内涵，社会美是使社会之“善”赋予自然之“真”的形式，生态美则是在更高的基础上把自然之“真”的形式和社会之“善”的内涵统一、融会、贯通起来，使之成为蕴含人类理想的自然本真之美与社会实践之善的自由形式。

如果说，实践美学过去强调的是在自然之“真”的形式下所包含的社会之“善”，那么，今天它从美学角度对生态问题的观照使得自然之“真”本身成为注目的焦点——这里的“真”不仅仅是“真实”，更重要的还有“本真”之意。如果说，过去对人化自然的强调立足于美的历史回溯和起源学考辨，那么，现在对人的自然化和自然的本真化的重视则是立足于现实的哲学分析和面向未来的理想展望。人的自然化不是把人“化”到自然中去，不是人在自然面前无所作为，而是人自觉地保持对自然的谦卑和谦逊态度，把自然当做自己情感和精神的归宿和家园。在当今人类科技高度发达、人类征服和改造自然的能力已经达到可以对其生存的环境进行干预的前提下，确立生态美作为人与环境之间关系的审美理想形态已经是势在必然。

自然美强调的是“人化”，生态美注重的是“自然”。自然美的基础是人对自然的改造，生态美的核心是人对自然的情感依赖与交流。如果说自然美的本体是实践，则生态美的本体便是情感。但生态美又不是脱离自然美的另一种形态，而只是在哲学上的一种界定，它的主要内涵正是“自然”。我以为，生态美是一个极其重要的概念，它所要提倡的是人类在现代化、城市化的生存方式和环境之下一种新的天人合一的理想。如果说自然美是工业时代及以前的美的主要形态之一，则生态美将成为后工业时代美的主要形态。它提醒人们，以都市化生活为主要生存方式的现代人，在远离自然的状态下，仍然应该把“自然”作为美的理想来追求与提倡。

这里，我要再一次说明的是，生态美不是一种独立存在的审美形态，不是在自然美和社会美之外的另一种审美形态，而只是从哲学上在自然美与社会美之外区分出来的概念，它是对自然美和社会美的综合。生态美就存在于自然和社会之中，而不是在自然和社会之外另有一种独立存在于前者的“生态”。历史和逻辑的发展往往是一致的。当自然的人化达到一定程度，人类对自然的改造达到一定的水平，使得一部分人可以从体力劳动中解放出来从事纯粹的精神活动时，自然之美才进入人们的视野，才能成为审美对象，从而才能有自然美。而当自然的人化进一步发展，人类对自然的征服和改造力量足以对自然本身的存在形态与状态造成根本性改变的后工业社会，“人自然化”的哲学课题才能真正进入人类的视野，也才可能提出“生态美”这一概念。当人对世界的“人化”尚未达到充分的程度时，人类的主要任务是“人化”自然，改造自然。当人对世界的“人化”已经达到足以改变自然的性质甚至足以毁灭自然这样一个临界点时，人自然化便成为人与自然关系的一个新课题。在前现代社会，人的生活规律、生存方式本身便是按照自然的方式进行的，人们日出而作、日入而息、顺应四时变换，春种秋收。这时，人本身便是自然，无所谓“自然化”的问题。或者说，“自然化”不是人与自然关系的主调。进入现代社会，日出而作、日入而息、面朝黄土背朝天的农耕生活方式被视为原始落后而被抛弃。人们离开了自然，聚集到城市。人们不再遵循自然规律去生活，而是用霓虹灯和各种繁忙的夜生活把城市变成了不夜城。城市的生活是彻底“人化”的。同时，现代社会对人的异化也是严重的。在这种背景下，以“自然化”的情感性来克服异化，便是历史给我们提出来的任务。人的自然化的审美表现也就是生态美。从而，后工业时代的美也就是一种生态美。

（刊于《郑州大学学报》2012 年第 6 期）

自然审美批评话语体系之建构

⊙薛富兴
⊙南开大学哲学院

当代中国环境美学面临一个基础性问题：如何建构符合当代人类环境意识、环境科学与环境伦理的当代审美意识？诚然，中华民族有着久远、深厚的热爱自然、尊崇自然的优良传统，但稍作反思我们即会发现，中华发达的古典自然审美传统确实存在一些与当代环境科学与哲学核心理念不尽相符的东西，需要我们克服与超越。如何建构新的当代自然审美意识，当代自然审美如何在质与量上超越古典自然审美经验，开辟新境界？本文欲就此问题谈些个人看法。自然环境乃整体环境之基，对象自然又乃环境自然之基。[①] 自然美学乃环境美学之前提，环境美学则是自然美学之拓展。在对象自然审美欣赏基本问题尚未解决之前，很难期望环境美学取得实质性进展。基于此认识，本文集中讨论对象自然审美欣赏中的几个基本问题，以期能为当代中国环境美学理论建设做些奠基性工作。

---

① 关于对西方自然审美传统的反思，见艾伦·卡尔松《欣赏与自然环境》，《美学与艺术评论》1979 年第 37 卷，第 267～276 页，以及艾伦·卡尔松《论量化景观美的可能性》，《景观规划》1977 年第 4 卷，第 131～172 页。

一、自然审美批评——一个历史性空白

中国古代美学自魏晋起即进入批评自觉时代，其时出现了各式艺术品评论著，《诗品》《古今书评》《古画品录》可为代表。此后历代诗、书、画、文批评著作不断出现，形成持续的艺术批评传统。但是，自然审美的情形则大不相同。虽然自然审美同样古老，可追溯到《诗经》《庄子》时代，但历史上仅有自然欣赏之记忆，却并无自觉、系统的关于如何恰当地欣赏自然的审美批评。于是，传统美学内部存在着一种严重的不平衡——自然审美与艺术审美之不平衡。如果说，人们自古即普遍认为艺术创造与欣赏存在着好坏、高低的区别，因而很早就自觉地建立起引导性的各门类艺术批评术语、规范甚至理论的话，那么，自然审美领域则一直处于朴素状态：只存在着观照、欣赏与赞美自然之朴素审美经验，并未在此基础上像艺术审美领域那样发展出关于如何恰当地欣赏自然的反思性审美批评话语、技术、规范与理论。于是自然审美一直处于自然主义状态——似乎怎么都成，并不存在好坏与高低的区别，欣赏与赞美自然也似乎从来不会犯错。从逻辑上说，如果我们承认在艺术审美领域经常会发生不尽如人意的情形，因而经常需要理性批评的引导，那么人类在自然审美领域所获得的审美经验也不会尽善尽美，很可能也存在诸多值得反省之处，只不过我们迄今尚未意识到而已。欣赏乃审美之主体，批评则是对欣赏之超越性反思，它将积极引导与促进人类审美经验之提升。一种毫无理性因素介入的自然审美怎么可能走出质朴的自发状态，发展为一种在整体文化理念上足以与艺术审美相提并论的成熟审美经验？自然审美怎样才能由浅入深，转粗为精，与艺术审美同时进入自觉、成熟的精致化阶段呢？

简言之，与其发达的艺术审美批评传统相比，中华古典自然审美有一重要现象尚未引起学界注意，那就是一直存在着理性审美批评的空白。汗牛充栋的山水诗文只是对山水之美的朴素审美感知。在自然审美领域并未发展出相应的品评山水特别是品评山水审美经验的反思性理性活动。这是一个长久的历史性空白。正因为理性审美观念一直未能介入自然审美领域，古典自然审美一直处

于一种缺乏理性鉴赏标准的阶段，所以中华古典自然审美整体上一直处于自发状态，尚未与古典艺术审美一起进入自觉阶段。

如果说不自觉是中华古典自然审美之实情，那么，当代中国自然审美又当如何？当代自然审美如何超越古人？与古人相比，当代人类面临新语境。一方面，自然科学研究已然为社会大众提供了海量的关于自然奥秘之新信息，这使当代自然审美可以超越社会大众对自然的朴素直观与常识，进入深入内在地欣赏自然的新阶段；另一方面，当代人类在天人关系上有了新认识，天人和谐共处的环境意识、生态理念将从宏观上深刻影响与指导自然审美行为，使理性认知因素在宏观（环境意识）与微观（科学知识）两个层面自觉介入自然审美，促使其超越古典自然审美之朴素状态，进入自觉感知、理解和体验自然之美的新境界。

当代人类如何实现自然审美自觉？有一个朴素的可操作性起点，那就是尝试引入自然审美批评，建立从事自然审美批评的基础性原则、规范、技术与理论，最终形成自然审美批评话语体系，就像我们曾在各门类艺术审美中已然做到的那样。反思古典艺术审美传统我们会发现：健全的审美机制不能仅有纯感性经验，尚需理性观念之引入。在古典时代，艺术审美已然形成各门类艺术创造、鉴赏与批评的有效互动和相互促进之局，理性的艺术审美批评对于促进艺术创造、引导艺术欣赏发挥了积极作用。因此，尝试在自然审美领域引入审美批评，建立自然审美批评话语体系应当成为促进当代自然审美自觉、成熟的有效途径。

二、客观性：自然审美原则

就像伦理意识自觉的标志乃是提出伦理应当的标准——什么样的行为是正当、正确、值得肯定的一样，自然审美意识自觉也当有自己之应当——怎样欣赏自然才是正确的标准。可惜，对于这样的自然审美基本问题中西美学长久以来付之阙如。

为此，加拿大环境美学家艾伦·卡尔松（Allen Carlson）提出了自然审美的“恰当性问题”，意在解决自然审美欣赏中的应当和标准问题。卡尔松反思了西方自然审美传统中“不恰当”自然审美的种种表现，包括“对象模式”“景观模式”和“形式主义”，认为西方自然审美传统所表现出的种种“不恰当”有一共同精神——看似在欣赏与赞美自然，实则极随意、主观地对待、濡染自然。因此，为纠此弊，马尔科姆·巴德提出了自然审美新标准——“把自然当自然对待”：“正如艺术审美欣赏是将艺术作为艺术所进行的欣赏一样，自然审美欣赏也是将自然作为自然所进行的欣赏。因为，基于自然界不是任何人的创造物，自然审美欣赏如果要真实地面对自然之实情，它就一定是这样一种自然审美欣赏：不是将自然作为一种有意识生产的对象（因此也就不是作为艺术）来欣赏。”[①] 卡尔松将这种自然审美欣赏新理念概括为自然审美的“客观性”原则：“追随对象的引导，这是一种‘客观的’引导。客观之意义是最基本的：它有关于对象及其特性，而与那种关于主体及其特性的主观欣赏相反。在这个意义上，客观地欣赏就是指作为和为了对象之所是、所有而欣赏。它正处于主观欣赏的反面：在这里，主体，即欣赏者及其特性以某种方式强加于对象之上，或者更概括地说，将一些不属于对象的东西强加于对象之上。”[②]

从朴素的自然审美经验直觉层面看，自然审美是对自然对象的审美欣赏，即自然审美欣赏活动中要客观地对待自然，欣赏自然对象本身的审美价值。但是，经过对传统自然审美经验作冷静、深入的反省我们发现，此中其实一直有大谬不然者。比如，我们会经常以诗情画意对待自然，以如诗如画的标准奉承自然。我们经常会如画家般地从特定的角度、距离欣赏自然，而不是全方位地观照自然。凡此种种用卡尔松的话说，其实就是“艺术地对待自然”，是把自

① ［英］马尔科姆·巴德：《自然的审美欣赏》，牛津大学出版社，2002 年，第 91 页。

② 见［加］艾伦·卡尔松：《欣赏艺术与欣赏自然》，《美学与环境》，路特里吉出版社，2000 年版，第 106 页。关于自然审美客观性原则的论述，亦见其《自然、审美判断与客观性》，《美学与艺术评论》1981 年第 40 卷，第 15~27 页，以及《恰当自然美学的要求》，《环境哲学》2007 年第 4 卷，第 1~13 页。

然作为艺术来欣赏，是用艺术审美的趣味、标准与方法欣赏自然，而不是“把自然当自然对待”。又比如，中国人已然习惯了用自然对象、现象比拟人的道德品质，像“以玉比德”，喻梅、兰、竹、菊为“四君子”等。但细参此类雅趣，我们不禁会问：在此种行为中我们真正在意的到底是自然对象、现象自身具有的客观特性，还是人类自身的文化情趣？我们到底是在欣赏自然，还是在曲折地以自然事相表达人类自己的文化理念？依笔者之见，此类行为看似在欣赏、赞美自然，实则是人类的自我言说，是以欣赏自然之名行人类自我表达之实，是“以自然之酒杯浇人类之块垒”。因而，此类自然欣赏“不恰当”之实质，便是并没有把自然当自然来对待，而是或者把它当艺术品来欣赏，或者把它当做自我表达的便当工具，是主观地对待自然。

主观地对待自然之所以是不恰当的，一方面因为从认识论看，它远离了所欣赏之客观事物，因而是错误地欣赏自然，其所欣赏者不一定为自然对象所实有。另一方面，人类在自然审美中所表现出的随意濡染自然对象（无论是伦理上的比德趣味，还是艺术上的抒情趣味）传统，本质上乃是一种未能从深层意识上真正地尊重自然的行为，是人类自我中心主义在审美领域中的诗意表现形式。由于它以欣赏与赞美自然的面目出现，由于它是一种诗意温情，因而极难进入人们的理性反省视野。从自然伦理角度省察我们便会发现，此种主观对待自然的“不恰当”，又是一种自然伦理意义上的道德缺陷：本质上未能真正地尊重自然。自然伦理语境下，随意涂抹自然的借景抒情与伦理比德很难在伦理上为自己的合法性做出证明，是一种伦理学意义上的不恰当。名不符实的自然审美至少是荒诞的，很难为自己做出论证。如果说古典时代自然审美中经常出现张冠李戴行为是可以原谅的，那么，当代自然审美坚持指鹿为马，便是一种不可原谅的失德行为。

那么，怎样认识卡尔松所提出的自然审美客观性原则的理论和实践意义呢？

如前所言，中西方古典自然审美长期处于不自觉阶段，一方面，艺术趣味与方法长期掌控自然审美；另一方面，在自然审美实践中有欣赏而无批评，有感性而无理性，自然审美领域一直未能有效建立起审美应当之价值标准。于是，当代自然审美自觉便有两个层面的内容：首先在自然审美实践层面如何使自然审美欣赏趣味与方法真正从艺术欣赏传统中独立出来，走出艺术趣味与方法之影响，形成真正属于自然审美且为自然审美自身所特有的趣味与方法，从而使人们在自然审美欣赏中所感知、理解和体验真正为自然对象、现象自身所实有，自觉拒绝和剔除那些并不属于自然对象、现象自身的东西。其次，在自然美学层面上，美学家需要旗帜鲜明地提出和解答自然审美欣赏中欣赏什么和如何欣赏等基本问题，并明确提出恰当自然审美与不恰当自然审美的判定标准。唯有如此，自然美学才能从传统艺术美学的笼罩下独立出来，自为畛域。

如何建立自然审美批评话语体系？自然审美客观性原则便可成为自然审美批评话语之奠基石：唯有从哲学立场上首先确立对待自然的客观性原则——客观地对待自然，将自然当自然来对待，欣赏者才能在自然审美具体实践中自觉拒斥艺术趣味与艺术标准，自觉排斥对自然对象随意涂抹、主观化改造的传统习惯，才能保证自己所欣赏者乃自然对象、现象之实有，自己所欣赏的乃自然对象本身之现象与特性，这样的自然审美才是名符其实的欣赏自然，而非以欣赏自然之名行自我表现之实。只有此原则才能使欣赏者自觉省察其自然审美传统趣味中的人类中心主义，使人们尽可能地在自然审美中尊重自然，在尊重自然基础上欣赏自然。客观性原则能同时让我们做到在认识论意义上恰当地欣赏自然，不错误地欣赏自然；在伦理学意义上恰当地欣赏自然，不侵凌自然。自然审美客观性原则的提出标志着当代自然审美意识的自觉，它是自然美学建立与成熟的基础，同时也将极大地促进自然审美实践层面的自觉与更新。正因如此，我们愿意将它列为自然审美批评话语体系中的基础性话语。[①]

---

① 对于卡尔松自然审美客观性原则的评论与阐发，见薛富兴《卡尔松的科学认知主义》，《文艺研究》2009 年第 7 期，及其《自然审美欣赏中的两种客观性原则》，《文艺研究》2010 年第 4 期。

三、自然特性：自然美内涵系统

客观性原则从宏观哲学立场解决了自然审美中如何对待自然的问题，有利于我们确立这样的现代自然审美意识：自然审美是对自然对象、现象自身所具审美特性的欣赏，要把自然当自然对待，而不能把自然当艺术品或自我表达工具对待。它有利于我们在自然审美中自觉抵制传统的艺术趣味与方法，警惕以“比德”和“借景抒情”为代表的人化自然倾向。

但是，客观性还只是一条抽象的哲学原则，它只解决了如何对待自然的根本立场问题，并没有揭示自然审美的具体内容，即自然审美到底应当欣赏什么的问题。充分自觉了的自然美学需要进一步解决自然美的内涵问题，自然审美批评话语需要更具体地涉及自然美系统的要素与结构。

不能说传统自然审美毫无建树。经典山水诗文中充斥了对自然对象不厌其烦的赞美，可谓对自然美内涵之初步揭示：“山川之美，古来共谈。高峰入云，清流见底。两岸石壁，五色交辉。青林翠竹，四时俱备。晓雾将歇，猿鸟乱鸣。夕日欲颓，沈鳞竞跃。实是欲界之仙都。”（陶宏景《答谢中书书》）

但是，卡尔松通过对自然审美传统趣味反思后提出，这种对自然对象表象色声特征的欣赏，即使是一种正确、真实的欣赏，也只是一种初步、肤浅的欣赏。形式主义趣味只接触到自然对象之表象，尚未深入自然真实之内部。因此他提出，自然审美需要超越形式主义趣味，深入到自然审美特性欣赏的层次。[①]然而，卡尔松虽然很正确地提出了当代自然审美如何超越形式主义趣味肤浅地欣赏自然的问题，但他并未能就此正面、深入地探讨和总结自然审美的具体内涵。当代自然美学要实现充分自觉，当代自然审美批评要具体有效，就需要认真分析自然美要素与结构，需要建立自然美特性系统。笔者认为，依据自然审美乃对自然对象自身所实有者之欣赏的原则，自然美内涵或自然美特性系统应

---

① 关于对自然审美中形式主义趣味的反思，见［加］艾伦·卡尔松《自然环境的形式特性》，《美育》1979 年第 13 卷，第 99~114 页。

当包括以下四个方面的基本内容：

一曰物相，即自然对象、现象独特、显著的感性表象可由人的正常耳、目、嗅、触等感官感知到的形色、声音、气味、质料等表层物理、化学事实，亦即自然对象、现象呈现于人感官的形式之美。此乃自然美内涵的基础部分，也是古今社会大众自然审美所涉及的基本内容，因其处于自然对象之表面，易为人所感知，且仅凭感官即可感知之故也。

欣赏自然物相之美虽然亦属恰当，因为亦为自然对象与现象所实有，是客观的自然美，但又因它只是对自然对象表面事实的欣赏，所欣赏到的只是自然对象的浅表之美，所以需要超越。那么如何把握自然对象的深度美？如何深度地欣赏超越物相之美的自然美？中国古代自然审美传统给我们提供的典范是比德与抒情。它确实超越了形式欣赏的层面，有深刻内涵，但准之以客观性原则，我们便不得不承认，这是一种错误的深刻，是对自然对象的主观赋予行为。它实际所欣赏者并非自然对象之实有，乃是人类自身的文化观念，因此是一种不恰当欣赏。卡尔松所揭示的西方自然审美传统则是将自然对象视为一种景观，即从欣赏者主观的特定角度去随意地构图自然，将自然状态下的自然对象进行人为的视觉（实即心理）组合，使它们别具面目，具备画意或可观赏性（景观模式）。或者将生存于特定环境中的自然物在心理上从其环境中隔离出来，使它看起来像一件雕塑作品（对象模式）。卡尔松指出，此种欣赏实际上是以艺术趣味改造自然，因而最终所欣赏者并非真实的自然对象，而是一种准艺术品。有鉴于此，当代自然美学需要正面提出，要想忠实且深刻地欣赏自然，就需由表及里，进入到所欣赏对象的内在特性层面，欣赏其特性之美。

二曰物性，即各类自然对象自身所具有的内在特性，比如各类动植物的生长，以及各类无机物的物理、化学特性。特性是决定一物之所以为此物的内在要素，是区别于其他对象的本质特征。在日常自然审美中，人们的多数自然欣赏恐仅及于自然物相，鲜有能深入到对自然对象内在特性之理解与把握者。但是，卡尔松提示我们，唯特性欣赏方可称之为严肃、深刻的自然审美，才是自然审美之境界。真爱自然者当能作自然之知音，乐于深度地了解自然。反之，若满足于大自然色相之美，便未足为自然之知音，其对自然之热爱、真诚程度亦大可存疑。既然在人类社会范围内，我们对挚友期许甚多，要求彼此间要有深度的心灵相契，为何欣赏自然时一下子就趣味与标准陡降，仅及于其形色？

与物相之美欣赏不同，自然对象特性之美超越了人耳目等感官直接感知的范围，因此，在物性欣赏过程中，单纯的耳目感知便不能济事，与自然对象短暂的当下接触也不足以形容。于是便需要理性认知因素的参与，需要关于自然对象特性的深度知识，需要理性理解力的介入，就像我们欣赏内涵丰富、深刻的艺术作品时需要引入理性智力因素一样。

大部分自然审美即使已深入到特性欣赏层面，也仅停留于类特性，即物种特性而已。我们只要欣赏了一朵玫瑰，似乎也就赞美了所有玫瑰。反过来，在人类眼里，同一种属下的所有玫瑰似乎都一样，因而只要欣赏了某一种属玫瑰的共享特性，似乎也就真的欣赏了每一朵玫瑰的美。可是，在人类社会范围内，我们仅说“女人是美的”并不能真的让每一位女士都感到满意，甚至也不能使夸赞者感到满意，因为欣赏者和被欣赏者均认为每一位女士的美都是独特、不可替代的。于是，衡量人类热爱自然的程度也就有了一个朴素标准——你正在欣赏的是自然之类特性，还是其个体特性。人类欣赏自然的耐心与眼光只有细致到能够且乐于欣赏自然之个体特性，即每一个体自然对象不可替代的独特性质，就像我们能够且乐于耐心欣赏每一位女子的独特之美时，方可谓真爱自然，真欣赏自然。据此，则我们不得不承认，虽然我们奉承自然的历史与人类自身文明史几乎同样久远，但实际上，我们的自然审美趣味仍相当粗疏，我们发现自然美的能力仍极为有限，当我们将它们与自己的艺术鉴赏趣味与能力相比时尤其如此。

三曰物史，即各类自然对象之物种史、命运史。传统视野下，大部分自然欣赏仅限于对自然物的静态观照，即把自然对象视为上帝已然完成的作品，欣赏其静态特征。古典时代对自然物的动态欣赏主要表现为感知和体验四时节律下动植物生命的盛衰变化，如“常恐秋节至，焜黄华叶衰”之类。此类欣赏不利于发现自然生物的崇高之美。康德曾将自然之崇高分为数的崇高（以对象之体量为胜，如崇山峻岭）与力的崇高（以对象之动态力量为胜，如洪涛巨浪），其实还有一种崇高类型——物史之崇高。科学家所揭示的自然史为自然审美展示出一幅新景观：在地球演化史的洪流中，每一物种之出现与延续均大不易，都是基因持存与环境适应间持久博弈的结果，都经历了大自然进化洪流的严峻考验。因此，每一物种之进化史都值得人类悉心观赏、体验，都是一部可歌可泣的生命传奇。即或是微虫小藻，它们在地球上的生命史也远比人类古老，所经历过的进化史考验也远比人类久远。无论植物、动物还是无机物，如果我们能用物种史的眼光审视之，它们均能令人起一种深沉浓烈、惊奇浩叹的崇高感，而不只是爱怜、把玩而已。在大自然浩繁、旷远的物种史面前，仅有数千年文明史的人类真不值得自傲。此种自然史、物种史视野下的自然欣赏与古典时代对自然生命节律的四时循环式感悟相比，其审美经验性质大为不同。前者令人对自然起敬佩之心，后者则令人对自然起哀叹之意。因前者视域宏大，后者视域短小。

即使我们所面对的是个体自然对象，无论它多么卑弱，如果我们能像科学家那样悉心、深入地观省其日常生活细节就会发现：每一自然个体，不管它处于食物链的哪个位置，其生存均大不易，都要经受诸多严峻考验，其每天的谋生与远祸行为，都要消耗大量体能，需要充分挖掘其所有的生命潜能。处于生存竞争洪流中的每一个体自然，其生命运动与人类极为相似，均可理解为一部艰辛卓绝的奋斗史，因而足以令人肃然起敬。关键在于，人类需要走出自恋情结，以同情心面对自然，愿以仁心换锐目，体贴微虫芥草心。

总之，在现代自然科学帮助下，当代自然审美多出一个重要参考——自然史、物种史视野。在此参照下，我们发现了前人不曾梦见的自然特性——自然物种与个体在地球生命史背景下的命运史。面对地球宏伟的自然交响史诗，人类正可重新认识自我，调整心态，对自然起尊敬之心、赞美之情。

四曰物功，即各类自然对象特性之功能。比之于物相欣赏，物性欣赏乃深层自然欣赏。但是，物性欣赏尚不是自然欣赏之最深层。要更深入地理解自然，还需进一步了解特定自然对象何以具有如此物性，拥有此特性对特定自然对象而言有何作用。比如，仅知道印度天南星具有能自在地变性这种奇特的植物特性是不够的，进一步研究才会发现：其高明的变性术其实是一种量体定性(体壮时为雌，体弱时为雄)、节省能量的生存应变之道，即变性以图存的独特功能，如此才算对此植物有了深入理解。[①]

物性呈现了自然对象的深度事实，物功则揭示特定对象具此事实背后更为深刻的原因——物性之所以然和它的特定效用。从哲学层面看，物功概念实际上属于自然之善，因此物功欣赏乃是对自然之善的感知、理解与体验。自然审美欣赏中需要认真区别两种物功，两种自然之善。一种乃特定自然对象对人类的特定功用，比如鸟羽可悦人之目，鸟鸣可乐人之耳，鸟肉可果人之腹。凡此种种，虽诚为物功，然乃物于人之功，非物于己之功也。若以自然价值论，则此乃自然对人类的工具性价值。本文欲深入讨论与正面支持者，乃是另一种物功，另一种自然价值，即特定物性对特定自然对象自身之生存与发展有益的作用，此之谓自然的内在价值，即独立于人类利用与评判的价值。自然审美所需欣赏者，并非鸟羽鸟鸣可以悦人耳目的价值，乃是其艳丽羽毛便于吸引异性，便于求偶，其清脆的鸣叫便于同类间沟通、协调，以便集体行动的价值。因此，这里的物功概念并非指抽象的自然对象之功能，乃是指自然对象特性对于特定自然对象自身之生存与发展有益的功能，是指独立于人类各种利用意图之外的自然自身之善。人类在欣赏自然时，只有暂时放下对自身的利益考量，即使是对自然对象悦耳目、悦情意之非功利精神性利用，发自内心地悉心感知、体察与欣赏自然自身之善，并只因体察到这种自然之善而生欢悦心，方为真正地欣赏自然之善，而非欣赏自然对人类的善。只有因自然之善而起的欢愉之心才是真正的自然审美愉悦。

上述之物相、物性、物史与物功四者，乃自然美要素，四者合起来，构成自然美由表及里、由浅入深的结构，形成一个较完善的自然特性或自然美内涵体系，它可以具体地指导人们的自然审美欣赏，用以解决自然审美到底欣赏什

---

① 田朝阳：《能改变性别的植物——印度天南星》，《生命世界》1989 年第 1 期。

么的问题。诚如上所论，自然对象的物相之美可由人的耳目感官所把握，但物相之后的物性、物史与物功欣赏便非耳目感官所能济事，就需要诉诸精神心理层面的理性认知与理解因素。对此，卡尔松给出了具体的建设性意见："就像严肃、恰当的艺术审美欣赏要求有关艺术史和艺术批评方面的知识一样，对于自然的此类欣赏也要求关于自然史的知识——由自然科学，特别是诸如地质学、生物学和生态学之类的科学所提供的知识。核心的观念是，关于自然的科学知识能够揭示自然对象和环境真实的审美特性。"①

卡尔松的科学认知主义理论对当代自然美学有两个重要贡献：其一，正面提出自然审美恰当性问题与自然审美客观性原则；其二，从形而下层面提出了自然审美欣赏应借鉴自然科学知识的建议，对当代自然审美实践具有切实的指导作用。

对于本文提出的自然美特性系统，也许有人会提出质疑：上述所论者乃为自然之真、自然事实，而非自然之美，怎么可以将物相、物性、物史、物功都说成是自然美呢？对此笔者认为，此类质疑源于休谟对事实与价值之判然二分。其实，人类只要不自外于自然，只要在自然物面前不特别地主张自己的文化权利，而是发自内心地感知、理解与体验自然之善，能以自然之善为己善，因见自然善而快乐，我们有必要严格区分自然之真与自然之美吗？为什么自然之真不能在人心中同时化作一种自然之善、自然之美？笔者的意见是：走出人类中心主义偏见的自然审美欣赏，可以将事实与价值，自然之真与自然之善、自然之美融为一体。

自然美特性系统的梳理，正面且具体地解决了自然审美到底欣赏什么即自然美的内涵问题，它是对客观性原则的具体化，成为自然审美批评话语系统的基础性内容。美学家可以据此对社会大众自然审美实践恰当与否进行具体的评判与指导。

---

① ［加］艾伦·卡尔松：《环境美学》，E. N. 扎尔塔编《斯坦福哲学百科全书》，2007 年。

四、从观物到格物：自然审美方法

对于自然审美方法，无论是卡尔松的“科学认知主义”，还是伯林特的“参与美学”都强调多感官交互式动态体验，反对传统的静观式欣赏[①]。这里欲强调者，一方面，美学家需要注意对象自然欣赏与环境自然欣赏的区别。多感官动态交互式方法更适于对环境自然之整体体验，对象自然审美欣赏则更适于以传统的静态对象观照方法进行欣赏。若论中国自然审美传统，人们所熟悉的乃是直觉参与式的欣赏，对象静观式审美并未充分发展起来，参与式体验过程中所产生的对自然对象的主观化改造也未能被充分意识到。因此，立足于对中华古典自然审美传统中发达的濡染自然习惯的自觉反思，当代中国自然审美需要正面推进的，当是静态观照式的欣赏方式，至少在对象自然审美阶段当如此。

若欲从方法论角度贯彻自然审美客观性原则——客观地对待自然，恰当自然审美应当应用怎样的审美方式呢？中国古代哲学正有值得借鉴的思想资源。首先是“观物”思想。《易传·系辞下》云：“古者包牺氏之王天下也，仰则观象于天，俯则观法于地，观鸟兽之文，与地之宜，近取诸身，远取诸物，于是始作八卦，以通神明之德，以类万物之情。”邵雍《观物外篇》也说：“天所以谓之观物者，非以目观之也，非观之以目而观之以心也，非观之以心观之以理也。天下之物莫不有理焉，莫不有性焉，莫不有命焉……圣人之所以能一万物之情者，谓其能反观也；所以谓之反观者，不以我观物也。不以我观物者，以物观物之谓也，既能以物观物，又安有我于其间哉？”

“观”者，细察之谓也，既有视觉感知义，又有理性细析义，这里面综合地包括了从视觉感官到理性意识、客观地对待对象、冷静细致地辨析对象特性等所有内容，是古人对对象观照活动的一种简明概括。从《易传》的“仰观

① 对于这两种美学理论在欣赏方法上的区别，见［加］艾伦·卡尔松《当代环境美学与环境保护要求》，《环境价值》2010年第19卷，第289~314页。

俯察”，到邵雍的“以物观物”，代表了中国古代哲学对人类对象认知活动的一种自觉意识，体现了努力认识外在对象的客观精神。“以物观物，性也；以我观物，情也。性公而明，情偏而暗……任我则情，情则蔽，蔽则昏矣。因物则性，性则神，神则明矣。”邵雍高度概括了人类对待外在对象的两种态度——“以我观物”和“以物观物”。前者任情，故不可能获得关于外在对象的特性认识；后者自觉地克制人的主观性，至少是自觉意识层面的主观性，努力客观地对待外在对象，因而外在对象的特性与秩序（性与理）才可能向人开放。笔者认为，起之于秦汉时代的“观物”概念，以及邵雍所具体阐发的“以物观物”立场正可以作为方法论观念进入自然美学，成为自然美学关于如何恰当地欣赏自然的方法论说明。邵雍从认识论角度对人类对待外物两种态度的概括正可用来说明自然审美欣赏的两种倾向：客观地对待自然与主观地对待自然。卡尔松关于自然审美的客观性原则，在此正可具体化为邵雍所提倡的“以物观物”论，即一种客观地对待自然的审美欣赏方法。只有在自然欣赏中旗帜鲜明地提倡“以物观物”的方法，才可以从根本上避免“比德”与“借景抒情”式的主观地对待自然和人化地濡染自然的倾向，才可能确保人们所欣赏者确实是自然自身，才能使自然审美真正地独立、自觉。相比之下，“比德”“兴情”所代表的“以我观物”式自然审美欣赏，则是一种高度主观化的人文趣味，看似在言说、赞美自然，实际上只是一种曲折、精致化的自我表达而已，在此思路下，自然审美徒有其名。作为自然审美欣赏方法的“以物观物”，就是指欣赏者在面对自然对象时，要尽可能自觉地暂时排除自身的人文趣味，尽可能客观、冷静地对待自然对象的一种基本态度。在此态度指导下，自然可以得出这样的结论：自然审美的主要任务便是努力感知、理解与体验上述自然对象之客观物相、物性、物史与物功，而不是借自然对象之物相与物性表达欣赏自身的人文理念。

“裳裳者华，其叶湑兮。我觏之子，我心写兮。”（诗经·小雅）“国破山河在，城春草木深。感时花溅泪，恨别鸟惊心。”（杜甫《春望》）此乃“以我观物”式自然观照的典范。此种情形下，自然对象自身的内在特性是不重要的，自然对象之出场，只是诗人自我表达人类主观情感的便当工具，是引发诗人自身命运浩叹的巧妙契机与中介而已。自然对象自身之诸多实情在此并无独立、重要之价值。在此传统笼罩下，自然对象自身之内在特性与价值，不可能得到独立、正面的感知、理解与体验，自然审美本质上便不可能独立于诗歌抒情趣味与人类自我言说传统，真正成长。

“春阴垂野草青青，时有幽花一树明。晚泊孤舟古祠下，满川风雨看潮生。”（苏舜钦《淮中晚泊犊头》）“竹外桃花三两枝，春江水暖鸭先知。蒌蒿满地芦芽短，正是河豚欲上时。”（苏轼《惠崇春江晚景》）此乃“以物观物”之例。诗人在观赏外在景物时尽可能将自己的主观意趣潜藏起来，尽可能为外在物景传神写照，向人们呈现物相、物趣。虽然我们可以从认识论角度质疑绝对无我、客观的“以物观物”，但是，从形而下层面的实际效果考量，有这种自觉的自我克制、尊重与呈现自然性相的趣味与努力，总比全然主观化的“以我观物”要好一些。以邵雍、朱熹为代表的哲学家，以王维为代表的具禅宗意趣的诗人，以及五代起至宋元时代的一些花鸟、山水画家，也许接受了佛教“无我”智慧之启发，培育出一种尽可能以非我之眼、宇宙之眼客观对观外物之“物趣”“天趣”或曰写实精神，为中国古代艺术开辟出一种新景观，新趣味——“无我之境”，情外之趣，可谓古典表现传统外之别调异趣。正是这种尚未成为主流的别调异趣，成为当代自然审美值得正面借鉴发扬的对待自然之客观精神。

只是，无论是从哲学认识论方面考察，还是从自然审美方法与趣味考察，我们都不得不承认，虽然邵雍明确地提出了客观认识外在对象的思路，但是他所提倡的“以物观物”论，并未获得社会的普遍认同。整个古典时代占上风的还是从孟子的“万物皆备于我”到王守仁的“万事万物之理，不外于吾心”论，仍然是邵雍所反对的“以我观物”思路，这也正是自然审美领域“比德”与“兴情”成为主导审美趣味的根本原因。

“欲诚其意者，先致其知。致知在格物。”（《大学》）“所谓致知在格物者，言欲致吾之知，在即物而穷其理也。盖人心之灵，莫不有知，而天下之物，莫不有理；惟于理有未穷，故其知有不尽也。是以大学始教，必使学者即凡天下之物，莫不因其已知之理而益穷之，以求至乎其极。至于用力之久，而一旦豁然贯通焉，则众物之表里精粗无不到，而吾心之全体大用无不明矣。此谓格物，此谓知之至也。”（朱熹《四书集注》）“格物致知”乃中国古代认识论的经典表达形式，是对“以物观物”方法论的具体展开。其核心理念便是直接面向对象，认真地感知、观察对象，以求获得关于外在对象物性物理之知识。这一哲学命题同样可以被借鉴到自然美学中来。如果说邵雍的“以物观物”还是一种关于如何认知自然对象的总体态度、立场，那么，朱熹所阐释的“格物致知”便是对“以物观物”的具体应用。认识论的阐释是：关于对象之有效知识只能从对对象的具体接触——“格物”即对于对象的直接感知进而深入细致的理性分析中来——“格物”而后能“致知”，这样便根本否认了主观内收式认识论的可能性。自然美学的阐释是，在“以物观物”即客观地对待自然的总体立场指导下，自然欣赏的实质性过程应当理解为欣赏者当下、直接地面对自然对象（此谓“格物”），在获得关于对象物相、物性、物史、物功方面客观、正确、深刻的知识信息（此谓“致知”）的基础上，再将此理性认知信息转化为整体、感性、完善的自然审美经验。

简言之，一方面，从自然美学研究角度讲，中国古代确实出现了客观地对待自然的自然审美方法论资源，这就是“观物”的概念、邵雍的“以物观物”论和朱熹的“格物致知”论，三者足可构成自然审美方法论系统。这是当代自然美学对于中国古典哲学思想资源的积极借鉴。但是，另一方面的事实是，就中国古代哲学与古代自然审美之实际情形而言，上述思想资源无论在古典认识论领域，还是古典自然审美领域，均未能成为主导性思想，普遍地影响古人的哲学与科学认知活动，以及自然审美活动。这种理论与实际方面的差距正值得我们深入反思。也许，当代语境为上述古典自然资源的价值实现提供了新的可能。

五、自然探究与自然德性：自然审美之文化基础

欣赏与赞美自然似乎是人的天性，无足多论。但是，欣赏自然对象形色之美容易，而内在、深入地感知、理解和体验自然之美却并非易事。中国古代卷帙浩繁的山水诗文并不代表我们对天地自然有多么客观、深入的理解。如果我们将理想的自然审美理解为对自然对象自身特性的感知、理解和体验，那么我们不得不承认，中国古代太过发达的主观心性论传统，以及在此基础上形成的浓郁、持久的以自然比德、抒情的人文趣味，并不是培育自然审美的健康文化土壤。那么，健康的自然审美需要怎样的文化环境？也许有两个环节与自然审美高度相关。

其一，积极探究自然世界奥秘的科学文化氛围。诚然，科学文化不甚发达的文化传统也可以发展出自然审美，人们可以本能地欣赏与赞美自然。中华古典自然审美传统在极其浓郁的人化自然的人文传统中发展起来。除了对自然对象的日常生活经验，人们特别是士大夫阶层更倾向于用一种伦理与艺术的眼光对待自然、阐释自然，并没有培育起客观、独立地探究自然万物自身内在特性、活动规律的科学研究式文化兴趣。人们对自然的了解满足于解决日常生活问题，超越此目的的探究自然行为则被认为是没必要、不入流和卑俗的技与术，不能成为一种高雅的文化追求。此乃中国古典自然审美所依赖的独特文化语境，在此语境下古代中国人对自然世界客观了解的深广度与精细度可以想象。

如果说中华古典自然审美为过度发达的人文情怀所包围，那么，当代自然审美如何超越古典传统，开辟新境界？因为严格说来，自然审美不能自治，它生存于整体性的民族文化环境之中。只要当代中国人不能从古典的诗化自然、伦理化自然的人文趣味中走出来，仍然本能地喜欢以自然比德、言情，而不是自觉地培育客观、独立地深入探究自然奥秘的全民性科学文化趣味，当代自然审美就不可能从本质上超越古典自然审美，而只能延续古典趣味。因此，培育国民新的深入探究自然世界奥秘的科学文化趣味，乃当代中国文化建设之新使

命、新内涵。新的恰当自然审美正赖斯而成。虽然经20世纪前期新文化运动的启蒙，国人从功利的角度已然认识到“赛先生”的价值，但平心而论，若从国民文化心理、文化趣味的角度考察，客观、独立、深入地认知自然世界的科学精神、科学趣味，并没有在当代中国生根发芽，研究自然并没有成为当代中国人普遍、强烈的文化趣味。培育和拓展这样一种爱好，对于健全民族文化结构，促进科学事业发展，实具奠基意义，独立、恰当、深刻的自然审美只不过是这一新趣味、新传统的副产品。

其二，培育自然美德，切实尊重自然。传统伦理限于人际关怀，鲜有正面讨论人对自然之伦理责任者。近代美学严于美善之辨，以善的功利诉求为致美之障，故倾向于善外立美。但是，当代环境哲学，特别是环境伦理学为我们带来一场伦理新启蒙——人类对自然的伦理责任。依传统伦理学，一个人若能善待其同类便足可为君子。但是，立足当代自然伦理，一个人若不能善待自然便不足为文明人。将此立场延伸到自然美学便有了这样的问题：自然审美何以可能？一个人如何证明自己真爱自然？面对自然对象，一个人随时想着以自然取悦自己，借自然之酒杯浇自我之块垒，他所热爱的真的是自然吗？面对崭新的自然对象，自然欣赏者若毫无深入了解所欣赏对象内在特性的热情与雅兴，能说他对自然很在意吗？从某种意义上说，尊重自然实乃欣赏自然之基。若不能真正尊重自然，或仅满足于对自然世界之浅表理解，或乐于将自然对象当成任意打扮的小姑娘，随意利用之、濡染之、改造之，便不可能真正地欣赏自然。因此，当代自然审美需要一种新语境——自然伦理或自然德性。当代中国人需要先育自然之德，再赏自然之美。

何为尊重自然之德？客观地对待自然便是切实地尊重自然。面对自然对象，要自觉地克制自己主观化的比德、抒情冲动，首先要理解与承认自然对象自身的相关事实，尊重自然之“物格”，进而在感官与心理上均忠实地接纳、欣赏之，这便是以自然之真、自然之善为自然之美。反之，无视自然之事实，一上来就人化自然、利用自然以抒情言志，便是在漠视自然、扭曲自然，与欣赏自然全无关系。以审美、抒情或劝善的名义，习惯了漠视自然、濡染自然、利用自然，便无法真正培育起客观地对待自然、尊重自然的民族文化心理，无法培育善待自然之美德。善待自然不仅指在物理层面不随意地损害自然物，在更高层面，它指在心理层面上对自然对象之尊重。化物性为诗性也许并不是在尊重自然，而是漠视其“物格”（与“人格”相对）。当然，自然美德不止于尊重自然，还当进一步发展为关爱自然、感恩自然与敬畏自然。但是，尊重自然实乃所有自然美德、环境伦理之第一义。

如何创造恰当自然审美的外在文化环境？首先，要培育全民性的积极探究自然界内在奥秘的科学文化兴趣，先识自然之真，后赏自然之美，或径以自然之真为自然之美。唯如此，前面所述的全面欣赏自然对象之物相、物性、物史与物功才能落到实处，欣赏者才不会以审美与求知为二事，而是乐于在欣赏自然活动中积极借鉴自然科学知识，以科学知识校正、丰富和深化自己的自然审美经验。其次，要在全民中养育起尊重自然、客观对待自然的伦理美德，克制自己随意人化自然、利用自然之传统习惯，方可真正做到独立地欣赏自然，深入地欣赏自然对象的内在特性与功能。

（刊于《郑州大学学报》2013 年第 1 期）

严肃的自然审美如何可能？

——从约翰·萨利斯现象学的视角看自然审美的严肃性问题

⊙孙　伟

⊙武汉大学哲学学院

自然审美的严肃性问题是自然美学的核心问题，罗纳德·赫伯恩在《自然审美之中的琐碎和严肃》一文中首次提出这个问题并且迅速在自然美学界引起了广泛的注意。约翰·卡尔松认为赫伯恩的关于自然审美的严肃性的要求是一种合适的自然美学的重要标准。但是，卡尔松强调自己的科学主义立场的"肯定美学"是一种严肃的自然美学却并不符合赫伯恩对于严肃的自然审美的理解。赫伯恩强调了严肃的自然审美必须具备的特征："因此，我想说，一种自然审美，如果是严肃的，那么也必须是一种自我探索；……我们不仅仅是简单的向自然望过去而已，就像是从一个安全的港湾去观看海面上的波涛汹涌那样：港湾依旧是自然，因此那正在观看的人也依旧是自然。"[1] 赫伯恩认为严肃的自然审美必然包含着对于人自身的探索，因为自然并非是脱离于人的孤立的存在。因此，自然审美的严肃性问题和艺术审美之中的严肃性问题是一致的，也就是我们的审美经验是否是直接的对应于审美对象的问题。

对于自然审美问题的探讨离不开对于人的感知的探讨，自然之美必须呈现

---

① Ronald W. Hepburn, *Trivial and Serious in aesthetic appreciation of nature*, *In Landscape, natural beauty, and the arts*, Edited by Salim Kemal and Ivan Gaskell, Published by Cambridge University Press, 1993, pp.65–80.

在人的感知之中，脱离人的感知而孤立地探讨自然之美是不可能的。传统哲学将感知仅仅理解为知觉的接受性，这种对于感知的理解是狭隘的。约翰·萨利斯是当代美国最为重要的现象学家之一，他的主要贡献是对想象力问题深入探讨。萨利斯拓宽了我们对想象力的理解，将想象力与感知紧密地结合起来。因此，萨利斯的想象力现象学也可以说是一种关于感知的现象学。萨利斯的想象力现象学为当代自然美学的诸多争论提供了新的出路，一种严肃的自然美学必须建立在一种关于感知的哲学的基础之上，只有这样我们才能够清除自然态度对于自然美学的种种影响，从而真正地明确自然美学研究的目标和研究的方法。

一、为什么要从现象学的角度看自然审美的严肃性

首先，严肃的自然审美必须是对于自然本身的欣赏 。严肃的自然审美是针对任意的、肤浅的自然审美而言的。自然审美不同于艺术审美的地方就在于自然审美无需艺术审美所需要的诸多条件。进行艺术审美需要的条件既有艺术品方面的，也有欣赏者方面的，比如欣赏绘画作品需要去美术馆，而对绘画进行欣赏又需要欣赏者自身具备一定的艺术修养。但是，对于自然审美来说，我们已经无时无刻不处于自然之中了，而且对于自然的欣赏也无需相关的知识储备，任何人都能够对于自然进行欣赏。因此，在关于自然的审美之中存在着一种“什么都行”的倾向，任何人都可以在任何时候对于任何自然景物进行欣赏。这样一种“什么都行”的倾向将会导致自然美学的瓦解，因此，几乎所有的自然美学家都会反对这样一种“什么都行”的倾向。“一种肤浅的通向自然的美学是就其混淆、忽视或者是压抑了关于对象的真理而言的，它在诸多的关于自然是什么的错误的道路上去感受和思考自然。”[①] 赫伯恩明确指出一种肤浅

① Ronald W. Hepburn, *Trivial and Serious in aesthetic appreciation of nature*, *In Landscape, natural beauty, and the arts*, Edited by Salim Kemal and Ivan Gaskell, Published by Cambridge University Press, 1993, pp.65-80.

的、琐碎的自然审美的最为重要的标志就是忽视审美对象自身的真理。在这样一种肤浅而琐碎的自然审美的模式中，我们的审美经验并非是来自作为审美对象的自然，而是来自于我们自身，只是我们自身的某种偏好和趣味的体现。严肃的自然审美必须避免将人自身的某种价值和趣味投射到自然身上，因为这样我们欣赏的就不再是自然而是人类自身了。

严肃的自然审美必须探讨自然如何呈现的问题。当代自然美学已经摆脱将自然视为脱离了人的孤立存在的状况，注意到自然作为审美对象不能脱离开人与自然打交道的方式。人采取什么样的态度来与自然打交道决定了自然以什么样的方式来呈现自身。当我们以科学的方式和自然打交道的时候，自然就仅仅是以科学技术的对象的方式呈现自身，以能源和资源的方式呈现自身。当我们以宗教（基督教）的态度与自然打交道的时候，自然就仅仅是意味着与彼岸世界相对的世界，和人类一起都处于一种堕落的状态之中。在这两种方式中，自然之美都失去了自身的价值。严肃的自然审美需要对科学和宗教进行现象学的悬置，通过这种悬置使得作为现象的自然呈现自身。

其次，当代自然美学理论的自然主义倾向。现象学最重要的口号是“面向事情本身”。这个面向事情本身的目标天然地切合于严肃的自然审美所追求的让自然本身呈现出来的要求。让自然本身呈现自身需要我们清除种种偏见和成见，这些偏见和成见的基础就是自然态度。胡塞尔这样来定义自然态度：“总而言之，自然主义者在其行为中是观念主义者和客观主义者。他满怀着这样一种追求，即以科学的方式，也就是以对每一个理性的人都具有约束力的方式去认识：什么是真正的真、真正的美和善，应该如何根据普遍的本质来规定它，可以根据哪一种方法在个别的情况中获得它。”[①] 我们可以看出，在胡塞尔眼里，处于自然态度之中的人们具有一种根深蒂固的实在论的倾向，这种实在论的倾向往往表现为精神性的实在论和物质性的实在论两种形式。精神性的实在论体现在形而上学传统和宗教之中，物质性的实在论表现为当代的自然科学。

① ［德］胡塞尔：《哲学作为严格的科学》，倪良康译，商务印书馆，2010年，第9~10页。

在当代的自然美学中，具有一种强烈的实在论倾向，这集中表现在以艾伦·卡尔松为代表的肯定美学上。卡尔松宣称自己的肯定美学具备一种合适的自然美学的全部条件，也符合赫伯恩对于一种严肃的自然美学理论的希望。“我们对自然的欣赏不仅是在美学层面上，而且不论是性质还是结构上都与艺术相类似。重要区别在于：在艺术欣赏中，艺术知识是由相关的艺术批评和艺术史所提供，而在自然欣赏中，自然的知识是由自然史——科学所提供。但这一区别并不令人意外：自然并不是艺术。”① 卡尔松的肯定美学无疑有诸多的优点，当然，其中最大的优点可能就是它的客观性和可操作性，适用于当前自然环境保护和规划的需求。但是，卡尔松肯定美学最大的问题就是忽视人在鉴赏自然时的感知，这一点遭到很多美学家的批评。伯林特质疑一种忽视了人的感知的自然美学是否是合适的美学，并强调了艺术审美和自然审美的共同基础在于人的感知能力，而这种感知力并非是僵化的、被限定的，而是开放的、生成的。伯林特强调自然并不是一种独立于人类文化之外的存在物，自然科学之中对于自然的研究的模式并不适用于自然美学。“我们开始认识到，自然界并不是独立的领域，其本身是一种文化的产物。自然本身是一种文化的产物。自然不仅普遍地受到人类活动的影响，而且我们的自然观是历史形成的并且在不同文化传统之间存在很大的差异。”② 然而，伯林特的观点也被认为过于主观，无法量化和操作，因而并没有办法对于当前的自然环境问题做出实质的贡献。

我们需要注意的是，在当今自然美学的两大代表人物卡尔松和伯林特那里，都或多或少地存在着一种实在论的倾向，在这种实在论倾向的影响下，他们或者强调自然是科学知识的对象，或者强调自然是人类精神和文化的产物，这样的对于自然的理解在某种程度上都是不够“严肃”的。如果我们想要达到

---

① ［加］艾伦·卡尔松：《自然与景观》，陈李波译，湖南科学技术出版社，2006 年，第 50 页。

② ［美］阿诺德·伯林特：《环境美学》，张敏、周雨译，湖南科学技术出版社，2006 年，第 151 页。

对自然本身的理解，那么现象学的视角是不可或缺的。当一个现象呈现给我们的时候，实在论者的做法是将这个现象简约为其他的某种东西，然后用几个很少的原则来解释这个现象，这样，现象本身的丰富性就消失了。也就是说，当实在论者用奥卡姆剃刀对现象进行修剪的时候，连皮带肉一起割掉了，只剩下几根干巴巴的骨头。施皮格伯格认为，现象学家最为重要的工作就是对被实在论者们简约过的现象进行修补。“用现象学的刷子与奥卡姆的剃刀来对比：它的功能既是扫除异物，又是刷新真正的现象，而无须将现象连根拔除。”[①]

在卡尔松和伯林特挥舞自己的奥卡姆剃刀对自然进行修剪的时候，约翰·萨利斯做的工作是修补的工作，他需要修补的就是被实在论倾向所破坏了的作为现象的自然，力图使作为现象的自然本身呈现出来。萨利斯作为一个现象学家，研究的重要问题之一就是自然作为一个现象是如何呈现的。萨利斯认为作为现象的自然呈现在想象力之中。萨利斯现象学中的想象力是显现活动，是一种含义更为宽广的感知，超越了以往哲学传统对于知觉和想象、感性和理性的划分。想象力与自然在萨利斯那里是显现和显现者的关系，真正的、作为现象的自然是作为元素的自然，而元素的自然只能在想象力中呈现。

二、萨利斯现象学中的想象力与自然

一般情况下，人们会认为想象力是一种不够严肃的认知方式，而科学的认知方式才是真正严肃的认知方式。但是，对于许多现象学家来说，想象力是真正能够直接达到认知对象的意识活动。一种严肃的自然审美需要一种中立化的意识，这种中立化的意识不对审美对象的存在或不存在做出判断，而只是关注审美对象在意识之中的呈现。在萨利斯的现象学理论之中，想象力就是这样一种不做判断的意识活动，这种意识活动并不是作为主体的人的某种属性，而是由审美对象自身所引发的意识活动，这样一种绝对的由于审美对象的激发而产

---

① ［美］施皮格伯格：《现象学运动》，王炳文、张金言译，商务印书馆，1995 年，第 920 页。

生的意识活动才是真正的严肃的审美的方式。萨利斯为了避免人们将想象力误解为是属于人的某种能力而将想象力比喻为一种礼物。“它将会像一个礼物一样——在那能够被说成是礼物的程度上它将会是一个礼物——但是它是一个始终重新到来的礼物，并不是那种一旦被给予就能够被占有和处置的礼物。想象力将会是一个纯粹的礼物，它到来并绘制出那自我显现之物的形态。”①

一般意义上的礼物被我们理解为一旦被给予了接受者之后就能够被接受者作为自己所拥有的东西，礼物的接受者能够任意地使用或处置他所接受到的礼物。但是，萨利斯将现象学意义上的想象力比喻为是一种不断重新到来的礼物，并不能够被接受者所占有和处置，他这样做的目的是为了摆脱将想象力当做是作为主体的人所拥有的诸多能力的成见。近代哲学的特征是主体性哲学，人被刻画为拥有诸多的认识外部世界能力的主体，而想象力则是人的诸多能力之中的一种。在这种主体哲学的框架之中，最大的问题就是作为主体的人和作为客体的外部世界的分裂，人始终处于一种与外部世界分裂的状态之中，人所认识的东西都是对于外部世界进行了某种加工的东西。因此，对于萨利斯来说，想要去探究想象力的本质，首先要做的工作就是对近代哲学中作为主体的人的悬置，同时也要将作为客体的自然悬置起来，经过这样的悬置后，所得到的就只有纯粹的显现和显现者。

亚里士多德说过，哲学起源于惊奇。在自然审美中，惊奇也是一种重要的情绪。但是，惊奇作为一种情绪只能来源于与人自身的不同他者。然而在主体性哲学的范围之中，由于人所认识到的、感觉到的东西都是经过主体自身加工的东西，也就是说，人其实遇到的都是自己，而并不是他者，那么惊奇也就消失了。萨利斯强调的想象力作为礼物的特征就是为了继续保有这种惊奇，因为只有想象力这个礼物处于不断到来并且不能够被人任意支配和处置的状态时，惊奇才能继续存在。最为重要的是，惊奇是对于真正的他者的惊奇，而不是对

---

① John Sallis, *Force of Imagination: The Sense of the Elemental*, Indiana University Press, Bloomington and Indianapolis, p.146.

于我们主观臆想之中的某物的惊奇。“因为‘什么’和‘是’，性质和存在，它们能够起作用都和显现有关，并且只有通过看的区隔它们才会发生。或者可以更一般地说，当显现发生之时，想象力总是已经到来了。”[①]

显然，对于萨利斯来说，什么是想象力的问题是一个无法回答的问题，我们没有合适的范畴能够定义想象力。对于所有的现象学家来说，最为重要的东西就是现象，而不管大家对于现象的理解有多么的不同，认为显现和显现者共同构成了现象这一点是没有不同的。那么，在萨利斯的现象学中，想象力就是显现，是显现活动。显现不能离开显现者而单独存在，反之亦然。在作为显现活动的想象力之中所显现的就是真正的自然。萨利斯将这种自然称为元素的自然。元素在古希腊哲学中一般是指构成世界的基本成分，比如水、火、土、气四大元素，但是萨利斯赋予了元素以新的含义。在萨利斯那里，元素的作用已经由构成转变为显现，元素超出了我们能够对它们进行定义的范畴，因此，元素是什么的问题也是不合适的，我们只能够去描述元素如何显现，因为，自然只能够以元素的方式显现。显现和显现者之间必须是直接对应的，无需任何的中介，任何形式的出现在显现和显现者之间的中介都会导致一种第三者的无限的倒退，那么现象学所追求的达到事物自身的目标都会宣告失败。“想象力是一棵树。它具有一棵树所具有的所有的特性。它有着深入地下的根和繁密的枝叶。它生长在天空与大地之间。它生长在土壤之中也生长在风中。”[②]

法国哲学家加斯东·巴什拉的这段话可以说是对想象力的运作方式最为贴切的描写。想象力作为一棵树，它的树干深埋于地下，也就是从不可见之处汲取营养。树枝和树干位于地表之上，也就是处于可见的状态，树的生命就在于其不断将地下的营养通过自己的枝干输送出去，从而使自己能够枝繁叶茂。想

---

① John Sallis, *Logic of Imagination*: *The Expanse of The Elemental*, Indiana University Press, Bloomington and Indianapolis, p.185.

② Gaston Bachelard, La Terre et Reveries du Repos. John Sallis, *The Force of Imagination*: *The Sense of The Elemental*, Indiana University Press, Bloomington and Indianapolis, p.7.

象力如同树一样，也就是不断地将不可的见转化为可见的，这里面的运作是一种不断的生成的过程。这个比喻既可以适用于艺术审美的领域，也可以适用于自然审美的领域。在艺术的领域中，树的树干和树根指的就是艺术家，艺术家的工作就是不断地将不可见的转化为可见的，树的繁茂的叶子也就是艺术作品，艺术作品如果没有艺术家不断地从不可见之处输送的营养，就会枯萎。在自然审美之中，想象力的作用也是不断将不可见的自然转化为可见的自然。对于萨利斯来说，在想象力中呈现的自然就是元素的自然。当然，我们需要注意的是在想象力之中的呈现并非意味着直接的可见，元素的自然自身并不可见，想象力通过自身的运作不断地将不可见的、元素的自然转化为可见，因此，这是一个动态的、不断生成的过程。在这个阶段，人与自然的相遇也就是人与元素的自然的相遇。“元素是环绕着的，尽管是以不同的方式环绕，但是每一种元素都有自己独特的方式。当雷暴来临之时，整个的风景被黑云所笼罩，变得更为严肃，就像准备好了第一滴雨滴就预兆着倾盆大雨将会浇透一切一样。被低云所笼罩和包围，并且被暴雨冲击，整个山谷都被风暴所围绕了。生物们在风暴来临之前逃离，找到自身的庇护之地。”① 人与自然的相遇是全方位的相遇，因此人们在欣赏自然之时是一种全身心的投入，因为人不能脱离元素而独立存在。元素的自然与单纯的作为自然物的集合的自然的最大的不同就是元素的自然是传达着讯息的自然，是活生生的自然，而不是冷冰冰的一片死寂的物质性的自然。在暴风雨来临之前，元素的自然所传达的信息是清楚且严肃的，暴风雨作为诸多元素的聚集，展示的是自然本身的力量和威严，同时也传递着要求人们寻求庇护的讯息。

通过作为礼物的想象力所呈现的自然并不是形而上学视域之中的与理念世界相对的自然，也并不是现代科学技术视域之中的可以量化的被我们任意处置的自然。元素的自然是呈现在我们的感知之中的、含义丰富的自然，是可以为

---

① John Sallis, *Force of Imagination: The Sense of the Elemental*, Indiana University Press, Bloomington and Indianapolis, p.157.

之歌唱、为之舞蹈的自然，也是教导着人类的自然。“天空与大地，星辰和大海，这些自然之中最具有元素性的事物，通过这种神秘的力量，歌唱。这个秘密只被告诉给想象力，只有想象力能够对那些走向了未被听到和未被看到的东西进行赞美。事实上，这个秘密总是已经被交付给了那些可以被歌唱的事物，比如，就像大地自身，始终沉寂且隐没。”① 萨利斯眼中的自然是呈现在想象力之中的自然，这种自然既不是单纯的在我们的知觉之中呈现的自然，也不是在我们的理性之中呈现的自然，因为在萨利斯那里，没有一种知觉之中不包含着某种理解，同样，也没有一种理解不包含着某种知觉。因此，萨利斯现象学中的想象力是对传统哲学中的感知和理性的二元对立的克服，也就是对传统的形而上学视域的超越。在传统哲学对想象力的理解之中，想象力与知觉要么是两种完全不同的东西，要么就是建立在知觉的基础之上的，但是在萨利斯的想象力现象学中，想象力和知觉是一个整体。

自然审美的核心问题就是什么是自然的美的问题，而这个自然之美也就是自然本身的真理。如果我们把真理从现象学的角度理解成事物自身的话，那么事物的美和事物的真理也就是统一的。“想象力和美是相称的，不论如何，想象力总是直接指向美。美，用济慈的话来说，就是想象力所把握到的东西，这种把握有两种形式：想象力可以理解事物自身的美，或者它可以与那些将要到来却尚未到来的美相遇。”② 萨利斯认为想象力对于自然之美的揭示有两种方式：第一种是揭示性的作用，想象力将原本蕴含在自然物之中的美揭示出来。第二种是建立性的作用，想象力通过自身的力量，将自然之美建立起来。这种建立性的作用意味着自然之美伴随着想象力的到来一起到来，并不事先已经存在着一种美等待着人们去发现，而是美随着人们的审美活动一同发生。当然，

---

① John Sallis, *Force of Imagination*: *The Sense of the Elemental*, Indiana University Press, Bloomington and Indianapolis, p.5.

② John Sallis, *Force of Imagination*: *The Sense of the Elemental*, Indiana University Press, Bloomington and Indianapolis, p.17.

对于萨利斯来说，所有的审美活动都必须以想象力为基础，不管是艺术的还是自然的。

在萨利斯那里，自然的美和艺术的美的最为重要的特征就是它们都并不是刻意被人所控制和加工的东西，它们都是生成的而不是被制作的。因此，在自然审美和艺术审美中我们每一次的审美活动都是崭新的审美活动，我们在这些审美活动中都遇到了我们从未遇到之物，而这些我们从未遇到之物具备着改变人的神秘力量，我们在这些审美活动之中成为更好的自己。这种改变着人的神秘的力量超出了任何科学体系的范围，为了感知到这种力量，我们必须清楚自身的种种前见，做到真正的忘我。“我们与元素的真正相遇需要我们停止思考和概念化行为，停止对于自然的观察和那些拥有超越感知的特权的活动。来到元素面前，需要我们清空蓄意地想进入元素之中的念头，让元素召唤着我们的视觉和其他感知向其开放。”①

三、结语

严肃的自然审美是当代自然美学的核心问题，对于这个问题的争论仍然是开放的。严肃的自然审美这个问题之中包含着美与真的结合，因为审美的严肃性必须确保审美经验来自于事物自身的真理。卡尔松强调严肃的自然审美必须建立在科学认知的基础之上，因为只有自然科学才能揭示自然本身的真理。按照卡尔松的理论，我们要欣赏一座山的美，必须具备关于这座山的地质学方面的知识，而这些知识与这座山的美紧密地结合在一起。从约翰·萨利斯的现象学视角来看，一种严肃的自然审美的确必须建立在对于自然的真理的揭示的基础之上，但是这种揭示却并不是一种科学的揭示。“并不是气象学的尺度不能被应用到风和雨的元素性的力量之上，而是说一旦风和雨从属了这种尺度，那么它们的元素性的特征就会被消除和磨灭，那处于元素和事物之间的维持着每

① John Sallis, *Logic of Imagination*: *The Expanse of the Elemental*, Indiana University Press, Bloomington and Indianapolis, p.185.

一处显现的不同也将消失。”[①] 当我们在思量迎面吹来的风的风力属于几级的时候，当我们在计算正在下的雨是小雨、中雨还是大雨的时候，风和雨的元素性的力量都消失不见了。相反，我们直接在艺术作品之中感受到冬风的凛冽和春风的温暖惬意，感受到秋雨的凄凉和海面上的暴风雨带给人的惊恐，这些都是元素性的自然在想象力中的直接呈现。因此，对于萨利斯来说，严肃的自然审美必须确保元素性的自然在想象力之中的直接呈现。

一种严肃的自然审美必须包含着对自然如何向我们呈现的问题，那么也就必须建立在对自然的感知的基础之上，这种关于自然的感知力也就是想象力。严肃的自然审美需要我们在作为现象的自然面前保持谦卑的态度，只有这样才能保证我们对于自然的审美经验摆脱固化和封闭的状态，而成为一种变化和生成的经验。建立在想象力的基础之上的自然审美并不是说让我们对自然界中的事物发挥自己的想象力，从而将它们幻想为其他的某种东西，或者像是导游指着某座山峰告诉我们这座山峰在传说之中是某个神明的化身那样。对于萨利斯来说，这些都是对想象力的误解，这些误解的根源就在于将感知和想象分裂成两个不同的环节。由于将感知和想象分成两个不同的部分，我们的审美经验也就成为某种经过人为加工的经验，这种经过后天加工的审美经验也就缺失了它的严肃性和普遍性。一种只是向处于某个特定文化之中的人们展现的自然美显然是不够普遍和严肃的。

实现严肃的自然审美首先需要我们从实在论的视域中解脱出来，只有我们不再将自然视为实在的——不管是物质性实在还是精神性实在——我们才能让自然本身呈现出来。其次，我们需要恢复我们对于自然的感知，也就是让想象力重新发挥作用。传统哲学中的想象力是在固定的知觉基础上的自由发挥，因而在某种程度上陷入一种封闭的主观主义。萨利斯现象学中的想象力摆脱了传统想象力理论中知觉和想象的二元划分，认为想象力就是一种直接达到事物自

---

① John Sallis, *Force of Imagination: The Sense of the Elemental*, Indiana University Press, Bloomington and Indianapolis, p.158.

身的意识活动，在想象力之中呈现的自然是一种没有遭到任何歪曲和简约的自然。对于萨利斯来说，想象力并不是主动的可以随时使用的能力，而是一种被动的接受自然传达给我们的信息的能力。也就是说，我们只有在让元素的自然召唤着我们的全部感知能力向其开放的时候，才能实现严肃的自然审美。

（刊于《郑州大学学报》2017年第4期）

论自然美的个体性

——山水画作为天人合一的典型范式

⊙［美］大卫·亚当·布鲁贝克

⊙武汉纺织大学艺术与设计学院

一、自然环境的复活

基于当下对生态失衡的广泛关注，自然环境的审美复兴显得异常紧迫，这有助于控制人类从物质角度去认知环境，即仅将其当成利用和开发的对象。建立环境审美是一种进步，它有利于帮助人们形成自我与自然不可分离的意识，以及消除人的内在与客体环境之间的差别与距离。有两种环境美学模式，第一种是阿诺德·伯林特的知觉沉浸模式以及对自然的主动参与，这会建立自然与人类的知觉统一。① 第二种是陈望衡利用中国传统哲学建构自然审美。他认为自然美的鉴赏，是基于个体对引发乐居意识的主客一体的直观感受，这是最高的善，同时也是一种与自然不可分割的家园感。② 两位学者都同意中国传统山水画是一个创造天人合一意识的范式，然而，这两者之间有着根本性的差别：陈望衡从个体性的维度进行观察，对自然美以及天人

① ［美］阿诺德·伯林特：《环境美学》，天普大学出版社，1992 年，第 5 页。

② 陈望衡：《中国环境美学》，苏丰、杰拉德·西普亚尼译，劳特利奇出版社，2015 年，第 5 页。

合一进行解读，并提出自然环境审美中有“我的环境”和“个体性”等属性。[①] 相较之下，伯林特提出放弃模糊的术语，例如“内在自我”，而更倾向于表达人对物质世界的感受。

本文将介绍并支持陈望衡的观点：在审美活动中，主体与客体的统一产生了自然审美，人在面对这种主客统一时，是以自然环境审美的“个体性”为背景的。根据陈望衡的美学观点，人对于自然世界中自然美的表达是个体性的。因此，笔者推断这一属性并未出现在伯林特那一系列惊人的体验客体中，虽然在伯林特看来，它们构成了人与物理环境的知觉统一。因此，陈望衡的贡献在于，他的环境美学研究为我们提供了一个比较哲学的实验点，一个跨文化的分析点，以及一个评估不同文化中主客统一模式的论坛，其结果对于环境美学及中外读者都是极其重要的。

二、统一：自然环境审美的个体性

陈望衡基于他对自然美的领悟，建立了一种描述性美学。他指出这种描述性的美学与哲学或科学的论述都不同，因为其涉及个人直观认识到的自然规律。科学论文既描述普世观念也涉及某一典型，哲学反思是适用于全人类的抽象观念。[②]

为了激活美学语言的第三种模式，他谈到自然环境审美的个体性，例如当他坐下并望向窗外，他感受到了天的蔚蓝和阳光的温暖——这就是人的观察与自然环境审美的个体性之间的关联。“环境审美观在某些程度上与哲学、科学领域具有相关性。然而其中也有相当大的不同。从美学角度看，自然环境之美总是为某一个体所感知。美学客体，或者例如被感知的‘自然’，会被局限于某些规模和范围，而非感知主体。以个人体验为例，当我坐在室内写作时，我

---

① 陈望衡：《中国环境美学》，苏丰、杰拉德·西普亚尼译，劳特利奇出版社，2015年，第114页。

② 陈望衡：《中国环境美学》，第114页。

可以从窗户向外看到一片面积虽小但郁郁葱葱的树林以及蓝色的天空，我可以感受到愉快而温暖的阳光，并听到悦耳的鸟叫声。这是我的环境，也是我的审美客体。但这种环境的属性是如此的个人，以至于它的定位可能被质疑。”[①] 这段文字阐明了自然对于个体的两面性：一方面，人根据类型（鸟、热度、木材、天空）来看待外部环境和特定客体的体验；另一方面，私人表达（“我的环境”）也不再属于公有世界体验中不同审美客体的统一感知。他将自然环境融入某些人类个体的规模和范围，也就是一种私有维度。这样，他便创造了一种既不属于哲学（传统的）也不属于科学的自然环境审美观。

陈望衡对于自然美的描述与伯林特虽然有相似之处，但仍有不同。伯林特丰富地阐述了自然沉浸的内容，其无穷性“是永远不可企及的自然宽度”，他还补充道：“对于事物的认知关系并不是排他的关系，也不是我们能追求的最高目标。”[②] 但就我来看，他并没有将非认知性的认识与陈望衡所说的“我的环境”相联系，即回归于特定自然环境审美中个体性的、不可把握的自然范围。将自然环境的神圣性重新与个人眼中自然环境审美的个体性相关联，陈望衡认为这是中国哲学中一体世界观的延续，即“所有事物的存在与人类存在相互关联，因此也不可以与人类存在相分离”[③]。

三、山水画：质与环境的共鸣

如何能阐明陈望衡界定的自然环境审美的个体性的内涵或源流以及人与自然之间存在的统一性？假设山水画是孕育自然美意识的范式，我从《笔法记》中的文字着手，发现人与自然的交流是建立在私人性或内在的表达，而非共识世界中对物的认知上。我认为《笔法记》分析了“质”的视觉表达语言，“质”是一个内在且专属于个体的元素。这类艺术形象对于创造与自然的共鸣

① 陈望衡：《中国环境美学》，第 114 页。

② ［美］阿诺德 · 伯林特：《环境美学》，天普大学出版社，1992 年，第 236 页。

③ 李泽厚：《美学四讲》，简 · 科韦尔译，列克星敦出版社，2006 年，第 40 页。

以及人与自然环境的统一意识是非常重要的，这种统一意识并不是形式与图样表达中以形似自然为目的的结果。

根据《笔法记》中的描述，画家有两种观察自然的方式：一种是以表达物体的装饰性及形态（华）为目的，另一种是以表达结果与本质（实）为目的。"度物象而取其真。物之华，取其华。物之实，取其实，不可执华为实。若不知术，苟似可也，图真不可及也。"[①] 画家可以选择取物之华（在形式、图样或动态上有区别），或取物之实，或取主要内容，即视之所见自然环境中的直观表达。而对形式、图样以及自然物的感知，永远不能等价于对实或实质表达的观察。其结果就是画家需要以其他方式观察自然环境中的实，而非人类经验中对形式、图样的感知。

之后，荆浩又指出画家可以创造两种类型的画，每一种方式都关注了自然环境的不同方面。第一种方式是在形式与图样上，创造接近于人眼所观察到的自然物体。第二种方式带来的是一种得自然之"真"的绘画。正是第二种而非简单描绘物体的绘画作品，成功创造了与自然活力产生共鸣以及将人与自然作为生命整体的关联意识。如果某人有写实绘画技巧，而缺乏第二种写意的能力，则他只能得自然之"似"，但永远不能得其"真"。"画者，华也，但贵似得真，岂此窍矣。"[②] 这是荆浩的基本观点。如果人类经验中的直观物体形象永远不能实现"真"，那么真实传达自然生命力以及自然之"实"的第二种绘画，永远不会以直观表达的方式去呈现。因此，在代表某一自然环境下物体感知体验的绘画中，永远不会表现个体与自然的亲密关系。

那么，什么是绘画之"真"？据荆浩来看，画家该如何创作？如果直观表达并不能创造一种与自然环境的共鸣，那么什么才能够呢？画圣答曰："真者，气质俱盛。"[③] 换句话说，当画家使用超越"气""质"的技法，其结果是创造

---

① 奚如谷：《荆浩〈笔法记〉注释》，夏威夷大学出版社，2000 年，第 204 页。

② 奚如谷：《荆浩〈笔法记〉注释》，第 204 页。

③ 奚如谷：《荆浩〈笔法记〉注释》，第 204 页。

天人合一的“真”与丰富。只求形似的绘画是没有生命的。显然，单纯的描摹永远不能表达“质”的意境，画家运用高超的画技在平淡的画纸上勾勒形式与图样，正是其中蕴含的“质”展现出了山水画中的气韵生动与天人合一。

“质”意味着什么？一些学者强调它与自然客体或物理现象的紧密联系，另外一部分学者强调其与画家或旁观者内心的抽象联系。奚如谷在其对《笔法记》的解读中将“质”解释为“物体符合自然规律的本质”。[①] 这同样也表明，蕴含“质”的绘画创造了对自然环境直观感受中“实”（实质）的体现。然而，还有更深一层的背景，例如宇文所安认为，画家可以选择上述第二种或更为不同的方式创作：“‘象’是比‘似’更深层的‘外观’，这种‘外观’引导慎重的画家去领悟‘实’与‘华’。”[②] 这里提及“质”的私人方面，宇文所安指出，“质”是表达内在的“术语”：“如‘实质’‘实’‘物质’‘质’及‘气’等均为表达内在的术语。”[③] 因此术语“质”——有时候也翻译为“实质”——除适用于物体外，也适用于个人对自然的体验，然而，这同样也适用于不具有公共客观属性的人和物的内在本质。这种两面性是一种机遇而非缺陷，它认为“质”决定了一种文化背景，它的核心表现为，人对外部客体的感知与其内在是不可分割的 。

因此，我们可以发现陈望衡的当代环境美学思想与中国传统美学概念“质”具有共通点。在个体对自然环境的观察中，个体性并不仅源于感觉，也取决于特殊元素的表达，例如伴随个体的对象视觉体验之中的“质”。因此，对于自然环境的观察永远不能与人在所处环境中的个体性或环境本质属性相分离。“质”的双重属性表明，荆浩的思想与陈望衡的思想都是处于中国传统美学的脉络之下。

---

① 奚如谷：《荆浩〈笔法记〉注释》，第 204 页。

② 奚如谷：《荆浩〈笔法记〉注释》，第 214 页。

③ 宇文所安：《他山的石头》，江苏人民出版社，2003 年，第 217 页。

四、比较难度：质及对象语言

由此可见，陈望衡与荆浩的同一思想脉络无法用西方哲学语言进行完整解读，西方哲学往往运用对象性知觉体验术语直接描述人与自然的关系。在其对共享对象的整体知觉体验的描述中，既不包括自然环境审美的个体性，也不包括被称为“质”的内在对象。“山水”美学中的“质”被用来指代一种与特定自然环境形成共鸣的元素，这被理解为“实”而非形式术语或对象术语。因此，中国美学语言与康德的自然观是很难互相解读的，康德关于崇高的现代解读将自然定义为通过人类行为获取价值的相关物。①

中国传统美学语言与美国实用主义语言同样在表达上无法实现一致。例如，约翰·杜威提出“一件艺术品的材料属于这个平凡的世界而非作者”，并且“用于表达的材料不具有私有性，它是这个喧嚣世界的状态”。② 这些用描述性美学反对个体性的案例，也许就是促使伯林特不愿使用“内在自我”一类语言的原因。伯特兰·罗素在《哲学问题》一书中承认，同一空间对每个人的展现都是个体性的，但他同样退后一步并指出，在“存在问题”上尊重科学的科学家和哲学家们，都不会对这一问题感兴趣。正如宇文所安所说，如果“质”是表达内在的术语，那么山水画就是用私人元素设计并创作的艺术，与自然环境审美的个体性产生共鸣。当人们观察山水画的时候，就能体会到这种个体性。由于山水画家常通过一些技巧来弱化形式与图像，这才进而凸显了“质”。美国实用主义哲学中的对象导向语言永远无法提出宇文所安的观点，即比感性理解中的形式、外观及物体更为深层的表达。在我看来，陈望衡创造性地描述了当人观察自然时，对象性体验如何出现于自然环境审美的个体性或本质属性中，而实用主义的理论框架却放弃了这一思路。

---

① ［德］伊曼努尔·康德：《道德形而上学基础》，莱易斯·怀特·贝克译，鲍勃斯-梅里尔出版社，1959 年，第 46 页。

② ［美］约翰·杜威：《作为体验的艺术》，企鹅出版社，1934 年，第 112 页。

在分析哲学中，同样没有语言可以解释山水画表现的与自然的共鸣。亚瑟·丹托将任何一幅艺术作品的意义描述为使材料具化，或体现材料的特征。[①] 他没有描述如何私人地用物质材料表达个体。因此，就作者看来，丹托是无法解读“质”的。从荆浩开始，“质”被山水画家引用了几个世纪，指代当人们激发对可辨识的形式、外观、图样或材料对象的知觉时，自然环境中呈现出的可见但从未被关注到的层面。刘悦笛指出，如果要将中国哲学的差异带入全球艺术美学或环境美学，单以分析哲学是难以实现这一目标的。[②] “真”的绘画中的“质”具有的丰富内涵，丹托对艺术的分析定义用材料进行分类，这无法用来解读“质”的内涵。

以上谈到的语言互不对等的困难并不是新话题。如今有所改变的是山水美学，它曾多次被认为是前现代主义的异类而不被考虑，或者因为不具有科学世界观而受到抑制，但现在受到中国博物馆工作者、艺术家以及哲学家的关注与兴趣，他们试图寻找并创造一套空前的全球价值观，以适应当下的竞争。例如陈望衡等哲学家通过本质元素“质”（或者通过自然环境审美的个体性）使山水画传统与自然形成共鸣，作为 21 世纪环境美学的范式和资源，它有助于缓冲 20 世纪过度发展的物质主义。

幸运的是，针对这一困难也有解决策略。托马斯·库恩提出了一种方法，当两个群体在语言上出现对比困难，每一边都有义务放弃否定另一边思想的想法，一个解决办法是通过将两者之间的语言差异作为研究主体。他还认为：“当出现问题的时候，二者中的任何一边都可以尝试猜测另一边的观点，以及与自身语言的差异。”[③] 因此大部分受到现代欧美观念影响的个体，可以开始尝试着接受荆浩在自然语境中提出的具有内在属性的术语。针对实用主义和有分

---

① ［美］亚瑟·丹托：《艺术是什么》，耶鲁大学出版社，2013 年，第 149 页。

② 刘悦笛：《中国当代艺术》，玛丽·比特纳·怀斯曼、刘悦迪编《当代中国艺术的颠覆性策略》，布里尔出版社，2011 年，第 73 页。

③ ［美］托马斯·库恩：《科学革命的结构》，芝加哥大学出版社，2012 年，第 201 页。

析哲学背景学者的解决办法是，以他们独立的视角在各自对自然环境的理解中，寻找与以荆浩为代表的山水画家所谈的“质”或者与陈望衡提出的“环境审美的个体性”相似的观点。

五、“质”的译解：可见者的本质

是否有迹象表明，欧美哲学体系中人与自然的交流范型有所改变呢？对于单纯以对象体验术语描述与自然接触的后现代实践，是否存在能够代替它的表达？特别是，是否在欧洲哲学领域内有新的语言出现，可以等价解读陈望衡关于自然环境审美个体性的观点，以及荆浩提出的存在于人的内在和人对自然观感中的元素“质”？答案是肯定的。就内在术语“质”而言，梅洛-庞蒂早在1960~1961年就已经探索出与其对应的表达，包括两种关于可见者内在本质语言的解读。基于梅洛·庞蒂的“可见者”理论，我们认为，“可见者”可适用于对“质”的解读，以及对自然环境审美中个体性的解读。他的措词并不是对陈望衡或者荆浩美学的升华，相反，它仅可作为中国人与外国人“交流”传统中国美学的途径。梅洛·庞蒂的语言体现了在涉及与自然的交流范型问题上，欧洲文化存在更多的选择。

“可见者”所指的内在本质与“质”所指的人的内在之间到底有多少相似性？“质”与“可见者”至少具有三个相似特征，这表明用“可见者”解读“质”是较为合理的。首先，二者均涉及个人可以觉察到的个体本质。其次，二者均制定了一个统一的背景，其中不仅包含可逆思维，还对应有两种解读，其中一个相同的值得注意的背景即自然环境，且作为个人表达，他人不可直接获取。再次，两者涉及的对象都不属于传统欧洲哲学范畴。

通过像画家一样观察自然，梅洛-庞蒂注意到可见者作为结构或整体氛围，甚至作为对某些形式的视觉感知，都存在构造和图样变化不定的问题。某些颜色、形状及物体可以在更广义的环境中进行表达。我们甚至可以说，他在描述美学中将“可见者”这一术语作为背景，或者作为比感知真实世界物体与性能更早的第一维度。梅洛-庞蒂认为，他眼中的特定红色是大量普遍的红色中的焦点与定型。他认为“结构”和“氛围”两个术语可以用来形容该背景。对某种形式的短暂知觉，往往与整体氛围关系密切：“而如果现在我锁定了信息［红色］，我的目光进入到了它固定的结构中，或如果我的目光重新开始在周围转悠，感觉质料就会恢复其模糊的存在。它的确切形式与某种毛绒绒的、金属的或多细孔的结构或组织联系紧密，与这些参与到确切形式中的东西相比，感觉质料就微不足道了。”[①] 由此可见，在个体对自然环境的观察中，总是包含一种更为普遍的前知觉氛围，它使知觉暂时集中于对特定物体或性能的体验。这一氛围或结构——即可见者——与看者不可分割：“看者只有被可见者拥有，只有它属于它，看者……只是可见的之一，并能通过一种独特的转变而去观看可见的，观看他也是其中之一的可见的，他才能拥有可见的。”[②] 看者沉浸于所见并与其合而为一，从这种意义上说，所见即自恋：“看者与可见物互为条件，人们甚至分不清谁在看，谁在被看。”[③] 梅洛-庞蒂再一次将可见者的特征定义为个体的：“可见的表面膜对我的视觉和我的身体来说才存在。”[④] 以下哪一种在看者眼里与自身是不可分割的呢？是结构的私人表达抑或是可见者的氛围？“在传统哲学中没有指称这些的名词”。[⑤] 它既不是物质的，也不是心灵的（精神的），尽管如此，它对于看者也是十分必要的，并最好被描述为术语“元素”。由于其为“普遍事物，即它处在时空个体和观念之中途”[⑥]。图样、结构的知觉和可见者的元素之间的差别，在梅洛·庞蒂的论述中十分明显，即个人从私人角度观察，便总能注意到持续于形式变化始终的可见者的鲜活元素的肌

① ［法］莫里斯·梅洛-庞蒂：《可见的与不可见的》，克劳德·勒福尔编，阿方索·林吉斯《可见的与不可见的》，埃文斯顿：西北大学出版社，1968 年，第 132 页。

② ［法］莫里斯·梅洛-庞蒂：《可见的与不可见的》，第 135 页。

③ ［法］莫里斯·梅洛-庞蒂：《可见的与不可见的》，第 139 页。

④ ［法］莫里斯·梅洛-庞蒂：《可见的与不可见的》，第 138 页。

⑤ ［法］莫里斯·梅洛-庞蒂：《可见的与不可见的》，第 139 页。

⑥ ［法］莫里斯·梅洛-庞蒂：《可见的与不可见的》，第 139 页。

理与结构[①]。

此外，梅洛-庞蒂描述了画家该如何创作艺术品，其中他参考了与看者不可分割的可见者的个体维度。早在1960年，他便引用过保罗·塞尚、亨利·马蒂斯和亨利·摩尔等人的作品，他们在艺术作品中强调可见维度对于个体的重要性。他描述了马蒂斯对于线条的运用，那并不是对物或非物的模仿或近似(或者我理解为并非物理状态的实例)，相反，它是在白纸中为空白安排的不平衡："它是在自在之中进行的某种穿透活动及某种构成性空白。摩尔的雕塑以此不容置辩地说明，这种空白带有事物的所谓实证性。"[②] 其传递的信息十分清楚，有些艺术家拥有表达可见者的本质元素的技巧。

在使用这一语言的情况下，我们可以说，山水画家应用高超的画技来确保作品强调可见者或"质"的结构。就如同马蒂斯笔下可见的空洞，荆浩等画家也基于"质"或可见者的结构进行画面表达，同时包括在特定自然环境中被画家留意并与画家产生过共鸣的可见者结构。针对梅洛·庞蒂的研究，我们可以进行以下说明：由于自然环境体验总是存在于可见者的结构之中，个体在观察实例时会伴随着可见者结构，因而当个体观察自然时，自然环境审美便具有个体性。对于环境审美个体性的欣赏与对可见者结构的关注是不可分割的，这对于个人的自我存在意识也是必不可少的。

简而言之，由于陈望衡将山水画作为实现人与自然环境统一意识的模式，我们可以认为他解读自然美及主客一体的诸多成果是在"可见者"的语境下对"质"进行的解读。与梅洛·庞蒂一样，他也应用了自己对个体与自然环境接触的观察细节作为案例。他发现自然环境审美表现出了个体性，即当他感知特定的鸟群和阳光的温度时，"这就是我的环境"。相似的是，梅洛-庞蒂指出，当他想到协和大桥，这便成为使他确信他所居住的"是自然的世界，是历史的

---

① ［法］莫里斯·梅洛-庞蒂：《可见的与不可见的》，第205页。

② ［法］莫里斯·梅洛-庞蒂：《眼与心》，中国社会科学出版社，1992年，第144页。

世界”的证据，同样确定无疑的是“这视像是我的视像”。[1] 基于此他指出，他对桥的感知体验是取决于可见者的内在和秘密的结构，一个作为可观察的整体且与感知对象无关的普遍环境，这其实是他在自然中对他的家园的表达。因此，我们更倾向于陈望衡的观点，即自然环境审美具有个体性。相较于强调知觉统一但并不指出环境审美个体性的范型，有理由对陈望衡关于人与环境直接交流的范型给予更多支持。

六、美学革命

基于以上讨论，可以获得结论：陈望衡提出个人在感知自然环境时具有个体性，对于当代环境美学而言是一条颇有前景之路。在解读人与自然环境交流中的个体性问题，中国美学中有着丰富的表述。用术语“质”与“可见者的结构”来描述与自然的联系，对于不少文化与范型而言，都是转变。

然而在全球美学中的确有不同程度的改革在进行着。亚瑟·丹托对这一点作过预言。同样，陈望衡对这一情形的预见也反映在他的著作中，他用中国美学赋予全球环境美学以活力：“我们所面对的一个伟大任务是，美学的革命已经开始。”[2] 然而，正如上文所述，只有在突破了欧美艺术、环境的后现代语言惯性的前提下，陈望衡环境美学思想中的个体性范型才能广泛出现。在阐释人与自然的关系时，忽略那些不属于物质范畴内的对象性知觉经验是不正确的。

中国美学与西方美学的对话，在环境美学领域正在展开。虽然，基于语言及传统文化背景之不同，这场对话存在着一定的困难，但是，我们同住在地球村，在全球化的今天，面对着的是同样的问题。可以说，人类命运从来

---

① ［法］莫里斯·梅洛-庞蒂：《可见的与不可见的》，克劳德·勒福尔编，阿方索·林吉斯《可见的与不可见的》，第 5 页。

② 陈望衡：《中国环境美学》，苏丰、杰拉德·西普亚尼译，劳特利奇出版社，2015 年，第 121 页。

没有像今天这样紧密地联系在一起。因此，对话肯定会越来越顺畅，越来越和谐。

译者：刘思捷，武汉大学

（刊于《郑州大学学报》2017 年第 4 期）

二、环境美学与伦理学

环境伦理与环境美学

⊙陈望衡
⊙武汉大学哲学院

环境伦理是环境美学的哲学基础之一，是环境生态到环境美学的中介。

环境伦理，是基于环境的生态遭到严重破坏而提出来的。工业社会以来，人类借助高科技的手段，在提高自身与自然相抗争的能力的同时，肆意掠夺大自然的资源，不少动物品种由于人类的滥捕滥杀以至于灭绝，不少珍稀树木也因为人类的滥砍滥伐而难寻踪迹。难道这个世界上，人类要成为唯一的独裁者？一个没有任何朋友的孤立的存在？地球生态的巨大破坏，实际上已严重地危及人类的生存。

在这种背景之下，有识之士在思考：除从科学的角度让人们明白生态平衡的道理，减少对自然的过度开发外，还有没有别的办法制止人们的行为？哲学家们提出了环境法学、环境伦理与环境审美等多种学说。我们知道，法律、伦理本是用于人类社会以约束、指导人类行为的法则，以调解人与人之间的矛盾冲突，协调人与人之间、人与社会之间的关系。法律与伦理，其功能是差不多的，只是法律代表国家的意旨，对比较严重的危害国家、社会、他人利益的行为按照法律条款处以惩罚；伦理则代表社会的意旨，以社会约定俗成的道德原则为标尺，通过社会舆论与个人的道德良心对不是太严重的危害社会、危害他人的行为进行惩罚。与法律的强制性不同，伦理虽也有强制性的一面，但更多的是教育性的，它更重视主体的自觉性、自律性。于是，将处理人与人之间、人与社会之间的法律、伦理用到处理人与环境的关系，就有了环境法学、环境伦理。环境法学作为对破坏环境行为进行惩罚的原则，它所依据的是环境伦理的探讨的人与环境的伦理关系。

环境美学同样建立在环境伦理学的基础之上，但是它超越了人类与环境的那种对立的关系，而在人与环境的和谐统一中寻求精神上的愉快。环境伦理面对的是人与环境的抗争，对立是它的关键词，如何消除这种对立是它的使命；环境美学面对的是人与环境的统一，和谐是它的关键词，如何将这种和谐转化成精神享受是它的使命。

正如处理人与社会关系要使用法律、伦理、审美三种调控手段一样，处理人与环境的矛盾冲突也需要法律、伦理、审美三种调控手段。

环境生态主要是从科学的角度看待人与环境的关系，如何处理这种关系，则涉及环境伦理。环境伦理学学者李培超认为，伦理学经过从自然伦理到社会伦理再到环境伦理的变迁过程。所谓自然伦理，是指人类处于一种尚未能与自然区分开来时的生存意识，这种伦理思维中渗透了许多的自然崇拜的因素，它主要调整人与自然的关系。社会伦理则对应于人类已经明确意识到与自然相区分的生存状态，它主要调整社会中的各种关系。20 世纪 40 年代末出现的环境伦理，则植根于人的生存与自然的生存相依性基础上，将调整的关系扩大到自然。其实，早在 20 世纪 20 年代，西方学者就提出“人类生态学”的概念。到 60 年代，一批从事不同学科研究的学者，聚合在罗马林塞科学院，成立名为“罗马俱乐部”的民间学术组织，讨论当代世界上的许多重大问题，其中就包括生态、环境、伦理等问题。罗马俱乐部为环境伦理学的发展做出了重大贡献。

环境伦理学对人类的发展具有重大的意义。正如李培超所说：“环境伦理学的产生扩大了人的责任范围，人的责任范围的扩大，一方面表现在它最为普遍的意义上要求人们承担起保护自然环境的责任。对于整个人类来说，自然环境是唯一的、共同的生存家园。在她面前，没有种族的界限，没有地域的隔阂，也没有时空的限制，更没有年龄、性别、身份等因素的规定，这种伦理责任是跨文化的、普遍的。另一方面表现为保护自然环境是没有尽头的永恒的义务，环境伦理要求人类在世代延续的过程中必须把这种保护环境的义务传递下去，不管沧海桑田、世事变迁，对自然环境的道德义务将是人类永不能推卸的责任和使命。所以，环境伦理具有一种全球伦理、人类伦理的意义。”①

环境伦理以它厚实的研究为环境审美提供哲学基础。

第一，在对自然生命的看法上，环境伦理有两种观点值得我们高度重视。一是德国思想家阿尔贝特·史怀泽（Albert Schweitzer）提出的“敬畏生命”。他所提出的“生命”不只是人的生命，而是一切生命。对生命的敬畏，含有对生命的敬重、畏惧、珍惜、热爱等多种意义。史怀泽在回忆中说起他的这一思想是如何产生的。他说，1915 年 9 月，他乘船航行在奥戈维河上，正是太阳快要落山的时分，他猛然发现四只河马带着它们的幼崽朝着驳船行进的方向一起向前游动，猛然间，“敬畏生命”的思想在他脑海出现了。从这一故事中，我们大致可以了解阿尔贝特·史怀泽提出敬畏生命的基本出发点。他认为，生命是不容易的，生命贵在有意志，生命意志支持着生命与种种危害生命的事物顽强抗争。正因为生命是如此不易，所以我们更要敬重生命，珍惜生命。什么是善？什么是恶？按阿尔贝特·史怀泽的看法，善就是保护促进生命，而恶则是损伤、毁灭生命。阿尔贝特·史怀泽生活在 19 世纪初期，他的思想可以看作是环境伦理的先驱，他的“敬畏生命”论直到今天仍然具有极大的震撼力。

关于生命，环境伦理另一种值得我们重视的观点是，认为整个地球是一个有机的整体，也就是说，从广义上来说，地球就是一个生命体。英国科学家罗夫洛克提出著名的“盖娅生态圈假说”。盖娅是希腊神话中的“大地之母”，罗夫洛克用它来命名地球生态圈，就意味着在他看来，大地是有生命的。罗夫洛克认为，从外界吸取能量，进行加工补充，最后将废物排泄，这废物又成为别的生命形式的能量来源。地球上诸多生命之间、生命与非生命之间的相互关系、相互作用、能量交换，就使得地球成为现在这个样子。英国另一科学家詹

① 李培超注译《环境伦理》，作家出版社，1998 年。

姆斯·米勒提出生命的特征是由19种生命子系统组成的，这19种生命子系统各司其职，维持着生命的活动。英国科学家彼得·拉塞尔根据这些理论，进而提出地球是一个有生命的活的有机体。在这个基础上，他提出人与自然的那种血肉相关的联系，提出人应具有更为广大的对宇宙的爱，对生命以及生命联系的爱。他说："一种对天地万物其余部分真正的爱来自个人对于和宇宙其余部分同一性的体验，来自这样一种认识，即在最深层次上，自我和世界是一体的。"①

社会伦理是讲究人与人之间的爱的，环境伦理则要求将这种爱扩大到自然。对自然的爱，源自于人与自然的不可分割的联系。自然是人类的母体，是人类的根，而且也是人类现在生存、发展的力量所在。这里有多种不同意义的爱是要做出区别的：一种是佛教的不杀生。佛教的不伤生，是指所有的生灵都不能伤害，就是残害人类的动物如蚊子、跳蚤也不能伤害。西方的动物保护主义也有类似的观点。这种观点实际上是将人道主义放大，从人类的同情心出发去尊重动物的生命。这种尊重，有时违反了自然界弱肉强食、自然选择的原则。从生态主义的立场来看动物与动物弱肉强食，是不必过于同情弱小动物的。大自然无时无刻不在上演这样的惨剧，这种惨剧，实际上是维持生态平衡的正常手段，也是自然界进化的必然途径。美国伦理学家罗尔斯顿则不赞成这种人类主义式的对动物的尊重。他说，美国黄石公园的大角羊因患结膜炎而眼瞎，其中有一半死去。如果出于同情，救活这些瞎羊，让它们繁殖后代，那就会造成这个物种的衰退。黄石公园的工作人员，执意不去救这些瞎羊，似是不尊重生命，不仁慈，实是对生命真正的尊重，真正的仁慈。

感伤主义的对待自然界生命是有的，古往今来，一直有人为春芳消歇而感叹，有关这种自然现象所产生的美好诗篇可谓汗牛充栋，但那只是审美。从环境伦理立场，凡是合乎自然法则，特别是生态法则的自然界的变化，包括有机物的生老病死都是值得肯定的，而在情感上应予以理解的。

---

① 陈鼓应注译《老子今注今译》，中华书局，1983年

现在成为主要矛盾的是人类为了一己的私利，对于自然界的过度开发，造成不少物种生存困难，濒临灭绝或者已经灭绝，地球的生态平衡遭到严重破坏。因此，从环境伦理的角度倡导对宇宙生命的爱，对动物、植物的爱，是完全必要的。这种道德情感是可以发展、转化到审美情感的。道德情感主要出于功利——是社会的而不是个人的功利，就对自然环境的这种爱来说，这种功利就是出自生态平衡。审美情感主要出于观赏，但观赏的根柢中潜在有功利——物质的或者是精神的功利包括伦理的功利。本来，自然界的事物几乎无一不美，现在加上出于环境保护考虑——一种属于“善”的范畴的考虑，那么，它就更放射出美的光辉。反过来，对于自然的审美情感也可以发展、转化为对于自然的道德情感。尽管某一具体的对自然的审美行为未必就真能影响到环境保护，但它可以在精神上起到强化环境保护的意识。一个爱好花木的人大概不会去践踏一片长得青葱可爱的人工草地吧。也正是如此，不管出于环境伦理的立场，还是出于环境审美的立场，我们都要强调热爱大自然。

出于环境伦理的立场，我们最为看重的不是某一动物的生命，而是这一物种的生命；而且也不只是这一物种的生命，而是这一物种的生命与其他物种生命的协调发展。因为为了保护整体的生态平衡，我们有时要减少一些发展过度以致于造成生态失衡的某种有机物的数量。我们对于野猪的适度捕杀与保护的政策，就经常依野猪的数量而变化。对于植物也是如此。

第二，在对自然权利的看法上，环境伦理扩大了对权利的理解。我们过去讲的权利，仅限于人的权利，可以说从来没有考虑过自然的权利。环境伦理学的产生，将权利延展到了自然。自然的权利当然主要是指动物与植物的权利，主要是生存权。动物与植物的生存权，可以从两个角度理解：其一是动植物个体的生存权利；其二是动植物每一物种的生存权利。

一般来说，对于这两种权利，人类都要给予一定的尊重，但是，对于生物的个体生命的权利，人类的尊重是有限的。动物保护主义者保护一切动物，佛教有不杀生的教义，这不杀生，就意味着对一切生命物不伤害，然而事实上真正做到不杀生也不太可能。一律地反对杀生，其本意当然是爱护动物，然而却是保护某一动物，伤害了另一动物。比如，反对猎豹捕食羚羊，认为这太残忍，虽然对羚羊来说，那是仁道的，然而对于猎豹来说，就不仁道了。猎豹不捕食羚羊，它就活不成了。绝对反对杀生，也伤害了人类。除少数人外，绝大部分人是不能做到不食动物的。绝对地不杀生，不就剥夺了人类生存的权利吗？因此，我们对于动植物个体生存权利的尊重是有限的。

这里，必须指出的是，尽管动物的每一个体的生存权利未必一定要受到保护，但是，它的生命仍然要受到尊重。保护生命与尊重生命不是同一个概念。为了正当的理由要结束动物的某一个体的生命，也须采取尽可能减少动物痛苦的方式。虐杀动物绝对是不仁道的，是违反环境伦理的。除此以外，以残害动物取乐，也绝对是不仁道的。

虽然我们对动物和植物个体生命权利的尊重是有限的，但绝不意味着就可以滥杀、滥伐。任何动物或植物，哪怕它并不属于生态保护的品种，对它们的杀、伐也必须是有限度的。滥杀滥伐也会造成局部地区的生态失衡和环境景观的破坏，直接或间接地伤害人类。

动植物生存权的另一种意义是物种的生存权。这种权利，正是环境伦理所要重视的。实际上，环境伦理说的自然物的生存权就是指生物物种的生存权。对于这种生存权，人类应该尽全力予以保护。现在的形势是每天都有物种从地球上消失。地球上物种的消失，原因是多方面的，有自然界自身的原因，也有人为的原因，两者相较，人为的原因更为突出。人类应该反思自己的行为，尽可能停止对自然环境的破坏，恢复生态，以减少物种的消失。须知任何一个物种在地球上的消失，受到损害的不只是地球上的其他生物，也有人类自身。

生物的生存权利具体展现在两个方面：一是个体生命不受到人或别的动物的伤害。关于这一点，我们上面谈到，只能是有限的，相对的。并且我们试图赋予动物以精神上的尊严，反对对动物的过分戏耍、戏谑，以至于摧残至死，实际上是将人道主义延展到动物。二是承认动物对与其生命相关的环境拥有权利。人的生活领域、生产领域的扩大，对动物的生存环境已经有很大的侵夺。虎在中国过去是比较常见的动物，且分布很广，现在据说野外尚存的虎不过百来头，其原因就是森林遭到严重砍伐，加上人越来越多，许多过去人迹罕至的地方也变得人烟稠密，老虎已经没有藏身之地。中国的湿地大量减少，或变成了农田，或变成了城镇，致使鸟类无法栖存，只得远走他乡。

每一物种都有它们对环境的要求，尊重生物的生存权利，不仅是不任意猎杀动物，不乱砍伐树木、毁坏草地，而且还有保护生物的生存环境。

就环境审美来说，原始的生态景观是最美的景观，原生态的森林之美是任何人造森林无法望其项背的。生活在动物园里的熊猫，不管如何受到动物园管理人员的娇宠，其生存状态岂能与它原本的家园相比！

第三，关于对公正的看法。公正是伦理学的重要理念，没有公正就谈不上伦理学。然而不同的伦理学对公正有不同的看法。自然伦理学的公正是自然公正，中国古代的道家哲学的伦理学可以视为自然伦理学。老子主张“道法自然”，在他看来，自然是最合理的状态，处于自然状态的物与物之间的关系就是公正，他说：“天地不仁，以万物为刍狗；圣人不仁，以百姓为刍狗。”[①] 生活在同一个环境中的人们，不发生利益上的冲突，人与人的关系是“鸡犬之声相闻，民至老死不相往来”。[②] 庄子津津乐道的鱼“相忘于江湖”[③] 也是这种公正。

自然伦理学的这种公正状态是很有限的，如果要将其普泛化，那只能是一种空想，因为物与物之间，人与人之间，人与物之间实际不可能不发生利益上的冲突。社会伦理也谈公正，它谈的公正是在承认社会人与人之间存在利益冲突的前提下进行的。如何处理社会上的种种不公正现象而力求达到公正，社会伦理建立了若干原则，这些原则有前人定下来的，也有社会约定俗成的。虽然按照这些原则处理社会现象也未必能做到公正，但它却是最能为社会接受的方法。社会伦理不涉及人与环境的关系，因此，它所要处理的公正，只是人与人

---

① 陈鼓应注译《老子今注今译》，中华书局，1983年。

② 陈鼓应注译《老子今注今译》，中华书局，1983年。

③ 陈鼓应注译《老子今注今译》，中华书局，1983年，

之间的公正。环境伦理要处理的则是人与环境的关系，它谈的公正是人与环境诸因素之间的公正。

这种公正，涉及权利的冲突。人有生存与发展的权利，物种也有它生存发展的权利，在遇到权利冲突时，如何做到公正，则是一个难题。人与物种为了各自的生存权利，争夺自然资源的斗争在某些地区非常激烈。在这个问题上，从来都是强调人的利益，而置物种的利益于不顾。按照环境伦理，人与物种都具有在这个地球上生存的权利，如遇冲突，只能是以符合自然生态平衡为最高原则，为了这个最高原则，人有时必须做出某种让步。曾经有一个时期，我们将麻雀作为害鸟而消灭，其理由就是麻雀与人争食。后来人们发现麻雀还对人有益处，比如吃害虫，于是人权衡得失，不再将麻雀看作害鸟了。这种看法，实际上还是以人的生存权利为本位的，其实，就算麻雀对人的价值不是功大于过，按环境伦理说的公正来，也应该给它活下去的权利。当然，如果物种的发展严重地损害人的利益，则就要对物种的利益做出限制。中国历史上曾有过许多次严重的蝗灾，蝗虫过后，庄稼颗粒无收，在这种情况下，理所当然要消灭蝗虫。

权利涉及价值，地球上所有的生物物种都有生存的权利，就意味着它们自身也有价值。过去，我们谈物种的价值，就是谈物种对人的价值，没有肯定它的为自己的价值。这牵涉到自然美，黑格尔站在人本位的立场上说："自然本来不是以具有同等价值的身份，与心灵分疆对立，自然所处的地位是由心灵决定的，因此它是一种产品，对心灵没有作为界限和局限的能力。"①

按黑格尔的看法，自然是理念的产品，而理念虽然是客观的，然究其实却是心灵的产物，所以如果说自然有美，"自然美只是属于心灵的那种美的反映"，这种美的地位是不高的，因为"它所反映的只是一种不完全不完善的形态，而按照它的实体，这种形态原已包涵在心灵里"。② ［德］黑格尔认为：

---

① ［德］黑格尔：《美学》第1卷，商务印书馆，1979年。

② ［德］黑格尔：《美学》第1卷，商务印书馆，1979年。

"艺术美高于自然。因为艺术美是由心灵产生和再生的美，心灵和它的产品比自然和它的现象高多少，艺术美也就比自然高多少。"[①] 不仅这样，自然也没有独立的审美价值，因为自然美不是为自然自身而美，而是为人类而美。而按照环境伦理的观点，自然自身也有价值，包括审美价值。比如孔雀开屏，它不是为了取悦人类，而是取悦自己。又如黄鹂的鸣叫，人觉得动听，黄鹂也觉得好听。人类的一些形式美的规律，其实与动物是相同的，如对称。瑞典厄普撒拉大学遗传生物学家安德鲁·莫勒博士研究过家燕，雄家燕有很长的 Y 字形尾羽，这种尾羽很受雌家燕的青睐。不仅如此，雌家燕还特别喜欢尾羽的对称性，如果 Y 字形尾羽两边一样长，而且其色度也一致，就更讨它们喜欢。安德鲁·莫勒认为，对称与动物身体状况有直接的联系，对称好的动物比稍有不对称的同类身体更结实些。美国生物学家纳塔莉·安吉尔引证安德鲁·莫勒博士的研究成果后，发表感慨："在人类中，女性的美多少总还是女性魅力中最为重要的一个来源，颜面清秀对称的女人总会发现自己受人爱慕，受人嫉羡，受人赞美——至少在人老珠黄、颜面无光、甚或一步步变得鸡皮鹤发之前，大自然塑造的这件完美的工艺品，还是因为其对称性尚未被破坏而熠熠生光的。"[②]

尽管在审美上人与某些动物的某些审美爱好有相似的认同性，却是两种不同的价值。罗尔斯顿在他的《环境伦理学》中说到一件事，罗瓦赫原野公园过去的标牌上写的是："请留下鲜花供人欣赏。"现在标牌上写的是："请让鲜花开放!""其含义是：雏菊、沼泽万寿菊、天竺葵和飞燕草，是能保持它们种类善的可评价系统，在没有例外时，它们是善的种类。人们可能欣赏这些花的时候，也在其中体会到有这种迹象。"[③] 两条标语，表面上看意思是一样的，让人爱惜鲜花，却是两种不同的伦理立场。"请留下鲜花供人欣赏"是站在人本位

---

① ［德］黑格尔：《美学》第 1 卷，商务印书馆，1979 年。

② ［美］纳塔莉·安吉尔：《野兽之美》，时事出版社，1997 年。

③ ［美］霍尔姆斯·罗尔斯顿：《环境伦理学》，杨通进译，许广明校，《外国伦理学名著译丛》，中国社会科学出版社，2000 年。

的立场上，肯定的是人的价值；而“请让鲜花开放”却是站在自然本体的立场上，肯定的是鲜花自身的价值。

虽然是两种不同的价值尺度，却不是不可以统一的，鲜花的开放，既于人有益，也于鲜花自身有益。当然也有不一致的地方，这就需要协调，按照利益公正的原则加以妥善处理。

价值是环境伦理与环境美学共同的问题，它们有着内在的一致性和共同的尺度，著名的环境美学专家、美国学者阿诺德·伯林特说：“某些提出环境伦理和美学之间有内在关系的学者认为，环境中有关伦理价值基础的问题，从根本上来讲是一个美学问题。”①

第四，诗意地安居。“诗意地安居”是德国诗人荷尔德林的诗句，德国哲学家海德格尔将它引入自己的文章中，作为一个重要的观点。海德格尔是非常热爱大自然的，他热爱乡间的生活环境，他认为乡间的生活极适合于他的哲学思考。他曾这样富有诗意地描述他的乡间生活：

> ……严冬的深夜里，暴风雪在小屋外肆虐，白雪覆盖了一切，还有什么时刻比此时此景更适合哲学思考呢？这样的时候，所有的追问必然会变得更加单纯而富有实质性。这样的思想产生的成果只能是原始而骏利的。那种把思想诉诸语言的努力，则像高耸的杉树对抗的风暴一样。
>
> 这种哲学思索可不是隐士对尘世的逃遁，它属于类似农夫劳作的自然过程。当农家少年将沉重的雪橇拖上山坡，扶稳橇把，堆上高高的山毛榉，沿着危险的斜坡运回坡下的家里；当牧人恍无所思，漫步缓行赶着他的牛群上山，当农夫在自己的棚屋里将数不清的盖屋顶的木板整理就绪；这类情景和我的工作是一样的。思想深深扎根到场的生活，二者亲密无间。②

---

① ［美］阿诺德·伯林特：《生活在景观中——走向一种环境美学》，陈盼译，湖南科学技术出版社，2006年。

② ［德］马丁·海德格尔：《人诗意地安居》，郜元宝译，广西师范大学出版社，2000年。

这可以说是诗意安居的形象说明，海德格尔是将他的哲学思辨、审美欣赏、生活居住完全结合在一起了，这种生活融真善美于一体。海德格尔说“诗人荷尔德林步入其诗人生涯以后，他的全部诗作品都是还乡”。这种“还乡”绝对不只是对故土的怀念，绝对不是身体回归故土，还包含有精神上回归人的本源的意思，他说：“接近故乡就是接近万乐之源（接近极乐）。故乡最玄奥最美丽之处恰恰在于这种对本源的接近，绝非其他。所以，唯有在故乡才可亲近本源，这乃是命中注定的。正因为如此，那些被迫舍弃与本源接近而离开故乡的人，总是感到那么惆怅悔恨。既然故乡的本质在于她接近极乐，那么还乡又意味着什么呢？还乡就是返回与本源的亲近。”① 故土，如果从哲学意义上理解，可以做狭义与广义的理解，狭义的故土是指家乡，如在异国，这故土也还指祖国。这种故土因为是人的民族之根，家族之根，而且也还是一个人生长的环境，因而它具有与人的家族的自然的血缘性，个体生活的情感的亲和性。广义的故土是指人的环境，虽然人总是作为个体而存在，但是处在这种背景下，即算是个体的人，他也是人类的代表。海德格尔说的人是这种意义的人。那么什么是人的故土呢？环境，具体点说，地球，抽象点说，宇宙。人与故土的亲和，则可以获得极乐；人与故土的背离，则就是惆怅与悔恨。海德格尔的意思就是说，人的精神之源其实就在大地，在生我们养我们的这块土地。诗意的栖居，说到底就是要建构人与环境这种感情性的亲和关系。诗意，只是一个比喻，它强调的实际上是审美的生存。

在海德格尔看来，故土是生命的，既然它是极乐之源，当然也是至真、至善之源。人的生命既然来自大地，来自故土，那么，他的智慧、他的良善、他的快乐也同样来自大地，来自故土。这种说法，与中国的古典哲学有异曲同工之妙。庄子云：“天地有大美而不言，万物有成理而不说。圣人者，原天地之

---

① ［德］马丁·海德格尔：《人诗意地安居》，郜元宝译，广西师范大学出版社，2000年。

美而达万物之理。”[1]“乐者，天地之和也；礼者，天地之序也。”“乐由天作，礼以地制。”“大乐与天地同和，大礼与天地同节。”[2] 中国古代哲学说的“天”或“天地”相当于海德格尔说的“故土”或“大地”。

海德格尔的“诗意地安居”的哲学思想，也被视为环境伦理学的先驱。“诗意地安居”涵意是极为丰富的。如果我们将“诗意的安居”这一概念从海德格尔式的理解拓展开去，而从环境伦理与环境审美相结合的立场来理解，那么，它至少有这样的含意：

一是诗意的安居，不是人对环境的功利性的掌握，而是一种功利的超越。超越的含义不是超脱，而是对于事物对立的关系的消融，这种消融不是泯灭，而是扬弃，通过这种扬弃，在更高层次上，将对立双方的重要品格融会于内，实现对立双方的统一，从而实现事物向更高层次的升华。环境对于人，当然有功利，但这种功利在诗意安居这种境界中早已被超越。环境的功利，既是为环境的自然生命，又是对象化了的人的社会生命。功利，当然是对人的功利；但又是对自然的功利。一片生态良好的森林，是人的福祉，也是森林自身的福祉。这种人与环境的关系，既可以说是实现了的人本主义，也可以说完全的自然主义。而彻底的人本主义与完全的自然主义，是可以而且也应该实现统一的。

二是诗意的安居，意味着人与环境的关系，不是你死我活的对立关系，也不是控制与被控制的紧张关系，而是一种相互肯定、相互渗透、相互有利的亲和关系。这种关系，意味着不仅在物质层面上，人与环境实现着能量的交换，而且在精神层面上，人从环境中获得洗礼与升华。这样一种关系正是中国古代哲学所说的“天人合一”，也就是《世说新语》说的“觉鸟兽禽鱼自来亲

---

① ［德］黑格尔：《美学》第1卷，朱光潜译，《汉译世界学术名著丛书》，商务印书馆，1979年。

② 《〈乐记〉论辩》，人民音乐出版社，1983年。

人”[①]。

三是诗意的安居，意味着环境成为景观，成为美的渊薮。徜徉在环境中，人能获得无穷无尽的美的享受，当然，这种美的享受，必然也意味着环境已成为真与善的本源。值得强调的是，环境不是由若干自然物综合而成的空间，它与人类生活包括主体自己生命融为一体。作为个体的主体，是诗意地安居在环境中，而环境正是人与自然共同缔造的富有诗意的产物。

（刊于《郑州大学学报》2006年第6期）

---

① 《世说新语校笺》上，中华书局，1984年。

环境伦理学视野下的美与真

⊙薛富兴

⊙南开大学哲学院

一、问题的提出

笛卡尔在主体与客体（心与物）间绝然二分，休谟严守事实与价值之别，康德以必然与自由区别真善（天人）。自此，两分法在近现代西方哲学界得到忠实继承，成为强劲传统。“道德并不成立于作为科学的对象的任何关系，而且在经过仔细观察以后还将同样确实地证明，道德也不在于知性所能发现的任何事实。”① “这些法则属于自然，也属于自由。关于自然法则的科学是物理学，关于自由法则的科学是伦理学。它们也分别被称为自然哲学和道德哲学。”②

在上述思路影响下，感性与理性、审美与科学的分立成为美学之基本常识，纯以人文价值与人类文化论审美成为近现代美学主流，美学领域中的美真两立乃整个近现代哲学界上述主客二分传统的分学科性表现。于是乎，美被划

① ［英］大卫·休谟：《人性论》，关文运译，商务印书馆，1996 年。

② Kant, *Kant's Critique of Practical Reason and Other Works on the Theory of Ethics.* Translated by Thomas Kingsmill Abbott, New York: Longmans, Green, and Co.LTD, 1927, p.1.

入与诸善一体的主观价值领域、人文领域，成为人类精神现象学的专属话题；真则被留给人类物种之外的整个自然界，成为自然科学之主题。美与真因此被理直气壮地远隔天河，不再彼此相属："实用的态度以善为最高目的，科学的态度以真为最高目的，美感的态度以美为最高目的。在实用态度中，我们的注意力偏于事物对于人的利害，心理活动偏重意志；在科学的态度中，我们的注意力偏于事物间的互相关系，心理活动偏重抽象的思考；在美感活动中，我们的注意力专注于事物本质的形象，心理活动偏重直觉。"①

美学在中国虽仅具百龄却已如老人般暮气沉沉，自由之溢美使其自恋于人文趣味而不知人类文化之外竟有何物。美学只要仍以艺术为中心便不会具备自我反思、自我超越的气度与能力，就会一直在人类文化自恋、人类自我精神崇拜中迷醉不醒。然而，当局者迷，旁观者清。一股清新之气从近邻吹来，那是一个依理当比美学对主观价值与趣味之执着更甚的领域——伦理学。当然，与美学的情形略似：无论在东方还是西方，依其主流传统，伦理学均当是一门以人类命运整体之善为要旨，以人类文化为视野，以理性协调人类内部利益冲突为正务的典型主观价值学科。可是，一个曾不起眼的侧室旁枝给整个伦理学带来一场革命，它便是环境伦理学。环境伦理学因其对自然事实、秩序与命运的特殊关注而不得不"究天人之际"，越出康德为伦理学划定的合法边界，自由之外观必然，事实之上铸价值，从根本上改变了伦理学的逻辑基础："科学有益于道德，就像它有益于这个世界的物质繁荣一样。其伟大的道德目标就是客观性，或科学的世界观。这意味着除了事实，它怀疑一切，意味着坚持事实，让那些无根之见随它去吧。"②"环境伦理学将对实情的描述（源于科学、形而上学以及对自然有无内在价值的判断）和对应然的规定（人类行为之正确与错

---

① 朱光潜：《谈美》，安徽教育出版社，1997 年，第 18~19 页。

② Aldo Leopold, *A Sand County Almanac: And Scketches Here and There*, New York: Oxford University Press ,1949, p.153.

误）结合起来。”[1] 准此，则传统伦理学在真与善、必然与自由以及实然与应然间的划分不仅不必要，而且真外立善、必然之外求自由、实然之外论应然，着实匪夷所思。本质上，它只是一种古典人类中心主义的现代极端形式——意欲仅凭自己的观念理性能力彻底摆脱自然界必然律之束缚，为人类创造一个与天地自然两不相扰、绝对自足的文化式生存世界。当代环境科学与哲学告诉我们：这只是人类的一种自大、“我执”妄念。生态学已然证明，人类作为一种生物存在，它与地球上任何物种一样，本质上亦属于自然，与地球生态圈中其他物种乃至无机物形成繁复深邃、互依共存式的命运关系网，无法彻底脱离自然界而独存，人类不可能绝然脱离自然界，独立地建立与发展自己的文明。故而新伦理学——环境伦理学反其道而行之，重建真善间实即天人间之内在联系，真上筑善，以真为善，让人类文明重返自然实地，可谓是对近现代西方真善二分哲学传统之当头棒喝。千万不要将此谋求天人重合、真上立善的新伦理学理解为传统伦理学的一个小小应用性分支学科。非也，由于它重新奠定了伦理学的根本方向——真上求善，而非真外立善，因此它必将为整个伦理学带来一场新的全局性、方向性的哥白尼式革命。

环境伦理学的革命性影响远不止于伦理学本身，它还为美学提供了新示范：“随着地球史的展开，我们对鹤的欣赏与日俱增。我们现在知道，它的部落发源于始新世，它所发源的动物群的其他成员随地质运动早已被埋在山里。当我们听到鹤鸣，我们听到的不只是鸟音，我们听到的是进化之乐的凯旋声。它是不可驯服的过去之象征，是那奠定了今天鸟与人类生活基础的不可思议的千百万年地球历史之象征。”[2] “一点儿也不奇怪：数学家总是那些发现了此世之美与愉快之人——其对称、曲线、模式。现在我们进一步主张：对此世之生

---

① Holmes Rolston Ⅲ, *Environmental Ethics*, Philadelphia: Temple University Press, 1988, p.12.

② Aldo Leopold, *A Sand County Almanac: And Scketches Here and There*, New York: Oxford University Press, 1949, p.96.

态式欣赏可发现此世之美。”①

据此，则以科学为代表的真并非与美无关，甚或有害之物，而是与美有内在的深度关联，是可从正面高度成全审美之物——人类审美经验自我深化之必然要素和必由之路。自此，美不再是一种与真无关的纯主观、纯人文价值，而是一种必须从自然之真那里获得深刻论证后方可成立之价值。美并不能独存，就像在伦理学那里真而方善一样，真而有美，伪则无美。那种与人类生态科学知识与智慧了无关系、正好相反的审美价值与趣味，即使再富有诗意，再令人悦目赏心，恐怕也要令人生疑，需要为自己的合法性重新论证。换言之，真成了美学得以成立之必要基础。在传统美学那里与美了不相涉且躲得越远越好的科学（真），在环境伦理学家眼里却成了似唯一可正面成全审美之物。于是，如果环境伦理学为我们重新梳理的真善关系值得称道，那么美学领域如何重新理解美真关系？重思美真关系确实重要，因为我们发现：至少，它是环境美学得以成立的逻辑前提。

二、环境美学何以可能？

传统美学乃典型的人文视野下主观价值学科，以艺术为其典型的研究对象。环境美学则是在全球性环境危机（环境污染、资源短缺、人类健康威胁）挑战下，于20世纪中后期在西方兴起的反思当下现实环境问题的众环境分支学科之一。在环境伦理学家启发下，我们需要反思如下问题：环境美学何以可能？何为环境美学必要的理论基础？与环境伦理学所面临的情形十分相似：就像我们从传统的伦理学主观价值视野无法推导出环境伦理一样，将传统审美趣味与美学人文视野、审美价值观念应用于环境审美与评价，也无法开创一门富有成效的环境美学。因为美学的传统主观价值、人文视野不仅不利于我们发现现存的环境审美偏见，正好相反，它遮蔽了许多重要问题。

“就像严肃、恰当的艺术审美欣赏要求有关艺术史和艺术批评方面的知识

---

① Holmes Rolston Ⅲ, *Environmental Ethics*, Philadelphia: Temple University Press, 1988, p.235.

一样，对于自然的此类欣赏也要求关于自然史的知识——由自然科学，特别是诸如地质学、生物学和生态学之类的科学所提供的知识。核心的观念是，关于自然的科学知识能够揭示自然对象和环境真实的审美特性。”①

什么？欣赏自然需要自然科学的帮助？这是传统自然审美趣味、审美观念下美学家们怎么也想不到的问题！对传统美学而言，审美是趣味与价值，科学则只追求外在对象之真相，前者感性而后者抽象。对传统自然审美观念而言，只要有正常的耳目感官，再加上对天地自然的热爱之心，便可欣赏自然，岂有它哉？但是艾伦·卡尔松（Allen Carlson）却认真反思了西方自然审美传统所存在的诸种缺陷，其中之尤著者则为形式主义的肤浅欣赏与主观主义的景观式欣赏。依他的见解，要治此二症则非借自然科学知识之助不可，故而其环境美学被称为“科学认知主义理论”。要言之：自然科学知识乃是我们在自然环境审美中避免传统的肤浅、主观地欣赏自然错误之不二法门。自然科学知识乃是环境美学所倡导恰当自然审美的具体环节，此知识背后的哲学理念则是一种以科学之真、自然深度事实为基础的客观主义立场。如果说西方自然审美传统之主观性主要表现在将自然环境视为从特定距离、角度而观赏之景观，即卡尔松所称之“景观模式”，那么中国古代自然审美传统之主观性则典型地体现于以人文观念、趣味与情感濡染、重释自然之“比德”与“借景抒情”模式。它们虽深刻却主观，表面上看是歌颂自然，实乃人类借自然对象、景致表达人类自身的价值与命运，而非对自然自身特性、功能与命运之关注，故而本质上与尊重自然、理解自然、热爱自然无涉。既如此，如何才能既客观而又有深度地欣赏自然呢？且看环境伦理学家们的见解：“丹尼尔·布恩（Daniel Boone）的反应不仅依赖于他所观之物之特性，也依赖于他用以观物的心灵之眼。生态科学已改变了人类的心灵之眼。它已发现了对布恩而言仅只是些事实背后的起源与功能，发现了对布恩而言仅只是属性背后之机制。我们尚无评估此变化之标

---

① ［加］艾伦·卡尔松：《环境美学》，E. N. 泽尔塔《斯坦福哲学百科全书》，斯坦福，2007年。

尺，但可放心地说：与今天胜任的生态学家相比，布恩只看到事物之表面。植物与动物共同体那不可思议的复杂性——被称为美洲的机体内在之美，其女性本质之如花盛开——对丹尼尔·布恩而言，就如同对芭比一样，是不可见、不可理解的。美洲［审美］资源唯一真实的拓展乃是北美居民们感知能力之拓展。”①

作为环境伦理学家，利奥波德（Aldo Leopold）正确地指出：虽然审美以感性为特征，但真正有内涵和品位的审美非仅感官所能济事，因为仅凭感官人类无以探测到事物，特别是自然对象与环境深度的内在秘密。在对自然环境的审美欣赏中，人们不仅用肉眼看，还需“心灵之眼”的介入。这“心灵之眼”，便是具有深度理解自然对象与环节内在特性、功能与生存机理的理性精神能力，就是能透过对象感性现象深入认识其内在本质与规律的科学理性能力。因此，如何深刻而又正确地欣赏自然对象与环境？除了科学理性与科学知识之主动引入别无他途。是否能深入探测到动植物世界内部的生态学功能与机制，不仅明其然还能明其所以然，因而能真正成为自然之知音？此乃生态学家与布恩所代表的普通社会大众之根本区别。因此，如何区别自然审美的不同境界，将对自然世界表面、肤浅的欣赏与深度地感知、理解与体验自然的审美欣赏相区别？自觉地诉诸自然科学，比如生态学的帮助，一种以科学为基础的审美欣赏，乃其关键。

“科学，通过如此巨大地拓展人的感知能力，将这些故事整合为理论，告诉我们在那里客观地存在着什么。我们意识到黑暗中、地底下与时间中什么正在进行。没有科学，深厚的时间之流、地质与进化史将没有意义，对生态学我们也不能有任何欣赏。科学培育了我们密切观察、长时段观察之习惯。人们可

---

① Aldo Leopold, *A Sand County Almanac: And Scketches Here and There*, New York: Oxford University Press, 1949, pp.173-174.

以同时通过空间与时间的综合视野体验景观。”①

作为环境伦理学家，罗尔斯顿（Holmes Rolston Ⅲ）正确地指出：自然科学及它所代表的真乃大有益于环境美学之关键因素。如果说进化论赋予我们长时段地探测地球生命史之历史性深邃眼光，生态科学则赋予我们整体地把握自然秩序、生命机理的宏观视野。有了前者，我们不仅能感知即在眼前的天地自然之美，还能以历史理性探测到地球万千生命之久远命运史，了解生命之源。有了后者，我们不仅能感知各类自然对象的个体特性，更能深入理解自然界众多植物、动物及无机物间互依共生的生态机制，自然的横向空间秩序。这些关于自然的深度事实与机理，乃是传统美学所崇尚之感官与情感、人文趣味、主观价值立场无以探测到的，正是科学理性与科学知识使我们将古典、传统的自然审美与当代环境审美明确地区别开来。

“现代环境态度乃对自然变化着的态度数世纪之结果，它与19世纪关于自然史之科学——植物学、生物学与地质学——之发展，以及艺术，特别是诗歌与北美景观画密切相关。”②“自然史科学对于视觉记录的需要鼓励与加速了科学内部从纯科学视野向更为审美的视野之转移，在艺术中则正相反……随之而来的在博物学家、地质学家与艺术家间之相互影响促成一种对于自然界之共同感知，为此二群体所共享——同时强调事实与价值。”③

哈格罗夫（Eugene C. Hargrove）从学术史角度给我们提供了发生于19世纪北美科学界与艺术界和谐合作、共同深入揭示与呈现自然界奥秘的精彩案例。准此，美与真不仅应当融合，而且已然融合。对于北美早期环境保护意识

---

① Holmes Rolston Ⅲ, *Environmental Ethics*, Philadelphia: Temple University Press, 1988, pp. 374-375.

② Eugene C. Hargrove, *Foundations of Environmental Ethics*, Englewood Cliffs: Prentice-Hall, 1989, p.78.

③ Eugene C. Hargrove, *Foundations of Environmental Ethics*, Englewood Cliffs: Prentice-Hall, 1989, p.84.

之产生与发展而言，科学家与艺术家们早已开辟了成功合作、相得益彰之前例。依此历史经验，则事实与价值之统一方为幸事：自然史家、地质学家与生态学家们的研究，深化了艺术家们对北美自然对象与景观之理解；景观画家们则以细腻、精准的笔触为科学家们呈现了他们心目中深邃、神秘的自然真相。故而，像休谟所倡导的对事实与价值世界的人为划分实属多余。哈格罗夫所提供的学术史案例对中国学者而言尤为珍贵：因为我们更熟悉的是一个用伦理观念与诗情画意濡染自然的审美传统，无法想象求真之科学团体与求美之艺术家团体在深度理解和呈现自然上的精诚合作，无法想象一种去除了伦理比德和借景抒情传统之后，客观而又有深度的自然审美。

“大地审美精致而具认知性，并非天真与感性之物。它勾划出一种对于自然环境的精致趣味，以及一种可培育的对自然的敏感性。这种精致趣味与可培育的自然敏感性之基础是自然史，以及特别是进化论与生态生物学。”①

概而言之，在《沙乡年鉴》《圆河》及《上帝的母亲河》中所随意、间断地发展的大地审美，首先为生态学和进化论自然史所武装，因此，它是西方哲学文献中真正自治的自然审美，它并不将自然美当作附属于或发源于艺术美而对待。“大地审美是复杂、认知性的，而非天真、享乐的，它在自然环境中刻画一种精致趣味，培育对自然的敏感性。尤为独到者，这种精致与培育之基础是进化论与生态生物学。”②

这就是说，利奥波德开辟了一种自然审美阐释的新思路，它不是依赖于传统的哲学美学、艺术美学关于美的见解，那正是西方传统美学的思路，而是立足于现代自然科学——自然史，特别是进化论与生态学，其实他还提及地质学等具体门类科学对各类有关自然对象、现象内在特性与进化史的明晰、深刻阐

---

① J. Baird Callicott, *The Land Aesthetic*, *J. Baird Callicott edit. Companion to Sand County Almanac*, Madison: The University of Wisconsin Press, 1987, p.168.

② J. Baird Callicott, *The Land Aesthetic*, *J. Baird Callicott edit. Companion to Sand County Almanac*, Madison: The University of Wisconsin Press, 1987, pp.33-45.

释，向我们呈现了一种以前从未意识到的自然美。换言之，只有自然科学方有能力让我们重新感知与理解自然的深度审美价值。由于从全新的自然科学角度理解与阐释自然审美价值，这样的自然或环境美学当然可以旗帜鲜明地与传统美学告别，成为一种真正可以大丈夫自树立的新美学。

卡利科特（J. Baird Callicott）对利奥波德自然美学的如此阐释，不由让人想起当代环境美学家艾伦·卡尔松的“科学认知主义理论”。据此我们不得不承认，当代环境美学中的“科学认知主义理论”并不是一种新兴学派，它的真正理论源头并不在当代，而在20世纪前期的利奥波德那里，是利奥波德而非卡尔松率先正面揭示了自然科学对于正确、深刻自然审美的独特价值。在此意义上我们可以说，利奥波德在创设“大地伦理”即当今之环境伦理学的同时，其实也开辟了一种“新的自然美学”——“科学认知主义”美学，实即当今之环境美学，虽然并非其全部。

卡利科特认为，利奥波德不仅是当代环境伦理学的开创者，他同时也开创了“大地审美”。更重要的是，不是此前的美学传统，比如说从康德美学到黑格尔美学，而是利奥波德的“大地审美”才为自然美学开出新境界，使之成为一种真正独立于艺术中心论传统、足以自主独立的“新的自然美学”。确实，传统的自然美学，即关于自然审美的理论满足于以艺术欣赏比拟自然审美，表面上看是阐释自然审美，实则以艺术观念、趣味改造与指导自然审美经验，其自然审美阐释的准确性到底如何，实当质疑。更重要者，只要以艺术为原型确立审美价值，这种美学理论本质上就是一种人类中心主义的主观价值和人类文化立场，自然价值与事实便难以确立，自然审美价值也就难以根本地摆脱以艺术为代表的人文视野、主观价值之纠缠，也就很难想象一种价值立场独立的自然美学。

在我们看来，卡利科特在此所言说的独立于艺术中心论的“新的自然美学”实即当今之环境美学。一种真正能体现当代生态科学、生态文明基本理念的环境美学何以可能？仅将传统美学的基本观念与方法应用于当代环境问题，无法产生一种真正意义上的环境美学。甚至仅仅将古代自然哲学核心观念，比如天人合一、道法自然等应用于当代环境美学话题，也不足以建立一种真正意义上的环境美学。如果用传统的伦理比德情怀、借景抒情趣味来表达热爱自然、保护环境之心，则更是北辙而南辕了。虽然环境美学自上世纪末输入中国已近20年，但是中国美学界对此美学新兴学科有两个重大误解：其一，将它理解为传统美学之特殊应用，即美学这一传统理论学科在最新实践领域——环境问题中之应用。似乎美学家只要放下身段，乐于用传统美学观念解释当下环境审美问题即可济事。其二，喜欢直接将中国哲学、美学史上之相关观念和中国自然审美传统中之相关资源应用于环境美学话题，认为中国古代哲学与美学有得天独厚的环境美学思想基础。他们没有清楚地意识到以下基本事实：其一，中国古代哲学史如同西方哲学史一样，也存在着久远浓厚的古典人类中心主义传统，就像亚里士多德坦然以为所有其他动物都是作为人类的营养或食物而被创造的一样。传统儒家也十分自信地将人类与天、地并称为“三才”，实际上是天地外之独尊。其二，无论是伦理比德，还是借景抒情，古代中国人之精神性观照自然，更喜欢以一种“万物皆着我之色彩”的“以我观物”视野对待自然，这是一种久远、深厚，极为发达、普遍的主观主义传统，佛教之“境由心造”乃此古典唯心主义之极致形式。要言之，在古代文化传统内部，我们并未成功地培育出一种相对独立、客观、深入、细致、明晰地认知自然、理解自然、阐释自然的客观主义传统。上述二者——古典人类中心主义与即物喻己式的主观主义观物立场决定了我们的既有思想资源（天人哲学观与物感言情之审美传统）并非“天然”地成为当代环境美学建构之优质思想资源，至少并不能不加审查地直接应用。当然，我们仍需明确指出：经过认真的审察、辨析之后，比如庄子哲学中的某些观念（可以其“化”为例），自可成为环境美学足资借鉴的珍贵思想。

因此，一上来就将传统美学理论应用于环境审美论题，一上来就用中国古代美学观念讨论环境美学问题，是学术粗疏之表现，因为这意味着在中西古今之学术转换中，尚缺乏前提合法性审察意识。没有了这种认真的审察，学科之建立就没有了严肃性，所讨论问题就没有了明晰性，虽然说得热闹，称引广博，但对所讨论问题之实际推进则甚少，难免误解与重复，往往事倍而功半。

一种真正革命性的环境美学何以可能？正像不告别真善两立，纯以人类利益、人类视野论价值，环境伦理学就不能真正独立一样，环境之美，特别是自然环境之美，并非仅只是传统审美观念的一种特殊应用，并不能在单纯的审美价值视野内获得精确阐释，而当越美而真，由人文而自然，重新将真的视野，即自然科学（地质学、生物学、生态学、进化论等）所揭示的自然事实、自然秩序、自然功能与自然价值作为环境审美价值阐释的首要而必要之前提，这种引真入美、真上立美的思路便呈现为两种表达形式：其强版本的积极表达形式是自然之真（事实、秩序、功能与价值）即为自然之美。对环境美学而言，自然真乃自然美之充分条件，甚至可理解为同一事实之异称。自然真即自然美，自然美也只能理解为自然真，唯自然之真方可合法地成为自然之美。其弱版本的消极表达形式是：自然真乃自然美之必要条件。当且仅当自然真出场时，自然美方是一种现实，一种与自然真无关甚至相反的自然美是不可理解、没有意义的。

正如卡利科特所言，一种新的、真正能自治独立的自然美学需要走出艺术中心论，别寻其合法的思想资源。一种真正意义上的环境美学也需要走出传统美学观念，至少是走出传统美学美真两立的既有思路，毅然决然地引真入美、以真为美，将自然审美价值、趣味与方法重新奠定在当代与环境科学相关的自然科学所揭示的自然事实、自然秩序、自然功能与自然价值的基础上，首先以自然事实为自然价值，再以自然价值为关于自然之审美价值。如此才能在哲学、逻辑立场上为环境美学确立明显的既区别于传统哲学、美学观念，也区别于传统自然审美趣味与方法的崭新基础。

三、自然科学知识之功能

传统美学以艺术为中心，故其将审美价值根本地理解为一种主观性的人文价值，以人类的特殊精神需求、人文趣味规定美的哲学内涵，以各种艺术对象符合此需求与内涵者为对象之美。然而，环境美学，特别是其基础形态之自然美学，以张扬自然对象与环境自身之独特价值为宗旨，这便与传统美学的审美价值观从逻辑立场上形成明确冲突，环境美学的建立面临一根本哲学立场之选择——是在传统美学思路下将本质上是主观性的人文价值趣味应用于环境美学，还是尊自然之特性与功能，于传统审美价值之外别开新境，另立符合自然对象与环境的客观价值？若是前者，环境美学就不能成为一种真正意义上的环境美学，因而也就无法完成其独特使命——解决现实环境问题，建设新型生态文明。如果是后者，则环境美学必须以自然内在价值为基础，确立新的迥异于传统美学的独立审美价值观。

接受环境伦理学之启发，环境美学引真入美，确立了以自然对象、环境自身之特性与功能为审美价值之新思路。若此，则从逻辑上正面引入了关于自然对象与环境特性、功能之客观信息——自然科学知识，以之为环境美学、环境审美得以成立之必要条件，即从哲学范畴之真具体转化为自然科学知识。那么进而言之，自然科学知识在环境美学中到底发挥着什么样的作用？

一曰确立客观性原则。传统美学真外立美，将美学根本地理解为一种服务于人类精神心理与人文趣味的主观性价值学科。但是，这一审美观念对环境美学而言毫无针对性，实际上乃是一种方向性误区，因为环境美学关注的核心，并非人类对自然的主观性价值需求，乃是自然对象、环境自身的真实处境、机制与功能。真者，独立于人类之外的关于对象之客观事实也。对环境美学而言，真即关于自然对象与环境之客观信息。以真为基础，便是以自然对象与环境自身之实际情境为核心，本质上便是一种以自然对象与环境自身事实为准绳的客观性原则。

“追随对象的引导，这是一种‘客观的’引导。客观之意义是最基本的：它有关于对象及其特性，而与那种相关于主体及其特性的主观相反。在这个意义上，客观地欣赏就是指，作为和为了对象之所是、所有而欣赏。它正处于主观欣赏的反面：在这里，主体，即欣赏者及其特性以某种方式强加于对象之上，或者更概括地说，将一些不属于对象的东西强加于对象之上。”①

卡尔松为自然美学所确定的这一客观性原则当成为引真入美后环境美学得以自觉、独立的首要哲学原则，是环境美学区别于以主观人文价值为核心的传统美学之分水岭。在此原则指导下的环境美学认为：欲赏环境之美需先识自然之真。不是人类对自然对象与环境之特定心理需求与人文趣味，而是关于自然对象与环境之客观事实与规律乃环境审美欣赏之核心内容。于是，正确、完善、深入地认识自然，客观地对待自然，真诚地尊重自然，成为环境美学之基本诉求。不于自然事实之外别求审美价值，别树人类对自然对象与环境的特殊主观价值要求，而是以自然之真为美，欣赏自然事实本身，此乃环境美学客观性原则的基本内涵。

引真入美，实际上就是强调关于自然对象与环境特性与功能的自然科学知识在环境审美中的基础性作用，意味着将揭示与理解各类自然对象与环境的客观性内在事实、规律、功能与机制作为环境美学之基本内容，将维护自然对象与环境固有的特性、功能及其顺遂的生存与发展作为环境美学之首要价值追求。这样一种美学必将以尊重自然事实为前提，以维护自然之善为使命。这是一种从认识论到价值论都以维护自然为本旨的客观性立场，它与强调满足人类精神需求与人文趣味的传统美学形成哲学立场上的根本差异。

二曰援科学为重器。传统美学美真二分，自觉地将科学认知活动逐出美的王国，认为科学的客观性立场从价值论上与审美背道而驰，且认为在思维形式上前者尚抽象理性，后者尊审美感性，认为科学认知活动有损于审美趣味，至少与审美感性无关。但是，卡尔松正确地指出：满足于感性表象欣赏的自然审美是肤浅的形式主义审美趣味，无法深入地揭示自然之深度事实，是一种外在的自然审美。笔者则继而指出：中国传统自然审美虽然有超形式趣味之深刻内容，本质上却与自然自身之事实无关，是一种深刻却不恰当的自然审美。

基于上述对中西方传统自然审美经验之反思，环境美学反其道而行之，旗

---

① Allen Carlson, *Aesthetics and The Environment*, Routledge, 2000, p.106.

帜鲜明地将上述尊自然之真的客观性立场转化为新的环境审美策略——引知识入审美，融科学理性成果与审美感性体验为一体，建立起科学理性与审美感性兼容并包的新的审美经验模型。

“如果有关自然事物的欣赏应当是对此类事物依其本来面目进行审美欣赏，如果科学知识确实能告诉我们自然事物实际上是什么，那么，对自然事物的审美欣赏就应当是依照诸如地质学、生物学和生态学等科学所告诉我们的那些概念、范畴和描述而对自然事物所作的审美欣赏。”①

卡尔松的科学认知主义理论明确地强调自然科学知识在自然审美欣赏中的作用，乃是对其自然审美客观性立场之具体化，可以理解为环境美学引真入美之可操作性方案。只有自觉地援科学为重器，当代环境审美才能真正超越中西传统自然审美，深刻而又恰当地欣赏自然，此外别无良策。

中西方传统的自然审美建立在欣赏者生理感官感受能力与日常生活经验对各类自然对象与环境的认知基础之上，因此不恰当的自然审美，或者肤浅的形式审美，或者将自然当作艺术来欣赏，或者对所欣赏自然对象张冠李戴，甚至指鹿为马，均在所难免。在当代社会，人类科学认识活动的专业性结晶——自然科学知识代表了人类认识自然之最高成果，代表了人类认识自然之深广度与精确度。环境美学自觉地将自然科学知识引入后，将为当代自然审美经验发挥积极的作用，具体地，它将从以下三个方面影响自然审美经验：

校正不恰当的自然审美经验。传统自然审美限于我们的耳目感官与日常生活经验，对自然对象与环境并无专门、深入的了解，故而在自然审美欣赏中难免犯错。当代环境审美则可以自觉地借助相关自然科学知识之帮助，超越与校正传统自然审美对自然对象与环境所形成的错误印象，对自然对象与环境进行恰如其分的审美欣赏。比如人们一般会将鲸鱼当作鱼而非哺乳动物来欣赏，但科学家告诉我们：这是不正确的。鲸鱼并非鱼，而是哺乳动物。视为前者，鲸鱼并非水中最自由之族类，不足以呈现其独特魅力；然而若让其回归本位，作

---

① ［加］艾伦·卡尔松：《自然景观描述与恰当的审美欣赏》，《美学评论》2005年第29期。

为哺乳动物，则我们不得不承认，作为哺乳动物，鲸鱼在水下还能如此矫健，实属难得。于是，鲸鱼之魅力大大增加。此乃科学知识有助于校正、改善自然审美经验之例。

丰富已有的自然审美经验。传统自然审美止于社会大众之日常生活领域，其感知能力限于自身感官，人们对自然界之认知与体验范围极为有限。在当代社会，人类认识自然的各门类自然科学之进展可谓日新月异。积极借鉴当代人类自然科学研究之新成果、新知识，当代自然审美之对象与领域便不断拓展，可以感知、认识与体验到传统社会条件下无以发现的自然之美。深海探索为我们揭开了黑暗、冰冷水下世界之生命奇观，打破我们对水下世界之传统想象。天文学为我们揭示了宇宙起源与演化的奥秘，使我们重新认识头上一片蓝天，可以真切地欣赏，而不仅是想象宇宙创化洪流之崇高、壮丽景观。在科学已然昌明的时代，固守真美之别，固守传统自然审美经验，满足于生理感官之感知能力与日常生活经验范围，以为天地之大美已尽在己，岂不谬哉！

深化已有的自然审美经验。传统自然审美有一个悖论：要么肤浅地欣赏自然，要么主观、不恰当地欣赏自然。那么，如何客观而又深刻地欣赏自然？则非借自然科学知识之帮助不可。固然，传统社会的人们凭借自身感官以及日常生活经验，也可以正确地认识自然。然而，其对自然现象了解的细致与深入程度仍极有限。在当代社会，借鉴自然科学研究的各专业成果，我们对已然熟悉的自然对象与环境可以获得更为深入的认识与理解，故而可以欣赏自然的深度之美，做自然之真正知音。

狼嚎对大部分人而言乃令人恐怖之音、不祥之兆。现代生态学则告诉我们：一个没有了狼嚎之音的世界将更令人恐怖、更单调无趣。因而那粗犷、野性的狼嚎实乃庄子所称颂之天籁，其中隐含了丰富的关于生物多样性和自然活泼生机之审美信息。然而要探测到自然的这种深度之美，便需现代生态科学知识之成全。且看利奥波德对狼嚎深层意蕴之经典阐释：“一声深沉、骄傲的嚎叫在悬崖间回响，沉降在大山里，最后消失于远处的暗夜。它是野生动物所发出的抗议式的悲鸣，是对轻视这个世界多样性的回应……太多的安全在命运的长河中似乎只能导致危险。这可能就是梭罗格言背后的意义：野生状态乃是对世界之拯救。这可能就是狼嚎背后的意义，它早已为大山众生们所熟知，人类却很少领会。”①

欲建立可持续的人类文明，切实改善目前的自然环境，须以准确、丰富、深刻地认识自然对象与环境之基本事实为基础。传统自然审美以赏心悦目与诗情画意为目的，其肤浅性与主观性已然不能满足环境美学之新需求，新的环境美学当以客观、深刻感知、理解与体验自然对象与环境之深度事实为准则。在此条件下，唯自觉引入自然科学知识，深入地理解自然，方可获得合格与高质量的新型自然审美经验，如此而产生的自然审美趣味方可与改善环境、生态文明之整体诉求相符合。校正、丰富与深化，准确地锚定了自然科学知识对于当代环境审美与环境美学之独特价值与积极贡献。

三曰开拓自然审美新境界。自觉、正面地引真（自然科学知识）入美，将使环境美学为当代人类环境审美从质与量两个方面超越传统自然审美，开拓出自然审美新境界。

一是在生态学帮助下，我们将发现平淡自然、丑陋自然与危险自然之美，可欣赏自然之全美。

在传统审美视野下，自然一般在形式审美趣味下被作为景观或风景而欣赏，突出的是自然对象、环境外在的形色感性特征。然而，具此形式美特征者毕竟是少数，更大多数缺少突出形色特征的自然对象与环境则被判定为“平淡自然”，遭审美歧视，被认为不具备审美特征，因而不是人们对其进行审美欣赏的合法对象。但是，现代生态学告诉我们：诸多平淡之地，比如荒野与沼泽，实际上构成独特的区域性生态系统，其中自有诸多相互依存之动、植物，实乃生命乐园，煞是热闹。只是因为我们缺少必要的生物学、生态学相关知识，对它们了解甚少，只作外在的形色评价，所以无以发现其妙处。如果我们

---

① Aldo Leopold, *A Sand County Almanac, and Scketches Here and There*, New York: Oxford University Press, 1949, pp.129-133.

能自觉地接受生物学、生态学等科学知识之启蒙，悉心、深入地考察那些平淡之地，就会发现许多关于“平淡自然”之不平凡秘密，会从中发现诸多乐趣，发现诸多此前不曾梦想之美。

传统审美趣味下，我们倾向于将大自然一分为二：好看的与不好看的，于是便有了所谓的“丑陋自然”。许多在生态学家心目中非常重要的动物被我们斥为丑陋，比如河马、疣猪、鳄鱼等。但是生态学家告诉我们：那些在人类眼里奇丑无比因而似乎根本就不应当出现在地球上的动物，对于它们各自所生存的特殊地理环境与生态系统而言，其实必不可少，恰到好处，因为它们只有长成那般模样，才能最好地适应当地的特殊地理环境，该物种才能顺利地生存与发展。对自然物自身而言何为美？最利于其在当地长期生存与繁衍者便最美。人类要真爱自然，就当替这些所谓的“丑陋自然”对象自身利益着想，就应当放弃自己原来的审美偏见，以同情之心对待之、包容之、欣赏之。总之，生态学知识将会改造我们的传统趣味，能化丑为美，使我们有能力欣赏传统视野下“丑陋自然”之美。

传统视野下，一些对人类生命安全构成切实威胁的自然物，成为人类的心头之患，难以近距离地欣赏之，它们形成自然之又一类——“危险自然”，比如猛兽、沼泽与活火山。生态学家会告诉我们：立足于地球整体生态健康，这些危险自然也是必要的。人类主动采取必要的安全防护措施后，依然可以同情之心欣赏之，甚至崇拜之。

自然科学知识，特别是生态科学，为我们照亮了传统自然审美之三大盲区——平淡自然、丑陋自然与危险自然，实现了自然审美全覆盖，从知识论角度为全范围确立自然内在价值铺平道路，使美学意义上的欣赏自然与伦理学意义上的尊重自然真正地统一起来，为庄子所言的“天地之大美”，以及“肯定美学”这一应然立场做出坚实的论证。

二是借助现代科学工具，开拓自然审美之宏观视野与微观视野。

传统自然审美限于中观层次，即人类自身生理视听感官所及范围，所欣赏者乃日常生活所及的对象与现象。现代科学所发明的诸先进工具，大大拓展了人类观察自然的空间视野。

传统视野下，我们只能看到太阳、月亮和天上其他最亮的星星。可是现代天文学告诉我们，宇宙是由数千亿个像银河这样的星系构成的，这使传统的“天文”概念大为拓展。借助哈勃望远镜，人类观察天体的距离已达河外星系，能捕捉到彗星撞击木星的情景。现代天文望远镜让我们探测与欣赏天空的空间距离延长了何止千万倍！我们今天可以欣赏浩瀚宇宙的天文之美，已非传统自然审美视野所描述的“倬彼云汉，为章于天”可企及。

传统审美视野下，物太巨不便于仰观，物过细亦难于俯察。然而，现代科学的另一件利器——显微镜则大大改变了此局面。显微镜为我们打开另一个人的自然感官无法奈其何的世界——微观世界。借助于显微镜，我们不仅可以探测到传统社会视之为“无物”的“微物”界，更能进一步细察微物之精，比如细胞的自组织、自复制结构与机制，还可以发现微物界之丰富。微生物学家告诉我们：微生物世界生命形态之丰富性与有机性一点也不逊色于中观视野下自然界之情态。简言之，借助于显微镜，我们可以欣赏陆上、水下微生物世界之精彩。

传统视野下，我们所欣赏者多为对象自然，即自然界中特定个体对象之形态与特性。但是，现代生态学与环境科学实乃自然关系学，以深入揭示自然界各类对象与其环境间的功能性互依关系为要义。此种关于自然界内在机理之认识与理解，当然并非人类自身感官所能探测。如果说望远镜与显微镜乃人类探测自然的物理性外在工具，那么生态科学、环境科学所揭示的自然机制则是关于自然有机秩序的内在路线图和理性之具。借助于此路线图，当代自然审美获得了一副整体性，而非对象性地感知、理解与体验自然，或曰环境自然深度魅力的独特视野。凭借它，当代人类惊喜地发现了普遍地存在于自然界动物与动物、动物与植物以及特定区域动植物与无机山水、气象间之互依共生关系，探测到天地自然精妙运行的深度自然智慧，发现了超越耳目感官，在不同物种、生命形态间反复循环的能量之流，此即《易传》所称颂的“生生之道”。借助于生态学，我们可以整体性地欣赏地球生物圈的生态结构之美、互依共生之智。

在传统中观视野的基础上，再加上现代自然科学所开拓出的宏观与微观视野，人类自然审美视野方臻完善，此种格局实乃传统自然审美所难梦见。

三是借助宇宙学、地质学、古生物学与进化论等自然科学，获得大尺度、纵向观照自然之历史视野。

“以数十年和数世纪为单位，我们发现了自然的延续过程；以数世纪和百万年为单位，我们发现了自然的进化过程。”①

传统自然审美多体现于静态感知与欣赏各类自然对象之既有特性与功能。即使是动态的欣赏，也多限于感知与体验个体自然对象之命运遭际，以及四季寒暑交替下的植物界荣枯循环。现代自然科学大大拓展了我们动态探测自然生命节律的纵向时间视野。宇宙学告诉我们：现在的宇宙由大约137亿年前的宇宙大爆炸而来。进化论告诉我们：地球的生命约46亿年，地球上的生命史约与之相等。地质学向我们呈现数十亿年前地球造山运动所引动的“百川沸腾，山冢崒崩。高岸为谷，深谷为陵”式的巨变，让我们对大地母亲容貌之由来有所理解。古生物学为我们打开地球生命史的画卷，有幸一睹大地舞台上那些最早粉墨登场名角们的昔日荣光。进化史为我们呈现了地球物种演化史与地球物种关系史，让我们深刻领悟到地球上任何物种，其命运史均是一部艰苦卓绝的生命传奇，人类史也许仅是其最平凡之一页。“这些鹤便如此生活、生存。它们并不被局限于今天，而是更广地拓展于进化的时间之流。它们每年的回旋，便是地质钟的嘀嗒声。在它们返回的地方，它们都赋予其特殊的意义。在无尽的平淡之原，一片鹤沼便显然呈现出古生物的高贵。在亘古的时间之流中，它们取得了胜利，除非不幸而遇上猎枪。在一些泽国，从那些曾经栖息过鹤的地方，一股悲音显然升起。现在，它们只能小心翼翼地站在那里，漂泊于历史

---

① Holmes Rolston Ⅲ, *Environmental Ethics*, Philadelphia: Temple University Press, 1988, p.176.

之流。"[1]

自此，当代人类便具备了大尺度、回溯式感知、理解与体验大地命运史的观照维度，有能力欣赏地球生态圈形成、演变的波澜壮阔的历史画卷。康德曾将自然之崇高范畴总结为两种形态——"数学的"与"力学的"。上述自然科学则开拓出关于自然崇高之第三种新形态——"史学的"——以地球演化史、地球生态进化史与地球物种命运史为主题的自然史之崇高。自此，当代自然审美具备了洞察自然命运史所需的深邃、宏阔历史视野，有能力欣赏天地大舞台所上演的自然史之崇高大剧，欣赏地球生态圈自然生命创化历程的伟岸与沉痛。

四、余论：美真关系再思考

如果说对环境美学而言，引真入美之后审美价值的客观化是必要的，自然的审美价值不能被理解为自然对象的某些特性与功能满足了人类的特定需求，可以令人类赏心悦目，乃是因为人类从理性上深入探测到特定自然对象、环境对其自身之生存与发展有益之特性与功能，从而乐于以同情之心感知、理解与体验此种自然自身之善——自然的内在价值，那么自此之后，环境美学之外，其他领域的审美价值又当如何理解？主观的还是客观的？属人的还是超越人类中心的？比如艺术？当然众所周知，艺术是人类的一种文化产品，专为服务人类的特定人文趣味而存在。说艺术之价值正在于其能令人悦目赏心当大致不错，因为地球上其他物种大概无需此物。但是我们于此还是发现了一种紧张：美学家讨论环境美学时是一种客观主义立场，可是当他们讨论艺术时则是一种主观主义立场。美学家为何如此人格分裂，有没有一种可将此二者统一起来的美学？如果要作此统一，到底当统一于谁，主观论还是客观论？

其实在知识论，甚至认识论层面，美学家已然做过此种努力，认为这二者

---

① Aldo Leopold, *A Sand County Almanac, And Scketches Here and There*, New York: Oxford University Press, 1949, pp.96-97.

间并不存在深刻矛盾，相反，它们本来就应当是统一的："就像严肃、恰当的艺术审美欣赏要求有关艺术史和艺术批评方面的知识一样，对于自然的此类欣赏也要求关于自然史的知识——由自然科学，特别是诸如地质学、生物学和生态学之类的科学所提供的知识。核心的观念是，关于自然的科学知识能够揭示自然对象和环境真实的审美特性。"①

看来，真正的矛盾存在于价值论，而非认识论领域。自然审美客观，艺术欣赏主观。分而论之两不相扰，合而观之实为不伦。到底从哪儿入手做统一的工作呢？当然是艺术这一传统美学之重镇。我们可提出如此问题：人类艺术的主观性立场是否绝对？我们曾以环境艺术为例，讨论过艺术价值与环境保护价值间的内在冲突。为了保护环境，尊重自然内在价值，我们发现艺术家必须做出一定程度的妥协，以谋求人与自然之和谐相处。此种价值论意义上艺术与自然的统一性，统一于自然价值而非艺术价值。那么，不涉及形而下层面的环境保护问题，在相对独立、纯粹的艺术范围内，又当如何理解美真关系？人类的艺术创造是否可理解为一种与真全无关联，因而是人类的一种绝对自由行为？

立足于符号论立场理解人类的艺术，关于艺术的绝对自由观似乎成立。因为符号学视野下，人类的艺术创造根本地被理解为一种人类的主观心灵绝对自由地赋予某物质性艺术媒介——能指——以特定所指——意义的行为。因而作为符号的艺术，其能指与所指间并不要求存在某种确定性与必然性，故而是彻底自由，亦即主观的。

然而即便持符号论立场，我们也会发现，艺术媒介与艺术意义间能所关系的自由赋予性质也极为初步。语言学家告诉我们，任何一种语言要实现成功交际，其能所关系绝不能处于纯个体赋予性的完全随意因而紊乱状态。诚然，一定程度上讲，我们可以将文学语言理解为对日常语言的一种超越或陌生化，前者对后者一定程度的改变与背离是可以容忍的。然而，当前者全面、绝对地背

---

① ［加］艾伦·卡尔松：《环境美学》，E. N. 泽尔塔《斯坦福哲学百科全书》，斯坦福，2007年。

叛了后者时，艺术传达便会因其能所关系的纯私人、随意性而使他人无法理喻，最终使艺术中的审美经验交际无效。这说明，即使将艺术置于符号论视野下，也不能将艺术理解为艺术家个体心灵绝对自由的随意观念赋予之物。

实际上，成熟的艺术哲学家将会进一步指出，并不能将人类艺术创造理解为纯符号行为。艺术创造作为人类的一种观念传达活动，在许多情形下，不得不与器质性因素——特定物质材料、媒介与工具打交道，比如画家的颜料、音乐家的乐器、书法家的笔等。艺术创造一旦涉及器质性物质材料与工具，也就自然地进入到自然界的必然领域，因为创造者必须了解与遵从这些物质性材料与工具背后的物理规律。只有在遵从由特定物质材料、工具所体现的自然界必然律的前提下，艺术家才可能有效地从事艺术创造。换言之，纯符号地理解能指——艺术家所必须依赖的特定物质材料、媒介与工具，是不正确的，实际上是首先应当将它们理解为器质性因素，然后才可理解为作为可载所指之器的能指。只要将艺术媒介，包括材料与工具理解为人类观念文化活动中的非观念性因素——器质要素，真所指涉的自然物理世界的必然律也就不可避免地出场，并发挥作用。在此意义上，作为艺术哲学的美学引真入美，认真考察艺术媒介一端所涉及的真——艺术媒介所引动的物质因素背后之自然界必然律，也就成为美学家与艺术家必须严肃对待的学术与艺术义务。

一定意义上说，我们可将艺术行为中的美真关系理解为美学学科下浓缩版的天人关系：美代表了艺术要满足的人类观念性价值，真则代表了艺术媒介背后自然物理法则对艺术创造这种人类主观性观念表达行为的客观规定。成熟的艺术家与美学家不会将艺术理解为纯主观、绝对自由的观念赋予活动，而更倾向于将它理解为人与自然间的一场友好对话——人可以表达主观自我，但又必须认真地遵守自然界的某些客观规定，只要艺术还需要凭借物质性媒介。要言之：真乃美之必要前提。重新反思美真关系，实即重温真对美的前提性规定与成全意义。我们接受环境伦理学的启发，从环境美学开始，最后又回到传统美学重镇——艺术哲学。最后它们都指向共同一点——真即自然法则不仅与美高度相关，且是美所以可能之必要前提。真缺场之后的美是不完善甚至是不可能的，无论对环境审美还是对艺术创造均如此。

越真而树美，实乃近代西方自启蒙运动以来人类中心主义的杰作。美真之间表面上看是认识论意义上的主观性与客观性冲突，实际上则表现为天人之对立——人类是否将自己本质上置于自然界之对立面。以艺术创造性、天才或观念自由赋予为表现形式的人类自大与过度自信，最终表现为现实生活领域人类随意地处置自然，自由艺术创造最终异化为侵凌自然之恶德，表现为环境危机。现在我们意识到，以艺术的名义宣称人类主观性价值诉求的绝对自由性是有害的，它以诗意的形式放大了人类中心主义的自傲、自恋与丑陋，以为人类真的可以彻底无视自然必然律之规定而绝对自由地生存。

于是，我们需要一种新美学，一种重究天人之际后重新理解与调整天人关系，在依天立人原则下，重新引真入美，将真这一自然代言人重新纳入人类包括欣赏自然与创造艺术在内的一切文化行为之前提性条件。消极言之，在不违反真的前提下欣赏自然、创造艺术；积极言之，以真为善，化善为美，在更高层次实现真善美三者的融合，此乃在环境伦理学启示下，我们对美真关系的新理解。

（刊于《郑州大学学报》2016 年第 6 期）

人自由也让物自由

——论生态自由的审美本质

⊙黄翠新
⊙南京师范大学公共管理学院

自由根植于人的本性，凡有理性者皆有对自由的渴望与追求。然而，人们在解除奴役之苦和束缚之困的时候，又往往走向极端，把他人当成地狱，把他物当成阻力，忽视他人的自由以及他物的本然存在。尤其是现代性社会，追求的自由是征服自然的自由，其实质是原子式自由，即仅仅关注个体的利益和自由发展，而把自然视为纯粹满足人的欲望的工具和手段，没有道德的关怀，唯有无情与竭泽而渔式的盘剥。自然资源的日益枯竭和环境污染的日益加剧表明，仅仅关注人类个体的现代性自由内蕴着破坏自然的巨大张力，倾向于撕裂人与自然的本质统一关系。因此，必须以人与自然整体相统一而生成的生态自由限制现代性自由。

一、现代性自由与生态自由

自由的要素包含能动性、自主性、不受限制与束缚地发展和完善自身。从哲学的意义上说，自由就是对必然性的认识和对客观世界的改造。必然性有自然必然性和社会必然性，自由也就因此可以分为人在社会面前的自由和人在自然面前的自由。人在社会面前的自由，是基于人的理性能力而在人与人之间和人与社会之间进行相互限制，从而实现一定程度的相对自由，如政治自由、经济自由等。人在自然面前的自由不管是古代人还是现代人都仅仅基于单向度的立场，或顺从自然而无为或控制自然而胡为，而不是在与自然的相互养育与相互限制中实现和谐相处与保持动态的平衡中获得自由。古代人与现代人的自由观的视域仅仅聚焦于人类自身，却遗忘了与之息息相关的自然及其化生的其他自然存在物。不可否认，自由首先是人的自由，没有人就没有对自由的言说。自由亦是人的本质追求，人类全部的历史就是追求自身解放的发展史。而自由最终必然落实到具体的个人身上，真正的自由是具体的自由，也是普遍的自由，属于每个个体。作为近代自由主义奠基者之一的法国著名政治家贡斯当就认为，现代人追求的自由是个人生活独立性的自由，“个人自由是真正的现代自由”。[①] 然而，当个人演变成个人主义，自由也就走向个人主义自由，把个人作为最高目的，仅仅追求个人自由的最大化，而忽视甚至牺牲他人的自由，更不用说自然的价值和自由。恰恰是这种个人主义的现代性自由斩割了人与自然的本质统一关系，因为这种自由激发人们为了不断满足个体的利益而不断向自然开战，并把征服自然、控制自然视为人在自然面前的真正自由。个人主义自由是原子式的自由，它仅仅关注人类个体的利益和自由，而遮蔽了人与自然的本真关系，导致了对人类社会及与其息息相关的生态系统的平衡稳定与可持续发展的整体利益的漠视，人与自然之间仅仅处于利用与被利用、征服与被征服的对立关系。

现代性自由建立在自然资源无限和自然空间无限的错误假设之上，认为自然资源可以无限地满足人类日益增长的需求，自然空间可以无限容纳与分解人类的排放物。如在市场经济领域中，普遍认为“自然的极限”只存在于想象中，在现实的经济生活中可以忽略不计。李嘉图就认为商品的增加是无限的，穆勒则认为有无限的产品等。在伦理学领域中，自由主义和个人主义认为，个人只要不危害他人，就拥有绝对的自由，对自然则谈不上有伤害的界限，没有

---

① ［法］贡斯当：《古代人的自由与现代人的自由》，《贡斯当政治论文选》，上海人民出版社，2005 年，第 45 页。

必要施予道德的关怀，而是可以任意开采和利用。[1] 然而，全球变暖、臭氧层空洞、物种灭绝、生物多样性减少、环境与食物毒性增加、沙漠化、水污染、空气污染以及放射性污染等一系列事实证明，自然资源是有限的，容纳人类污染的自然空间也是有限的，自然的某个因素或局部的变动皆有可能影响到生态系统整体的平衡与稳定，最终则影响到人类自身的可持续发展。1972 年罗马俱乐部在《增长的极限》研究报告中就指出，人类的增长是有极限的，其中限制增长的五个因素中就有自然资源和污染，[2] 即地球资源并不是无限的，污染也并没有得到自然空间的全部容纳。这进一步揭示，原子式自由追求个体主体的无限占有性与征服性与有限的自然资源和有限的自然空间存在着尖锐的矛盾。为了我们生存的家园，为了我们不再吃下污染，我们需要化解这种矛盾，化解的途径在于限制原子式的自由，代之以人与自然和谐相处，并与自然整体相统一而生成的自由，即生态自由。

生态是指生物与其环境之间的相互限制、相互影响、相互制约，并在这种限制与影响中实现动态的平衡，实现和谐相处。生态规律的基本特征即是和谐与平衡。人直接地也是自然存在物，虽然以理性、反思等能力区别于他物，但同样不得不遵循自然规律，进行新陈代谢，历经生长、发育、成长和衰老的过程，有其自我调节、刺激反应和多种能动性。人就是一个开放的生命系统，不断地与外界自然环境进行物质、信息和能量的交换，以使自己的生命体能够持续存在和发展。人与外界自然环境的交换活动是双向的。人类不断地从自然中获取养料而排放出废物，自然则不断地为人类提供养料和分解废物。由此可见，人与自然处于相互联系、相互影响和相互制约之中，人的生存与自由发展离不开自然。人类要实现自由而可持续的发展，必然要利用与改造自然，同时

---

① 韩立新：《环境价值论——环境伦理：一场真正的道德革命》，云南人民出版社，2005 年，第 153~154 页。

② ［美］丹尼斯·米都斯等：《增长的极限——罗马俱乐部关于人类困境的报告》，吉林人民出版社，1997 年，第 9 页。

又必须与周围的自然生态环境实现和谐相处并保持动态平衡。如果自由没有生态的内涵，人与自然截然对立，就会把自然当成仅仅服务于人的物来看待，只有征服、控制、利用和耗竭的态度和行为，而难以生成对物的尊重态度和进行道德的关怀，并容易忽略物的本性及其多样性对生态系统平衡与稳定的促进作用。这种以占有为特征的没有生态内容的自由是片面的，也是不可持续的。人欲实现在自然面前真正的自由，必须纳入对自然的关切，并通过理性反思与情感体悟把握人与自然整体的统一关系，使人的自由建立在生态系统的整体、稳定、和谐与美丽的基础上。这种人与自然和谐相处、人与自然生态整体实现协调而生成的自由，即生态自由。

二、生态自由的审美本质：人自由也让物自由

生态自由的提出使人在自然面前不再仅仅局限于关注人的利益和自由，不再只是单方面地向自然索取，而是关注到与人息息相关的自然存在物的本然存在，意识到人与自然应该处于和谐的关系之中。由此提示我们，要探究生态自由的本质必须从人与自然的本真关系入手。人与自然的本真关系就是人与自然既对立又统一，在对立统一中和谐共在的关系。人与自然的对立表现为人与自然有别，人非自然，自然非人。一方面，人虽然是从自然发展而来的，但人与其他自然存在物不同，有理性，有自由意志，有反思精神，有创造性，这些与其他自然存在物不同的特点使人类能够走出自然从而建立人类社会，开始自己独立自主的政治生活和经济生活，并反转面对自然，对自然界进行有目的的改造。另一方面，自然非人，自然有其不因人的意志而转移的独特的发展规律，“独立而不改，周行而不殆”（《老子·二十五章》）。自然的规律即是自然必然性，物不得不遵守，否则就没有生命。作为自然存在物，人亦须遵守自然规律，生老病死，难以违背，特别是在没有认识到自然必然性的时候受其盲目的支配和控制不可避免，但人的理性与能动性使他能够不断认识自然规律，并通过科学技术而改造和利用自然界，从而为自身更好的生存和更加自由而全面发展服务。因为这一优越性，人与自然存在着区别与对立，并进一步表现为利用

与被利用的外在关系，这是人与自然生物性的生存关系。除此之外，人与自然还有统一的关系，即超越于生存关系之上的价值关系、审美关系，体现为人通过自然观照自身，确证自身的本质性存在，也能够与自然感通，享受非功利的自然之美。众所周知，现代性对人本身的确认收缩到自身和人类社会，仅仅通过物来满足不断膨胀的欲望、通过不断地消费物来确证自身的存在，但这只能证明人的物质性存在，而不是本质性存在，导致的是人的“物化”。物化的人是一个个孤立的原子，将自然完全视为纯粹的物，视为满足肉体生存和欲望的手段，从而对自然物只有疯狂占有和掠夺，而失却对自然的保护和养育，最终引发了种种威胁人类生存与发展的生态问题，这逼促我们重新反思如何确认人类真正的本质。马克思认为，人的本质并不是单个人所固有的抽象物，而是有其现实性的，离不开所创造的对象：“通过实践创造对象世界，改造无机界，人证明自己是有意识的类存在物，就是说是这样一种存在物，它把类看作自己的本质，或者说把自身看作类存在物。”① 正是因为人是类存在物，他才是有意识的存在物，才能不受肉体需要的影响，而是自由地面对自己的产品，自主地安排自己的生活，按照美的规律来改造自然界，并通过对自然界的改造来反映自己区别于物的本质。人的本质不在于自然性，而在于社会性，在自然面前则表现为结成何种生产关系、如何利用生产工具来改造自然界，并在改造自然界的过程中如何实现对自然的保护与养育。只有实现人与自然的和谐，维护生态系统的稳定与平衡，创造更美的自然，这自然之美才能折射出人的本质之美、之善。由此可见，人与自然具有内在的本质统一关系，人通过改造自然界的对象性的创造活动使自己的本质对象化给自然界，通过自然界来彰显人的类本质，同时自然界的本质规定性又规定人类自身的应然存在和应有的本质。人与自然的相互规定与确证，指证着人的本性与自然本性是相通的，统一的，这是从人的类本质的层面或者说人的精神本质层面去论证人与自然的和谐。此外，个体作为自然存在物，他与自然也存在着一种和谐的关系。“人与自然的和谐

---

① ［德］马克思：《1844年经济学-哲学手稿》，人民出版社，2000年，第57页。

在物的层面上即是身体与环境的和谐。因为人是一个类概念，它不能全部表达出环境美学所要求的如何实现和谐的问题。”① 人与自然的和谐关系是人与自然本源的、原初的关系，人对自然不再是纯粹的利用，不再是从物质上去征服自然，而是从精神上去依赖自然，从本质上实现与自然的统一。由于自然不是死的自然、僵化的自然，而是不断创生的自然，能动的自然，是主体性的自然，因此人与自然之间和谐的关系亦成为平等的主体间性的关系。只有超越了主客二分的对立关系，人与自然化生的其他万物才能实现既竞自由又和谐共处的生态关系。

人与自然对立统一的和谐共在关系彰显了生态自由的内在本质，即人自由也让物自由。人自由表现为人是其所是地发展自由的本性，能够自主地安排自己的生活，自由地发展自己。人在自然面前的自由表现为从心所欲地充分利用自然和改造自然，并获得充足的资源以实现自身的自为存在与更高层次和更完善的自由发展，而不是受到自然的支配、妨碍与伤害。人在自然面前的自由是相对的自由，即从心所欲又要不逾矩地遵循生态规律，不破坏生态系统的平衡，不毁灭自然存在物的存在，因为生态系统的平衡、稳定与美丽是人类自由的根基。物自由则是指自然存在物按其本来的样子存在，也就是按其自然本性存在的自由，如海德格尔所说：“向着敞开域的可敞开者的自由让存在者成其所是。于是，自由便自行揭示为让存在者存在。”② 物的自然本性就是事物按自身的生长规律进行自己的生命活动，自然而然地呈现自身。物的自由使物种得以延续，使生物多样性得以保持，这是生态系统维持平衡和稳定的保障。然而，现代性在追求原子式的自由的过程中，将自然物完全等同于对人的有用性，不承认物有本身的存在意义，从而对物只有工具性的运用和滥用，结果导致对自然整体的破坏。限制原子式自由而主张生态

---

① 王燚：《环境美学视野下的身体问题》，《郑州大学学报》（哲学社会科学版）2012 年第 5 期，第 77 页。

② ［德］海德格尔：《路标》，孙周兴译，商务印书馆，2000 年，第 216 页。

自由，就是让物向物本身的存在意义复归，让物回到物本身当中。物自由不是绝对的自由，而是受到限制的自由，这种限制以不危害到人类的生命、不危害到生态系统的健康发展为基本原则。因为每个物种都追求自身的发展和种的延续，作为有能动性的人也不例外。如果某一物的存在危害到其自身的生存，那么限制对方或消灭对方就成为合理。如果某一物种过度扩张，破坏了生态系统的平衡与稳定，自然法则将以食物的断绝或以另一种相克之物来灭绝或限制此物种。

人有人的自由，物也有物的自由，虽然两种自由不完全等同，但两者都是相对的自由，并且是统一的，通过相互联系、相互制约统一于平衡与稳定的生态系统之中。人自由与物自由的统一就是自然之美、自然之崇高与人性之美、人性之崇高的相得益彰、交相映辉。康德把这二者很好地结合起来，认为自然界作为有机体，是巨大的自组织系统，有其无目的的合目的性，即最终目的是发展出道德之人，自然是向道德的人生成。人的道德奠基于自由之上，是人自主运用理性，摆脱感性的干扰，遵循绝对命令和善良意志而行道德之事。但人同时又是感性的存在者，可以感受自然的超越实用性和功利性的美，这种美在于其结构、造型等合乎人的审美目的，引起人的愉悦的情感和敬畏之心，从而激发人的高尚的道德情怀。“我们可以看成自然界为了我们而拥有的一种恩惠的是，它除了有用的东西之外还如此丰盛地施予美和魅力，因此我们才能热爱大自然，而且能因为它的无限广大而以敬重来看待它，并在这种观赏中自己也感到自己高尚起来：就像自然界本来就完全是在这种意图中来搭建并装饰起自己壮丽的舞台一样。”[①] 在此意义上，康德说，美是道德的象征。人类通过守护自然美，欣赏自然美，热爱自然美，而不是破坏自然美、割裂自然美来体现自身的道德素质。高尔泰认为，“美是自由的象征”。[②] 人们对美的追求就是对自由的追求，追求从那种自我施加的种种束缚限制中解放出来，自然美正是人在

① ［德］康德：《判断力批判》，邓晓芒译，人民出版社，2002 年，第 231 页。

② 高尔泰：《美是自由的象征》，人民文学出版社，1986 年，第 43~44 页。

自由的心境下，面对本然存在的自然而生发的美感，这种美恰恰就是人自由与物自由的统一。黑格尔也曾提出，精神的本质即是自由，自然是自我异化的精神，研究自然就是研究精神在自然内的解放，人的解放与自然的解放具有统一性，所以，“精神的无限自由也允许自然界有自由”。[①] 人与自然的自由美就是“精神在自然界里一味开怀嬉戏，是一位放荡不羁的酒神”。[②]

人自由也让物自由具有丰富的内容，最基本的形态表现为人与自然都能免于伤害与奴役，实现“万物并育而不相害，道并行而不相悖”（《中庸》）。人不受伤害与奴役表现为免于自然灾害的侵袭，不做自然的奴隶，这是人类在自然面前获得自由的首要目标，这一目标由于科学技术的发展和人类理性能力的提高而逐渐变成现实。人类可以通过对自然规律的掌握，不断提高对自然界演变的趋势做出预测与分析的能力，从而不再是被动地等待自然灾害的来临，而是能够及时采取措施避免自然灾害带来的危害。比如人类利用先进的监测系统，能够预测到台风、暴雨、地震等将于某个时间段内降临，从而禁止渔民出海，让居民做好防范措施或者转移等，从而把损失减至最低点。自然免于伤害与奴役则表现为不受人类任意的宰割与破坏，人类需要利用与改造自然界来维持自身的生存与自由发展，但要把对自然过程的干预限制在地球生态阈值之内，从而不破坏生态系统的平衡，使自然及其存在物自由自在存在。人的“一枝独秀不是春”，物的“百花齐放”才能成就满园春色。

在维持生存的前提下，人自由也让物自由追求成己与成物的统一，这是生态自由第二层次的内容。“诚者非自成己而已也，所以成物也。成己，仁也，成物，知也，性之德也，合内外之道也。”（《中庸》）即人类通过修身养性不仅成为有德之人，同时也要辅助自身之外的物有所发展，有所成就。由己及物，人与自然之间存在内在相关性：“唯天下至诚，为能尽其性；能尽其性，则能尽人之性；能尽人之性，则能尽物之性；能尽物之性，则可以赞天地之化

---

① ［德］黑格尔：《自然哲学》，梁志学等译，商务印书馆，1980 年，第 617 页。

② ［德］黑格尔：《自然哲学》，第 21 页。

育；可以赞天地之化育，则可以与天地参矣。”（《中庸》）性，是由天命而来的本性，自然而然的品质，只有最真诚的人才能充分发展自己的本性，然后才能发展出他人的本性，发展出万物的本性，从而可以赞助天地化育万物，使自然存在物按其物性适时地生长。“己欲立而立人，己欲达而达人”是较高境界，“己欲立而立物，己欲达而达物”则是更高境界。因为人为己谋福利、谋发展容易，但在谋求的过程中能同时考虑他人的发展与他物的发展则难，这需要高尚的道德情操与至高的精神视野，才能突破狭隘的自我利益，在帮助他人实现其自身利益、他物实现自在存在中实现自己的利益和可持续的发展。他人、他物就是另一个自己，通过他人、他物可以折射自己的本质，当体悟为他人、他物就是为自己，就可以实现人与人之间、人与自然之间的和谐相处，携手共进。如此，自我就不再是孤独的原子，而是与他者共在，与自然共在，不仅使人的潜能得到最大的释放，实现自由而全面地发展，同时也通过“赞天化育”使物之性得到充分的实现。

在总的意义上而言，人自由与物自由的统一表现为单一物与普遍物的统一，这种统一使生态自由成为包含个体性与特殊性的整体性和普遍性的自由。首先，人与物都是单一物，不能以整体性和普遍性自由湮没个体性、特殊性的自由。生态自由既强调生态系统的整体性价值，又强调尊重同属于生态共同体中的人的自由与物的自由，从而是具体的自由，这种具体的自由又维护和确保生态系统的整体性、稳定性和美。包含个体性与特殊性的生态自由可以避免“环境法西斯主义”，即以生态系统的整体性、稳定和美的名义而忽略个体的利益和权利，甚至生命。比如素食主义者反对吃肉，反对对任何动物的解剖和虐待等。事实上，从本体论意义而言，个体与整体虽有区别和对立，但二者又相互依存、不可分割，整体由部分、个体构成，个体之间的既斗争又合作的竞争关系如果维持在动态的平衡之中，将有助于生态系统整体的平衡与稳定。也就是说，物种的多样性、丰富性与差异性存在，有助于生态系统的平衡与稳定，这已得到自然科学的证实。社会生态学的创始人布克金认为，生态思维面临的真正危险是将所有的差异都简化，这种简化的目的是更好地支配物。然而在布克金看来，非人类的丰富的“其他”有着非常重要的作用，即可以采取不同的形式，比如差异性、清晰表达和互补性而实现与人类互补①。实现这种互补有助于实现对生态系统的维护。不幸的是，物仅仅以齐一的有用性、工具性进入现代人的视野，物的多样性与差异性存在则受到了忽视。事实上，每个物种都有其独特的生命发展规律，有些需要洁净的水源，有些需要松软肥沃的土壤，有些需要充足的阳光，有些需要生长在潮湿的沼泽地等。当现代人置生态规律于不顾，人为地破坏自然存在物的生存环境，就会使其得不到应有的发展，甚至走向灭绝的边缘，而物种多样性的减少，带来的则是诸多的生态恶果。其次，单一物是整体性与普遍性中的单一物，而不是割裂整体性的单个原子。就像人在社会中的自由一样，人只有在承认他人、尊重他人、不危害他人、不危害社会的前提下，才能得到他人的承认、尊重和保护，才能获得有限度的自由。人在自然面前的自由亦然，并不是对自然为所欲为地征服与控制，而是在与自然和谐相处中获得自由。自由的本质在于不受绝对的限制与束缚，即是不再处于对立之中，而是成为一个统一体。当我们说人的自由必然与他人和他物相关，人自由也让物自由，就是说自我、他人与他物的存在呈现出来的是一个相互影响、相互制约、相互限制的保持相对平衡与动态稳定的生态整体。

三、人自由也让物自由的生态价值

人自由与物自由的统一突显了自由的实践性特征。根据马克思主义的观点，实践是人类所特有的本质活动，人和人类社会是在劳动实践中形成和不断发展的，作为自由基本要素的自我意识、主体能动性、自主性也是在探索自然界的奥秘、改造客观物质世界的实践活动中产生和发展的。西方资产阶级提出天赋自由、人生而自由的思想，用意是为了彰显人与人之间平等的自由权，同时也凸显了自由是人的本质追求。但人的具体而实质的自由并不是主动降临和

① ［美］默里·布克金：《自由生态学：等级制的出现与消解》，郇庆治译，山东大学出版社，2008 年，第 40~42 页。

一劳永逸的，正如卢梭所言："人是生而自由的，但却无往不在枷锁之中。"[①]限制与束缚无处不在，自由的实现需要人去主动争取，去不懈奋斗，才能获得人的自由，实现自由应有的价值。因为自由的内涵不仅在于摆脱限制与束缚，免于干涉与伤害，还包含内在的自我决定、自我创造、自我实现、自我超越。人不仅仅是要求自主的不受侵犯的消极自由，也追求实现自我的积极自由，真正的自由是消极自由与积极自由的统一，这种统一离不开对客观世界的实践改造。值得注意的是，当我们说实践是自由之源并不是说先有实践，后有自由，就像恩格斯所说的劳动创造人一样，并不是说劳动在先，人在后，因为劳动的主体就是人，劳动与人是二位一体的。说劳动创造人是强调了劳动在人形成过程中的重要性，没有劳动就没有人的产生。与此相似，自由与实践也是二位一体，自由是人的本质追求，实践是人的存在方式，当人能够自由自觉地活动的时候就展示了人的自由。这也就是为什么黑格尔说奴隶在劳动中也有自由的原因所在——奴隶在劳动过程中通过对自然物的否定和加工改造而展示了自己的能动性，通过承认物的独立性使自己的独立性得到承认，这样一来奴隶就有了独立的自我意识，成为自为的存在，自由的存在。[②]

真正的自由是人自由也让物自由的生态自由，这一本质使生态自由对人们改造自然界的活动具有规范的意义。即要求人们改造自然界的活动不仅彰显人们的自由自觉性，更要求人们的这种自由自觉的改造自然界的活动不是任性而为的，而是遵循生态规律，尽物之性与顺物之情的改造，并自觉地担当对自然环境的生态道德责任，从而实现人与自然的自由具有可持续性。由此不难看出，人们改造自然界的活动是实现生态自由的手段，生态自由从价值上规范这一手段，使之亦成为一种善。同时生态自由的本质内在地要求人们改造自然界的活动必须是科学的、合理的，不能打着自由的旗号对自然肆意盘剥，因为对自然的破坏终将导致自由的丧失。弗罗姆在《逃避自由》一书中提出，人要想与世界重新联结为一

---

① ［法］卢梭：《社会契约论》，何兆武译，商务印书馆，2003 年，第 4 页。

② ［德］黑格尔：《精神现象学》，贺麟译，商务印书馆，1979 年，第 145~147 页。

体，与他人、自然及自我联为一体，就需要自发性的爱和有创造性的劳动。[1] 事实上，人类在利用与改造自然界的实践活动中对自然的保护与养育亦彰显了人的自由，从而成为人的自由的定在。人不像动物那样受盲目的因果必然性的支配，而是努力突破加之于自身的束缚和限制，追求自主的生活，并通过对自然必然性的认识而致力于对客观世界的改造，实现自由的生活与自为的存在。更为重要的是，在人与自然的关系中，人居于主动的位置。依赖于理性能力与反思能力，人类能够理智地意识到人与自然的一体性，意识到物如其所是的多样性存在对于人类生活的意义与自然生态整体的平衡作用，从而致力于保护与养育自然，努力重新回到自然，与自然整体建立和谐的内在统一关系。自然的本质是涌现与生长，包含着人性完善的东西——善，从而依旧是我们的安身立命之地和精神家园。人类应该爱护自然，呵护这种善，维护生态系统的平衡与稳定，使人自由与物自由实现可持续性的发展，这是自由的应有之义与应然要求。自由不仅仅表现为自由自觉的活动，同时也意味着一种选择能力，没有选择也就无所谓自由，而选择又与责任相连，没有选择也就没有人之责任。人之自由即人要担当责任，而责任是道德的核心概念。康德说："人类行为在道德上的善良，并不因为出于直接爱好，更不是出于利己之心，而是因为出于责任。"[2] 所以，人在自然面前享有获取物质资源与精神愉悦的自由，同时也应担当相应的责任，这就是遵循生态规律，不超出生态的承载范围，对技术的运用要尽物之性、顺物之情，而不是破坏自然、伤害自然，使自然存在物能够按其自然本性如其所是地生长，从而彰显人的善本质，如此也就是实现了人自由与物自由的统一，进入"天地与我并生，万物与我为一"的逍遥与审美之境。

（刊于《郑州大学学报》2013 年第 1 期）

---

① ［美］埃里希·弗罗姆：《逃避自由》，刘林海译，国际文化出版公司，2007 年，第 176 页。

② ［德］康德：《道德形而上学原理》，苗力田译，上海人民出版社，2002 年，第 98 页。

生态问题的美学困局

——关于生命美学的思考

⊙潘知常

⊙南京大学新闻与传播学院

一

因为生态危机而引发的关于生态问题的美学思考，是近年来国内美学研究的一个热点，所取得的成绩引人瞩目，但是，所引发的困惑也同样引人瞩目。

本来，所谓“危机”其实并不专属生态。当今世界危机四起，在生态危机之外，更存在政治危机、经济危机、金融危机、道德危机、心理危机、情感危机等，而且，这些“危机”也大多并不都比生态危机更轻，但令人困惑的是，因为政治危机、经济危机、金融危机、道德危机、心理危机、情感危机而引发的美学思考却并没有在国内成为热点，甚至也没有成就政治美学、经济美学、金融美学、道德美学、心理美学、情感美学，而独有因生态危机而引发的美学思考不但异军突起，在国内成为一时之热点，而且更成就了一时之显学（其中，包括与以“非生态审美”为特征的传统美学相对应的转而以“生态审美”为特征的生态美学，也包括与实践美学、后实践美学相对应的“生态存在论美学观”，为行文的方便，以下将这两者统称为生态美学）。

何况，就生态危机本身而言，较之生态政治学、生态经济学、生态伦理学，生态美学也要距离生态危机更为遥远，因生态危机而引发的生态政治学、生态经济学、生态伦理学的研究无疑也更加重要，可是，它们却也都没有像生态美学研究那样在国内成为一时之热点乃至一时之显学。

更为令人困惑的是，不论是因为政治危机、经济危机、金融危机、道德危机、心理危机、情感危机而引发的美学思考，还是因为生态危机而引发的生态政治学、生态经济学、生态伦理学的研究，都是完全意在解决危机问题的，都是眼睛向下的，也都没有把过去的美学研究或者政治学、经济学、道德学的研究统统归纳为“非生态”，而去忙于建立所谓“生态”的政治学、经济学、道德学，可是，因为生态危机而引发的美学思考却令人意外，它是眼睛向上的，更多的不是针对具体的生态危机问题发言，而是忙于针对美学本身的转型发言，忙于提出所谓的“生态学”转向，甚至把过去的美学研究归纳为“非生态”的，而去建立“生态”的美学。

由此便导致所谓的生态美学研究本身的令人困惑。一般而言，一个全新学科的出现，当然是需要立足于本学科的某个方面的不足，是意在补漏、补缺，找到新增长点，开出新维度。可是，生态美学的补漏、补缺乃至所提出的新增长点、新维度却令人疑窦丛生。

熟知中国当代美学现状者都知道，20 世纪 80 年代初，实践美学曾经占据着美学舞台的中心，可是，也正是从那个时候开始，实践美学就已经遭遇了后实践美学（首先是来自其中的生命美学）的挑战。在这当中，实践美学自身的“自然美”这一重大隐患，在后实践美学的挑战中也曾经被频繁质疑，并且也业已在后实践美学的全新探索与开拓中得以弥补和校正。可是，这一切在晚于实践美学也晚于后实践美学的生态美学的提倡者那里却似乎都没有看到。在他们那里，20 世纪 80 年代到 90 年代的后实践美学的所有相关言说似乎都不存在，他们所提倡的生态美学宛若横空出世，直接越过了后实践美学的所有相关讨论、质疑、弥补与校正，而直接接着实践美学的言说去讨论，给人留下的印象，似乎是实践美学自身的“自然美”这一重大隐患，只是到生态美学的出现才被发现，也才被克服。无疑，这在当代美学的历史上，是完全与事实不符的。

当然，即便是无视二十世纪 80 年代到 90 年代后实践美学的所有相关讨论、质疑、弥补与校正，倘若生态美学真正能够对于实践美学自身的“自然美”的重大隐患有所克服，而且也已经完全超出了上个世纪80年代到90年代的后实践美学的所有相关讨论、质疑、弥补与校正，那也未尝不可，但遗憾的是，生态美学并没有做到。不但没有，甚至还恰恰在较之实践美学更加错误的道路上越走越远。

众所周知，实践美学把美分为艺术美、社会美、自然美三类，这样的分类，固然无可非议，可是，其中的社会美、自然美问题，却始终是实践美学的软肋。这是因为，在实践美学的“认识—反映”框架下，存在决定意识，美感是对外在的美的反映，这是必须恪守的美学铁律。由此出发去解释艺术美的问题还勉强可以，而一旦去解释社会美、自然美问题，就实在捉襟见肘，无法自圆其说了。以自然美为例，本来，自然美与社会美一样，它们自身究竟存在与否就已经十分可疑（不少美学家都认为它们其实都是实践美学生造的概念），而实践美学既然恪守“认识-反映”框架，恪守存在决定意识、美感是对外在的美的反映之类的美学铁律，那就必然会认定：是自然美首先存在，然后才由人去反映之。可是，在朱自清之前，为什么有“荷塘月色”却没有“荷塘月色的美”？为什么鲜花亘古有之，但是鲜花的美却不是亘古有之？于是，为了弥补明显的漏洞，实践美学又提出了所谓“人化的自然”以及“自然的人化”的思路。但是，疑惑却依旧存在。实践美学说，自然美出自“人化的自然”“自然的人化”，那么，同为“人化的自然”“自然的人化”，为什么有的自然是美的，有的自然却是不美的？还有，同一个自然，为什么白天是美的晚上却是不美的？而且，从“人化的自然”“自然的人化”出发，那也应该是“人化”的程度越深就越美，“人化”的程度越浅就越不美，可是，月亮人化的程度就不深而浅，为什么它却偏偏很美？

后实践美学正是因此而批评实践美学。例如，在生命美学看来，自然美其实并非客观存在。当然，与黑格尔认为自然美只是艺术美的雏形不同，生命美学认为，所谓自然的美，其实只是海市蜃楼式的假象，只是出于一种常识的错误。类似筷子在水中，人在地球上，太阳从东方升起，都是常识，但是也都不正确。“花的红”是反映的结果，是客观存在，“花的美”却并非如此，也不是客观存在。因为，引起美感的对象与作为精神活动的美感并不是一回事，如果只看到前者也是引起美感的对象，就以为“花的美”也是客观存在，也是反映，那就大错特错了。真正的答案只能是，在审美活动之前，在审美活动之后，“花的美”根本就不存在。因此，“花的美”并不是自然所固有的，而只是在人与花之间所形成的某种价值属性。

当然，近年实践美学的领军人物李泽厚先生对此又曲为弥补。首先，他从狭义的“人化自然”转向广义的“人化自然”，他说“人化自然”是一个哲学概念。天空、大海、沙漠、荒山、野林，没有经过人去改造，但也是“自然的人化”。因为“自然的人化”是指人类征服自然的历史尺度，指的是整个社会发展达到一个阶段，人和自然的关系发生了根本的改变。所以，“自然人化”不能仅仅从狭义上去理解，仅仅看做是经过劳动改造了的对象。可是，他这一补充却仍旧难以自圆其说。因为即便在同一个时代，为什么自然对象却有美有不美？又为什么经过人的改造的偏偏不美，没有经过人改造的偏偏却美？种种疑惑还是没有解决。

继而，李泽厚先生又再做解释，这就是他提出的所谓“人的自然化”概念。这是一个与“自然的人化”完全相反的概念，强调的不再是实践过程中自然合于人类、自然规律合于人类目的的一面，而是实践过程中人类合于自然、人类目的合于自然规律的一面。可是，这仍旧无助于问题的解决。因为“人的自然化”是建立在“自然人化”的基础之上，例如动物就无所谓“动物的自然化”。正是由于“自然人化”，人才可能也才需要“自然化”。然而，“人的自然化”也还是无法回答在同一个时代为什么自然对象有美有不美的困惑，也无法回答为什么经过人的改造的偏偏不美而没有经过人改造的偏偏却美的问题。

无疑，李泽厚先生的上述补充并没有导致“漏洞”的解决，而只是遗留下更大的“漏洞”。可是，生态美学却似乎对这一切都视而不见，既没有看到上个世纪80年代到90年代后实践美学的所有相关讨论、质疑、弥补与校正，也没有看到实践美学自身的曲为弥补，而是一步就从生命美学的自然的美只是人与自然之间所形成的某种价值属性退回到了实践美学的“自然的人化”的老路，然后，又进一步干脆从实践美学退回到了更早的蔡仪先生的“见物不见人”的美学。当然，这样一来，由于自然美是客观存在的了，当然也就可以建设、改造、栖居了，可是，也因此，由于根本立场的失误，生态美学的千言万语以及方方面面的讨论，也就不能不令人生疑，并且，就不能不令人无法置信。

进而，且不说后实践美学，即便是实践美学，当它以“人的自然化”来修正自己之时，尽管值得商榷，但是无论如何，实践美学都仍旧不失为一种颇具启迪的美学观，也始终都在针对美学的所有基本问题进行思考与反省，但是，生态美学却全然不同，它本来只是奠基于自然美的问题，也仅仅只立足于美学的自然之维，但是却始终不肯承认自己仅仅隶属美学一隅、美学分支这样一个基本事实，偏偏自立美学门派，进而希冀全面覆盖前此的所有美学（实践美学、后实践美学等），或者把自己自称为可以取代前此的全部美学的“生态美学”，或者把自己自称为继实践美学、后实践美学之后的“生态存在论美学观”，总之，都往往执意从狭义的作为环境美学的一个组成部分的生态美学自我穿越，走向广义的与实践美学、后实践美学相对应，与前此的美学整体相对应的生态美学。无疑，国内的生态美学研究的风行，就主要是出于这个原因，因为它是“一种崭新的美学理论形态”，[①] 导致的是美学理论本身的改朝换代，当然会“引无数英雄竞折腰”，会引发美学学者不但在美学基本理论，而且在生态文艺学、生态艺术学、生态音乐学、生态美术学等方方面面都殚思竭虑地去建功立业，可是，毋庸讳言，国内的生态美学研究的缺憾，也主要是出于这个原因。

例如，就“生态存在论美学观”而言，既然是一种新的美学观，那么，当然就应该针对一系列的美学基本问题重新发言，以便全面体现自己的“生态学

---

① 曾繁仁：《生态存在论美学论稿》，吉林人民出版社，2009年，第80页。

转向”，例如，由此出发，对于审美活动、对于美、对于美感、对于艺术、对于悲剧、对于荒诞等，都应该做出令人耳目一新的深刻阐释。李泽厚先生提出实践美学时如此，杨春时先生提出超越美学时如此，在尝试提出生命美学时，我本人也是如此。然而，作为一种“生态存在论美学观”，它的提出却颇为令人意外。从我迄今的初步了解来看，它始终都没有针对这一系列的问题去认真加以讨论，并且提出一系列的新说。而且，不论是李泽厚先生提出的实践美学、杨春时先生提出的超越美学还是我所提出的生命美学，都是立足于人与自然、人与社会、人与自我的全部关联而提出的新说，可是，“生态存在论美学观”的提出却主要是立足于因为人与自然的关系而派生出的生态思考，是美学的自然之维，当然，这是极为重要的一维，可是，仅此一维，却又如何去对关联到人与自然、人与社会、人与自我的所有美学问题去做出全新演绎？因此，为什么不实事求是地称作美学研究在自然维度的一种新观点，或者生态研究中的美学思考的一种新观点，而偏偏要称作事关美学研究整体的一种新观点？为什么不去面对本应面对的美学的自然之维，而偏偏要去面对本来不应去面对的美学学科本身？这难免令人费解。

而且，作为一种全新的“生态存在论美学观”，也理应奠基于自己与此前的美学观截然不同的全新理论前提，实践美学是这样，超越美学是这样，生命美学也是这样，可是我们所看到的“生态存在论美学观”却有些不同。它所依据的理论前提都基本是在它出现之前就已经被后实践美学诸家（超越美学、生命美学）所频繁提及的。

“生态存在论美学观”一再强调自己对于实践美学在根本观念上的突破，例如，摒弃了主客体二元对立的认识论；例如，对于海德格尔存在论哲学的关注；例如，从传统认识论到当代存在论的转型；例如，从工具理性世界观转向生态世界观；例如，从主客二分转向有机整体；例如，从“人化的自然”到“人与自然的共生”；例如，从人对自然的审美态度的单纯审美观到一种人生观与世界观。并且，它还一再提示，这一切都是它为美学研究所提供的“新发展、新视角、新延伸和新立场”。但是，大凡对于当代美学历程稍有了解的学者都应该知道，其实，在与实践美学的商榷中，从20个世纪80年代开始，上述“新发展、新视角、新延伸和新立场”，在后实践美学（超越美学、生命美学）的出场中就已经被率先标举，并已经被国内美学界所广泛接受，而且，在后实践美学之外，在其他美学家的论述中，例如张世英先生、叶朗先生等，也早已频繁涉及。因此，作为在时间上明显晚于后实践美学以及众多美学家所讨论的“生态存在论美学观”的提出者，无视实践美学之后的众多美学成果，也不去从实践美学之后的众多美学成果接着讲，而是干脆直接越过这一切成果，仍旧去接着早已被后实践美学以及众多美学家批评了一二十年的实践美学的早期缺憾去评说，并且在此基础上去提出自己的“新发展、新视角、新延伸和新立场”，完成自己的“生态学转向”，从而把自己的“生态存在论美学观”与前此在国内提出美学观新说的实践美学、超越美学、生命美学等去并列起来，应该说，是证据不足，也是不能令人信服的。

而且，即便自称“生态存在论美学观”者，不知是出于什么原因，在出版专著或者发表论文的时候，却往往也还是频频自称为生态美学。他们一方面认为，生态美学作为一个学科并不存在，而只存在一种“生态存在论美学观”，然而，在出版专著或发表论文的时候，却仍旧把这种在美学自然之维基础上的研究称为与前此的美学整体都互相对应的生态美学，进而把自己不但与实践美学、超越美学、生命美学对应起来，而且更直接取代了前此的全部美学研究。可是，也恰恰因此，其中所存在的困惑也就更加突出。

我们知道，生态美学在国外并不盛行，盛行的是环境美学、景观美学，可是，中国的一些学者却更喜欢把自己的关于美学的自然之维的研究称之为“一种崭新的美学理论形态”意义上的生态美学，而且，这类的生态美学还确实能够风行一时。然而，仔细去阅读一下这类生态美学著作，却往往不难发现，这些著作往往大多仅仅是初步的理论阐释，往往是对生态学学者介绍美学常识，同时再对美学学者介绍生态学常识，完全没有涉及美学的一系列基本理论问题的研究，没有对审美活动、美、美感、艺术、悲剧、荒诞及人与自然、人与社会、人与自我的所有美学问题做出令人耳目一新的深刻阐释，因此很难被看做

“一种崭新的美学理论形态”。同时，这类生态美学甚至也没有涉及关于美学的自然之维的具体研究，相对于国内外有关的环境美学、景观美学著作的厚重翔实，这类生态美学在这方面的研究中所呈现出来的简单肤浅，无疑显而易见。

而且，生态美学的存在也十分尴尬，因为它与环境美学、景观美学的关系始终令人困惑，犹如既生瑜何生亮，既然已经有了环境美学、景观美学，又为什么还要建立生态美学？何况，“生态”只是一种观念，“环境”“景观”才是一个对象，生态观念与道德观念、文明观念等一样，固然有助于推动美学研究的深化，但是，只有环境、景观等对象才可以引发美学的研究，也因此，生态美学自身的学科合理性的尴尬、学理性悖论的隐现、合法身份的迷思，其实首先就应该是一个亟待研究的问题。进而，倘若离开了环境美学、景观美学的支撑，生态美学自身的特殊内容又究竟何在？因此，为什么西方美学家就没有想到去创立这样一个所谓的生态美学的新学科，而始终孜孜以求地在环境美学、景观美学中深耕细作，我们中国的美学家为什么却很少愿意驻足于业已十分成熟的环境美学、景观美学之中，为什么如此喜欢转而去成群结队地孜孜以求于创建一个与实践美学、后实践美学平起平坐的所谓“生态美学”呢？应该说，这本身就令人生疑。

由此不难看出，因为生态危机而引发的关于生态问题的美学思考固然重要，而由生态问题的美学思考的风行而引发的美学思考无疑更重要。古人云：“予岂好辩哉？予不得已也。”显然，面对关于生态问题的美学思考所引发的美学困局，本文的“好辩”，也应该说是“予不得已也”！

二

因为关于生态问题的美学思考的风行而引发的美学思考，首先亟待展开的，就是对于国内的生态美学所引发的所谓“新发展、新视角、新延伸和新立场”的再思考。

生态美学的“新发展、新视角、新延伸和新立场”，是国内生态美学的提出者们所最为津津乐道的，对此，生态美学研究者论述众多。具体来看，大体可以概括为：从人类中心到生态中心；从二元对立到超越主客二元对立；从自然人化和人的自然化的对立到自然人化和人的自然化的统一。不过，其中的后面两条，事实上在后实践美学对于实践美学的批评中业已频繁提及，而且也并非生态美学的根本特色，因此，在这三条当中，最具生态美学特色的，应该是从人类中心主义到生态中心主义。

换言之，生态美学的立足点、生长点，就在于从人类中心主义到生态中心主义。然而，在生态美学的美学思考中所最最令人困惑的，也恰恰就是这一点。

生态美学的提出，在于它认为此前的美学都是以人的视角、立场、价值观去评价看待自然的存在、自然的合法性以及有用程度，都决定于人，人和自然被对立起来，并强分高下，人被片面拔高，自然被片面贬低。因此，现在应该转而遵循一种新的生态的视角、立场、价值观：世界之为世界，相互依赖，相互呵护，相互作用，相互交流，共同组成一个存在之网和生命链条，一个巨大的有机生命体。至于人类，则只是其中的一个组成部分。因此，自然是一个自由存在的生命主体，自然蕴含着内在价值，自然也蕴含着内在的审美价值，所以，在审美活动中，应该从整体、系统的角度去看待人与自然的关系，不再把自然视作人类改造、役使、敌对的对象，而是视作人类的朋友。因此，应该让自然自然而然地存在，也让自然的美自然而然地呈现。

遗憾的是，从表面上看，上述看法自然是十分动人，也十分有道理，可是却颇值得商榷。人类中心主义固然是不对的，但对于人类中心主义的批评却也只能应该是仅仅意在提醒人类在自然面前要谦恭谦卑，提醒人类不要颐指气使，却丝毫不意味着在自然面前人类就应该放弃自己的责任和自己的价值关怀。这是因为，生态危机毕竟是针对人而言，自然本身根本就无所谓“危机”。在生态危机中，面对自然，人类自身的责任、自身的价值关怀不但不可一日或缺，而且还要被大力强调。因此，面对自然，首先需要的恰恰就是人类的责任、人类的价值关怀，其次则是人类必须真正负起责任、真正履行自己的价值关怀。

事实上，生态危机的出现，并不能简单归咎于人类中心主义，生态危机的解决，也不能简单寄托于生态中心主义。这是因为，在生态危机的背后，真正的原因，应该是一种“他律”的责任观与价值观。把自然视作人类改造、役使、敌对的对象，其实并非自由的人类的所作所为，而是不自由的人类的所作所为，这里的改造、役使、敌对，都是一种外在于人类的功利意志，一种置身于人自身之外的“他律”。在这样一种“他律”之中，人类之为人类，不但没有获得自由，反而还丧失了自由；人类与自然之间构成的，也不是“目的王国”，而是“自然王国”。而它的直接恶果，当然就是所谓生态危机的出现。显然，在这里，关键不在于是否以人类为中心，而在于以什么样的人类为中心。

同样，生态中心主义也并不意味着生态危机的解决。当然，现在关注的已经不是自然对于人类的价值，而是自然本身的价值，然而，自然本身的价值也仍旧是置身于人之外的“他律”，虽然不再是它对我的价值，但却仍旧是它自身的价值，因此，也还仍旧是用人自身之外的“他在”为人自身立法。在这样一种“他律”之中，人类之为人类，不但没有重获自由，而且反而还沦入了另外一种丧失自由的境遇，人类与自然之间构成的，同样也不是“目的王国”，而仍旧是“自然王国”，因此，生态危机的解决仍旧还是没有希望。显然，在这里，关键不在于是否以生态为中心，而在于以“自律”还是以“他律”作为根据。倘若将生态的根据放在自然本身，而不是放在人类内在的自由意志本身，不是人为自身立法，而是让自然为人类立法，那这样的生态即便是以生态为中心其实也仍旧不“生态”。

在此，我不得不说，所谓的生态中心主义其实是美则美矣，了则未了。试想，人类中心主义既然不行，那么，当然也可以去反人类中心主义、非人类中心主义，可是，这里的“反”要靠谁来“反”，这里的“非”又要靠谁来“非”？是不是还是要靠人类自己？自然本身既不能“反”也不能“非”，这是显而易见的。而且，生态中心主义果真就可以贯彻到底吗？在自然中固然要相互依赖，相互呵护，相互作用，相互交流，但是，在其中万物以及人本身的位置却毕竟又有所不同，在此意义上，所谓生态中心、生态整体，都无非只是一句大而化之的话而已，一旦要具体讨论，那就还是要讨论万物与人在其中的专属位置以及各自的作用，彻底的生态中心主义，其实是完全不可能也完全没有必要的。

由此可见，面对生态危机，其实亟待转换的应该是从一种“他律”的责任观与价值观到一种“自律”的责任观与价值观。

在这当中，人类自由地决定自己的行为、自己为自己立法的自由意志的存在非常关键。因为，自由意志的合法性、正当性是人类的责任与价值关怀得以成立的根本前提。要应对生态危机，就必须立足于自由意志的基础上。只有立足自由意志，才能够导致人与自然之间的责任与价值关怀关系的主动调整。没有自由意志，又谈何生态文明?!

而且，生态文明的建设也并不意味着人类改造自然、利用自然的终止，在与自然维持和谐、平衡的限度内去改造、利用自然，坚持“双赢”原则，是生态文明的题中应有之义。逼迫自然成为人类谋求一己私利的对象，逼迫自然屈从于人，固然不妥，在自然面前一味放弃自己的应尽责任，一味屈从于自然，更是不妥。改造、利用自然的人类活动，是人类之为人类的天命，重要的是应该怎样去进行改造、利用自然界的活动，应该怎样去做到人与自然之间的双赢，这才是人类的自由意志主动选择的结果。因此，生态文明必须是人类自由精神的体现，必须是人类的自我立法和自我规定，必须是人之为人的自由象征，必须是在满足人类的本性的同时又满足自然的本性，必须是在让人类自己活的同时也让自然活，必须是对于在与自然和谐、平衡的基础上进行改造、利用自然界的人类活动的选择。

当然，我也注意到，近来一些生态美学的研究者也意识到了自己所提倡的生态中心主义所蕴含的根本缺憾，因而开始提倡生态人文主义。不过，概念的转换并无助于困惑的解决。因为现在的问题并不在于是生态中心的东西多一些还是人类中心的东西多一些，也不在于把两者拼合在一起，而在于是“他律”还是“自律”，是自由意志的匮乏，还是自由意志的充盈。

顺便还要提及，生态美学的提倡者无不喜欢提及中国的生态意识。然而，如果认真地去对中国文化中的有关论述加以研究，应该不难发现，其实，在中国古代文化中并没有什么“生态意识”，有的只是一些关于自然、关于宇宙的看法。所谓“中国古代的生态思想”，其实主要是出自今人的包装与牵强附会。犹如说“中国古代的民主思想”主要是出自今人的包装与牵强附会一样。

例如中国的“天人合一”，其实，其中的“天”，指的是“道”，而不是今天所谓的“自然”。而且，在“天人合一”里面，也没有多少生态平衡的内涵，而主要是一种借助宇宙等级秩序来比喻人间等级秩序的思想（类似的看法，是“中和位育”，它也是主要在讲道德的平衡，与生态平衡并无很大关系），类似“朵朵葵花向太阳”之类的比拟，与生态意识并不相干。退一步说，即便相干，那也只是思想资源，而不是思想本身。而对于生态思想资源的挖掘，并不能代替对于生态问题的积极思考本身。而且，作为一种中国人关于自然、关于宇宙的看法，“天人合一”也只是一种自由意志匮乏、自律匮乏的思想资源。万物相通，彼此影响，而人也处处与天地万物为伍，这固然很重要，然而，在其中万物以及人本身的位置究竟若何，“天人合一”说却从未深究。其实，人当然也与万物相通，可是，人在世界中的位置却不仅仅是万物中的一物，而且应该是万物之灵。在世界中，凭借着自由意志，为自然负责，也为自己负责，这才是人之为人，也才是人之天命。

何况，在历史的中国，我们看到的，更多的只是生态文明的破坏，而很少生态文明的建设。杜甫诗云“国破山河在”，漫漫千年，我们所面对的，却不仅仅是“国破”，而且还是“山河破”，是山河不“在”。想一想三国时代，诸葛亮一出场，就又是“火烧”，又是“水淹”，哪里有一点点生态意识？再联想一下，漫漫千年，类似的“火烧”“水淹”又何止千次万次？贻害中国的惨痛场景不难想象。因此，不妨认真去研读古代的《徐霞客游记》，看一看徐霞客在游历中国时的所见所闻，阅读之后，应该就不难知道，在古代中国，生态环境被破坏的严重程度实在是触目惊心。

再从美学来看，生态美学所津津乐道的从人类中心主义到生态中心主义

(或者生态人文主义) 所导致的“新发展、新视角、新延伸和新立场”，也同样不能不令人困惑。

这是因为，这所谓的“新发展、新视角、新延伸和新立场”，集中到一点，就是：让自然自由自在地呈现。可是，没有审美活动的参与，自然的美何在呢？自然的美又怎样才能够自由自在地呈现？如前所述，生态美学自陈：自己是从实践美学的“自然的人化”的缺憾入手，可是，它所走向的，却是与生命美学完全不同的反方向。生命美学对于实践美学的批判，是因为实践美学的人类中心主义，是为了回到“自律”的人的自由生命，但是生态美学却不同，它的对于实践美学的批判，则是为了回避“自律”的人的自由生命，可是，这一切又如何可能？

事实上，“让自然自由自在地呈现”只是人类自身的一厢情愿，自由自在呈现的自然是根本就不存在的。生态美学的这一所谓“新发展、新视角、新延伸和新立场”，稍有美学常识者都知道这是根本不可能的。生态美学热衷于反对人类中心、反对人类作为自然的主宰，热衷于自然的复魅，可是，这所有的提倡本身，难道不都是需要借助于人类本身、借助于人类“自律”的自由生命？没有人类以及人类“自律”的自由生命，“自然复魅”又如何可能？因此，在这里无疑存在着一个非常值得关注的“诠释学循环”，要摆正人类在自然中的专属位置，就必须摒弃人类中心的传统思维，而为了摆正人类在自然中的专属位置，又必须借助人类的现代思维，既然如此，自由自在呈现的自然又如何可能？

何况，什么是“自然”？什么是“自然的自由自在地呈现”？这本身就是一个无人可以说清的问题。因为这里的“自然”与“自然的自由自在地呈现”，都已经包裹在人类的错综复杂的概念之中。甚至，即便是“自然”概念，其实也全然是人类的一种语言建构。因此，当人类切身进入自然之中，当人类的审美活动在自然中得以全面展开，在人与自然的关系中，又怎么样才能不包含人之为人的全部复杂性？又怎么样才能不包含人与社会、人与人之间的全部复杂关联？除了理论上的讨论之外，又有谁在现实的自然中果真见过能够不包含人之为人的全部复杂性的自然和能够不包含人与社会、人与人之间的全部复杂关联的自然？

再者，生态美学把“生态对象”阐释为一种审美对象，也仍旧还是在传统美学中苦苦挣扎，也仍旧没有走出传统美学的巢穴。须知，生态自然当然是自然对象，但却并不是审美对象。过去在批评实践美学的时候，生命美学已经指出，自然对象并不就是审美对象，审美对象只属于审美活动，因此，实践美学所讨论的自然对象，其实只是一种机械论意义上的自然，一种人类中心主义意义上的自然，而并非一种真正的自然，而且也不是审美对象。而现在生态美学所讨论的自然尽管已经从一种机械论意义上的自然转换为一种有机论意义上的自然，因而或许更加接近真正的自然，也就是生态自然，但是却仍旧与美学毫无关系，因为它仍旧只是自然对象，而并非审美对象。

由此可见，生态美学的所谓“新发展、新视角、新延伸和新立场”，都还是亟待审慎思考更亟待认真商榷的。

三

此外，关于生态问题美学思考的风行而引发的美学思考，还亟待展开的，是对于生态美学的美学研究本身的思考。

随着美学学科的日益成熟，美学的问题必须美学地去研究，也就是必须合乎美学学术规范地去研究，这已经引起美学学人的普遍关注。令人遗憾的是，从国内的生态美学的研究现状来看，恰恰在这个方面，还存在着较为明显的缺憾。

例如，关于生态问题的美学思考固然十分重要，然而，美学地思考生态美学问题，必须恪守美学之为美学的学科边界的内在限定。例如，美学研究当然要“理论联系实际”，可是，美学研究却也只能联系美学自身的“实际”，也只能以符合美学学科自身内在规定的方式去“联系实际”。生态危机很值得关注，整体和谐、天人合一、天地神人、绿色人生、生态平衡等，也都非常重要，它们无疑都是现实生活中的“实际”，可是，不能不承认，它们毕竟都并非美学自身的“实际”。面对这一切，我们亟待去做的，不是直接就这些问题发言，而是首先要美学地、合乎美学学术规范地把它们转化为、提升为美学的问题，转化为、提升为美学自身的范畴，转化为、提升为美学自身的思考，随后的研究才是真正美学的，也才是真正有益于美学的。哲人们常说，美学，必须是“一种尽力在通晓思维的历史和成就的基础上的理论思维”，也必须以历史性的思想和思想性的历史的方式来呈现。

也因此，美学的根本发展，不应该通过不断去扩大理论的解释对象来完成(除非它承认自己是部门美学，例如环境美学、景观美学)，而只能通过深化理论自身的思考来完成。在这个意义上，美学需要的是更加美学，是去“接着讲”，而不是更加生态学，更不是动辄横空出世地否定前此的所有美学成果。否则，就难免会出现有“生态”无“美学”的缺憾，难免会成为一种美学的生态呼吁，或者一种生态的美学呼吁，或者，是在生态学领域进行美学呼吁，在美学领域进行生态学呼吁。何况，当今世界的危机也并不仅仅只是生态危机，而至少是三大危机：人与自然、人与他人、人与自我。那么，生态美学之外，其余的两大危机，生态美学又该去如何面对？难道还要去另立两种新的美学？由此，再去反省西方学界为什么有环境美学、景观美学，却偏偏没有生态美学，国内的很多生态美学的提倡者是应该有所觉察了。

再如，美学地研究美学，就生态美学的研究而言，还有一个必须思考的问题，就是像其他学科的学术研究一样，美学研究也要遵循“照着讲”“接着讲”“自己讲”的内在规定。也就是说，美学研究无疑应该有所创新，但是，这创新的内在根据却是要奠基于对前人在学术研究中已形成的学术共识的深刻了解与虔诚恪守。动辄“横空出世”，动辄“推倒重来”，是无法令人置信的。而且，即便是果真发现了这个学科的根本缺憾，即便是要毅然推倒学科的立身之基，那恐怕也要首先对于学科的“根本缺憾”“立身之基”加以剖析，然后才能开始自己的重建工作。可惜的是，国内的生态美学尽管十分流行，但是在研究工作中，对此却没有能够给予足够的重视。

例如，只要熟悉美学历史的人都知道，审美活动的对象必须是具体的、形象的，犹如一首流行歌曲唱的："爱要让你听见，爱要让你看见。"美，也要让你听见，让你看见。可是，在生态美学的研究中，却似乎完全没有考虑到这一基本规范，它直接就把自己的审美对象界定为既看不见也摸不着的"关系"。可是，所谓"关系"，哪怕它是"和谐"的关系，却又无论如何都还是一种关系，既不是具体的，也不是形象的，在审美活动中又应该如何去"看见""听见"呢？要知道，在这个问题彻底解决之前，一切的所谓研究其实还不是美学的，也是与美学无关的——尽管，它可能确实是生态学的，也是与生态学有关的。更何况，所谓"关系"，其实只是对审美活动的发生条件的考察，却不是对于审美活动本身的考察。列宁说过：仅仅相互作用等于空洞无物。这无异于是在说，如果仅仅研究关系，就还是远远没有涉及问题的本身。由此来看当前的生态美学，我们是否也可以这样说，生态美学所关注的关系，"仅仅相互作用等于空洞无物"？因此，生态美学在进行研究之前，是否应该先将它的对于"关系"的观照转化为、提升为对于具象之物的感性观照？是否应该在研究之前首先就把生态学的对于"关系"的研究转化为、提升为美学的对于特定具象之物的研究？可是，这样一来，"生态"就转化为、提升为了"环境""景观"，于是，生态美学自身不也就消失了？不也就顺理成章地成为了环境美学、景观美学？

进而，如前所述，除了从人类中心到生态中心与从自然人化和人的自然化的对立到自然人化和人的自然化的统一，生态美学的提倡者还喜欢讲从二元对立到超越主客二元对立，然而，在他们看来，生态世界就是这样一个超越主客二元对立的世界，也就是审美的世界，这却是错误地把生态学的超越主客二元的世界与美学的超越主客二元的世界混同了起来。早在生态美学之前，生命美学就已经指出，实践美学的失误在于把主客二元对立了起来，不过，生命美学却并没有简单地把主客二元混同起来，而是指出，在实践美学中，对于生存之根的追求却转而落实到了作为概念思维的理性上，所持的是一种知识论态度，是在客观知识中寻求安身立命之地，是把人与世界的真正存在概念化为思想按照其自身逻辑形式可以直接接受的"本质"，结果，人变成了物，所有试图在客观知识中安身立命的人，最终反而成了客观知识的客体。但是，在生命美学看来，必须退回到人之理性前、概念前的生存——也就是超越二元对立，这意味着，需要从知识论进入生存论（所以叫做生命美学）。从而在“存在”中而不是在“概念”中把握人与世界。由此，人与世界之间不是认识关系，而是意义关系。美学所关注的，也只能是在主客相互从属、相互决定的直观中呈现出来的东西，这个“直观中呈现出来的东西”，是一种固化了的意向性客体，对象化了的意向性客体，也就是所谓的审美对象。具体到美学，在人与自然的层面，这个审美对象，就包括审美环境、审美景观。可是，在生态美学，这个在“直观中呈现出来的东西”，这个固化了的意向性客体、对象化的意向性客体却根本就不存在，存在的只是一个所谓的超越主客二元对立的世界，因此，正如我们已经看到的研究，这样的超越主客二元对立的世界与美学的超越主客二元对立的世界还差相当一段距离，甚至还应该说，两者根本就不是一回事。

当然，生态美学未能美学地研究美学，还体现在更为重要、更为根本也更为美学的方面。

美并不是客观的存在。试想，柏拉图为什么会提示说，猴子本来是“最美的”，但是与人相比却“还是丑”？他的言下之意，恰恰就是在说明：美并不客观。外在世界只是审美愉悦的条件，至于审美愉悦的原因，那还是存在于审美活动自身。

可是，在很多人看来，甚至也包括不少美学家在内，却都认为，审美对象就是“对方”，审美对象是客观存在的，在我们进行审美活动之前，它就存在，在我们进行审美活动之后，它仍旧存在。也因此，生态美学的研究者也就十分自然地把生态学研究的生态对象与美学研究的审美对象错误地等同了起来。

生态美学由此而出现的一系列失误，无疑都与此有关。生命美学的研究早就已经揭示，审美对象的诞生完全是审美活动的结果。例如，在审美活动之前，自然中的审美对象是不存在的，它们还都只是“对方”，还都只有一些自然的自然属性，一些可能被审美活动提升为审美对象的某些自然属性：材料、形式、条件、因素。杜夫海纳说："谁教我们看山呢？圣维克多山不过是一座丘陵。"[1] 在中国也有类似的例子。欧阳修也说："岘山临汉上，望之隐然，盖诸山之小者。而其名特著于荆门者，岂非以其人哉。""兹山待己而名著也"。[2]因此，从自然的自然属性的角度去寻找审美对象的根源，是错误的。审美对象的根源不在于自然的自然属性，审美对象的根源只能在审美活动中寻找。在审美活动之前不存在审美对象，在审美活动之后也不存在审美对象。

换言之，在审美活动中，外在世界显示的不是自身的价值而是对于审美者的价值，它在向审美者显示着那些能够满足审美者的需要的特性，也显示着那些它对审美者来说是怎样的特性。就外在世界而言，当它显示的只是它自己"如何"的时候，是无美可言的，也并非审美对象。而当它显示的是对审美者来说"怎样"的时候，才有了一个美或者不美的问题，也才成为审美对象。客体对象当然不会以人的意志为转移，但是，客体对象的"审美属性"却是一定要以人的意志为转移的，因为它只是客体对象的价值与意义。在审美活动之前，在审美活动之后，都只存在自然对象，但是，却不存在审美对象。当自然对象作为一种为人的存在，向审美者显示出那些不是自身的价值而是能够满足审美者的需要的价值，才是所谓的审美对象。

还回到生态美学的问题。真正的美学，研究的应该是人与自然的意义关系，而不是人与自然的物态关系。外在对象显现为美，应该是审美活动在外在对象身上创造了审美对象的结果，是因为人类乐于接近、乐于欣赏的结果。这意味着，物与物之间是意识不到价值关系的，因为它们彼此之间是同一的。在人与自然之间，也还有认识关系的存在，只有进入了人类乐于接近、乐于欣赏或者不乐于接近、不乐于欣赏的层面，才有了价值关系，也才有了审美价值。这就犹如花是美的，但并不是说美是花本身，而是说花有被人欣赏的价值和意义。审美对象涉及的并不是外在世界本身，而是它的价值属性。因此，在对象

---

① ［法］米盖尔·杜夫海纳：《美学与哲学》，中国社会科学出版社，1985 年，第 37 页。

② ［宋］欧阳修：《岘山亭记》。

身上寻找一种美的客观属性，是不现实的。就像鲜花尽管亘古如斯，然而却历经了从“不美”到“美”的演进。对于今人，其中的美客观存在，对于古人，其中的美却客观不存在。显然，鲜花固有的自然性质尽管亘古存在，但是，美却并不亘古存在。换言之，鲜花成为审美对象，并不是来自具有价值的“鲜花”，而是来自审美活动对于“鲜花”的价值评价。在特定时刻，鲜花所呈现的，也只是自身中那些远远超出自身价值的某种能够充分满足人类的价值，也就是某种能够满足人类自身的价值，而那种鲜花身上的某种能够满足人类自身的价值中的共同的价值属性，就是美。换言之，审美对象，不是自然对象的自然属性，而是自然对象的价值属性，至于美，则是审美对象的价值属性。

生态美学的问题恰恰就在这里。它所津津乐道的生态对象，说到底，涉及的也仅仅是审美活动的发生条件，但却并非审美活动本身。而且，也只是审美活动的必要条件，而不是充分条件，是审美对象产生的前提，却不是审美对象本身。换言之，生态学所研究的生态对象与美学所研究的审美对象并不是一回事。生态对象是客观存在的，但是，因为生态对象而诱发的审美对象却不是客观存在的。也因此，当生态美学研究者们去研究生态对象的时候，其实与美学并无关系，生态对象也不可能被“创建”成为审美对象，既然如此，生态美学刻意要去研究的所谓生态对象，也就并无必要。

而且，美学研究的审美对象，与生态对象的是否和谐也并无必然关联。和谐的生态对象就是审美对象，不和谐的生态对象就不是审美对象，这样的判断是不符合审美活动的实际情况的。因为不生态也可以审美，例如决溢1590次、改道26次的一直不那么生态的黄河，不也仍旧是审美对象？而生态的屎壳郎，在审美活动中却仍旧无人以之为美。何况，黄山和回收的垃圾山，百灵鸟和毛毛虫，癞蛤蟆、玫瑰花和狗尾草都一样生态，但是却或美或丑。“高峡出平湖”，有人从生态美学的角度出发，认为是不美的。可是，一旦进入审美活动，我想，应该还是没有人能够不以之作为审美对象的。

四

因为关于生态问题的美学思考的风行而引发的美学思考，当然不是为了否定，而是为了建设。

美学研究无疑要不断向前推进，也必须勇于面对现实所提出的各种挑战——其中，就包括生态危机的挑战，但是，美学毕竟是美学，美学也只能是美学，美学的推进与应对，都必须是美学的，也只能是美学的。早在20世纪初，王国维先生就批评过，中国美学“无独立之价值”，“皆以侏儒倡优自处，世亦以侏儒倡优畜之”，“多托于忠君爱国劝善惩恶之意”，“自忘其神圣之位置与独立之价值，而葸然以听命于众”，因此就造成了“我国哲学美术不发达”[①]，因此沦落为一种“补裰的”“文绣的”美学。而我们在改革开放之初也目睹了所谓的系统论美学、控制论美学的风行与衰落。无疑，这一切的原因都在于，美学的推进与应对，未能做到必须是美学的，也未能做到只能是美学的。

遗憾的是，由于种种原因，我们对于美学的理解却至今仍存在着某种致命的偏差。这就是，误以为美学之为美学必须“学以致用”。结果，在美学圈外的人们总是用课题、现实需要、领导重视之类的标准来衡量美学研究者的研究工作，在美学圈内的人，则每日浮躁不安，唯恐不受重视，唯恐远离课题、现实需要、领导重视之类的标准。于是，或者是因为没能发现让美学去“致用”的途径而一哄而散，上演一出集体的“美学胜利大逃亡”，不惜让美学立即去安乐死，或者是一拥而上，把现实中的种种“时髦”当做美学研究的对象，甚至不惜去针对任何“时髦”问题发言，去包打天下，而且，还以为这就是美学应当面对的问题。结果，就“追逐”本身而言，实在不可谓不“勤奋”，然而，实际上展现的却是智慧的无能和对于真正的美学问题的逃避。

具体就近年来风行全国的生态美学而言，也应从避免上述缺憾方面去自

---

① 王国维：《王国维文集》，第三卷，中国文史出版社，1997年，第3页。

警。我认为，无论是作为一门美学学科，还是作为一种美学观，把关涉美学的自然之维的生态美学扩展为一门美学学科、一种美学观的做法都是值得商榷的，而导致这一取向的，或许正是“学以致用”这一“致命的偏差”。何况，生态危机无疑是一个“实际问题”，然而，类似的实际问题在当代世界实在太多，那么，是否都必须去相应建立一种美学观或一个美学学科？例如，在生态危机之外，还有因为恐怖活动而引起的危机，因为艾滋病而引起的危机，那么，是否也需要创建相应的恐怖美学、艾滋美学？

事实上，就生态危机而言，应该说，主要是一个制度建设的问题，一个生态政治的问题。换言之，真正亟待建设的，是生态政治学。与之相应的，是生态哲学、生态经济学、生态道德学、生态批评、生态文学等，距离生态危机最远也最不应建立的，恰恰就是生态美学。遗憾的是，在我国，这个顺序却恰恰被颠倒了过来，该风行的，没有风行；不该风行的，偏偏风行。这或许是因为政治学、经济学、道德学领域在论及生态危机的问题时往往多有顾忌，禁区、雷区很多，因此学者往往予以回避，而美学领域却不同了，在美学论坛大谈生态危机，无异于坐而论道，无异于生态玄学，可以慷慨激昂，可以长歌当哭，总之不会涉及任何具体地区、具体部门的生态危机禁忌，因此也就没有任何禁区和雷区。然而，这样的生态玄学固然可以去做课题、拿奖项，也可以去博得领导的重视，但是，却于美学之进步并无大补。

而就美学本身而言，面对生态危机，由于它并未动摇美学所立足的根本基础，因此，尽管生态危机确实有助于提升美学本身的深入思考，但是，却也完全不必进行所谓美学的“生态学转向”。而且，事实上，生态危机仅仅是表面现象，在生态危机背后的，是“生存危机”，这就是我在前面所说的自由意志的匮乏、他律的匮乏。因此，面对生态危机，不宜头疼医头、脚疼医脚，需要的也不是表层的生态关怀，而是深层的生命关怀。在这个意义上，生命美学本身已经要远比生态美学深刻。生命美学因为关注了人类的生存危机而关注了生态危机，也因为关注了人类的生命存在而关注了人类的生态存在。

当然，面对生态危机，美学还可以更有作为，在这方面，当然就是环境美学（景观美学）的应运而生。

如前所述，在因为生态危机而引发的美学思考中，西方的美学取向是环境美学（景观美学），而中国的美学取向却是生态美学。然而，生态问题固然重要，但是却毕竟并不比人类生命活动本身的问题更重要，生态环境毕竟只是人类生命活动的环境。因此，生态美学所讨论的问题其实并不是美学的根本问题，而只是美学中的一个问题（亦即马克思所揭示的所谓人是按照美的规律建造的问题），是这个生态环境是否能够满足人类的生命活动，人类生命活动是乐于接近、乐于欣赏还是不乐于接近、不乐于欣赏的问题，总之，是第二位的问题，而不是第一位的问题。也因此，既然研究的是人类生命活动的环境（含景观），那么，当然就还是称之为环境美学（景观美学）为宜。

推而广之，"生态学"一词由海克尔在 1866 年提出，后来，伴随着生态危机的日益横行，也就成为一时之"热词"，但是，"生态学"尽管也包含了"环境"的内涵，但是，却更多地蕴含着一种客观、整体的意味，这样一种客观、整体的意味固然有助于我们去大发思古之幽情，并且有助于我们从"天人合一""让自然自由自在地呈现"的角度去大加发挥，但是，由于这样一来也就没有了真正的责任人、真正的责任中心，因而也会成为导致我们远离甚至回避真正的问题的症结之所在。"环境"一词则不然，它潜含了背景、语境、条件等意蕴，因而可以使人清楚地意识到，环境是人类生命活动的背景、语境、条件。由此，让这个环境成为人类活动的环境，成为更加适合人类活动的环境，也就自然成为题中应有之义。同时，相应的责任、价值关怀意识，也就油然而生。这样，正如我在前面已经讨论过的，既然生态危机的实质是一个人类的自由意志的有无的问题，那么，在直面生态危机的时候，就没有必要去回避人，而应该去强调直面人，直面人的责任、人的价值关怀。而且，人之为人无法离开具体的环境，事实上也无法做到超然淡然，无法做到与自然万物的并列，那么，就不妨还是从自己所置身的位置出发，从自己所生存的有限的背景出发，把被我们在生态美学中无限"高大上"了的自然拉回到地面、拉回到身边，把它从"生态"还原为"环境"。由此我们看到，这样的研究，也仍旧是以称之为环境美学（景观美学）为宜。

换言之，美学之为美学，在上个世纪八九十年代对于实践美学的批评中已经成功实现了从“概念”事实向“生命”事实的根本转换（这正是生命美学应运而生的意义之所在），而今亟待建构的，是从“生命”美学走向身体之维，进而建构“身体”美学，然后，再从“身体”的延伸、身体的意向性结构去展开具体的研究。具体来说，是从“身体”的延伸、身体的意向性结构去反思自由生命的“身体在世”。在这当中，“身体在世”的日常生活世界，构成了生活之维，构成了生活美学；“身体在世”的城市与自然世界，构成了环境之维，构成了环境美学（景观美学）。而且，就后者而言，固然也有其形而上层面的美学思考，这其中，就包括生态美学的思考（但是却并不限于生态美学的思考），因此，理应将生态美学的思考大体限制在环境美学之内（隶属于环境美学的形而上层面，是生态学与环境美学的结合），但是，环境美学（景观美学）的更为主要也更为核心的工作，却是应用层面的思考。而且，满足的也主要不是自由生命、“身体在世”的审美愉悦，而只是自由生命、“身体在世”的审美趣味。因为环境美学要面对的，毕竟不是乐于欣赏的问题，而是乐于接近的问题，也就是人类乐于居住于其中的问题。无疑，这正是我们在西方看到的主要是环境美学（景观美学）的风行而不是生态美学的风行的原因之所在。

而且，相对于生态美学，环境美学（景观美学）其实也才更加美学。如前所述，在审美活动中，自然对象向审美者显示的并不是自身的价值而是自身的能够满足审美者的需要的价值。这也就意味着，自然对象本身的审美要素的存在，在审美活动中非常重要。正如王安石《南浦》诗中所说：“南浦东冈二月时，物华撩我有新诗。”而如何能够做到让“物华撩我”？环境美学（景观美学）所要面对的，就是这个自然对象本身的审美要素的存在问题。换言之，马克思说过：人是按照美的规律建造的。这规律，不是自然对象的自然规律，而是自然对象身上的审美价值属性的运动规律。环境美学（景观美学）研究的，也区别于环境科学（景观科学）、环境设计（景观设计）的研究内容，而仅仅是如何按照自然对象身上的审美价值属性的运动规律建造自己的环境，使得它为人类所乐于居住。在此意义上，环境美学（景观美学）建构的重要性不难看出（当然，它的作用也很有限，例如，不能解决环境、景观的利于居住的问题，也不能够解决环境、景观的乐于欣赏的问题）。遗憾的是，国内的生态美学的提倡者却往往满足于“身体在世”的自然环境的形而上思考（当然，这一思考也是有益的），而且往往不惜越过自身所立足的自然之维，去越界思考美学本身的“生态学转向”，而唯独对于“人是按照美的规律建造的”这样一个重要的核心课题从不涉及。然而，如果我们谈论生态危机的目的不是频繁颁布关于生态危机的美学宣言，而是解决问题，那么，“按照美的规律建造”，却恰恰才是当务之急，也才是亟待去大力研究的。由此，如何在外在客体自身中那些远远超出自身特性与价值的某种能够满足人类自身的价值之中去揭示“美的规律”？如何通过审美价值的提炼去把我们的生存环境打造为我们乐于居住的环境？简而言之，如何做到“物华撩我”？诸如此类，无疑就真正是我们面对生态危机之际的美学使命！这也就是说，在着手“身体在世”的自然环境的形上思考并希望能够对美学基本理论的思考有所启迪之外，更亟待去倾尽全力于建构环境美学（景观美学），唯其如此，无疑才真正是我们面对生态危机之际的美学使命！

（刊于《郑州大学学报》2015 年第 6 期）

第三编　环境美学建构的历史资源

一、环境美学与中国古典美学

中国传统环境艺术的信仰精神及其现代使命

⊙雷礼锡
⊙湖北文理学院

长期以来，对中国古代的山水诗、山水画、山水园林、山水城市等艺术形式，人们很少从环境美学角度研究其性质与意义。有关环境艺术的研究成果广泛涉及传统山水园林、山水城市范畴，但普遍重功能设计视角、轻艺术美学视角。有些人注意到山水诗、山水画与环境艺术设计的关联，却主要是从现代环境设计如何借鉴传统审美文化这一思路入手，并未充分意识到山水画、山水诗，其实与山水园林、山水城市一样，都是有中国文化特色的环境艺术的基本形态。事实上，中国传统山水艺术蕴含了人与自然和谐生存的基本信念，传递了人与自然之间互动审美、互动实践的丰富文化信息。如山水诗充分体现人与自然之间的心灵对话，展示了人与自然相互融入的诗意境界。传统山水画大多描画人置身自然环境、其乐融融的场景，对现代园林与城市环境美学建设有重要意义。古代山水园林与山水城市模式更是从物质形态上承载了中国人追求人与自然和谐共处的栖居理想。阿诺德·伯林特在讨论环境美的问题时，将环境看成是与人相互融合在一起的审美对象，是“被体验的自然、人们生活其间的自然”，[1] 并且能够“满足我们的感知活动并让我们产生回应”。[2] 根据这一界定，中国传统山水艺术就是环境艺术的经典化身，它既蕴含人文环境，也蕴含物态环境，是从精神与物质相结合的层面表达了对人与自然和谐共处、诗意栖居的环境审美理想。从文化根底上说，这种环境审美及其栖居理想能够在千百年历史中一以贯之地坚持下来，传承至今，得益于其中所蕴含的信仰精神。

一、信仰维度与传统山水艺术研究的现代性

自古及今，信仰总是以多元化的方式存在于习俗、神话、祭祀、宗教、哲学、艺术等领域。而对中国传统艺术与信仰之间的内在联系问题，中国学者早有研究和认识。宗白华认为艺术是一种技术，但它是介于哲学与宗教之间的东西，在理智上是对宇宙的了解方式，在情感上则是对宇宙的信仰方式，因而古代器皿在技术、艺术、宗教、政治、经济实用上往往是不可分的。[3] 陶思炎认为，传统民间艺术形式之一的“纸马自唐代在中国出现以来，伴随着宗教民俗而广为流布，成为各地民间信仰活动中最常见的俗信物品”，它是“集宗教、艺术、民俗于一体”的民俗艺术，有深厚的“信仰背景”，是“信仰表达的载体，其应用属宗教民俗现象”。[4] 吴祖鲲认为传统年画就是一种民间信仰的承载方式，值得保护和发掘。[5]

基于艺术与信仰的关系来理解中国传统山水艺术的内在品质，学术界也有研究。如陶文鹏认为，意境是王维山水诗的灵魂，其《辋川闲居赠裴秀才迪》

---

① ［美］阿诺德·伯林特：《环境美学》，张敏、周雨译，湖南科学技术出版社，2006年，第11页。

② ［美］阿诺德·伯林特：《环境美学》，第86页。

③ 宗白华：《美学的散步》，安徽教育出版社，2006年，第108页。

④ 陶思炎：《论纸马的信仰背景与艺术基础》，《广西民族大学学报》（哲学社会科学版）2011年第2期。

⑤ 吴祖鲲：《传统年画及其民间信仰价值》，《中国人民大学学报》2007年第6期。

诗云："寒山转苍翠，秋水日潺湲。倚杖柴门外，临风听暮蝉。渡头余落日，墟里上孤烟。复值接舆醉，狂歌五柳前。"诗以蝉声、水声等音响素材表现秋暮久雨新晴的典型特征，体现了诗人处理自然音响素材的高超艺术功力，而且诗中声音、形象与色彩具有和谐的情调，展现了久雨乍晴之后山水情景交融的意境。陶文鹏分析认为，王维山水诗的意境表现力与其崇奉南宗禅理紧密相关，意在将山水林泉当做求得净心、悟解禅理的精神乐园。[①] 王国璎在《中国山水诗研究》中专章探讨"长生"（或"永生"）信念与魏晋时代山水诗发展的关系，认为对永生的信念引发了咏仙诗，进而引发咏山水之诗，最终诞生"山水诗"。[②]

然而，从信仰维度解读中国传统山水艺术的基本特质，还有若干问题值得深入细致研究。

一是充分理解传统信仰在山水艺术发展史上占有的精神文化地位。中国古代山水园林的兴起与发展，就同古人认识自然、信仰山水的思想观念紧密相关。陈望衡在《环境美学》一书中谈到中西园林的哲学基础时，认为欧洲园林受哲学思想影响较为明显，而中国园林更加自觉地强调居住性，有意打破园林的文化符号程式。[③] 这一评价可能忽略了传统信仰在中国古代园林设计中的核心地位与价值。明末园艺家计成主张园林"先乎取景，妙在朝南"，[④] 实现"寻幽"的精神功能，其中的"南""幽"并非单纯的地理方位或园艺设计概念，而是蕴含着深刻的信仰，通向园林的精神归宿价值，类似《圣经》所描述的伊甸园指向"天国"，也类似柏拉图在《理想国》中所追寻的"理想国"。正是深蕴其中的精神信仰，对理想家园的梦想与祈盼，让人们对自然山水产生了强烈的精神信念与情感依赖，锻造了中国传统山水园林模式及其美学品格。

---

① 陶文鹏：《唐宋诗美学与艺术论》，南开大学出版社，2003 年，第 89~106 页。

② 王国璎：《中国山水诗研究》，中华书局，2007 年，第 65~80 页。

③ 陈望衡：《环境美学》，武汉大学出版社，2007 年，第 319~320 页。

④ 计成：《园冶》，陈植注释，中国建筑工业出版社，1988 年，第 71 页。

从这个意义上讲，信仰是解读传统山水园林特点的逻辑前提，而居住性则是园林艺术服务世俗生存需要而必然形成的结果。

二是深入研究信仰维度在中国传统山水艺术发展史上所起的实际作用。众所周知，魏晋南北朝时代，山水画鼻祖宗炳深受佛家与道家思想的熏陶。陈传席一方面承认宗炳“是道地的隐士，又是虔诚的佛教徒”，相信“佛国最伟”，另一方面却认为左右宗炳思想与行动的只是老庄道家思想。[①] 一个虔诚的佛教徒却不能用佛教信仰指引自己的思想或行动，这种评论在逻辑上令人质疑。至于道家思想如何体现在宗炳的山水绘画美学中，陈传席引用《画山水序》中的基本概念“灵”“理”，直接断言二者都和老庄所讲之“道”是一回事，未作更深入的解析，难免留下“强说其辞”的印象。

三是努力从现代环境艺术角度揭示传统山水艺术的内涵、性质及价值。传统山水艺术堪称彰显中国文化特色的重要内容。芬兰学者索尼娅·塞尔俄玛曾经从中国的山之自然美、中国山水诗中的山地抒情、内心情感的隐喻、阴阳观念的象征、宗教精神的包藏等方面，阐明“中国是一个山与诗的国度”，堪称“诗山之国”。[②] 日本画家东山魁夷认为中国自然山水风景具有“日本所没有，就是在世界上也无可伦比的特色”，而“谈论中国风景之美，同时也是谈论中国的民族精神之美”，并且，如果想要描画这样的山水，实在非用水墨不可。[③] 苏立文认为中国传统山水画真正体现了形式与内容的统一，而“有节奏的韵律，那是中国画的基础”，它通过灵活运转创造出来的线条来表现“流动的生

---

① 陈传席：《中国山水画史》（修订本），天津人民美术出版社，2001 年，第 8 页。

② ［芬］索尼娅·塞尔俄玛：《诗中之山》，刘成纪《物象美学：自然的再发现》，郑州大学出版社，2002 年，第 404~409 页。

③ ［日］东山魁夷：《中国风景之美》，范阳、黄贯群《山水美学研究》，广西人民出版社，1988 年，第 414~426 页。

命”。[1] 但是，如何突破传统艺术美学视野，从现代环境艺术美学角度进一步审视传统山水艺术追求人与自然和谐共处的信仰精神及其现代价值，充分理解传统山水艺术蕴含的和谐生存理想与环境信仰，还有待借鉴信仰维度的方法论，结合环境美学方法论，加以研究。

二、环境审美意识与传统山水艺术的信仰精神

要确立信仰维度在中国传统环境艺术研究方法上的重要地位与作用，需要弄清传统山水艺术到底蕴含了什么样的信仰精神、如何与环境审美意识紧密相关。

首先，自由意识的培育与发展，是传统山水艺术中信仰精神的重要体现，并且立足于中国人特有的环境意识。自由的渴望体现了人与其所在世界（体现为“法则”）之间难以避免的矛盾。可惜人们往往“先天地知道其（即“自由”——引者注）可能性，但却看不透它”。[2] 于是，人类一直在哲学、科学、宗教、艺术领域里顽强地表达对自由的向往，包括中国传统山水艺术。

中国传统山水艺术中的自由意识植根于人与自然环境的基本关系，可以追溯到以山水比赋人格独立与自由精神的先秦审美观念。如孔子讲“仁者乐山，智者乐水”（《论语·雍也》）。张法认为，作为孔子儒家学说核心内容的“仁”，意味着“人的觉醒，一种人格和情感自我的觉醒”。[3] “仁山智水”并非单纯的道德命题，而是表明孔子提倡以山水审美方式来实现爱智慧、崇道德的精神体验和升华，蕴含了独特的自然环境审美意识与自由意识。

到魏晋南北朝时代，借自然山水环境审美来表现人格自由意识，得到了进一步发展，特别是以独立成科的山水艺术形式来传达人格自由精神。宗炳在

---

① ［英］迈珂·苏立文：《山川悠远：中国山水画艺术》，洪再新译，岭南美术出版社，1989 年，第 17 页。

② ［德］康德：《实践理性批判》，邓晓芒译，人民出版社，2003 年，第 2 页。

③ 张法：《中国美学史》，上海人民出版社，2000 年，第 54 页。

《画山水序》中明确指明，山水画是要达到一种独立的自由人格精神状态，即“闲居理气，拂觞鸣琴，披图幽时，坐究四荒，不违天励之藂，独应无人之野”，进而“万趣融其神思”“畅神而已”，[①] 有似于庄子所追求的人在自然环境中的“逍遥游”。

魏晋之际的顾恺之较轻视绘画中的山水，认为“凡画，人最难，次山水，次狗马”。[②] 而唐代王维从“画道”角度肯定山水画比人物画更有价值，尤其是“水墨最为上”，因为水墨山水画能够“肇自然之性，成造化之功”，引人达到“游戏三昧”[③] 的自由境界。宋代欧阳修将此种自由境界作了进一步的理论发挥，推崇“古画画意不画形，梅诗咏物无隐情”的艺术表达方式，强调山水艺术应该不含“隐情”，也就是不要借物言情，以至山水景物沦落为抒情的工具。欧阳修非常看重山水画的“萧条淡泊”品格。“萧条淡泊”并非冷清、消极的审美感受，实为聚儒、道、佛精神于一体的恬淡、适性，体现着“闲和严静，趣远之心”的自由境界。从政治文化意义上讲，它体现文人政治家们兼得出世与入世情怀，是达则兼济天下、穷则独善其身的精神写照。从环境审美角度看，它体现出中国古代文人政治家们纵情山水，追求心灵与自然对话、交融的独特灵魂，他们既不会因为政治上的得意而自傲于天地人世，也不会因为政治潦倒不堪而被生活不幸与穷困所击倒。此种信念让他们善于和乐于从自然山水中体验精神的慰藉与补偿，并看重山水自然的审美意趣。这种意趣就是通向本真之道的“淡泊”，就是“意境”“意味”，就是欧阳修的“山林之乐”。它不是“穷天下之物，无不得其欲者”的“富贵之乐”，而是“萧条淡泊”的

---

① 宗炳：《画山水序》，潘运告《中国历代画论选》上册，湖南美术出版社，2007 年，第 13 页。

② 顾恺之：《魏晋胜流画赞》，潘运告《中国历代画论选》上册，湖南美术出版社，2007 年，第 5 页。

③ 王维：《山水诀》，潘运告《中国历代画论选》上册，湖南美术出版社，2007 年，第 90 页。

人格精神体验与表达。经过苏轼、米芾等人的继承与发挥，“淡泊”成为此后山水艺术的精神内核，也成为中国古代文人通过山水艺术创作追求自由人格的精神表征。

其次，最高本体的认识与表达，也是传统山水艺术中信仰精神的基本内容，并且直指中国人的审美生存理想与环境栖居理想。自古以来，人类对最高本体的称呼有很多，如“自然”“上帝”“天”“道”等。这些称呼未必都准确合理地体现了最高本体或终极本体的内涵与性质，然而人类对最高本体的探索热情和欲望，却从来没有中断过。最高本体的真理性认知依赖于人对自身存在与经验的超越，而“人生存于世界中，存在境域和知识经验构成了他无法超越的限定。让他说出宇宙的实相，就像要求一只尚在蛋壳内的鸡雏说出鸡蛋的整体一样，是不现实的”。[①] 于是人类总会通过“类比联想”来推断宇宙实相、“自然”的本性。这种不断提问、寻求答案的活动表明人类需要通过这种方式“给自己的心灵带来慰藉”。[②] 因此，对最高本体的探寻，可以看成是对人与其生存环境、人与自然世界之间的生存模式的追问，既有信仰因素，也有审美因素，以致艺术能够成为认识最高本体的一种方式。

将山水艺术看成最高本体的认识与表达方式，是中国传统环境艺术的基本宗旨。这首先表明中国传统环境艺术承认“最高本体”或“终极本体”。早在魏晋南北朝时代，中国山水画家就提出了“气韵生动”的最高美学原则。何谓“气韵”？如何实现？明代山水画家董其昌认为可以通过“读万卷书，行万里路，胸中脱去尘浊”的方式在内心营造“自然丘壑”，表达神意、气韵，但从根本上说，“气韵不可学，此生而知之，自然天授”。[③] 肯定气韵来自精神性的最高存在，这种观念早在魏晋六朝时代就产生了。如宗炳认为自然山水“质有

① 刘成纪：《自然美的哲学基础》，武汉大学出版社，2008 年，第 125 页。

② 刘成纪：《自然美的哲学基础》，第 126 页。

③ 董其昌：《画旨》，潘运告《中国历代画论选》下册，湖南美术出版社，2007 年，第 79 页。

而趣灵”，蕴含有灵动、高妙的内在意趣，此种意趣的终极本体在于“道”，故而“山水以形媚道”。[①] 画家要领悟并表现山水中的“灵”与“道”，必须“闲居理气”“应会感神，神超理得”，最终达到“妙写”山水的境界。[②]

将山水艺术看成终极本体的认识与表达方式，还表明中国传统山水艺术就是人的心灵与精神的最高归宿。宋代山水画家郭熙认为，君子之所以热爱山水，绘画之所以推崇山水画，是因为山水能够“快人意”“获我心”，而此心意代表人的“林泉之心”。[③] 这里的“林泉之心”当然不是对自然山水的单纯欣赏与喜爱，实际上是人的心灵与精神可以寄托于山林泉石之间的意念，故而郭熙提倡山水画应该描画“可游可居”而非“可行可望”[④] 的山水景象。这里所说的“可游可居”显然不是单纯指称适宜“旅游”“居住”的自然山水景观，更是指称人的心与身均能栖居其中、皈依其中、获得审美享受与精神自由的物质与精神寓所。郭熙所说的“游”与“居”承袭了庄子所倡导的“游心于万物之初”的信念，其最终指向是让人“逍遥”其中、“心意自得”的天地之“道”。

为什么山水与山水艺术能够成为心灵的归宿、精神的寓所？中国自古就有将自己的祖先看成与山岳同体、与江河同根的信仰。壮族神话《布洛陀》讲男神布洛陀将自己的阴部化作巨大的赶山鞭，女神米洛甲将自己的阴部化作巨山，有一巨大石洞，万物从中诞生。[⑤]《吕氏春秋·古乐》讲“帝颛顼生自若水”，《山海经·海内经》讲“黄帝妻嫘祖生昌意，昌意降处若水”。对山水的

---

① 宗炳：《画山水序》，潘运告《中国历代画论选》上册，湖南美术出版社，2007 年，第 12 页。

② 宗炳：《画山水序》，第 13 页。

③ 郭熙：《林泉高致》，潘运告《中国历代画论选》上册，湖南美术出版社，2007 年，第 224 页。

④ 郭熙：《林泉高致》，第 224 页。

⑤ 李文初、王景霓：《中国山水文化》，广东人民出版社，1996 年，第 20 页。

独特生存体验与信念形成了后人对自然山水的亲近感、归宿感，并沉淀到山水艺术中，升华成更加深刻、持久的精神信仰，并通过丰富的山水艺术形式将心灵的皈依感和精神的归宿感充分展示出来。

三、信仰维度下传统环境艺术的现代进路

从信仰维度思考中国传统环境艺术适应全球化的现代进路，有以下几点值得重视：

第一，在古代山水艺术研究方面，要积极引入信仰文化视界及其方法论，不能简单地将艺术学、美学方法论与神学方法论对立起来。中西传统艺术的研究与接受存在方法论上的差异。就西方传统艺术而言，没有基督教神学方法论，就很难准确、完整地认识西方传统艺术的文化根基及精神特质。西方传统艺术的完美理想本身就源自基督教信仰的至真、至善、至美，[①] 这为西方传统艺术注入了严谨的逻辑性，促成西方传统艺术家注重技术与工具的完善化，以创造完美的、理想化的艺术形象。中国传统环境艺术根植于“天”“道”信念，艺术家们普遍认同老子所讲的“道可道，非常道”的观念，在艺术创造上追求“似与不似”的境界，形成了“似有似无”的独特工具（如水墨）意识与技术观念。尽管基督与天道都具有最高本体价值，但是，中西传统信仰对象的基本特质及信仰方式并不相同，西方的基督与逻辑理性更为密切，中国的天道与感性体验更为密切。这意味着，研究者不能简单地用西方式的方法论处理中国传统环境艺术，也不能简单地用中国式的方法论对待西方传统艺术。如何在文化全球化的语境中沟通二者，达成有效的对话与交流，显然需要在艺术学、美学之外借鉴信仰维度及其方法论。

第二，在传统环境艺术的现代传承与创新方面，要积极倡导“艺术承载信仰”“艺术服务公共文化”的价值取向，而不是从技艺上单纯追求古代山水艺

---

① 雷礼锡：《西方传统艺术理想的基本范畴与特点》，《中南民族大学学报》（人文社会科学版）2009 年第 5 期。

术的现代化方式，也不是为了迎合市场需要、取悦观众感官而提供一般性的、时尚化的山水艺术消费品。中国传统环境艺术以高度的自觉意识联系着“天”“道”，指向人类精神与心灵的终极归宿，并以“宜游”“宜居”“宜农”“宜学”的人文精神取向沉淀在各种山水艺术中。传统环境艺术既标榜超世的、脱俗的精神境界，也关注世俗的、此在的审美生存环境。这种出世与入世相结合、精神需求与世俗生存相结合的生存信念，塑造了山水艺术的环境美学品格，不同于西方古典艺术信仰精神的形而上气质。中国当代环境艺术理论与实践要蕴含传统人文内涵、承袭传统人文精神，其首要任务就是要跨越时空界限与文化偏见，以现代性的方式敞亮传统信仰精神，借艺术之力唤醒人们深层的归宿意识、审美意识，守护人与自然和谐生存的环境理想，在更加开放、自觉的文化视野中保护人类的生存家园，谨防以狭隘的生存利益需求破坏整个自然生态的平衡发展。城市规划与建设要保护自然山水资源，最大限度地建设温馨、和谐的生态城市。园林设计与建造要充分考虑自然资源与传统文化资源协调应用，在自然的、生态的美学法则中开发应用传统文化资源，使之融入整个城乡生活环境，而不是变成“避世”之区和“隐逸”之所。山水画创作要考虑表现当代人的山水审美生存理想，让现代性的建筑、道路、景观融入自然环境，让山水意象体现当代社会的精神气质，而不是简单重复“枯藤老树昏鸦、小桥流水人家”式的古代意象。

总之，在山水艺术理论与实践的现代化进程中，要从环境艺术美学视角深入理解它的信仰精神及其现代意义。在当今中国，山水艺术并未过时，而是承载人类生存理想与信仰的山水环境艺术实在太少。

（刊于《郑州大学学报》2012年第4期）

天人观念下中国古代建筑审美特征的嬗变

⊙李　纯
⊙华中科技大学建筑与城市规划学院

从石器时代开始，人们就试图建造一些宏伟高大的建筑物，它们的规模已经远远超过了单纯遮风避雨的需要。通过建筑语言，人们把最美的诗句奉献给上苍，把自己对宇宙的理解传达给后人。这样的建筑作为一种文明的标志，必须具备超越人世与天接近的特征。逐渐地，诸如高大、华丽、庄严、神秘这样一些属性成为人们评判古代建筑审美价值的重要指标。但是，相对而言，我们现在能够看到的中国古代建筑多半给人以亲切、秀丽的印象，即使皇家宫殿或宗教寺庙这样“神圣”的建筑，似乎也远不及其他民族古典建筑那样高大宏伟，更缺乏那种神圣庄严的气质。

其实，和世界其他民族一样，早期的中国建筑也追求与天接近和与神明的交流，建筑审美关注的焦点同样集中在单体建筑的宏大与华美。但随着历史发展，中国传统建筑开始将注意力转向反映个人与社会、人类社会与宇宙自然的关系上，最终将建筑审美标准与个人内心修养和人类社会共同的行为标准联系起来，这一转变过程我们可以简单地归结为“从天上回到人间”。在世界古代建筑史上，这是一个独一无二的事例。这条线索，也就是建筑美的准则由天界的标准改为人世的标准的过程。中国古代建筑之所以走上这么一条独特的发展道路，正是由于中国古人对人与自然关系的独到认识和理解，这种理解后人将之归结为“天人合一”。

“禹之时，天下万国，至于汤而三千余国”（《吕氏春秋·用民》），“昔者周，盖千八百国”（《汉书·贾山传》）。上古时期的中国部落林立，是谓“天下万国”。不同部落带来了基于不同自然环境而产生的不同的习俗和信仰，当然也带来了矛盾与冲突。中华民族的融合过程早在五千年前就已启动，那时的人们不得不以石器时代相对简单的知识和技术面对这片全世界最复杂的大地上发生的人类历史上最为复杂的民族大融合。当时中国人没有用“圣战”来强制统一各部族的宗教信仰，而是采用了一个和平的方案，那就是建立一个统一的、各部族人民一致认可的“神界的框架”，将各部落掌握的局部的宗教信仰纳入这个统一的大框架之中，在那个万物有灵的泛神崇拜时代，给诸多的天神、山神、水神们建立起秩序。

早期人类对山岳有着特殊的情感，旧石器时代人们就阜陵而居，面对平原旷野上的洪水猛兽，山是人们安全的庇护所。对于文明初期那些敢于走向平原的部落居民来说，对山上先祖们的遥远记忆加上“山”的没入云端的神秘面貌，“山”自然成为人们心目中神圣的具有某种神秘力量的地方。高耸入云的山于是成为可以与上天交流的神圣场所。当然各部族对于各自的“圣山”或祖先的崇拜不是什么大问题，但“巫”们经由各自的“圣山”随意地在天地间“升降”就会带来麻烦。如果所有部落都能直接得到“天意”就意味着谁都可以借天意发动战争，这正是部落盟主要解决的首要问题。所以中原部落盟主要做的第一件事情就是“绝地天通”。首先实施这一措施的是颛顼。颛顼是黄帝的孙子，黄帝部落首领和盟主的继任者。颛顼的这次变革具有开天辟地的意义，他不仅使人们清楚地理解“神”的“主次之位”，了解山川、神祇、祖宗、姓氏的出处和上下等级秩序，同时建立区分天地、神、人以及各类事物等级关系的制度，建立“五官”各司其序，使“人”与“神”的关系不再混乱，从而达到“民神异业”并使人们对神“敬而不渎”的境界。颛顼在这次变革中，并没有直接完成由多神崇拜向一神论的转变，而是建立了一个包容了各部族所崇拜的自然神的宗教体系，同时由部落盟主垄断了这个体系的顶端，即“通天”的权力，从而向天地人合一的整体宇宙观迈出了关键的一步。“绝地天通”巧妙地达成了消弭宗教冲突的目标，同时实现了王权与教权的统一。在之后数千年中，中国世俗的君王都是绝对权威的代表，他们不仅掌握着世俗权力，同时也垄断了对“天意”的解释权。

这一事件导致几乎是从建筑活动起始的时候，中国世俗建筑的地位就高于宗教建筑。此后，无论“夏后世室”“殷人重屋”或是“周人明堂”这些代表一个时代最高政治权威和最高建筑成就的建筑物，都基本属于世俗建筑类型。后世虽有佛寺、道观等宗教建筑，却是皇家宫殿或民居建筑的模仿品。这种情况仅仅出现在中国和受中国文化影响最深的日本、韩国等少数国家。而在古代的西亚、北非、美洲或是欧洲，各国代表性古代建筑几无例外都是教堂、神庙或是各类陵墓祭祀场所之类，世俗建筑的重要性和艺术成就多半无法与宗教建筑相提并论。

中国古人所说的“天人合一”并不是物理意义上的融为一体，也不是在逻辑上把“人”和“天”混为一谈，而是认为天、地、人、神同处一个宇宙空间之中，追求“人”和“天”在精神上和行为上的相知与相偕，从而达到高度默契的状态，通过人的努力使天、地、人三者共同构成一个稳定和谐的体系。由此可见，中国人对天地和自然的尊重不同于宗教崇拜，人与自然的关系不同于宗教中人与神的关系，在“天人合一”的体系中没有“彼岸”，人们对“天”的崇拜和模仿是为了在“此岸”营造更好的现实生活环境。

中国古代建筑虽然宗教色彩较为淡薄，但为了表达世俗的帝王“代天牧狩”的权威，至少皇家宫殿类建筑还是需要一些“通天”的意味，这种意味经由“象天”的手法来加以表现。中国文化中的“天”或“自然”有两重属性：一是外在形态的华美壮丽，我们可称之为“天之象”；二是内在的严谨秩序和“自然而然”的行为方式，我们可称之为“天之道”。对建筑物而言，外在形态的重要性自不待言，而无论从艺术角度或是功用角度出发，建立合适的秩序都是实现建筑目标的关键。既然这两者我们都可以从自然那里得到最完美的答案，那么“象天法地”也就成为中国古代建筑营造的基本原则。但随着历史的进展，人们对天人关系的理解日渐深刻，“象天法地”的切入点逐渐发生变化，建筑美的判断标准也随之改变。

从殷商时代起，出现了一种我们称之为“台榭建筑”的宫殿建筑形式，它由“台”以及台上的“榭”组成，台榭建筑成为此后千余年间中国建筑艺术的最高代表。“榭”不是庙宇而是居住建筑，它里面居住的不是上帝而是一位有血有肉的“王”以及他的家人和仆从。祭天的“台”与人居的“榭”结合，意味着王权与神权的结合，也是对“天人合一”的一种诠释。但是，与单纯的“台”不同，台榭建筑必须具有良好的人居环境，因此也多了些人性化的色彩。纵观中国历史，汉代以前的皇家建筑仍具有一些宗教意味。居住于台榭之上的“王”拥有“代天牧狩”的权力，他的住所必然要体现令常人折服的神圣与庄严。群体布局模仿天象、顺应地势，单体则追求体量高大、装饰华丽、结构新奇、材料珍贵以及工艺精美，如此则可以表现出“与天接近”的神圣感。

这样的审美取向从石器时代开始出现，发展了两千多年直至秦汉时期达到巅峰。各类文献对春秋至秦汉时期建筑描述多半会涉及天象。秦朝宫殿群为“象天法地”规模竟达纵横数华里，汉长安城的南北墙形状直接模仿了南、北斗的形状，其平面呈现一种难以把握的不规则形状。像这样直接模仿“天象”是否真的能体现天地之大美尚属见仁见智，随之而来的还有一些更现实的问题。由于天象丰富多样且尺度巨大，对“天象”的模仿很容易带来建设规模上和形式上的问题。关于这一点，历朝的士大夫们对帝王的规劝可谓史不绝书，其中也露出些许无奈。西汉名臣东方朔在劝阻武帝欲建造周至、鄠、杜三处苑囿所上的奏折中说：“臣闻谦逊静悫，天表之应，应之以福；骄溢靡丽，天表之应，应之以异。今陛下累郎台，恐其不高也；弋猎之处，恐其不广也。如天不为变，则三辅之地尽可以为苑，何必周至、鄠、杜乎！奢侈越制，天为之变，上林虽小，臣尚以为大也。”（《汉书·东方朔传》）皇家建筑作为王权象征“非壮丽无以重威”，为国计民生考虑宫殿建筑不宜过劳民力。更重要的是，在古代中国，不同建筑类型存在着形制上的关系，差别只是体现在等级上。“天象”是皇家建筑的“模板”，而皇家建筑是民间建筑的模板。皇家建筑的设计思路决定着几乎所有建筑的风格倾向，皇家建筑形式上的奢靡浮夸之风必然在全社会产生负面影响。由于以上这些原因，对于“天象”如何“落实”于人间的问题，人们长期处于矛盾之中。

台榭建筑是模仿“通天”神山的，因为“象天法地”的另一种途径就是模仿“仙山”或是“神仙海岛”。春秋时期出现的《穆天子传》一书讲述了周穆王西巡登昆仑山的故事，其中提到“天子登昆仑之丘，以观黄帝之宫”的情节，昆仑山和黄帝的宫室成为“仙境”的早期蓝本。黄帝去了最西边的昆仑山，黄老学说却出自最东边的齐国稷下学宫。五岳之一的东岳泰山位于齐地，但泰山虽美却与人间没有保持足够的距离，于是齐地的方士们又“设计”了一个更美妙的仙境——这是一组位于东海上的“仙岛”——蓬莱、瀛洲、方丈。这些有山、有水、有奇花异草的海上仙境比起昆仑山来更具现实意义，因为它们尺度适宜、距离恰当，而且这个地方与“三皇五帝”没有关系，它完全不属于任何“神”，它也不再企图在高度上“通天”。当时的建筑面临着体现“神性”还是“人性”、是“象天”还是“亲民”的矛盾，“仙境”的概念在某种程度上调和了这种矛盾，它提供了一个天人之间的新境界。“仙境”中的环境素材实际上多数来源于现实生活而又高于现实生活，对“仙境”的模仿使建筑设计“象天法地”的手段中增添了自由创作的内容，建筑环境设计进入了“创作”阶段。自春秋时期开始，各国宫殿开始直接模仿传说中的仙境，汉代这一手法即出现在民间，直至明清园林中尚有遗迹可循。

儒家学说的基本教义是通过教化人民，以达到建立理想社会的目标。不是教化少数人，而是“有教无类”，要教化所有人。在生活中的一切行为过程都应该成为陶冶情操、修炼品格的过程，而人们日常居住生活的建筑环境，无疑是潜移默化陶冶人们品格情操的最合适的场所。不过，关于建筑环境的艺术，要达到像绘画艺术那样具有全民普及的条件就相对困难得多。一种理想的建筑环境要达到“平民化”甚至“全民化”就必须首先要在经济上降低价格，技术上简单易行。模仿仙境比“则紫薇”“法牵牛”降低了“高度”，从黄帝的昆仑山、舜帝的九嶷山到东海的“神仙海岛”，“仙境”自身的“高度”也在逐渐“下降”，但“仙境”毕竟没有完全与“天界”脱离关系，由于“通天”

功能留下了尾巴，仙境仍然“太高”。

“列星随旋，日月递炤，四时代御，阴阳大化，风雨博施，万物各得其和以生，各得其养以成，不见其事而见其功，夫是之谓神；皆知其所以成，莫知其无形，夫是之谓天。”（《荀子・天论》）日月星辰、天地山川、阴阳风雨、时节变幻以及生活在其中的人共同构成了整个宇宙，也就是中国古人所说的“天”。“天”除了有形可见的外在形式，还包括了“不见其事而见其功”“皆知其所以成，莫知其无形”这样的内在的动力和秩序，这种动力和秩序也就是“天之道”，是人们应该效法的“道理”，是“真、善、美”的源泉和根基。在“天人合一”这个大背景下，建筑需要“象天法地”是天经地义的，但所谓“天然合一”应该是人之“道”与天之“道”的合一，“象天法地”也应该师法天地之“道”而非天地之“形”。如果仅将天地的形状作为模仿对象，则无疑是舍本求末。但对于“天道”如何体现以及“人道”如何统一于“天道”这样一些问题，尚需经历一个漫长的探索过程方能得到答案。而将抽象的天道理念体现于具象的建筑之中更需建筑理论和艺术手法上的变革。

早在西周时期，中国宫殿或是宗庙建筑中出现了一种忽视建筑外观、注重内部空间秩序的类型，它的空间布局与现存的北京四合院非常相似，在两千多年前出现如此成熟的空间处理手法让人有些意外。当然，中国建筑的世俗性决定了它注重实用功能的特征，但对于空间布局、尺度的深入细致的推敲则更多地是出于“礼制”的要求。西周的“礼制”的规范涵盖了整个国家的体制结构，涉及政治、宗教、艺术乃至个人日常生活的方方面面，当然也包括建筑的形制。由于礼制规范与人们生活中的行为模式相关，因此它直接影响到建筑空间的形态和空间秩序。但这种适应于“周礼”的建筑形式在相当长一段时期内并未得到重视，原因很简单，它过于低矮朴实，从外观上，人们实在看不出它如何体现“象天法地”这个基本原则。这样的建筑要得到普遍认可，还需要架设一条“天道”与“礼制”之间的桥梁。

完成这一理论准备的是汉代大儒董仲舒，他从天地万物的形成运行之规律出发，将人类社会之“礼制”与天地自然之道联系起来。关于宇宙之生成他认为："天地之气，合而为一，分为阴阳，判为四时，列为五行。"（《春秋繁露·五行相生》）"天地之间有阴阳之气常渐人者，若水常渐鱼也，所以异于水者，可见与不可见耳。……是天地之间，若虚而实。"（《春秋繁露·天地阴阳》）他认为宇宙由天地之阴阳二气合而为一生成，由此产生了阴与阳、一年四季和分属五行之万物。天地之间有阴阳之气，人们浸润其间，就像鱼游水中一样，当然"气"与水有可见与不可见的区别。这样一来，人间礼制和"天道"就有了实质上的联系，从而为天人感应理论预先建立了"物质基础"。然后，他对"天"的性质作了进一步的阐释，将天道与礼制联系起来。

"天亦有喜怒哀乐之气、哀乐之心，与人相副，以类合之，天人一也。春，喜气也，故生；秋，怒气也，故杀；夏，乐气也，故养；冬，哀气也，故藏。四者天人同有之。"（《春秋繁露·阴阳义》）这里说明了天人在"德行"上的一致性，天人同样有喜怒哀乐，春生、夏养、秋收、冬藏，这些都是基于同样的规律。这样就为阐述"天"和"人"在秩序上的内在联系做好了铺垫，由此而进一步论证了人世间"礼制"的天道渊源："君臣、父子、夫妇之义，皆取诸阴阳之道。君为阳，臣为阴；父为阳，子为阴；夫为阳，妻为阴。""天之亲阳而疏阴，任德而不任刑也。是故仁义制度之数，尽取之天。天为君而覆露之，地为臣而持载之；阳为夫而生之，阴为妇而助之；春为父而生之，夏为子而养之。……王道之三纲，可求于天。"（《春秋繁露·基义》）董仲舒将天道之阴阳法则对应于人世礼制，解释了王道之"三纲"与天道的关系，所有仁义制度之数，都是取自天道，所以王道之大纲是可以求之于天的。

董仲舒的天人感应理论在天人之间建立了一座桥梁，将天道与人间礼制统一起来。但对于建筑的营造来说，他的理论还缺乏可操作性，如何将天道体现于建筑空间秩序之中仍存在具体问题。汉代建筑仍在形式上的"象天"与道理上的"象天"之间徘徊。中国建筑的发展过程中实际上一直充满矛盾，隋唐以前的建筑中一直存在着不同时期的"孑遗"建筑，比如灵台、明堂、辟雍等，这些建筑风格各异，很难将其协调融合成一个和谐的整体。而传统的形式，有时候会成为一个民族精神凝聚力的源泉，轻易又不敢放弃。"象天"的手法、

"神仙海岛"的意象也始终和王道教化的要求存在矛盾。要解决这些问题需要一个有说服力的、具有可操作性的理论体系，让人们能够大胆地放弃那些不合时宜的建筑形式。

两宋时期产生的程朱理学为宫殿建筑设计的"思想解放"提供了一种具有说服力的理论，使得人们不再过多计较那些"孑遗"的建筑形制，从而为构建一个完整和谐的建筑群创造了良好的条件。程朱理学的思想体系认为，"理"是本体，是实体，是永恒的、不增不减的、贯穿天地万物和贯穿始终的。理学所要认识的不仅是事物变化的规律，而且要穷究事物变化发展的原因。"理"存在于一切事物之中："在天为命，在义为理，在人为性，主于身为心，其实一也。"（《二程遗书》卷十八）所以："一人之心，即天地之心；一物一理，即万物之理。"（《二程遗书》卷二上）也就是人同此心、心同此理。二程的理论在这里先退后一步，从根源上阐述了天地万物在"道理"上的统一性，这就为"形式"解了套，让人们可以放开手脚抛弃不合时宜的形式。理在人心中，人心即天理，对天意的表达首先在于符合人心，这一论断为之后的建筑发展奠定了人文理性的基础，为建筑形制如何"象天"提供了全新的思路。理既然存在于万事万物之中，人们自然可以从任何事物中体验真理，又何必拘泥于形式呢？

朱熹则进一步发展了这一理论，使之更加清晰明确。在朱熹的理论框架中，"理"是本体，相当于"无极"或太极。"理"包含有万物生成的原理、事物之条理等涵义，是一个形而上的本体，正如他所说的："无极而太极，正所谓无此形状而有此道理。"（《朱子语类》卷九五）这一论述将"形状"和"道理"明明白白地分开来，只要能说明一个道理，采取何种形状是可以斟酌的。"理"为万物之一原，却生化出万物的千姿百态并体现出不同的条理，这就是所谓"理一分殊"。"理一分殊"说明了一个道理，那就是顺应天理、体现天理并不依赖于某种特定的形式。对于建筑营造来说，他提供了一种理论武器，使得人们可以放开手脚，大胆地抛弃一些不合时宜的东西，同时创造一些新的、更加"合乎天理"的形式。

既然天与人有了同构的关系，人道与天道能够达到高度统一，那么礼制秩序也就是受命于天的。所以，建筑空间遵循礼制规范就等同于“象天”，这样的思想一旦深入人心，天下人对建筑的“象天”的途径也就产生了新的认识，从而导致建筑的象天手法由“象天之形”转为“象天之理”。于是建筑空间秩序的重要性超过了它尺度的大小以及形式与星象的对应关系。人们于是放弃了早期的台榭式建筑的高大华丽的外形，转而选择外观较为平实的源自西周的合院式建筑形式，这也是我们今天所看到的北京故宫以及遍及中华大地的各类传统建筑的风格。

宋以后，中国建筑群体规模和单体尺度逐渐缩小，形式也逐渐简化，建筑营造的重点转移到空间的秩序与变化。对于诸如伟大、神秘、永恒这样一些与世俗生活无关的目标人们渐渐失去了兴趣，此后的建筑少了一些神圣的色彩，多了一点人性化的内涵。人心即天理，内心的安宁，个人与社会、社会与自然的和谐相处就是“天道”，就是“天理”。人们摆脱了对天界和仙境的向往，开始心安理得地在现实世界中营造诗意的生活：房廊蜒蜿，清池涵月，明窗净几，红袖添香，建筑所要满足的就是人们对这样一些生活情趣和艺术品位的追求。“象天法地”的途径由象天之形、象天之意到象天之道，建筑环境营造由模仿“天界”到模仿“仙境”再到经营现实环境，中国传统建筑审美判断的标准亦由“神”的标准彻底转变为“人”的标准。历经数千年，中国传统建筑最终从“天上”回到“人间”。

（刊于《郑州大学学报》2012 年第 4 期）

殷商时代的自然美观念

——从“畏威”的自然观到“尚力”的审美图式

⊙周德清　郭漱琴

⊙西藏民族学院文学院、西藏民族学院图书馆

自然观是人们对自然界的总体性认识，是关于自然系统的性质、构成、发展规律以及人与自然关系等方面的根本看法，毫无疑问，这些根本看法决定性地影响着人们的自然美观念。因此，要考察中国古代的自然美观念，就有必要考察处于基础地位的古人的自然观。本文拟从殷商时人的自然观入手，探讨殷商时代的自然审美图式。

在中国古代文化与哲学思想中，“自然”占有十分重要的地位，这从大自然的角色最初是由“帝”或“天”来充当就可以得到某种说明。“帝”“天”以及“天道”“天命”等概念的频繁使用透露出中国古人对于自然的最隐秘的原初观念。

一、殷商时代“畏威”的自然观

远在殷商时代，“帝”的观念即已出现。《礼记 · 表记》谈夏商周三代文化思想的异同时，曾说殷人的特点是：“殷人尊神，率民以事神，先鬼而后礼，先罚而后赏，尊而不亲。”[①] 这可以说是对商代文化思想的准确概括，即殷商文化特点是“尊神”的，而且“率民以事神，先鬼而后礼”。从卜辞看，殷人所

① 李学勤：《礼记正义》，北京大学出版社，1999 年，第 1485 页。

“尊”的“神”涉及范围很广，如天神系列的上帝、风、云、雨、雪，地祇系列的社、方（四方）、山、岳、河、川。不难看出，这明显是原始宗教自然崇拜的延续。而在殷人所崇拜的诸多神祇之中，又以“上帝”为最尊。所以，我们经常从卜辞中看到，风、云、雨、雪、山、岳、河、川固然是各有职掌，但是它们的职事上帝也还兼管着。如卜辞中提到“帝其令夕雨”“帝其降馑”等即是著例。“帝”能令风雨，又能降饥馑，说明风、云、雨、雪、山、岳、河、川最终为上帝所统辖，因此“帝”便有自然的主宰义，换句话说，在殷人那里，“帝”实质上常常指的是大自然。

而“天”的初始义是指“天帝”或者“上天”。这一观念在殷商时也已出现。从今文《尚书》来看，《尚书》中的商书称：“有夏多罪，天命殛之。”[①] 这里的“天命”是一主谓结构，与后来的“知天命”等偏正语词中的“天命”不是一回事。“天命”，犹言“天令”。《汤誓》还称：“尔尚辅予一人，致天之罚。”[②]“天”而能“令”，“天”而能“罚”，说明“天”为人格之天，并且能主宰人世政权的兴替。这样的“天”，当是指“上帝之天”或者说“天帝之天”。

商书中另有一句极为相似的话，可以支持这一论断。据《汤誓》记载：“夏氏有罪，予畏上帝，不敢不正。”[③] 这里不难发现，所谓“上帝”其实也就是上文所引商书同篇所称说的上“天”。如果我们将“上帝”与“天”互相交换，引文意义并无实质性变化。“天命殛之”，可以转换为“帝命殛之”；同样，“予畏上帝”也可以表述为“予畏上天”。所以，从文中所述来看，“上帝”与“天”应是异名同指。

除了在今文《尚书》中所出现的“天命”“天令”以及“天罚”等说法，在古文《尚书》中还出现了“天道”“上天”以及“天休”等提法。如古文

---

① 李学勤：《尚书正义》，北京大学出版社，1999 年，第 190 页。

② 李学勤：《尚书正义》，第 191 页。

③ 李学勤：《尚书正义》，第 191 页。

《尚书·汤诰》记述克夏之后，汤归亳告于诸侯："惟皇上帝降衷于下民，若有恒性，克绥厥猷惟后。夏王灭德作威，以敷虐于尔万方百姓。尔万方百姓，罹其凶害，弗忍荼毒，并告无辜于上下神祇。天道福善祸淫，降灾于夏，以彰厥罪。肆台小子，将天命明威，不敢赦。敢用玄牡，敢昭告于上天神后，请罪有夏……上天孚佑下民，罪人黜伏。天命弗僭，贲若草木，兆民允殖……各守尔典，以承天休。尔有善，朕弗敢蔽；罪当朕躬，弗敢自赦，惟简在上帝之心。"[1]"福善祸淫"的"天道"、能够俯听人王求告的"上天"以及"天休"与今文《尚书》中的"上帝"之"天"并无实质性差异，都是具有强大意志和力量的神格化存在，但新提法的出现可以说明"天"作为涵盖性更大的概念在逐步代替"上帝"的概念。

通过以上分析，可以得出一个结论，那就是在《尚书》中，"天"的概念作为神格化的存在，除了作为大自然的主宰的角色以外，往往还是人世历史及其命运的主宰。应当说，充当大自然主宰的角色的"帝"甚至作为人世历史及其命运主宰的"天"主要是殷人的观念。殷商文明的特点是带上了浓厚的原始宗教意识对于大自然令人恐惧的"帝力"的震怖与惊异。总之，殷人的文化相对来说是"尚力"的，人们相应地对于大自然令人恐惧的力量起"畏"的态度。

自原始社会，以迄于夏商周三代，一定程度上甚至延及至后世乃至今天，自然一方面是人类生存的依托，一方面又是人类生存的敌人。原始初民的知识水平、认识能力很低，支配自然的能力很差，正如王夫之在《读通鉴论》中所说，他们过着"茹毛饮血，茫然于人道"的生活，[2] 不过是"植立之兽而已矣"。[3] 在这一时期，人类基本上处于野蛮状态，凭着本能过活，接触外界事物全靠感官印象，对于周围大自然的种种自然力量和灾害，如雷电、洪水、干

---

① 李学勤：《尚书正义》，第 199~201 页。

② 王夫之：《读通鉴论》，中华书局，1975 年，第 10 页。

③ 王夫之：《船山思问录》，上海古籍出版社，2000 年，第 96 页。

旱、瘟疫、猛兽的出没既不能支配，也无法抗拒，这样在他们的思维世界中，种种自然的威力既是神秘的、可怕的，又是难于理解的，因此，这一时期先民对于自然的总的态度总是与恐怖、畏惧等情感联系在一起。

畏的情感的产生，缘于自然既无法解释又难以预测的巨大威力。人类自诞生以来，所遇到的最大挑战，就是环境即自然物和自然力带给人的影响。人类的生存，极大程度上受制于环境或自然条件的变化。地震、火山爆发、海啸、台风、暴雨、洪涝……这些破坏力极其巨大的自然灾害一旦降临，就会带走很多人的生命。通过与自然物的接触，原始先民朦胧地感觉到自己与天地雷风、水火山泽等这些自然物或自然现象的区别和联系，朦胧地认识到这些自然力量的强大。

据《淮南子》记载："往古之时，四极废，九州裂，天不兼覆，地不周载。火爁炎而不灭，水浩洋而不息。猛兽食颛民，鸷鸟攫老弱。"[①] 这些场景和灾难我们今天视之为美丽的上古神话，实际上却是原始人在自然面前无可奈何的历史记忆的曲折反映。在自然所造成的灾害面前，人的生命朝不保夕，随时有失去的可能。"逮至尧之时，十日并出，焦禾稼，杀草木，而民无所食。猰貐、凿齿、九婴、大风、封豨、修蛇，皆为民害。"[②] "十日并出"当然不可能是历史的事实，但这则记载却充分地说明了早期人类在大旱来临时艰难的生存环境。而自然界其他生命形式也随时威胁着人类的生存，所谓"猰貐、凿齿、九婴、大风、封豨、修蛇"这些神话传说中的怪物实际上都是夸张了的大地上的猛兽，这些猛兽带给人类的也往往是生命的剥夺和无尽的痛苦，这就是所谓"上古之世，人民少而禽兽众，人民不胜禽兽虫蛇"。[③]

---

① 何宁：《淮南子集释》，中华书局，1998 年，第 479 页。

② 何宁：《淮南子集释》，第 574 页。

③ 邵增华：《韩非子今注今译》，台湾商务印书馆，1983 年，第 22 页。

二、“尚力”的自然审美图式：原始崇高美的诞生

在大自然面前，人类总是显得如此渺小！所以凡具有高、大、强、危、怪等极端性质的事物都会以特有的威慑气氛震撼人心。这些震撼人心的自然景象或自然物质，在随时都会因此而面临生命危险的原始先民面前固然没有任何美感可言，但时过境迁，当所有这一切令人恐怖的对象以一种原型记忆的形式复现于人类的经验之中，却往往能产生一种奇妙的心理反应。这种奇妙的心理反应可以是恐惧、惊叹，也可以是赞美和崇拜。它实质上构成了一种特殊的审美心理反应，对应的是一种“尚力”的审美趣味。

在这种“尚力”的审美图式中，天地淫晦、风雨失调、日月运异等天文的异象、气候的剧变，引发出早期人类对自然莫可名状的恐惧和顶礼膜拜的崇仰等复杂的情感体验。恐惧和崇仰，一为否定的情感，一为肯定的情感，二者经常混融交织在一起，形成既肯定又否定的复杂的情感体验，从而诞生了早期人类眼中自然的原始崇高美。

原始崇高的审美对象，以物体体积的巨大、数量的众多、气度之恢宏、力量之恐怖为不可缺少的要素。这些要素，本质上都对应着某种令人震怖的力量。

比如天象的崇高。在古人看来，天的神秘、恐怖有着不可思议的美。“天”，《说文解字》谓：“颠也。至高无上，从一大。”它可以是在人头上或周围存在的自然天体、天象和气象。古人认为，人类对于它们永远无法企及，更无力改变。人们由此想象在头上的苍苍穹宇里居住着一个创造万有、主宰宇宙、力量无边、不可战胜的神秘存在。人类想象他与自己一样有着同样的形体，但又有着至为灵敏的感觉和无限的信息接受能力，有着人无法想象的智慧，因而尊他为至上之神。除了想象，人们还有着各种各样的猜测，有些含有科学性，有些则不那么科学。如《列子》曰：“天，积气耳。”“日月星宿，亦

积气中之有光耀者。”[①] 汉时的张衡甚至对天到底有多高也进行了大胆的猜测，他在《灵宪》一文中说：“八极之维，径二亿三万三千三百里，南北则短减千里，东西则广增千里。自地至天，半于八极。”[②] 但是无论人们怎样猜测和想象，“明明上天”总还是笼罩着一层神秘的光环。正如诗人屈原之问：“圜则九重，孰营度之？”[③]“日月安属？列星安陈？”[④]“何阖而晦？何开而明？”[⑤]“角宿未旦，曜灵安藏？”[⑥] 面对这些谜团，面对这充满神秘感的天象，因而心中油然而生不可遏止的崇拜之情，这是完全可以理解的。对天象的崇拜包括太阳。如殷商就是一个太阳崇拜的部落，在中原大地上，他们虔诚地迎送着日出、日落，贞卜着以后的情况，依照太阳的神灵来行动。对天象的崇拜还包括风云。人们望着天上从各方飘忽而来的白云，举行尞祭，贞问着下雨，又对着飞扬的大风，祈求它的停息。商人的卜辞中还有对月食、对星辰、对虹、对雨等神灵的祭祀记录，反映了对天象崇拜范围之广。

由天而下则是山。山的高大和神秘最接近天，所以，《诗经》云：“嵩高维岳，峻极于天。”这是说山在高度上仅次于天，古人因此认为山能通神，所以同诗又谓“维岳降神”。[⑦] 能通神的山在西方以昆仑为最著，在东方以泰山为最著。《淮南子》云：“昆仑之丘，或上倍之，是谓凉风之山，登之而不死；或上倍之，是谓悬圃，登之乃灵，能使风雨；或上倍之，乃维上天，登之乃神。”[⑧] 因为“登之而不死”甚至“登之乃神”，所以昆仑山几乎成为我国上古

---

① 杨伯峻：《列子集释》，中华书局，1979 年，第 31 页。

② 洪兴祖：《楚辞补注》，中华书局，1983 年，第 92 页。

③ 王逸、黄灵庚：《楚辞章句疏证》，中华书局，2007 年，第 1008 页。

④ 王逸、黄灵庚：《楚辞章句疏证》，第 1018 页。

⑤ 王逸、黄灵庚：《楚辞章句疏证》，第 1028 页。

⑥ 王逸、黄灵庚：《楚辞章句疏证》，第 1028 页。

⑦ 李学勤：《毛诗正义》，北京大学出版社，1999 年，第 1419 页。

⑧ 何宁：《淮南子集释》，中华书局，1998 年，第 328 页。

神话的渊薮，历来赞美之声不绝。而地处东方的泰山，则因为后世帝王行封禅之礼而受到无限的崇拜。相传汉武帝封禅后，就诚惶诚恐地拜倒在泰山脚下，并且说了下面一段话：“嘻！若是则高矣、极矣、大矣、特矣、壮矣、赫矣、骇矣、惑矣。”[①] 惊怖叹美之情，见于辞矣！

在原始社会形成氏族及部落之后，还出现了图腾崇拜。原始氏族及部落以某个自然物作为本族的标志，称为图腾。而每个成员都得承认自己和图腾有特殊的血族关系，并对此加以崇拜。中国古籍关于原始图腾崇拜的记载很多。如《诗经》载：“天命玄鸟，降而生商。”[②] 又云：“有娀方将，帝立子生商。”[③] 说明商部落原以“玄鸟”为图腾。太史公司马迁解释说：“殷契，母曰简狄，有娀氏之女，为帝喾次妃。三人行浴，见玄鸟堕其卵，简狄取吞之，因孕生契。”[④] 又说：“秦之先，帝颛顼之苗裔，孙曰女修。女修织，玄鸟陨卵，女修吞之，生子大业。”[⑤] 玄鸟，在古籍中一说为燕子，如《古诗十九首》：“秋蝉鸣树间，玄鸟逝安适？”李善注引郑玄曰：“玄鸟，燕也。”[⑥] 一说为鹤，如《文选·思玄赋》：“子有故于玄鸟兮，归母氏而后宁。”李善注：“玄鸟，谓鹤也。”[⑦] 不管是燕是鹤，两说都指的是鸟图腾。周人则以姜嫄履巨人迹而感生为图腾传说。《诗经》云：“厥初生民，时维姜嫄。生民如何？克禋克祀，以弗无子！履帝武敏歆，攸介攸止。载震载夙，载生载育，时维后稷。”[⑧] 司马迁解释道：“周后稷，名弃。其母有邰氏女曰姜嫄。姜嫄为帝喾元妃。姜原出野，

---

① 黄宗羲：《明文海》，中华书局，1987年，第72页。

② 黄宗羲：《明文海》，第1700页。

③ 黄宗羲：《明文海》，第1709页。

④ 司马迁：《史记》，中华书局，1999年，第67页。

⑤ 司马迁：《史记》，第125页。

⑥ 萧统：《文选》，中华书局，1977年，第410页。

⑦ 萧统：《文选》，第215页。

⑧ 李学勤：《毛诗正义》，北京大学出版社，1999年，第1239~1240页。

见巨人迹，心忻然说，欲践之。践之而身动如孕者。居期而生子，以为不祥，弃之隘巷，马牛过者皆辟不践，徙置之林中。适会山林多人，迁之而弃渠中冰上，飞鸟以其翼覆荐之。姜嫄以为神，遂收养长之。初欲弃之，因名曰弃。"[①] 再如传说中的"黄帝氏以云纪""炎帝氏以火纪""共工氏以水纪""大皞氏以龙纪"，[②] 说的也是当时一些主要部落集团图腾崇拜的情况。[③] 原始图腾文化实质上也是一种"尚力"的文化。无论是商部落的"玄鸟"还是周部落的"大人"之迹，作为一种神迹的存在，都透出某种神秘、恐怖的气息，其威力不容怀疑。其他如"水""火""云""龙"，也是威力巨大，动辄给人带来灭顶之灾。

尚力的审美趣味在商周青铜器上也有所反映，可以看做是原始崇高的自然美的有力见证。青铜器之重器——礼器的工艺设计，鲜明地体现出原始崇高令人畏怖的审美意识。以安阳殷墟出土的司马戊方鼎、郑州杜岭出土的饕餮乳丁方鼎、史家源出土的兽首扳金大鼎等为代表的青铜礼器，都是青铜器的杰作。该类青铜礼器作为中国"古典式的崇高"的典型意象，通过沉稳、厚重、雄拔的形体结构，笔势凝重、结构谨严、气韵雄遒的铭文，以及狞厉可怖的饕餮纹、云雷纹和高贵尊严的龙凤纹等审美设计，表现出神秘、威重、雄奇的气势，起到了崇仰天地之神灵的作用。[④]

三、原始崇高美的美感心理特征

在审美心理上，原始崇高美突出的是大自然的威严可怖，是神性的神圣不可侵犯，表现出自然物压倒性地占据主体心灵的态势，从而引发人类的归附意识。原始崇高往往在人的心理上造成惊心动魄的痛感。痛感一方面可以引起强

---

① 司马迁：《史记》，第 81 页。

② 李学勤：《春秋左传正义》，北京大学出版社，1999 年，第 1360~1361 页。

③ 肖萐父、李锦全：《中国哲学史》，人民出版社，1983 年，第 32 页。

④ 陈望衡：《狞厉之美——中国青铜艺术》，湖南美术出版社，1991 年。

烈的重视和注意，从而增强主体的审美感受，凸显客体的审美价值。正如阿诺德·伯林特所指出，崇高的“部分审美力量恰恰就在于我们的脆弱”，[1] 这话用来解释原始先民对令人恐惧的自然崇高的审美感知，尤其显得合情合理。因为即使到了现代，自然崇高仍然能“以一种接近恐惧感的方式增强审美感受的质的强度”。[2] 另一方面，痛感的产生必然引发对痛感的克服。对痛感的克服，首先是激发自我保存的心理机制。而最好的自我保存，就在于同这种自然威力保持适当的距离，这可以叫做“戒惕以远畏”。《诗经》谓“战战兢兢，如临深渊，如履薄冰”，[3] “临深履薄”的戒惕意识和时空距离的拉开可以很好地说明原始崇高美感的产生。除了保持距离，古人还试图通过端正自身的行为，修养自己的德性，达到心理上的平衡和对于痛感的克服，这可以叫做“修德以拒畏”。面对大自然诸如“迅雷风烈”[4] 的威力，先民无法用自然规律本身来加以解释，而是用“敬德事天”的联想思维反省自身行为的合理性。《诗经》云：“敬天之怒，无敢戏豫。敬天之渝，无敢驰驱。”[5] 正是这种修身反省的写照。“修德以拒畏”的典型例子要数商汤祷旱的传说，据《说苑》记载：“汤之时，大旱七年，洛坼川竭，煎沙烂石。于是使人持三足鼎，祝山川。教之祝曰：政不节耶？使人疾耶？苞苴行耶？谗夫昌耶？宫室营耶？女谒盛耶？何不雨之极也！盖言未已，而天大雨。故天之应人，如影之随形，响之效声者也。”[6] 似乎不能像有些学者那样武断地认为，“洛坼川竭”“煎沙烂石”毫无疑问是“丑”的，因为对于虔诚地诚惶诚恐地匍匐于老天爷无上威力面前的商汤王及其子民来说，“洛坼川竭”“煎沙烂石”的自然景象很可能恰恰散发着

---

① 叶朗：《意象》（第一期），北京大学出版社，2006 年，第 332 页。

② 叶朗：《意象》（第一期），第 333 页。

③ 李学勤：《毛诗正义》，北京大学出版社，1999 年，第 868 页。

④ 李学勤：《论语注疏》，北京大学出版社，1999 年，第 139 页。

⑤ 李学勤：《毛诗正义》，第 1354 页。

⑥ 卢元骏：《说苑今注今译》，台湾商务印书馆，1979 年，第 25 页。

某种神秘的、恐怖的和令人战栗的美。这里比较一下中西方对崇高美的不同理解是很有意思的。西方人在自然美的欣赏中总是难以割舍主体突出的情结，他们对崇高美的论述最后必归结到主体的尊严，突出人克服对象的威压之后最终的“无所畏惧”，意在从精神上实现对自然的征服。比较来看，中国人在对自然崇高的欣赏中，始终保有对自然“有所畏”的情结，在原始崇高中，畏惧是主流，似乎不宜动辄就谈对于自然的征服，即便这种征服仅限于精神层面。

在真善美的关系上，原始崇高美的本质为真。原始崇高的魅力就在于原始的“天真”，它真实地存在着，几乎没有经过什么人类主观意识的雕琢（当然不是绝对的)，而是以其天地造化的野性稚拙赢得震慑人心的审美效应。相对来说，原始崇高美中伦理善还没有什么位置，善的审美意味必须要在自然美中不是见出神格尊严而是见出人格尊严才有可能得到彰显，而此时的审美心理也从“畏威”过渡到了“敬德”。

（刊于《郑州大学学报》2012 年第 6 期）

悠然之见与中国传统自然审美方式

⊙陈国雄
⊙中南大学文学院

中国传统的自然审美方式与西方环境美学视野中的环境审美方式有契合之处，但也有不同，其独特之处可为当代环境审美模式理论的建构提供必要的理论补充。以陶渊明的“悠然之见”为例，它实现了环境审美中动观与静观的结合，有效地突破了西方环境审美模式中坚持动观的理论局限。悠然之见的审美过程既符合环境美学所坚持的感官的全息性，体现了感知的联觉，更为重要的是它以一种“悠然”的审美态度弥补了西方环境审美方式理论建构中对于审美无功利理论批驳的偏颇，实现了功利向审美的超融。

一

“见”作为中国传统审美方式，其实质是一种“观”，即俯仰周览，动静结合。“观”在中国美学史上起源于先秦时代。《周易·系辞下》就提到：“古者包牺氏之王天下也，仰则观象于天，俯则察法于地。”《左传》中也提到：“吴公子札来聘……请观于周乐……”此时的“仰观俯察”与“观于周乐”孕育着“观”这种审美方式。王羲之在《兰亭集序》中提出了作为环境审美方式的“仰观俯察”：“仰观宇宙之大，俯察品类之盛，所以游目骋怀，足以极视听之娱，信可乐也。”通过仰观与俯察，人类欣赏到自然环境之美。“仰观俯察”命题的提出，有效地建构了“观”作为一种自然环境审美方式。

"观",《说文解字》释为"观，谛视也，从见雚声"。在卜辞中，"雚"作为祭名，是与上古的原始图腾崇拜联系在一起的。上古很多部族以鸟作为图腾，以鸟之所见为神之所见，作为一种指向一切的最高洞见。从"观"的角度来说，一方面，"观"与鸟观察周围的环境是相关的，而鸟为了自身的安全，需要对于周围的环境保持一种经常的警觉，因此"观"的动态性是不言而喻的；另一方面，"观"卦在整体结构上与三画卦艮相类似，艮卦的卦象是山，意味着"观"中有一种内在的静态，是一种沉思的观察。成中英认为，"观"是一种"沉思的观察"，它不仅用我们的感觉反映事物，而且用我们的心灵和大脑来反映事物，因此，"观"是一种普遍的、沉思的和创造性的观察。[①] 当我们把观作为一种理解的、沉思的和创造性的活动时，我们就能很容易地欣赏到创造性的动力是如何在静默而深刻的沉思中得到激励与理解的，如何与环境和世界进行感应的。[②] 上述论述说明了作为自然审美方式的"观"中内隐着动观与静观的融合。

而在目前的西方环境美学理论体系中，虽然阿诺德·伯林特与艾伦·卡尔松都坚持环境审美应坚持动观，但是由于他们过分专注于对审美无功利的批驳，因此将审美无功利理论衍生出来的静观模式不同程度地否定了。伯林特认为静观把审美者和环境之间的关系凝固化，因此是对环境审美的歪曲，从而也不能获得正确的环境体验。"一切审美反应都必须既是接受又是主动的投入。……即使在静观的欣赏方式显得最为适合的艺术形式里，审美参与的方式也远比审美距离的方式更容易促使欣赏的繁荣，即融合了感知和意义因素积极地参与到艺术品中

① 成中英：《论"观"的哲学意义——论作为方法论和本体论的本体诠释学的统一》，《成中英自选集》，山东教育出版社，2005 年，第 243 页。

② 成中英：《论"观"的哲学意义——论作为方法论和本体论的本体诠释学的统一》，第 254~255 页。

去。"[①] "一切审美反应都必须既是接受又是主动的投入"，这就意味着参与同保持任何距离相反，参与意味着动观。而卡尔松也认为："因为这些对象是日常生活环境，欣赏者介入了欣赏对象之内，或者至少不能以固定的距离、特定的位置与欣赏对象分离。"[②] 在卡尔松看来，进行环境审美时，审美者如果像科学家或画家一样，在某一固定的特定距离、位置和角度，那么获得的只是关于自然的静态审美体验。综上所述，为了反对西方传统美学的无利害静观模式，西方环境审美模式理论从一个极端走向另一个极端，用动观来反对静观，这无利于环境审美模式理论的建构，只能体现理论的极端性与片面性。其实，"环境欣赏是动观与静观的结合"，[③] 这种结合是指环境审美中应视具体的审美情境而定，应静观时使用静观的方式，应动观时使用动观的方式，应动静交替时使用动静相间的方式。

关于环境审美动静结合的特性，陶渊明的"悠然之见"提供了一种完美的诠释。"迈迈时运，穆穆良朝。袭我春服，薄言东郊。山涤余霭，宇暧微霄。有风自南，翼彼新苗。洋洋平泽，乃漱乃濯。邈邈遐景，载欣载瞩。人亦有言，称心易足。挥兹一觞，陶然自乐。延目中流，悠想清沂。"[④] 整首诗表现了"悠然"之见动静结合的审美方式，诗中既有动观，也有静观。就整体而言，诗歌描述了诗人暮春时节到东郊游赏的整个过程，"斯晨斯夕，言息其庐"，一去一回，于动观中观赏了东郊及沿途美景。但动观中又有静观，"邈邈遐景，载欣载瞩"，"延目中流，悠想清沂"，表现的是在水边静观所得的环境之美。除了广泛地使用动静交替的方式之外，陶渊明也根据具体的审美情境，有效而

---

① [美] 阿诺德·伯林特：《环境美学》，张敏、周雨译，湖南科学技术出版社，2006年，第127页。

② Allen Carlson, *Environmental aesthetics*, *Routledge Encyclopedia of Philosophy*, London: Routledge.

③ 陈望衡：《环境美学》，武汉大学出版社，2007年，第20页。

④ 陶渊明：《陶渊明集笺注》，袁行霈笺注，中华书局，2003年。

正确地分别使用了动观与静观的审美方式，以获取不同的审美体验。“山气日夕佳，飞鸟相与还”（《饮酒·其五》）是一种静观，站在高处静观日暮山气，飞鸟归巢，游目骋怀。“陵岑耸逸峰，遥瞻皆奇绝。芳菊开林耀，青松冠岩列。”（《和郭主簿二首·其二》）此诗描述的环境审美是静观所得，这种静观既有远观，也有近观。远望起伏的山陵高岗，群峰飞逸高耸，无不挺秀奇绝；近看林中满地盛开的菊花，灿烂耀眼，幽香四溢；山岩之上苍翠的青松，排列成行，巍然挺立。“采菊东篱下，悠然见南山”（《饮酒·其五》）是一种动观，在不停的移步换景中，欣赏自然环境之美，于悠然中动观南山。“怅恨独策还，崎岖历榛曲。山涧清且浅，遇以濯吾足。漉我新熟酒，只鸡招近局。”（《归园田居·其五》）行走乡间曲折的长满杂草的小道，遇有山涧，清澈的溪水可以濯足。归来端出自家新酿的美酒，就着整个肥鸡，与近邻共享，在环境的动观中摆脱尘世的羁绊，获得一种自由的审美体验。“农人告余以春及，将有事于西畴。或命巾车，或棹孤舟。既窈窕以寻壑，亦崎岖而经丘。木欣欣以向荣，泉涓涓而始流。”“怀良辰以孤往，或植杖而耘耔。登东皋以舒啸，临清流而赋诗。”（《归去来兮辞》）“种豆南山下，草盛豆苗稀。晨兴理荒秽，带月荷锄归。道狭草木长，夕露沾我衣。”（《归园田居·其三》）上述诗歌描述了一种动观的环境审美方式，陶渊明在环境中游走，移步换景，田园环境的审美欢娱尽呈其中。

陶渊明的“悠然之见”在审美实践中实现了环境审美中动观与静观的结合，有效地避免了西方环境美学审美模式动观与静观的对立。这种动静结合的环境审美方式强调了身体对于环境的介入，身体介入必然会促成各种感官在环境审美中的全面参与，从而加深其对环境的审美体验。

二

由于西方传统美学的无利害静观模式将视听两种知觉作为审美的专属感觉，因此它对其他感知感觉构成了压制的作用，表层是自由的审美，其实质是“有选择的欣赏”，“这种对视觉设计的排他性强调造成了我们有选择的欣赏，使我们只欣赏那些与视觉有联系的兴奋、有趣、享乐或愉快的部分”。[①] 作为传统自然审美方式“观”，陶渊明的“见”在环境体验中实现了人类感官的全息性，它们相互作用，形成感知的联觉，从而获得了丰富多样的审美感知。在这种“观”中，通感成为我们身体感官的一种审美运作机制。正如成中英所言，从词源学意义而言，“观”这个术语明显与视觉有关，但“看与人的感觉、感知、心、心性和精神有多层关系”，因此，“观同时可以看作看、听、触、尝、闻、情感等所有感觉的自然统一体”。[②]

陶渊明的“见”与西方环境美学所坚持的环境审美的感官联觉有很大的契合度。在环境美学的视野中，感知的联觉是对环境全方位审美的必要条件。伯林特与卡尔松虽然分别提出了不同的环境审美模式，但是他们都在其环境审美模式的阐释中不约而同地坚持环境审美应实现感知的联觉。伯林特反寻西方传统美学的无利害静观模式，并且指出，对于环境审美而言，这种强行分裂感官的做法是不合适的，触觉、嗅觉、味觉也是人体感觉中枢的一部分，在环境体验中起着重要的作用，我们在环境体验中投入了全部的感官系统。“我们熟悉一个地方，不光靠色彩、质地和形状，而且靠呼吸、气味、皮肤、肌肉运动和关节姿势，靠风中、水中和路上的各种声音。环境的方位、体量、容积、深度等属性，不光主要靠眼睛，而且被运动中的身体来感知。”[③] 卡尔松在提出环境审美欣赏方式时就认为，环境的审美欣赏应具备感官的全息性：“我们必须以自身日常生活经验的方式体验我们所置身的周围环境，通过我们的视觉、味

---

① Yuriko Saito, Appreciating Nature On Its Own Terms. Allen Carlson & Arnold Berleant, *The Aesthetics of Natural Environments*, Canada: Broadview Press, 2004, p.143.

② Allen Carlson, Appreciation and the Natural Environment. Allen Carlson & Arnold Berleant, *The Aesthetics of Natural Environments*, Canada: Broadview Press, 2004, p.235.

③ ［美］阿诺德·伯林特：《环境美学》，张敏、周雨译，湖南科学技术出版社，2006年，第19页。

觉、触觉，以及其他所有感官。”① “环境欣赏需要各种感官的介入，当欣赏者占据了、运动于这些对象周围或之内时，他们看、听、触、闻这些对象。审美经验的这些方面为对象本身的开放、无限度、复合特征所强化。当欣赏者运动时，这些对象自身也相应地发生了改变。它们处于持续的运动中，随时间的变化而永无止境地变化着。它们也在空间方面无限拓展。环境没有固定的结构，无论在时间上，还是空间上。”②

在陶渊明的环境审美中，各种感觉都积极地参与了环境审美的全过程。“暧暧远人村，依依墟里烟”（《饮酒·其一》），“山气日夕佳，飞鸟相与还”（《饮酒·其五》）是视觉所得，而“狗吠深巷中，鸡鸣桑树颠”（《归园田居·其一》），“悲风爱静夜，林鸟喜晨开”（《丙辰岁八月中于下潠田舍获》）则是听觉所获。而不同季节的自然风气，给予了陶渊明各种触觉，促成其审美体验的生成。“风来入房户，中夜枕席冷。气变悟时易，不眠知夕永。”（《杂诗·白日沦西阿》）诗句表现了在夏去秋来之际，夜半凉风吹进窗户，枕席已是寒意可感。“靡靡秋已夕，凄凄风露交。”（《己酉岁九月九日》）九月已是暮秋，凄凉的风露交相来到。“靡靡”与下句“凄凄”两个细声叠词，传神地表达了深秋特殊的气息。“日暮天无云，春风扇微和。”（《拟古·其七》）入夜晴空万里无云，春风习习吹送温馨，令人心旷神怡。而对于引为知己的菊花，陶渊明更是介入各种感觉与体验，进行全方位的审美。“芳菊开林耀，青松冠岩列。”（《和郭主簿二首·其二》）林中满地盛开的菊花，灿烂耀眼，幽香四溢。视觉与嗅觉的联觉，加深了其对菊花的审美体验。凛冽的秋气使百花纷谢凋零，然而菊花迎霜怒放，独呈异彩。清代张风所画的《渊明嗅菊图》就呈现了陶渊明通过嗅觉审美的动人画面：渊明弯腰侧身，捧菊深嗅，状

---

① Allen Carlson, Appreciation and the Natural Environment, Allen Carlson & Arnold Berleant, *The Aesthetics of Natural Environments*, Canada: Broadview Press, 2004, p.70.

② Allen Carlson, *Environmental aesthetics*, Routledge Encyclopedia of Philosophy, London: Routledge.

似陶醉，画的左上方题诗曰：“采得黄花嗅，唯闻晚节香。须令千载后，想慕有陶张。”由此可见，陶渊明之赏菊，不独赏其色，亦在其香。当然他也不独赏其香，更通过味觉增加其对菊花的审美体验。服食菊花不仅能强身，还有志趣高洁的喻意，屈原《离骚》说：“朝饮木兰之坠露兮，夕餐秋菊之落英。”曹丕《与钟繇九日送菊书》云：“辅体延年，莫斯（指菊）之贵。谨奉一束，以助彭祖之术。”由此可见，服食菊花，是六朝的风气。陶渊明在《九日闲居》就有“酒能祛百虑，菊解制颓龄”的描述。“秋菊有佳色，裛露掇其英。”（《饮酒·其七》）带露摘花，色香俱佳。采菊是为了服食，菊可延年益寿，通过味觉来体验菊之美。

在陶渊明的诗文中，审美过程的感知全息性得到了完美的体现，田园环境不仅是视觉审美的对象，环境中的各种声音在其审美体验中合奏了一曲田园交响乐。更为重要的，通过对田园环境的触觉、嗅觉、味觉，陶渊明从环境中获得的审美体验包含更多的隐性因素，并且这种隐性因素对于其身体的审美冲击更有力度、更生动、更为深刻。这种审美冲击力给他提供了源源不断的对田园的审美感知能力，在体验环境的同时也真正地找回了自身。

三

作为陶渊明环境审美方式的“悠然之见”，其真正的重心既不在于动观与静观的结合，也不在于感知的联觉，而在于如何实现一种“悠然”的审美态度。如果失去这种“悠然”的审美态度，这种“观”中所拥有的身体介入与触觉、嗅觉、味觉的参与非但不能有效地实现环境审美，反而会使环境体验成为一种功利性的体验。

而西方环境美学主要代表人物卡尔松的环境模式与伯林特的介入模式都极力想要撇清审美无功利的审美传统，他们都将理论建构的重心放在强调身体的介入与感知的联觉上，而疏忽了对审美态度的强调。由于“在审美鉴赏理论和审美态度理论中无利害关系在它们中间起着中心的作用”，伯林特和卡尔松将理论批驳的标靶指向审美鉴赏理论，而不是审美态度理论。其实，为了实现环境审美模式的建构，他们批驳的标靶更应指向审美态度理论，而不是审美鉴赏理论。而即使是针对审美态度理论，由于审美态度理论的不同类型，也应区别对待。“审美态度的理论有两种不同的类型：就温和的意义而言，‘审美态度’只不过是为了接近客观事物的审美特征所必需的条件；而就强烈的意义而言，‘审美态度’以某种方式决定着一种客观对象具有某些审美的特征。”① 环境审美模式建构中应批驳“以某种方式决定着一种客观对象具有某些审美的特征”的审美态度，因为其太过于主观化和强调主体性，而对于“为了接近客观事物的审美特征所必需的条件”的审美态度，则不应持批驳的态度，因为这种审美态度其实正是审美或环境审美所必需的，它是为了实现主客交融。

陶渊明正是坚持了这种“为了接近客观事物的审美特征所必需的条件”的审美态度，并经由它实现对功利性的超融。他的环境审美经验并不是对环境的功利性的执着，而是对于事物对立关系的消融与扬弃，通过这种消融与扬弃，在更高层次上，将环境审美经验与日常经验双方的重要品格融会于内，实现对立双方的统一，从而实现了他的“悠然之见”。

陶渊明在更多地接触到劳动人民，参加农业劳动以后，更加深刻地认识到农民耕田的艰辛：“人生归有道，衣食固其端。孰是都不营，而以求自安。开春理常业，岁功聊可观。晨出肆微勤，日入负耒还。山中饶霜露，风气亦先寒。田家岂不苦？弗获辞此难。四体诚乃疲，庶无异患干。”（《庚戌岁九月中于西田获早稻》）田园、劳动、陋室、贫窘、死亡，这一切都在加深对田园环境的功利性体验。在审美无功利的理论视野中，环境的实用性可阻碍我们的审美体验，转移我们对环境的感觉表面关注的视线，分散对审美体验的注意力。那些倡导以纯艺术为中心的人可能会提醒我们在观照环境的审美因素时，采取无利害的态度从日常实用的关心中抽离出来是必需的。但在陶渊明的环境审美中，忽视或弱化环境的实用性方面会不恰当地限制环境所具有的审美经验的丰

① ［美］乔治·迪基：《审美的起源：审美鉴赏和审美态度》，中国社会科学院哲学研究所美学研究室《美学译文》（2），中国社会科学出版社，1982年，第5页。

富性与深度。环境的功利性与实用性能修饰、改造与强化环境的美感。环境审美可以通过整合我们对于环境的实用性关心而使环境的美感得以改变或深化。杜威认为审美经验与实践的、日常的经验是相关的经验，而不是截然不同的东西。因此，他主张“恢复审美经验与生活的正常过程间的连续性”，“回到对普通或平常的东西的经验，发现这些经验中所拥有的审美性质”①。所以，他主张将艺术与生活联系起来，主张在一大群被分割的美学观念之间重新建立起它们的内在关系。这些被分割的美学观念包括：美的艺术与应用或实践艺术相对、高级艺术与通俗艺术相对、时间艺术与空间艺术相对、审美与认识和实践相对、艺术家与组成其受众的“普通”人相对。在此，杜威所要强调的是，审美经验同日常经验不存在本质的差异，任何一种完整、统一而有强度的经验，都具有审美性质。由此，他认为，“不是没有欲望与思想，而是它们彻底地结合到视觉经验之中，从而与那些特别理智的与实际的经验区分开来。……审美知觉者在落日、教堂，或者一束花面前时心中不存有欲望，意思是，他的欲望在知觉本身中完成。”②

陶渊明作为一个农耕者并非完全意义上的农民，正是由于他的“悠然”，他超越了田园环境的功利性体验，并使之融入其对环境的审美欣赏中。“怅恨独策还，崎岖历榛曲。山涧清且浅，可以濯我足。”（《归园田居·其五》）虽然是田园劳作艰辛，但呈现在陶渊明眼前的是草木丛生崎岖的羊肠小道，溪水清清，可以濯足，这又是多么和美的一幅江南夏日生活画面呀！这就是功利向审美的超融。“迈迈时运，穆穆良朝。袭我春服，薄言东郊。山涤余霭，宇暧微霄。有风自南，翼彼新苗。”（《时运》）这首诗表达了对曾点的暮春之游的向往，和平安宁的景象，悠闲潇洒的仪态，完整地呈示了“悠然”的审美心态，虽有淡淡的忧伤，但也被“悠然”所超融。尤其是后四句写郊外所见景色：山峰涤除了最后一点云雾，展露清朗秀丽的面貌；天宇中若有若无的淡淡

---

① ［美］约翰·杜威：《艺术即经验》，高建平译，商务印书馆，2005 年，第 9 页。

② ［美］约翰·杜威：《艺术即经验》，第 282 页。

云气，显得格外高远缥缈；南风吹来，摇曳正在抽发的绿苗，那些禾苗欢欣鼓舞，像鸟儿挥动着翅膀。这开远清新的画面，完美契合诗人悠然平和的审美心态。

陶渊明的“悠然之见”弥补了西方审美方式理论建构中对于审美无功利理论批驳的偏颇，他以“悠然”的审美态度实现了功利体验向审美体验的超越，并使之与审美体验融为一体，深化了其对环境的审美体验，最终实现了田园胜境“物我两忘”的和谐境界：“采菊东篱下，悠然见南山。山气日夕佳，飞鸟相与还。此中有真意，欲辩已忘言。”（《饮酒·其五》）这幅在南山衬映下的薄暮美景，在诗人的“悠然之见”中平淡冲和。“见”字体现了全诗的神韵。“见”字之妙在于“悠然”，南山自然地映入眼中，是心境悠然所致。这个悠然的世界，表现出了一种完美和谐的田园之美。陶渊明在动荡不宁的思想冲突中，以“悠然”的审美心态排除了一切熙攘的功利困扰，实现了对环境的家园体验。

通过对中国古代文化的审察与中国学者的深入交流，卡尔松也承认中国古代有一个伟大的自然审美传统[①]。因此，深层次地挖掘中国传统文化与文学艺术中的环境美学思想，可为全球环境美学的良性发展提供新的理论契机与平台，并进而实现中国环境美学发展过程中西方资源与本土智慧的有效结合。陶渊明作为田园诗派的创始者，其体现于诗文中的自然与环境审美实践蕴藏着极为深刻而丰富的环境美学思想，这种研究的意义不仅在于可以藉此更加深入而系统地考察中国古代的环境美学思想，更重要的是在全球化的时代，拓展环境美学研究的世界视野，从而实现中西环境美学思想的互动与交流，开创一个环境美学发展的新时代。

（刊于《郑州大学学报》2013 年第 5 期）

---

① ［加］艾伦·卡尔松：《从自然到人文——艾伦·卡尔松环境美学论文选》，薛富兴译，广西师范大学出版社，2012 年。

张衡天地观的环境美学意义

⊙朱　洁

⊙武汉大学城市设计学院

张衡是我国东汉时期的科学家，他在自然科学领域的巨大成就造就了他世界科学技术史上的重要地位。他发明的浑天仪、地动仪是世界科技史上重要的观天察地的科学工具，其科学价值至今仍在深入探讨中。张衡之所以在自然科学研究中取得如此重大的成就，显然与其唯物主义的自然观密切相关。“自然，在中国古代，多用‘天地’概念代之，天地观往往就是自然观。”① 人们一般只是认为张衡将天地看成自然科学研究对象，殊不知，张衡对于天地还有另外一种认识，即认为天地是人类生存生活的环境。张衡的天地观具有重要的环境美学的意义，他的天地观念是中国上古环境美学的总代表。

一、生命的天地

张衡在他的文章中既有天、地的分用，也有天、地的合用。分开用时“天”主要是指宇宙、天象、星空，相当于现代“天文”的意思。“地”主要是指大地环境，地形、地貌，相当于现代“地理”的意思。张衡对于“天地”概念的运用，有六个维度：哲学、科学、生态、生活、精神、审美。哲学维度

---

① 陈望衡：《“天地”与“自然”——中国古代关于“自然”的概念》，《世界建筑》2014 年第 2 期。

的“天地”相当于今天的“自然”。

张衡在《灵宪》中说：“天成于外，地定于内。天体于阳，故圆以动。地体于阴，故平以静。动以行施，静以合化。堙郁构精，时育庶类。”又说：“天以顺动，不失其中，则四时顺至，寒暑不忒，致生有节，故品物用生。地以灵静，作合承天，清化致养，四时而后育，故品物用成。”① 这里有三个重要思想：一是天地相分，天外地内、天阳地阴、天圆地方、天动地静、天施地化；二是天地相用，天以顺动，地以灵静，地合承天；三是天地的基本功能是培育生命。张衡认为天的特征是生，地的特征是育（即养），人和世间万物都是由天生成，由地养成，天、地和人是密切联系的整体。

从这些思想可以明显地看出，它与《周易》既有联系，也有所发展。第一，对于天地如何化生生命，它有着更为具体的说明。《周易·咸传·彖传》云：“天地感而万物化生。”② 强调天地相“感”而生万物，而且这生是“化生”。这“感”具体是如何进行的，《周易》未做具体阐述，而张衡则明确指出这“感”实质是对立与冲突，天地具有不同性质——阳与阴、外与内、动与静、圆与方。这些性质恰好构成对立，并且在某种机缘下发生冲突，正是这种冲突产生了生命。重视事物的对立与冲突，本也是《周易》的立场，但是在生命发生这一问题上，张衡的阐述更为透辟。

第二，对于生命的产生与培育，天与地是不是存在分工，《周易》没有做明确的论述，而张衡则认为，“致生”主要在天，“育生”主要在地。天“品物用生”，地“品物用成”。“成”在“养”，在“育”。这里，“育”这一概念的提出极为重要。“育”指养育，却是较“养”处于更高层次，如果说“养”侧重于物质生命的生成，“育”则侧重于精神生命的生成，用“长大成人”这一概念来表述，养在“长大”，育在“成人”。“养”一般联系着“喂养”，

---

① 严可均：《全上古三代秦汉三国六朝文·全后汉文》（下），商务印书馆，1999 年，第 565 页。

② 周振甫：《周易译注》，中华书局，2012 年，第 145 页。

“育”总联系着“教育”。“育”的本质在“教”。

第三，对于天与地为何能分别承担致生、育生的功能，《周易》没有做出说明，张衡做出了阐述。他认为天之所以能“致生”主要在于“天以顺动，不失其中，则四时顺至，寒暑不忒，致生有节”。顺动、顺至、有节，都说明天的运动是有规律的，正是这种规律性的运动，使生命得以产生。由于时代的局限，张衡未能深入地论述天究竟如何顺动造成生命产生，但顺动的说法，就在相当程度上破除了关于天的迷信。也就是说，在张衡看来，生命不是神造的，而是自然界的物质在规律性的运动中产生的。这一说法无疑比较科学。

地何以能育生？张衡强调地具有“灵静”“清化”的性质，在四时的变化中，充分利用大地丰富的养分，让生命得以成长。为何不是动而是静、不是浊而是清更益于生命的培育？也许在张衡看来，生命的生在动、在浊，而生命的养在静、在清。虽然此种说法含有一定的神秘性，但是仍然能够给人以启发。

张衡对于地的性质及育生功能的认识，与《周易·坤卦·彖传》中的“坤厚载物，德合无疆，含弘光大，品物咸亨”，[①]《文言》中的“坤至柔而动也刚，至静而德方”[②]的看法是一致的。张衡的突出发展是强调了地的“灵”，说明地的育生同样是伟大的，也是神秘的。他还强调了地的“清”，“清化”这一概念的提出是张衡的贡献。“清”在中国哲学中是一种很高的品格，其首要的性质是纯，纯在于正，正在于合道。“清化”用来说明生命的“致养”，说明生命的致养不只是合道的，而且是高贵的。事实上，人类的生命，是地球诸生命中的极致，西方哲学称赞人是万物之灵长，宇宙之精华，这一点也不过分。另外，人的生命致养也是最为神奇的。尽管当代科学已经发展到非常高的地步，但也不能解开生命特别是人类个体生命的奥秘。人类的生命大致可以分为物质生命、精神生命两个部分，物质生命具有更大的物种性即德国古典哲学说的“类”，精神生命则具有更大的个体性。这其中的奥秘人们远没有掌握。

---

① 周振甫：《周易译注》，第16页。

② 周振甫：《周易译注》，第20页。

因此，用“清化”来说明人的生命的“致养”，说明人的生命不仅是合道的、高贵的，而且是神奇的。

张衡对于天地致养、育生功能的论述，显然是取哲学维度的，天地是一个整体，其中有天地两种基本的元素，两种元素分别具有阳阴、外内、动静、圆方等性质，正是它们之间的相对、相交、相用、相成，才化生了生命。两种元素既相互作用，发挥着构精、造生的作用，又各擅其长，天重在致生，地重在育生。于是，这生命就不仅产生了，而且生长着，繁衍着。显然，张衡对于天地的论述，已经完全脱离了天地两种具体物质的描述，而是指称性的。因为所谓的阳阴、外内、动静、圆方等性质，均是人根据自己对于自然界的观察与思考提炼出来的一些概念，将这些概念组合成一定的关系，再用到自然中去，最终形成对于自然总的认识，并用“天地”这一概念来总括。

作为伟大的科学家，张衡对于自然的认识，运用着三个维度：（1）物质的，力求描述着天地的运行规律，而不将自身的观点强加给自然。（2）精神的，虽然力求客观，但这客观离不开人的观察，人的思考，是人眼中、心中的天地。（3）生命的，基于人的立场，传承着《周易》传统，他对天地自然的观察，立足于生命。他论述的自然是与人有关的自然，具体来说，首先是生人育人的自然。显然，这与人的生命具有如此血缘关系的自然，就不是一般的自然了，它是人之本，人之源，人之养，人之成。一句话，天地成为了生人育人养人的环境。

二、生态的天地

在张衡那个时代，没有现代意义上的生态平衡观念，但是并不是说，在那个时代没有生态平衡的意识。张衡凭着他作为科学家的敏感，认识到人要想在天地中生存繁衍下去，需要天地提供诸多的条件予以支撑。除了非生命的物质之外，还有生命的物质。天地是一个生命家园，在这个家园中，生存的不只是人这一物种的生命，还有诸多物种的生命。诸多物种之间形成复杂的生态关系，人不是这个世界的主宰，而只是大家庭中的一员。保持天地间诸多生命物种发展的平衡，实际上是为人造就一个必不可少的生态环境。这个环境一旦破坏，就会危及天地间全体物种的生命包括人的生命。

张衡的生态平衡意识集中在《东京赋》中，主要有三点：第一，要给动物施以仁心，不能虐待、虐杀动物。张衡说："成礼三驱，解罘放麟。不穷乐以训俭，不殚物以昭仁。慕天乙之弛罟，因教祝以怀民。……泽浸昆虫，威振八宇。"[①] 天子举行三驱之礼重在礼仪的形式，礼仪完毕就立即撤去网罗，放掉动物，不沉湎于纵情欢乐而崇尚节俭。不捕尽禽兽以表明君王广施仁政。这样圣王的恩德润泽众多动物，明君的威势震动四面八方。

张衡认为，就算是天子为举行三驱之礼，"解罘放麟"，也不能尽情地追求"乐"（"不穷乐"），而要以俭为训（"训俭"）。要"不殚物"即惜物，以"昭仁"，这"仁"，明显不是对人的仁，而是对物的仁。物之中，主要是动物。张衡的"仁"实际上泽及动物了。这里张衡将君王的"仁"政从对人民层面扩展到动物身上，人对待动物也要有爱心、善心，不能轻易地杀害、虐待动物。

中国古代，统治者以射猎为乐，对于此，张衡虽然不能提出反对的意见，但是他对天子射猎行为提出种种限制。他说："驭不诡遇，射不剪毛。"[②] 意思是猎捕的车马要按照规矩行驶，不能在山林间任意行走，那样会破坏植物。即使将动物射死了，最好"不剪毛"。这"射不剪毛"包含着张衡何等复杂的情感，按他的本意，压根就不同意射杀动物，无奈他面对的劝谏对象是天子，只能委婉提出"射不剪毛"的建议了。是不是张衡心存一念，天子在看到动物美丽的羽毛之后，就会放弃这野蛮的射猎呢？他还说"马足未极，舆徒不劳"，[③] 又在为马的辛苦操心了。

第二，用财取物必须以保护物种繁衍生息为前提。张衡并不反对人向自然

---

① 张振泽：《张衡诗文集校注》，上海古籍出版社，2013 年，第 143 页。

② 张振泽：《张衡诗文集校注》，第 143 页。

③ 张振泽：《张衡诗文集校注》，第 143 页。

界索财取物，但这种索取是有前提的，即让物种能够繁衍生息。张衡说："方其用财取物，常畏生类之殄也。……取之以道，用之以时。山无槎枿，畋不麑胎，草木蕃庑，鸟兽阜滋。"① 人捕杀猎物，必须遵守一定的原则，这个原则就是要注意保持物种的可持续性。伐木不砍伐幼木和嫩芽，打猎不射杀幼子和怀胎的禽兽，这样草木才能繁茂，鸟兽才能增殖。

这里，在思想上"畏生类之殄"是前提。张衡已经认识到地球上的生物是有可能殄灭的，虽然在张衡的年代，物种消失并不严重，即使有，也都是自然淘汰，人的活动尚不足以导致某一物种的消失，但张衡已经在"杞人忧天"，非常可贵的"杞人忧天"，因为他忧的后来成为现实。

"取之以道，用之以时"这八个字很经典。"取之以道"的"道"涵义丰富，它不仅包括生活之道、生产之道、自然之道，还包括生态之道。而"用之以时"的"时"不只是时令的意义，还含有恰当、适可的意义。这八个字完全可以移用于今天的生态文明建设。

第三，崇尚节俭的生活。如何让生态平衡？如何让动物、植物、自然保持永久的生命力？张衡转而对人、人的行为和观念提出了要求。张衡说："遵节俭，尚素朴，思仲尼之克己，履老氏之常足。将使心不乱其所在，目不见其可欲。贱犀象，简珠玉，藏金于山，抵璧于谷。翡翠不裂，玳瑁不蔟。所贵惟贤，所宝惟谷。民去末而反本，感怀忠而抱悫。于斯之时，海内同悦，曰：'吁！汉帝之德，侯其祎而。'"②

张衡倡导简朴的生活方式。他认为一种符合生态观念的生活方式应该是遵行老子的节俭，崇尚素朴，这种生活观是老子所说的知足常乐。符合生态的生活观是一种对人的欲望的克制，这种欲望既包含物质的欲望，也包含精神的欲望。人们不过分追求视觉的美丽，不追求内心过剩的欲求，只有这样才能保护自然的生态性。人们不以犀角象牙为珍贵，那么像犀牛和大象这样的野生动物

---

① 张振泽：《张衡诗文集校注》，第 161 页。

② 张振泽：《张衡诗文集校注》，第 156 页。

就不会被杀害，人们不去喜爱美玉和黄金，山林就不会被破坏，人们不以翡翠鸟的羽毛和海龟的壳为美，这样的动物就不会灭绝。张衡生活的年代，自然资源尚且丰富，但张衡已经意识到人类不能任意地消耗自然资源，破坏自然。人的欲望是无限的，但自然是有限的，为了保护有限的自然，人必须克制欲望。张衡提出的三个理念是一种可持续的生态理念。这种可持续生态理念体现以下三方面内涵：首先是人与动物、植物的和谐。人与动物、植物不应是资源的竞争者，关系的对立者，而应是平等共生的关系。人的生存环境本身就是一个包含了动、植物在内的生态系统，人的生存与动、植物的生存紧密相连，息息相关，那么人就不能任意地践踏自然，破坏自然，而应是“仁及禽兽”，要爱护自然。其次是生态与文明的和谐。张衡给予自然平等的地位，但他不否定人类的文明，人类的生存需要向自然索取，需要进行一定的捕杀和资源的使用，但这种使用和索取需要有个度，这个度在平衡的范围之内为“和”。再次是如何实现以上两点的和谐，他提出在行动上人们要遵守生态的原则，在观念上人们要“遵节俭，尚素朴”，提倡简朴的生活方式。

三、生活的天地

张衡不仅从哲学的视角看天地，而且也从生活的视角看天地。从生活的视角看天地，天地就是人的家园，首先是物质的家园。

天地是人类唯一的生存环境。它给人类提供食物、居所和生存的资源。尽管从宏观层面上，整个地球均是人类的家，但是，地球上各处的自然条件是不一样的，有些地区其自然条件就不适合人居住。人，作为万物之灵，它对于自己的家园是有所选择的。张衡在《西京赋》中说：“夫人在阳时则舒，在阴时则惨，此牵乎天者也。处沃土则逸，处瘠土则劳，此系乎地者也。惨则鲜于欢，劳则褊于惠，能违之者寡矣。小必有之，大亦宜然。故帝者因天地以致化，兆人承上教以成俗，化俗之本，有与推移。何以核诸？秦据雍而强，周即豫而弱，高祖都西而泰，光武处东而约，政之兴衰，恒由此作。”① 人要选择居住环境，不是所有的自然环境都适宜人居住，都是理想的居所，人要参考“天地”的因素择居，君王也要参考“天地”的因素修建都城。张衡提出要选择好的环境居住，那么什么样的自然环境才是好的、适宜人居住的环境呢？在这段文字中，他提出两个基本原则：

第一，就牵涉天来说，要考察阴阳。阴阳在这里具体指太阳的影响度，向阳处为阳，背阳处为阴。人的居住环境必须选择向阳处。张衡认为，在阳，人的精神兴奋，心情舒畅。处阴，人的精神萎靡，心情悲惨。这种“舒”与“惨”，虽然是精神上的，却是身体状况的反映，简而言之，它是涉及生命是否能生存的大问题。阴阳，不只关系着人的生命，也关系着物的生命，其中与人的生命密切相关的是农作物的生命，所以，周先祖公刘带领部落迁居豳地，首先是考察豳地的阴阳状况。第二，就系乎地来说，要考察肥瘠。土地肥瘠关系作物是否长得好。张衡关于择地的两个原则，是科学的，经典的，就是在今天仍然有效。值得说明的是，张衡所处的东汉，风水学已经盛行，风水学本为相地术，相地为的是择地，不管是为死人择墓，还是为活人择宅基，一个重要的原则是注重阴阳。由此，牵涉到方位。按中国的大的地形，面南或东南为贵，因为向阳。但是具体到某一个地方，由于山岭的原因，不一定面南或东南采光最好，这就要具体分析了。

选定了优秀的自然环境，这就为文明的创建奠定了基础。在优秀的自然环境基础上，人们充分发挥自己的创造性，发挥自己的才华，建设着富强的进步的文明。

就居住来说，张衡认为理想的人居环境首要的要考虑人的生存与生活。在《西京赋》张衡写道：“高祖创业，继体承基。暂劳永逸，无为而治。耽乐是从，何虑何思？多历年所，二百余期。徒以地沃野丰，百物殷阜；岩险周固，

① 张在义：《张衡文选译》，巴蜀书社，1990 年，第 2 页。

衿带易守。得之者强，据之者久。流长则难竭，柢深则难朽。”[①] 从这段文字可以看出，对于居住之所，要考虑几方面的因素：首先是气候，风调雨顺，气候宜人；其次是地形，选择的居所应该是一处有山有水的僻静之地，在它四周有险峻的地形庇护着，交通发达，物流便利；再次是资源，土地肥沃，物产丰富，植物、动物生机勃勃。他的家乡南阳就是这样的优秀的人居环境。在《南都赋》中，他描述了南阳的地势、宝利珍怪、山、木、竹、川渎、水虫、草、鸟、水、原野、园圃、香草、厨膳等，可以说，物华天宝，应有尽有。

就营建城市来说，它需要更多的条件：在《东京赋》中，张衡写道："昔先王之经邑也，掩观九隩，靡地不营。土圭测景，不缩不盈，总风雨之所交，然后以建王城。审曲面势，溯洛背河，左伊右瀍，西阻九阿，东门于旋。盟津达其后，太谷通其前。回行道乎伊阙，邪径捷乎轘辕。大室作镇，揭以熊耳。底柱辍流，镡以大岯。温液汤泉，黑丹石淄。王鲔岫居，能鳖三趾。……召伯相宅，卜惟洛食。”[②]

从这段文字看，作为王城或一般城市，它需要考虑的地理因素就更多。首先，它要利于防守，有天然屏障；像洛阳，"溯洛背河，左伊右瀍，西阻九阿，东门于旋"，地势险要。其次，交通方便，便于与外面联系。洛阳也具这样的优势，"盟津达其后，太谷通其前。回行道乎伊阙，邪径捷乎轘辕"。再次，有充足的水源，物产丰饶。所有这些，洛阳都具备。张衡认为，他的家乡南阳也有一个好的营建城市的环境，其《南都赋》说："陪京之南，居汉之阳，割周楚之丰壤，跨荆豫而为疆。体爽垲以闲敞，纷郁郁其难详。尔其地势，则武阙关其西，桐柏揭其东。流沧浪而为隍，廓方城而为墉。汤谷涌其后，淯水荡其胸。推淮引湍，三方是通。”[③] 张衡的择地理论在当今的居住环境的选择上仍然

---

① 张在义：《张衡文选译》，第 38 页。

② 张振泽：《张衡诗文集校注》，上海古籍出版社，2013 年，第 102 页。

③ 严可均：《全上古三代秦汉三国六朝文·全后汉文》（下），商务印书馆，1999 年，第 548 页。

具有重要的参考价值。

四、审美的天地

天地孕育着人类，它是人类的生活居所和精神家园，天地还是最大的美，天地的大美在德。张衡在《七辩》中畅谈建筑的美，饮食的美，歌舞的美，女子的美，车服的美，但最后他大为赞叹的是天地的美。他说："若夫赤松王乔，羡门安期，嘘吸沆瀣，饮醴茹芝。驾应龙，戴行云。桴弱水，越炎氛。览八极，度天垠。上游紫宫，下栖昆仑。此神仙之丽也，子盍行而求之？先生乃兴而言曰：'吁，美哉！'"[①] 从这段文字中可以看出，张衡天地之美包含了四个层面的美：第一层是视觉可观的天地的美。"嘘吸沆瀣，饮醴茹芝，上游紫宫，下栖昆仑"，这些是人们生活的天地可以看见的自然美景。张衡的文章中有多处欣赏、赞美大地美景的文字，如《归田赋》："于是仲春令月，时和气清。原隰郁茂，百草滋荣。王雎鼓翼，鸧鹒哀鸣，交颈颉颃，关关嘤嘤。于焉逍遥，聊以娱情。"[②] 在《南都赋》中张衡赞美南阳的山川河流，茂密的植被和珍奇野兽。第二层是科学认知的天地的美，"览八极""桴弱水""紫宫""昆仑"，天河对一般人而言只是虚构的想象，但对张衡是科学的认知，他绘制星图，观测恒星总数2500颗，星河是真实的存在。第三层是精神想象的天地的美。"赤松王乔，羡门安期"这些神仙"驾应龙，戴行云。桴弱水，越炎氛。览八极，度天垠"，在天地间自由自在地旅行。他想象着有"龙"这样的坐骑可以带人升天入地，想象着北极星座有天帝居住的宫殿，想象着天的尽头美丽无比。这是对未知的天地神秘的、美好的想象。第四层是天地的德美。《七辩》后文云："在我圣皇，躬劳至思，……参天两地，匪怠厥司。""揆事施教，地平天成。"[③] 张衡如此赞美天地，是因为天地是最大的美，天地的美超越感官，

① 张在义：《张衡文选译》，第185页。

② 张在义：《张衡文选译》，第142页。

③ 张在义：《张衡文选译》，第186页。

超越物质，它有大美在“德”。

张衡认为天地的德美具体是什么呢？他在《灵宪》中谈道：“天成于外，地定于内。天体于阳，故圆以动；地体于阴，故平以静。动以行施，静以化合，堙郁构精，时育庶类。”[①] 又说：“天以阳回，地以阴淳，是故天致其动，禀气舒光；地致其静，承施候明。天以顺动，不失其中，则四时顺至，寒暑不忒，致生有节，故品物用生。地以灵静，作合承天，清化致养，四时而后育，故品物用成。”[②] 还说：“天道者，贵顺也。”[③] 他在《温泉赋》中感叹：“天地之德，莫若生兮。”[④] 以上文字与其说是张衡对天地形状的哲学假说，不如说是描绘了天地和谐之美景，体现了天地的德美。天地的德美主要是指：一是和谐美，天与地对立统一，外与内、阳与阴、圆与平、动与静；第二是光明美，天“禀气舒光”，地“承施候明”；第三是秩序美，天具有规律和秩序，“天以顺动”“四时顺至”“天道者，贵顺也”。

天地的德美可以理解为是人借天地之景以表达主观理想的人事美、社会美和政治美，以物比“德”。张衡就常以自然物“比德”。在天地的美中有两样是张衡认为最美的，天上最美的是星辰，地上最美的是温泉，这两者的美就美在其德。

张衡在《灵宪》中描绘星河的美景，他说：“地有山岳，以宣其气，精种为星。星也者，体生于地，精成于天，列居错峙，各有逌属。紫宫为皇极之居，六微为五帝之庭。明堂之房，大角有席，天市有座。苍龙连蜷于左，白虎猛据于右，朱雀奋翼于前，灵龟圈首于后，黄神轩辕于中。六擭既畜，而狼蚖

---

① 严可均：《全上古三代秦汉三国六朝文·全后汉文》（下），商务印书馆，1999 年，第 565 页。

② 严可均：《全上古三代秦汉三国六朝文·全后汉文》（下），第 565 页。

③ 严可均：《全上古三代秦汉三国六朝文·全后汉文》（下），第 566 页。

④ 张振泽：《张衡诗文集校注》，上海古籍出版社，2013 年，第 16 页。

鱼鳖罔有不具。"[①] 他还说："夫三光同形，有似珠玉，神守精存，丽其质而宣其明；及其衰，神歇精斁，于是乎有陨星。然则奔星之所坠，至地则石矣。凡文耀丽乎天，其动者七，日、月、五星是也。"[②]《思玄赋》中张衡假想畅游于浩瀚的星河："乘天潢之泛泛兮，浮云汉之汤汤。倚招摇摄提以低回剶流兮，察二纪五纬之绸缪通皇。偃蹇夭矫娩以连卷兮，杂沓丛悴飒以方骧。駥汩飕飕戾沛以罔象兮，烂漫丽靡藐以迭逿。"[③]

张衡认为星辰是天空中最美的景象，它是天之美德最集中的体现，星辰的美在于：其一，天地之精为星，人们发现坠落的陨石是石头，就认为天上的星星是由地上的石头化成，只有汲取了天地精华之气的石头才能变为星星，所以它是最美好的事物。其二，星星以明亮为美，以暗沉为丑，如珠玉般的星星散发着明亮的光芒是如此的美妙！其三，星辰运转的秩序美，天道秩序直接反映在星辰有序的运行之中。

在地的美中张衡最爱温泉的美，他作《温泉赋》道："阳春之月，百草萋萋。余在远行，顾望有怀。遂适骊山，观温泉，浴神井，风中峦，壮厥类之独美，思在化之所原，美洪泽之普施，乃为赋云：览中域之珍怪兮，无斯水之神灵。控汤谷于瀛洲兮，濯日月乎中营。荫高山之北延，处幽屏以闲清。于是殊方跋涉，骏奔来臻。士女晔其鳞萃兮，纷杂沓其如烟。乱曰：天地之德，莫若生兮。帝育蒸人，懿厥成兮。六气淫错，有疾疠兮。温泉汩焉，以流秽兮。蠲除苛慝，服中正兮。熙哉帝载，保性命兮。"[④]

温泉是天地之德美的展现，温泉的美有几层意思：首先是壮美，大自然造就了温泉，它将自然的美聚集于一身。其次是善美，温泉除淫服正，温泉水可治病疗伤，施大美于大善。再次是生命的美，温泉可保性命，温泉尽显天地之

① 严可均：《全上古三代秦汉三国六朝文·全后汉文》（下），第 565 页。

② 严可均：《全上古三代秦汉三国六朝文·全后汉文》（下），第 566 页。

③ 张在义：《张衡文选译》，第 125 页。

④ 张振泽：《张衡诗文集校注》，上海古籍出版社，2013 年，第 15 页。

德生。

虽然张衡认为天地的大美在德，注重精神层面的美，但是值得注意的是，张衡认为天地的美是筑基于生命和生态，是以物质功利美为基础的。在《灵宪》中描写天地的德美的那段话中还有两句："堙郁构精，时育庶类。""天以顺动，不失其中，则四时顺至，寒暑不忒，致生有节，故品物用生。地以灵静，作合承天，清化致养，四时而后育，故品物用成。"文中提出天地的生命和生态的美，天地具有生命和生态的意义。天品物用生，地品物用成，天地孕育生命，同时天地"时育庶类"，天地不仅孕育人的生命，而且孕育万物的生命，具有生态意蕴。这样可以看出，张衡的天地的美是以功利性为基础的审美，但他超越功利性向着精神审美升华。物质性和精神性相比较，他更看重精神的审美。

张衡高度赞美天地，他认为天地是最大的美，并且在天地的美中最大的是德美。张衡的思想包含有对环境的审美。"环境审美是一种相对比较特殊的审美，它筑基于环境于人的功利，但绝不局限于此，环境审美必须对功利有所提升，有所超越。"[①] 张衡就是这样，他认为天地的美在"致生""育生"，天地赐予人生命并且养育生命，为人类提供生活居所，这些都是天地与人最基本的功利性的美，同时天地的美更注重精神层面，它以美丽的形态愉悦我们的视觉感官，它以深奥的科学规律启迪我们的智慧，它以变幻的面貌激发我们的想象力，它以明亮的光辉照亮我们的心灵。张衡的天地之美对当代的环境美学研究具有重要的启示意义。

张衡的天地观内容丰富且对当代生态文明社会的建设具有启示意义。张衡从哲学出发提出天地的性质是致生育生，从生活出发提出天地是人类的生存家园，这个家园不仅是人的物质家园还是人的精神家园。这是一个神秘的家园，对待这个家园人应存有"善"心和敬畏之情。人要发挥主动性，一方面科学地

---

① 陈望衡：《〈周易〉》"天地"观念于环境美学的重要意义》，《贵州大学学报》（社会科学版）2015 年第 2 期。

认识它，另一方面积极地维系和保护它的生态性。张衡还认为天地是最大的美，天地的美以功能为基础，它为人类提供生存的物质条件，但天地的美在功能美的基础上有所超越，天地最大的美是德美，将天地的审美引向精神。张衡的天地观蕴含了深刻的人与自然的关系理论，总体来说，张衡认为自然和人是密切联系的整体，人与自然要和谐发展。

（刊于《郑州大学学报》2016 年第 3 期）

一种诗话的环境美学

——以孟浩然山水诗为例

⊙雷礼锡

⊙湖北文理学院美术学院

山水诗作为人类文明的重要成果，展示了独特的自然景象及其审美经验。然而，山水诗中的自然景象究竟属于自然美，还是精神美，或是艺术美，存在明显的分歧。

早在魏晋时期，人们广泛关注庄子所论“逍遥游”是否需要借助自然这一中介，即“有待”或“无待”，表明思想界十分重视自然美及其价值。郭象认为，逍遥的基础是“自然”，也就是“不为”，[①] 如果逍遥“系于有方，则虽放之使游，而有所穷矣，未能无待也”。[②] 支遁回避了逍遥是“有待”还是“无待”的问题，将逍遥的核心直指人“心”，强调“明心”即可逍遥，[③] 认为山水景象是人的精神可以抵达玄想、幽思、畅神等超然境界的场所，是世俗社会的对立面。这表明，诗中的山水景象并非纯粹的自然美，而是蕴藏了精神美。

然而，简单地用精神美来指称山水诗中的自然景象及其审美经验，未免轻视了自然景象的文本构成价值及美学意义。王国维认为，诗歌乃是“描写自然

---

① 郭象注、成玄英疏：《庄子注疏》，曹础基、黄兰发整理，中华书局，2011 年，第 6 页。

② 郭象注、成玄英疏：《庄子注疏》，第 7 页。

③ 刘义庆撰、刘孝标注：《世说新语》，《诸子集成》第 10 册，岳麓书社，1996 年，第 53 页。

及人生”，并且，依据人类审美趣味的发展，诗歌的描写“实先人生，而后自然”。[1] 而有特别境界的诗歌，必然始于特别的人生境遇，能以特别的眼光去看待世界，并以深邃的感情为基础去描写景物，导致“一切景语皆情语”。[2] 在叶维廉看来，一首诗被称作“山水诗”，是因为山水解脱其衬托的次要作用而成为诗中美学的主位对象，本样自存是因为我们接受其作为物象之自然已然及自身具足。[3] 如王维的诗《鹿柴》“空山不见人，但闻人语响”和《鸟鸣涧》“人闲桂花落，夜静春山空。月出惊山鸟，时鸣春涧中”，都是脱离了各种思想的累赘，诗人仿佛有另一种听觉、另一种视觉，听到了平常听不见的声音，看到了平常不察觉的活动。在这类诗中，寂、空、静、虚的境特别多，所听到的声音往往来自“大寂”，来自语言世界以外的“无言独化”的万物万象中。在这种诗中，静中之动，动中之静，寂中之音，音中之寂，虚中之实，实中之虚……原是天理的律动，所以无需演绎，无需费词，每一物象展露出其原有的时空关系，明澈如画，达到了一种极少知性干扰的、自然天然的美学理想。[4] 这明显强调了山水诗的自然美学内涵及意义。

1960 年，朱光潜发表《山水诗与自然美》，认为以蔡仪为代表的一批美学家承认存在一种客观的自然美，不受意识形态的干扰，但实际上，山水诗所表现的自然美与诗人写诗之前所欣赏的自然美一样，都具有意识形态属性，不存在纯粹客观的自然美，因为“从历史发展看，在人类社会出现以前，自然就不能有所谓美丑。美是随社会的人出现而出现的”。也就是说，“由于人借生产劳动征服和改造了自然，原来生糙的自然就变成了‘人化的自然’，它体现了人的‘本质力量’，满足了人的理想和要求，人在它身上看到了他自己的劳动的

---

① 王国维：《屈子文学之精神》，干春松，孟彦弘，王国维学术经典集》上卷，江西人民出版社，1997 年，第 150 页。

② 王国维：《屈子文学之精神》，第 329 页。

③ 《叶维廉文集》第一卷，安徽教育出版社，2002 年，第 168~170 页。

④ 《叶维廉文集》第一卷，第 184~185 页。

胜利果实，所以感到快慰，发现它美。”[1] 因此，在山水诗中，“人化的自然”不属于纯粹客观的自然美，而是人的主观意识形态与客观自然景象的统一体，是人对自然景象采取艺术加工的产物。

笔者无意介入上述争论，而是希望指明，围绕山水诗所涉自然景象及其审美经验性质的分歧意见，不能堕入哲学思辨与艺术文本的对立：既不能过分强调山水诗的内在精神宗旨而轻视山水诗的意象表达方式，也不能过分强调山水诗的自然物象而轻视其精神诉求。换言之，既不能把山水诗当作纯粹的艺术作品而忽视其哲学品格，也不能把山水诗当作严格意义上的思辨哲学而忽视其艺术与审美的特质。我们通过考察孟浩然的山水诗将会发现，山水诗具有集艺术与哲学于一体的话语传统，旨在通过诗话的方式阐述人的生存环境理想，或称人居理想，而不是单纯为了描述自然美或艺术美。这形成了一种特殊的诗话的环境美学。

一、一种诗话的哲学

要探讨孟浩然山水诗的环境美学问题，需要首先明确一个基本观念：不能用现代学科分工眼光把山水诗当作哲学之外的单纯的文艺作品，再借助所谓的哲学去解读其中的思想内涵。相反，根据“言—象—意”结构系统理论，山水诗就是哲理的表达方式，是一种诗话的哲学。

实际上，西学也存在诗画即哲学、艺术即哲学的观念。黑格尔说哲学“是艺术与宗教的统一”，[2] 把艺术看做哲学的一部分，认为绘画、诗歌就是哲学的一个环节。但是，西学有强烈的知识分工与学科分化意识，导致艺术与哲学彼此疏远。有些人把艺术当做哲学的对立面，如柏拉图通过揭示艺术的非真理性表明艺术是虚伪的。也有些人把艺术当做哲学的低级构成，如黑格尔通过揭示

---

① 朱光潜：《山水诗与自然美》，《朱光潜全集》第十卷，安徽教育出版社，1993 年，第 223 页。

② ［德］黑格尔：《精神哲学》，杨祖陶译，人民出版社，2006 年，第 383 页。

艺术、宗教、哲学的思辨逻辑关系，将艺术视为真理即绝对精神的低级阶段。还有人把艺术当做哲学的对话对象，如约·德·穆尔主张用对话方式抛弃哲学与艺术之间的偏见，也就是哲学强加给艺术的偏见，防止“根据某种特殊的理论来解释艺术作品”。[①] 但是，要真正实现艺术与哲学的对话，并不取决于艺术或哲学放低自己的身段，而是需要抛开艺术与哲学的严格界限，放弃哲学统御艺术或者艺术引导哲学的幻想。

相比而言，中国传统文化并不看重艺术与哲学的分界。对中国智慧来说，诗、画都是表达思想与理论见解的话语系统。老子断言“道可道，非常道”（《老子道德经》第一章），表明没有任何言说真理的方式属于对真理的有效把握，也不存在思辨玄言优于感性陈述、哲学优于艺术之说。据《周易·系辞上》记载，孔子曾经说：“书不尽言，言不尽意”，“圣人立象以尽意”。[②] 这倒是肯定了言与象、诗与画对真理认知的重要意义，表明言、象、意三者彼此关联，构成通往真理的路标。孔子的路标意在敞开“真意”，但实际上承认了无所不在的遮蔽性，不仅话语实践层面的所说之言未必完全体现欲说之言，而且话语内涵层面的所言之意也未必完全体现欲言之意，因此人类需要借助“象”来揭示和理解“真意”。至于“真意”是否就是无遮蔽性的真理本身，“象”能否彻底澄明地显露真理，孔子并未明说。后来，魏晋玄学家王弼在《周易略例·明象》中对此作了进一步发挥：“夫象者，出意者也。言者，明象者也。尽意莫若象，尽象莫若言。言生于象，故可寻言以观象；象生于意，故可寻象以观意。意以象尽，象以言著。故言者所以明象，得象而忘言；象者所以存意，得意而忘象。”[③] 也就是说，“象”源自“意”，“言”让“象”得以清晰、

① ［荷兰］约·德·穆尔：《后现代艺术与哲学的浪漫之欲》，徐骆译，武汉大学出版社，2010年，第1页。

② 邓球柏：《白话易经》，岳麓书社，1993年，第430页。

③ 王弼：《周易略例》，邢璹注，程荣校、载程荣辑《汉魏丛书》（一），明万历新安程氏刻本。

澄明；要敞开“意”，离不开“象”，“象”让“意”得以清晰、澄明；而要敞开“象”，离不开“言”，“言”让“象”得以清晰、澄明。这说明，意义与图像相结合，同时借助话语的帮助，即“言—象—意”系统，乃是真理的表达方式。

山水诗对于表达真理性意蕴具有特殊意义。旧题王昌龄《诗格》以山水诗为例认为：“诗有三境。一曰物境。二曰情境。三曰意境。物境一。欲为山水诗，则张泉石云峰之境，极丽绝秀者，神之于心，处身于境，视境于心，莹然掌中，然后用思，了然境象，故得形似。情境二。娱乐愁怨，皆张于意而处于身，然后用思，深得其情。意境三。亦张之于意，而思之于心，则得其真矣。”[①] 在这里，物境意味着山水物象了然在心的思维澄明；情境意味着七情六欲、人生体验已经融入自然山水，自我意识与山水物象共生共存；意境意味着洗净了思维与精神的七情六欲，摆脱了山水物象的形式魅力，贯通了山水的象内之意与象外之意，直抵山水本真世界。这表明物境、情境、意境共同构成一个不断超越的审美过程，最终到达不受物象、自我与世俗束缚的认识与精神境界。如此看来，山水诗既是一个感性表达过程，也是一个思辨玄言过程；既是艺术的表达，也是哲学的沉思。因此，我们不可能，也不应该把山水诗的审美属性与思辨属性区分开来，好像哲学才是真正揭示真理的，而艺术只不过是真理的隐喻、哲学的补充。

二、一种环境意象叙事系统

环境美学，无论是研究具有审美价值的环境对象，还是研究人对环境的审美及其经验表达（如文学叙述、绘画与影视表现），基本上都是一种具有哲学或思辨意味的理论系统。它具有不可替代的学术与知识价值，但也可能抑制或遮蔽充满激情与灵性的感性魅力，削弱生动而现实的审美体验。对审美实践来

---

① 王昌龄：《诗格》，载张伯伟《全唐五代诗格汇考》，江苏古籍出版社，2002 年，第 171~173 页。

说，哲学化、概念化的环境美学可能充当一个缺乏审美趣味的角色。但是，孟浩然的山水诗就像诗话的环境美学，通过独特的环境意象叙事，淡化了理论思辨与感性审美的冲突，兼容了思辨逻辑与审美逻辑。

古代山水诗往往蕴藏强烈的超俗的精神理性。如陶渊明自称“少无适俗韵，性本爱丘山”（陶渊明《归园田居》）。这里的“丘山”显然不是荒山野岭，而是适宜农耕生活、承载知识理性的田园山水。在陶渊明的眼里，农业田园充满无限诗意，如“孟夏草木长，绕屋树扶疏。众鸟欣有托，吾亦爱吾庐。……穷巷隔深辙，颇回故人车。欢言酌春酒，摘我园中蔬。微雨从东来，好风与之俱”（陶渊明《读山海经》十三首之一）。农业耕种尽显自给自足的纯净生活气息，是诗人安心归隐田园的现实物质基础。不过，陶渊明的田园理想具有排他性，是对城市或世俗的排斥。他在《读山海经》十三首之一中说：“既耕亦已种，时还读我书。……泛览《周王传》，流观《山海图》。俯仰终宇宙，不乐复何如。”这描述了乐居山水、品读山水、追思天地本质的精神立场。这种精神立场代表了对世俗世界的自我超越，意味着心灵摆脱世俗世界的束缚，直抵本真世界。如其所说：“结庐在人境，而无车马喧。问君何能尔？心远地自偏。采菊东篱下，悠然见南山。山气日夕佳，飞鸟相与还。此中有真意，欲辨已忘言。”（陶渊明《饮酒》之二）这里的山水环境其实就是心灵化的意象世界，体现了精神上的超俗境界。

王维的山水诗也通过对世俗与自然环境的隔离来维护自我独立意识与超俗精神。王维在《终南别业》中说自己“中岁颇好道，晚家南山陲”。这似乎表明王维有一种自觉面向山水世界的居住理想，但实际上并非如此。王维的《渭川田家》描述了渭水流域的田园生活场景：“斜光照墟落，穷巷牛羊归。野老念牧童，倚杖候荆扉。雉雊麦苗秀，蚕眠桑叶稀。田夫荷锄立，相见语依依。即此羡闲逸，怅然吟式微。”此诗字里行间，如“羡闲逸”“怅然吟”，有一种隔岸看花、居高临下的精神审视，显露出人与山水田园世界的精神界限，而不是自我融入山林环境的自适与自足。《山居秋暝》诗云：“空山新雨后，天气晚来秋。明月松间照，清泉石上流。竹喧归浣女，莲动下渔舟。随意春芳歇，王孙自可留。”此诗禅意浓厚，表明自我意识居于某种精神高地，诗中的山水意象世界完全是精神居于高地观看的结果，人与自然、自我与他者有明显的情感隔阂、精神分界。

与陶渊明、王维所显露的超俗性不同，孟浩然山水诗的人居意识体现了对世俗与自然世界的热情融入。孟浩然《秋登万山寄张五》诗云：“北山白云里，隐者自怡悦。相望始登高，心随雁飞灭。愁因薄暮起，兴是清秋发。时见归村人，平沙渡头歇。天边树若荠，江畔洲如月。何当载酒来，共醉重阳节。”此诗描绘自然环境的日常景象与隐居者的情感世界，呈现了人与山水相互依存、彼此交融的生活状态。如果说陶渊明的“田居”体现了人在精神上将农业环境视为理想居住的参照，王维的“别居”体现了人在精神上将自然环境视为理想居住的参照，那么，孟浩然的山水诗就是对他们的协调。他的《过故人庄》不仅呈现了城市与山水相依、城市与乡村相融的日常生活格局，而且点明了孟浩然热情吟咏山水田园风光、享受山水田园生活的现实条件。孟浩然对自然山水世界的情感融入与精神超越，使之能够恬淡地出入并享受城乡二元世界，让那些平静、清淡、现实的农业生活场景在其笔下焕发出田园山水的优雅诗情。

看来，山水诗虽然都注重环境意象叙事，但其精神宗旨并不完全相同。陶渊明、王维的山水诗突显了心灵或身体对世俗世界的挣脱，透出强烈的思辨个性和自我超越精神。而孟浩然的山水诗突显了身体与心灵对世俗世界的融洽，具有强烈的感悟品质与自我融入精神。可以说，孟浩然的山水诗既超越了陶渊明的农业田园情怀，贴近城市生活，也超越了王维的荒野隐居情结，贴近世俗世界。有鉴于此，孟浩然山水诗的环境审美意识及其环境意象系统体现了兼容此岸世界与彼岸世界的特点。

一方面，孟浩然注重通过山水意象表达对世界本质的体认。在先秦，以《诗经》为代表，致力于理性思维与感性审美相结合的山水诗风已经确立。理性的内核落脚在“诗言志”，感性的内核体现在山水（田园）意象的广泛应用。如《诗经》开篇《关雎》一诗描述了山水田园生活环境中的男女爱情。

诗中的山水田园景象显得纯朴而现实，“关关雎鸠，在河之洲”“参差荇菜，左右流之”“参差荇菜，左右采之”“参差荇菜，左右芼之”。通过这种铺叙，男女爱情不仅被置于田园山水场景所构成的优美环境，而且被隐喻为伦理道德上的贤良品质。这种山水审美意识受到儒家的认可与支持。孔子曾经站在河边发出感慨“逝者如斯夫”，就是思维理性与山水意象表达的结合。孟浩然传承了思维理性与意象表达相结合的山水诗风，常常借助山水意象来表达有关人类历史与世界本质的观念。孟浩然在《与诸子登岘山》诗中说：“人事有代谢，往来成古今。江山留胜迹，我辈复登临。水落鱼梁浅，天寒梦泽深。羊公碑尚在，读罢泪沾襟。”这里描述了时空变更状态下山川景象的自然面貌，“水落鱼梁浅，天寒梦泽深”，而此自然山水面貌所蕴含的审美特质，体现了反思历史与人世的精神内涵，诠释了山水审美导致“泪沾襟”的深层原因。这种自然之美，在理论形态的环境美学中会被直接阐明，而在艺术形态的山水诗中是以山水意象予以显露，让读者以审美方式去领悟。

另一方面，孟浩然山水诗呈现了丰富的日常生活景观系统，尤其是他所居住的襄阳山水环境，如七言诗《夜归鹿门歌》《高阳池送朱二》，五言诗《春初汉中漾舟》《登鹿门山怀古》《大堤行寄万七》《秋登万山寄张五》《万山潭》《登望楚山最高顶》等，具有现实主义的环境叙事特点。这些诗作构成了针对现实人居环境的审美叙事体系，直观地呈现了日常山水田园场景，或山峦，或乡野，或汉江之上，或汉江侧畔，或襄阳城边，或山林深处，或园林名胜，或平凡人家，其中的许多场景在今天的襄阳依然清晰可见。同时，这些诗作蕴藏了丰富的个性化的环境体验，它们通过清淡朴实的叙事传递了不同的精神生活景象，或访友，或怀古，或游览，或寄情，很少使用抽象化、意念化的环境概括。这说明，孟浩然善于借助现实生活景象来完成山水诗的叙事宗旨。如果说陶渊明、王维都曾经借助山水诗表达自己隐居山林环境中边读书边思考天地本质的心志，表明山水世界是他们求学问道的理想场所，是思辨玄言的化身，那么，相比而言，孟浩然山水诗侧重描述日常的自然景象、内心的情感与精神状态，表明自然山水世界是人的日常悠游与情感诉说的场所，承载了现实主义的环境生存理想。

三、知性的山水人居理想

古代山水诗常常被用来表达人居理想。陶渊明的山水诗体现了身在田园内、心在田园外的人居理想。王维的山水诗表达了身在山水间、心在山水外的人居理想。二者均有超脱尘世的意味。但是，孟浩然的山水诗体现了热爱故土、穿行城乡的山水人居意识，展示了独特的乡土情结、自然趣味、人生境界，堪称知性的山水人居经验系统。

（一）乡土情结

论及古代山水诗，人们往往关注其中一般性的自然山水场景。但是，孟浩然所歌咏的自然山水景象蕴藏了鲜明的乡土情结。乡土情结源于以自然环境为基础的农耕文明与田园生活，但并不是对纯粹农业田园世界的依恋，而是对现实的城市与村庄、市井与山林彼此联通、自由往来的世俗生活世界的依赖。这体现了一种以自然环境为基础的现实家园感，而不是片面的形而上的精神家园。孟浩然的乡土家园感包含如下重要因素。

一是基于农业田园场景叙述而呈现的乡村生活经验。如《游精思观回王白云在后》诗云："出谷未亭午，至家已夕曛。回瞻下山路，但见牛羊群。樵子暗相失，草虫寒不闻。衡门犹未掩，伫立待夫君。"这首诗写孟浩然与友人游览襄阳"游思观"之后回家的情景，出谷、山路、牛羊、草虫、衡门、望夫，共同构成了一幅看似清淡却情意悠长的乡村生活场景。这种场景不是概念化、标签化的乡村或田园意境，而是感性化、审美化的实景叙述。

二是基于山水实景叙述而展现的城市环境视野。孟浩然《过故人庄》说得非常明白："故人具鸡黍，邀我至田家。绿树村边合，青山郭外斜。开轩面场圃，把酒话桑麻。待到重阳日，还来就菊花。"在这里，田家与城郭一起构成山水审美叙事的场景，表明孟浩然的乡土生活经验发生在城乡环境之间，既不是远离城市的乡野，也不是规避世俗的深山。

三是强烈的异乡排斥感。孟浩然在《行至汉川作》中宣称"异县非吾土”。《桐庐江忆广陵旧游》说：“山暝听猿愁，沧江急夜流。风鸣两岸叶，月照一孤舟。建德非吾土，维扬忆旧游。还将两行泪，遥寄海西头。”这首诗寄情言志，却以异乡环境落笔，借客居处所的环境特征来渲染内在情感与思想的冲突。然而，孟浩然针对家乡即襄阳山水环境的描写，往往蕴含平静、悠然、清淡的情绪，如《夜归鹿门歌》云：“山寺钟鸣昼已昏，渔梁渡头争渡喧。人随沙岸向江村，余亦乘舟归鹿门。鹿门月照开烟树，忽到庞公栖隐处。岩扉松径长寂寥，惟有幽人自来去。”而在《南阳北阻雪》一诗中，孟浩然用“乡山”“归雁”“归路”表达对故乡的眷念，而对周围自然环境与事物的描写，如旷野、孤烟、饥鹰、寒兔，则蒙上了浓浓的愁绪。显然，故乡更能维护孟浩然的安居心理。

（二）自然趣味

孟浩然长期隐居襄阳城外的鹿门山，有独特的自然审美趣味。孟浩然《王迥见寻》云：“归闲日无事，云卧昼不起。有客款柴扉，自云巢居子。居闲好芝术，采药来城市。家在鹿门山，常游涧泽水。”这既不是单纯精神层面的山水体验，也不是纯粹自给自足的田园生活，而是在山水之际、城乡之间的自由出入、悠哉游哉，是面向山水环境与日常生活的生存经验。孟浩然还在《与王昌龄宴黄十一》中说：“归来卧青山，常梦游清都。”可见，山水环境、日常生活，是孟浩然人居意识的两种自然品质。

孟浩然的自然人居意识兼容了儒道二家的审美精神。一方面，以孔子为代表，儒家主张“游于艺”（《论语·述而》），追求文学艺术中审美愉悦与道德修养合二为一的精神境界。孟浩然将儒家的“宜德之游”引入了山水审美叙事，如《赠萧少府》云“上德如流水，安仁道若山”“欲知清与洁，明月照澄湾”。《与诸子登岘山》一诗借助汉江山水风光、岘山留存的晋代羊祜碑，感怀世事、人生的蹉跎，其中的山水体验有明显的儒家道德精神。另一方面，以老庄为代表，道家倡导面向天地之道的“宜心之游”。庄子认为“得至美而游乎至乐，谓之至人”。何为“至美之游”？庄子说得明白：“游心于物之初。”所谓“物之初”就是老子所讲的“自然”“道”。庄子倡导“逍遥游”，将心灵置于天下之外、事物之外、名利之外，以“心斋”“坐忘”的精神体验方式达到“无己”“无功”“无名”的精神自由状态，其最佳的路径就是悠游于山水之间，因为山水世界让人远离尘世，让人“乘天地之气，而御六气之辩，以游无穷”，让人“乘云气，御飞龙，而游乎四海之外”（《庄子·逍遥游》）。孟浩然的山水栖居与审美叙事兼容了道家精神，如《春晓》所写的“春眠不觉晓，处处闻啼鸟。夜来风雨声，花落知多少”，此诗语言清淡，然而其中所写襄阳鹿门山场景，分明是人在景中，景在心中，情景交融，真味流淌，就像水墨山水画面，自然天成，意蕴深厚，余味无穷，传递了人格与心灵的自由境界。

对孟浩然来说，无论是道德上的山水宜游，还是心灵上的山水宜游，都有一个逻辑前提，即自然宜居。这得益于孟浩然所居襄阳的城市环境。襄阳是一座典型的山水城市。其城北紧邻汉江，东、南、西三面依山临水。在这里，汉江水宽一二百米，水质清澈，周边山峰大多数百米高。山不高而富灵性，水至清而显秀丽。优美的自然风光与城市本身有机融合，人们走进城市如同走进了山水，走进山水也如同走进了城市。孟浩然就生活在这里，并且内心愉悦，乐此不疲。他的《秋登万山寄张五》和《过故人庄》都细腻地描述了襄阳的农业生活场景，看似平静、清淡，却在写实中蕴藏浓烈的诗意。其中，淡静的生活、超俗的意象、内在的欣慰融为一体，溢出诗的话语，流淌在绿树、青山、白云、田舍、植物所构成的场景里。

（三）人生境界

除开乡土气息、自然情怀之外，孟浩然的山水诗也有面对天地世界的问道精神，面对人世沧桑的淡然处之，体现了独特的山水人生境界。

孟浩然平生“意在山水”（《听郑五愔弹琴》），但决非心向凡尘、不思天地。这种对人生的现实主义态度在《田家作》中有明确的表达。一方面，他希望得到举荐，进入仕途，让读书与功名相伴而行。另一方面，他感慨自己偏居乡野，知己难得，难以施展抱负。在此情形下，他选择安居自己的山水田园世界，感怀人世，悟对天地，所谓“弊庐隔尘喧，惟先养恬素”“晨兴自多怀，昼坐常寡悟”。后来，孟浩然在《仲夏归南园寄京邑旧游》中评述了自己隐居山水田园世界的生活方式：“尝读高士传，最嘉陶征君。日耽田园趣，自谓羲皇人。”在孟浩然眼里，山水田园世界是人生、学问、精神境界的基础。

对孟浩然来说，人生与天地境界就在田园山水之内，而不在山水田园之外。如其《听郑五愔弹琴》云：“清风坐竹林”“一杯弹一曲，不觉夕阳沉”。时光流变，虽不易察觉，却在生命体验之内。在《襄阳公宅饮》一诗中，孟浩然叙述朋友相聚习家池，畅游山水美景，谈论天地大义：“北林积修树，南池生别岛。手拨金翠花，心迷玉芝草。谈天光六义，发论明三倒。”如此看来，诗意的栖居，知性的生存，原本就是精神与世俗的兼容，无需为了精神理想而舍弃世俗生活，也无需为了世俗生活而舍弃精神理想。孟浩然的这种山水人居环境意识不应该被单纯地理解为他对仕途失意的一种消极情绪反应，而是体现了现实主义的转型，具有升华古代山水田园人居理想的特殊意义。

（刊于《郑州大学学报》2016 年第 4 期）

论张载的理学环境审美观

⊙丁利荣

⊙湖北大学文学院

20 世纪 60 年代，随着人们对生态环境的重要性认识不断加强，环境美学在欧美也随之兴起。自然环境成为美学研究的重要对象，人和自然的关系问题取代传统的艺术审美而成为环境美学研究的基本问题。中国古代最宝贵的思想资源之一就是关于人与自然关系的论述。虽然在关于环境、生态的语境上，古今的理解有很大的差异，就学术史而言，宋代的美学思想必然受制于理学的整体结构，而当代环境美学产生的知识学背景非常庞杂，且学科互涉，诸多命题乃由人类现代文化困境所催生，但不可否认，中国古代思想中有着当代环境美学可以吸收和借鉴的元素。尤其在宋代理学思想中，关于天人关系的思考已自成一体。理学家虽然没有自觉地建构环境美学的思想体系，但其对当代环境美学的关键性概念如天地、自然、家园等有着充分的论述，对自然环境的审美方式和审美理想有着明确的认知。人如何对待天地自然，也就决定了如何对待他人及自己，三者从根本上来讲是一致的。张载的环境审美观正是在此基础上得以展现。

张载对其最为看重的《正蒙》一书有“枯株晬盘”之喻：“吾之作是书也，譬之枯株，根本枝叶，莫不悉备，充荣之者，其在人功而已。又如晬盘示儿，百物具在，顾取者如何尔。”[1] 意即其思想已是纲领昭畅，架构完备，而其华枝茂叶则更待来者充实丰满，亦可随来者之意而各取所需。本文从枯株晬盘中所析出者正是其环境审美思想，亦即当代环境美学所关注的天地物我观及其对环境的审美方式和审美理想等内容。

一、“为天地立心”与“为生民立命”：环境审美的基本坐标

天地概念是环境美学的基本概念，如何认识天地直接影响到人们对环境的审美。横渠四句中“为天地立心，为生民立命”[2] 可以说奠定了其环境审美的基本坐标。其中“为天地立心”是天道，“为生民立命”是人道，“天”与“人”、“物”与“我”分别构成了环境审美中的两极，二者又同归于一，归于气之本。

当我们进一步思考“为天地立心”时，我们不禁要问：首先，究竟有无天地之心？其次，是谁为天地立心？再次，如果有，天地之心到底是什么？

究竟有无天地之心？张载说：“天无心，心都在人之心。”[3] 又说：“天唯运动一气，鼓万物而生，无心以恤物。圣人则有忧患，不得似天。天地设位，圣人成能。圣人主天地之物，又智周乎万物而道济天下，必也为之经营，不可以有忧付之无忧。”[4] 意即天只是运动着的气，气鼓万物而生。天对万物并无忧患之心，而圣人则有忧患之心于天下，然圣人能参天地者，正在于圣人不可以己之忧以应天之无忧，也就是说，圣人终归以无私无忧之心参天地变化。可见，天无心，圣人要为天地立心。

---

① 张载：《张载集》，章锡琛点校，中华书局，1978 年，第 3 页。

② 黄宗羲：《宋元学案》，全祖望补修，陈金生、梁运华点校，中华书局，1986 年，第 769 页。

③ 张载：《张载集》，第 256 页。

④ 张载：《张载集》，第 185 页。

为天地立心者，固然是在人心，然“有外之心不足以合天心”。[1] 何为有外之心？张载认为：“大其心则能体天下之物，物有未体，则心为有外。世人之心，止于见闻之狭。圣人尽性，不以见闻梏其心，其视天下无非我，孟子谓尽心知性知天以此。天大无外，故有外之心不足于合天心。”[2] 有外之心即是不能体物之心。朱熹认为：“只是有私意，便内外扞格。只见得自家身己，凡物皆不与己相关，便是‘有外之心’。”[3] 可见有外之心是有私之心，有私之心则不能尽心知性知天。此私心是人的气质之性，气质之性，有偏有蔽，偏蔽之心不可为天地立心。故能为天地立心的人心是指超越气质之偏的先天之性，唯有这种先天之性才能与天地本性相合，才能为天地立心，实现人心与道心的合一。

那么，何为天地之心？概而言之，即天地的本来面貌，亦即充盈于天地之间的气及气的运动变化之道，即张载气本论的宇宙观。天地之心主要包含有以下几个方面：

其一，天地之心即气，气是客观存在的，是“有”。张载认为：“太虚不能无气，气不能不聚而为万物，万物不能散而为太虚。”[4] 气之本无形无状，弥漫于太虚，气之聚散构成千变万化的物之形状。“凡可状，皆有也；凡有，皆象也；凡象，皆气也。气之性本虚而神，则神与性乃气所固有，此鬼神所以体物而不可遗也。”[5] 这里鬼神即指气的屈伸往来变化：“气坱然太虚，升降飞扬，未尝止息。”[6] 可见，张载认为变化不息的气是客观存在的，是充塞于天地之间的一种实存。这与佛教的“无”不同，在这一点上，张载对释氏提出了批

---

① 张载：《张载集》，第 24 页。

② 张载：《张载集》，第 24 页。

③ 朱熹：《朱子语类》，黎靖德编，王星贤点校，中华书局，1986 年，第 2519 页。

④ 张载：《张载集》，第 7 页。

⑤ 张载：《张载集》，第 323 页。

⑥ 张载：《张载集》，第 8 页。

评，认为“释氏不知天命而以心法起灭天地”“诬天地日月为幻妄”，[1] 所以说盈天地间一气耳，而气是客观存在的。

其二，“客感客形与无感无形，唯尽性者一之”。在气本论的思想上，张载提出客形与客感的观点：“太虚无形，气之本体；其聚其散，变化之客形尔。至静无感，性之渊源；有识有知，物交之客感尔。客感客形与无感无形，唯尽性者一之。”[2] 无形无感与客形客感分别是就气的本性与气的变化而言，无形无感是气的本然状态，客形客感是气的变化成形。一切有形之物，均是客形，一切意识感知，皆是客感。花草树木皆是客形，喜怒哀乐俱是客感。山河大地，草木虫鱼，乃至于灵秀之人，形貌有别，俱是客形，皆因气的聚散变化而生。至性本静，感物而动，然后有喜怒哀乐之情生，此情是物交之客感，是人的气质之性，是客性。

朱熹认为张载的“‘客感客形’与‘无感无形’，未免有两截之病”，“圣人不如此说，只说‘形而上，形而下’而已，故又曰‘一阴一阳之谓道’”[3]。然张载的客感客形说只是权说，根本上张载也强调至道之要、不二之理，故说：“知虚空即气，则有无、隐显、神化、性命通一无二。”[4] 张载认为：“不有两则无一。故圣人以刚柔立本，乾坤毁则无以见易。”[5] 没有两就没有一。张载以“易”言“气”，易以乾坤而显有，气以变化而成形。无感无形是气之本，气之阴阳变化、聚散而成客形客感，是气之用。气之客感客形者，是“有”“显”“化”“命”，气之无感无形者，是“无”“隐”“神”“性”，二者唯尽性者能一之，尽性者即无私心者，无私心者则能在客形客感中知晓无形无感之性，能在无形无感中体会客形客感之理。

---

① 张载：《张载集》，第 26 页。

② 张载：《张载集》，第 7 页。

③ 朱熹：《朱子语类》，第 2533 页。

④ 张载：《张载集》，第 7 页。

⑤ 张载：《张载集》，第 9 页。

其三，“善反之则天地之性存焉”。如何尽性，张载强调要“反之”：“形而后有气质之性，善反之则天地之性存焉。”[1] 即要从气质之性反归天地之性，这便是“为生民立命”的大义所在。南宋叶采注解为：“天命流行，赋予万物，本无非善，所谓天地之性也。气聚成形，性为气质所拘，则有纯驳偏正之异，是谓气质之性也，然人能以善道自反，则天地之性复至矣。故气质之性，君子不以为性，盖不徇乎气质之偏，必欲复其本然之善。孟子谓性无有不善是也。”[2] 如何反？以善道反；如何是善道？贵在要虚其心，虚其心则自诚明：“诚明所知乃天德良知，非闻见小知而已。”[3] 诚明之知，才能合于天道。张载的“为生民立命”所示予人的便是从气质之性“反”归天地之性的方向和道路，在这条道路上，人要涵养其性情，变化其气质。

综上言之，“为天地立心”和“为生民立命”，一是就天之道而言，一是就人之道而言，二者终归于一，合于不二之理。从为天地立心到为生民立命，张载完成了他逻辑上的自洽，这一思想也成了他看待世界的两极坐标，决定了其环境审美的基本框架、审美理想和感知方式。

二、“民胞物与”：环境审美中的家园感

在气的实存与变化的属性之上，张载提出了“民胞物与”的物我观。《西铭》开篇写道：“乾称父，坤称母；予兹藐焉，乃混然中处。故天地之塞，吾其体；天地之帅，吾其性。民吾同胞，物吾与也。”[4]

我们通常将其理解为天为父，地为母，人与万物生活于天地之中。显然，“中”是指物理的空间，但朱熹认为“浑然中处”是指“许多事物都在我身

① 张载：《张载集》，第23页。

② 朱熹、吕祖谦：《近思录》，叶采集解，严佐之导读，上海古籍出版社，2010年，第85页。

③ 张载：《张载集》，第20页。

④ 张载：《张载集》，第62页。

中，更那里去讨一个乾坤？"[1] 意即人身中即有乾坤，阴阳二气浑然交融于人身与万物之中。显然，"中"不仅是指物理空间，更是一种意义的空间，这正如庄子所谓"天地与我并生，而万物与我为一"[2]、孟子所言"万物皆备于我"[3]的意思。显然，朱熹的理解更准确地把握了"混然中处"的意义，这样才能在逻辑上与后面的"吾其体""吾其性"贯通起来。故说充塞于天地之间的气是人的本体，主宰天地运行的气是人的本性（先天之性），百姓是我的同胞兄弟，万物与我皆是同类。此三句是《西铭》关键处，也是理学家环境审美的关键处。从环境审美的角度看，它包含了以下几层意思：

其一，天下为一家。"乾称父，坤称母"，乾坤一父母，父母一乾坤。朱熹解为："自一家言之，父母是一家之父母；自天下言之，天地是天下之父母，通是一气，初无间隔。"[4] 物我皆为天地父母所生，亦禀天地父母之性，天地有生生之意，物我则血脉交融，由此形成了独特的天地物我观，即认为天地宇宙是一个和谐、和睦的大家庭，整个宇宙便是一个生气贯注、和谐完整的生命有机体。正如薛文清所言："读《西铭》知天地万物为一体。"[5] 又曰："读《西铭》有天下为一家，中国为一人之气象。"[6]

天地万物构成一个血脉相通、富有人情的生命体系，这与印度、西方的宇宙观迥异其趣。正如钱穆所言："以生机说宇宙，唯中国人有之。人生不自罪恶降谪，天地之生草木鸟兽，亦百为人而生。唯吾中国，乃以生意生机说宇宙，宇宙即不啻一生命，人类生命亦包含在此宇宙自然大生命中。非宗教非科

---

① 朱熹：《朱子语类》，第 2523 页。

② 《庄子今注今译》，第 71 页。

③ 《孟子译注》，杨伯峻译注，中华书局，1960 年，第 302 页。

④ 朱熹：《朱子语类》，第 2520 页。

⑤ 黄宗羲：《宋元学案》，第 776 页。

⑥ 黄宗羲：《宋元学案》，全祖望补修，陈金生、梁运华点校，中华书局，1986 年，第 776 页。

学，人生与自然不加划分。独有其天人合一之特殊观。”[①] 以生意生机说宇宙，则人不是注定生而有罪的，也不是生而受苦的，而是反身而诚，体至道之乐的。以生意生机说宇宙，则物我之关系不是两分的，而是物我统一、内在交融，是情和审美的关系。故钱穆说：“中国山水实即中国文化之具体表现。虽一自然，备见人文。亦为我民族大生命所寄。即谓中国人文心世界存藏于自然物世界，亦无不可。”[②]

其二，环境审美中的家园感。“家”，甲骨文字形上面是“宀”，有深屋、覆盖之意，表示与房屋有关，下面是“豕”，即猪，“家”意味着人和动物生活在同一个屋檐下，在同一个空间里和谐相处。推而广之，“家”也意味着在苍穹覆盖之下，在天地之间，人和万物也应和谐相处，共生共存，物我一体，天下一家。民胞物与的思想强调物我虽形迹相殊，而性理相同，共存于天地之间，这正是儒家家国天下情怀确立的哲学基础。

《说文解字》释“家”为“居也”。家园、居住是环境美学的基本概念和核心概念。“家园感是环境审美的基础。”[③] 如何安家？如何居住？孟子曰：“仁，人之安居也，义，人之正路也，旷安宅而弗居，舍正路而不由，哀哉！”[④] 仁是人类最安适的住宅，义是人类最正确的道路，空着安适的住宅而不居，舍弃正确的道路而不行，岂不悲哉！可见，仁居是最重要、最根本的安居之道。何谓仁居？“仁者以天地万物为一体”，理学家体仁，强调仁的造化之功、生生之意，从天地之仁到社会之仁，由亲亲到仁民、到爱物，由爱自己的亲人到爱他人、爱天下，可以说，仁居建立起了中国环境美学的家园感。

家园感是一种什么样的感情呢？朱熹在《西铭》解义中认为：“便见得吾身便是天地之塞，吾性便是天地之帅；许多人物生于天地之间，同此一气，同

---

① 钱穆：《晚学盲言》上卷，三联书店，2014 年，第 56 页。

② 钱穆：《晚学盲言》上卷，第 109 页。

③ 陈望衡：《环境美学》，武汉大学出版社，2007 年，第 24 页。

④ 《孟子译注》，杨伯峻译注，中华书局，1960 年，第 172 页。

此一性，便是吾兄弟党与；大小等级之不同，便是亲疏远近之分。故敬天当如敬亲，战战兢兢，无所不至；爱天当如爱亲，无所不顺。天之生我，安顿得好，令我当贵崇高，便如父母爱我，当喜而不忘；安顿得不好，令我贫贱忧戚，便如父母欲成就我，当劳而不怨。”[①] 敬畏天地自然，尊重自然万物，物我有同情之亲，有等差之爱，有敬有亲，有礼有节，喜而不忘，劳而不怨，这是理想的天下家园。这种“民胞物与”的家园感不把自然作为资源和工具，而是把天下自然视为家园，视为具有情感、意志和灵魂的皈依之所，共生共存，安居乐处。

其三，环境审美中的主体精神。虽然强调天地一体，但物我终究有别。张载一方面强调“万事只一天理”，[②] 同时又强调“天地虽一物，理须从此分别”。[③] 朱熹认为“《西铭》自首至末，皆是‘理一分殊’。乾父坤母，固是一个理；分而言之，便见乾坤自乾坤，父母自父母，唯‘称’字便见异矣”。[④]“称”是“相当”“相类”之意，乾坤父母，二者毕竟有异。所以张载说：“万物皆有理，若不知穷理，如梦过一生。”[⑤] 穷理明性，需待人的学与悟。

万物虽皆为天地所生，而人独得天地之和气，故人为“五行之秀，实天地之心”。[⑥] 在穷理明性中，人的主体精神与担当意识得以凸现。朱熹认为：“‘吾其体，吾其性’，有我去承担之意。”[⑦] 又曰：“人本与天地一般大，只为人自小了。若能自处以天地之心为心，便是与天地同体。《西铭》备载此意。

---

① 朱熹：《朱子语类》，第2526页。

② 张载：《张载集》，第256页。

③ 张载：《张载集》，第176页。

④ 朱熹：《朱子语类》，第2523页。

⑤ 张载：《张载集》，第321页。

⑥ 刘勰：《文心雕龙》，范文澜注，人民文学出版社，1958年，第1页。

⑦ 朱熹：《朱子语类》，第2520页。

颜子克己，便是能尽此道。”[①] 人要有诚敬之心，要大其心，才能为天地立心。人的大其心，是指人作为一个体道者，一方面要能让自己的生命得到生长，同时也要让他人和他物的生命得到生长，这就是仁者之爱、仁者之德。最大的爱，是生命之爱，最大的德，是生生之德。在环境审美中，人也要大其心，要有担当意识和主体精神，才能真正实现天下一家，在天地自然中拥有一种家园感。

“民胞物与”下的自然观与西方传统的自然资源观不同，也与生态系统中的科学自然观不同。自然资源观中人虽然占有主体性地位，但人与自然是对立和异在的关系；生态自然观中，人、生物及其生活环境都是生态系统中的要素，它们之间进行着连续的能量和物质交换，都是客观的、物质性的存在，人和其他生物之间是平等的；而“民胞物与”中的环境观更注重精神性，强调人与物在本性上的合一，情性上的相通，同时更强调人在万物中的主体地位，三者旨趣迥异。

综上所述，张载“民胞物与”的思想探讨了理学环境审美中的三大主要问题，即天下为一家的物我观、仁居基础上的“家园感”以及仁者在环境审美中的主体精神和责任感，这构成了理学环境审美的核心思想。

三、“感应之理”：环境审美的认知方式

气的体同用殊的关系形成了独特的自然环境观，也形成了独特的环境认识论。体同，故能同体大悲，用殊，故须精研物理；体同，故能共感，用殊，贵能会通，合而言之，即能感而遂通。由此形成了一种特殊的审美方式，即体悟和感应的方式，与知性的逻辑认识不同，它更具有一种灵性的非逻辑的力量。

“体”在儒家思想中是一个重要的概念，除了体用之“体”外，还有体会、体悟之“体”，前者是本体论层面，后者是认识论层面。理学家强调体物，

① 黄宗羲：《宋元学案》，全祖望补修，陈金生、梁运华点校，中华书局，1986 年，第 773 页。

"物有未体，则心为有外"，体作为一种认知方式，"是将自家这身入那事物里面去体认。伊川曰'天理'二字，却是自家体贴出来"。[①] 强调对自我身心的体察。"体"物的方式主要通过感应来实现。感应是由物及人、由人及天、由此及彼的通达方式。张载强调的感应之道主要有以下特点：

其一，在对环境感知的方式上，张载强调"虚受之感"。"感之为道，以虚受为本，有意于中，则滞于方体而隘矣"，[②] 强调"受"要"虚受"。何谓虚受？张载以"心如石田"喻之，谓"教之而不受，则虽强告之无益，譬之以水投石，不纳也。今石田，虽水润之而不纳"。[③] 如石田，则不能虚而受之，亦不能感。所谓虚受，即"无心之感"，能无心而感，则无所不通。即《易大传》所云：寂然不动，感而遂通天下之故。

"虚受之感"区别于"以感为幻"。"以感为幻"是指佛教而言，张载认为："释氏以感为幻妄，又有憧憧思以求朋者，皆不足道也。"[④] 即"感"是客观实有，非主观之幻妄。理学家的"有"与佛家的"幻"在对自然环境的审美态度上是不同的，佛教认为物形是空幻，因此对于现实的风景没有儒家的草木皆亲和人与自然的一体之感。

"虚受之感"也区别于以私欲为感。"憧憧思以求朋者"则是指以私感为感。张载认为"感"虽有，却不以利欲为有，朱熹详细解释了"憧憧思以求朋者"，认为"往来固是感应，憧憧是一心方欲感他，一心又欲他来应。如正其义，便欲谋其利；明其道，便欲计其功。又如赤子入井之时，此心方怵惕要去救他，又欲他父母道我好，这便是憧憧之病"。[⑤] "憧憧，只是对那日往则月来底说。那个是自然之往来，此憧憧者是加私意不好底往来。憧憧只是加一个

---

① 朱熹：《朱子语类》，第2518页。

② 张载：《张载集》，第124页。

③ 张载：《张载集》，第316页。

④ 张载：《张载集》，第216页。

⑤ 朱熹：《朱子语类》，第1812页。

忙迫底心，不能顺自然之理。方往时又便要来，方来时又便要往，只是一个忙。”① 可见，憧憧之感，是有私之感，有欲之感，有目的之感，而虚受之感是无心之感，如日月相推而明生，寒来暑往而岁成，是气的往来屈伸之理，是天地自然之感。

其二，感应的方式和类型。感应之道无处不在，其方式和类型也多种多样。张载认为：“感之道不一：或以同而感，圣人感人心以道，此是以同也；或以异而应，男女是也，二女同居则无感；或以相悦而感，或以相畏而感，如虎先见犬，犬自不能去，犬若见虎，则能避之；又如磁石引针，相应而感也。”②

感有相同而感，有相异而感，有相悦而感，有相畏而感。感又有物物相感，有物人相感，有人人相感。“若以爱心而来者自相亲，以害心而来者相见容色自别。”③ 此是相同而感。“鸡鸣，雏不能如时，必老鸡乃能如时。蚁，必有大者将领之，恐小者不知。然风雨阴晦，人尚不知早晚，鸡则知之，必气使之然。如蚁之，不知何缘而发。”④ 此是物物相应而感。张载认为“智者乐水，仁者乐山”，所谓“乐山乐水，言其成德之。仁者如山之安静，智者如水之不穷，非谓仁智之必有所乐，言其性相类”。⑤ 指仁者的德性与山相类，能坚守不动，智者的智慧与水相通，能灵活变通，此是人与自然之物的相悦而感，儒家的比德观正是建立在物性与人性的契合上。

张载特别强调感应同时，不存在先后之别。有感则有应，应之速如影随形。“感如影响，无复先后，有动必感，咸感而应，故曰咸速也。”⑥ 感与应是

① 朱熹：《朱子语类》，第 1816 页。

② 张载：《张载集》，第 125 页。

③ 张载：《张载集》，第 125 页。

④ 张载：《张载集》，第 331 页。

⑤ 张载：《张载集》，第 323 页。

⑥ 张载：《张载集》，第 125 页。

同存并在的，并没有先后之别，然而感应的幽微与感应在速度上的并存和感应在后果上所带来的无形力量却为今人所忽视。

其三，感应之道对环境审美的意义。建立在气本论和气化论基础上的感应之道加深了古人对自然环境感受的深刻与细腻。以气的地域性和时间性导致的对声音的感受为例来看，张载谈道："声音之道，与天地同和，与政通。蚕吐丝而商弦绝，正与天地相应。方蚕吐丝，木之气极盛之时，商金之气衰。如言'律中大簇''律中林钟'，于此盛则彼必衰。方春木当盛，却金气不衰，便是不和，不与天地之气相应。律者自然之至，此等物虽出于自然，亦须人为之；但古人为之得其自然，至如为规矩则极尽天下之方圆矣。"①

如果说气的时间性是"天"之气，气的地域性是"地"之气，那么此段关注的是声音与天气的相感，音律与四时的相通。除此之外，声音之道亦与地气相关。如对于郑卫之音，孔子早有定言"郑声淫"。淫，指过度的意思，指郑声不合于雅乐，偏离情性之正，学者一般重在对淫乐产生的社会原因进行分析，而张载则追溯到地理环境的分析上："郑卫之音，自古以为邪淫之乐，何也？盖郑卫之地滨大河，沙地土不厚，其间人自然气轻浮；其地土苦（注，气薄意），不费耕耨，物亦能生，故其人偷脱怠惰，弛慢颓靡。其人情如此，其声音同之，故闻其乐，使人如此懈慢。其地平下，其间人自然意气柔弱怠惰；其土足以生，古所谓'息土之民不才'者此也。若四夷则皆据高山谿谷，故其气刚劲，此四夷常胜中国者也。移人者莫甚于郑卫，未成性者皆能移之，所以夫子戒颜回也。"②

郑卫之地平浅且易耕作，故郑卫之人气轻浮且柔弱怠惰，郑卫之音亦易令人懈慢，不能得情性之正。如《管子》所言"沃土之民不材，瘠土之民向义"，张载将地气视为人的气质之性的重要因素。张载还认为："南人试葬地，将五色帛埋于地下，经年而取观之，地美则采色不变，地气恶则色变矣。又以

① 张载：《张载集》，第262页。

② 张载：《张载集》，第263页。

器贮水养小鱼，埋经年，以死生卜地美恶，取草木之荣枯，亦可卜地之美恶。”[①] 可见，好的地气是有利于万物的生生之意的。

可见，建立在气本论基础上的感应之道成为沟通自然与社会的中介和黏合剂，从自然物理时空到声音性情到政治教化，皆是气韵生动，一脉相承，由此形成了中国古代天人相应的生态观，即从自然生态到精神生态到文化生态，最终实现大礼与天地同节、大乐与天地同和的生态理想。

四、持性反本：环境审美的主要理想

张载认为学习最重要的目的是变化气质，人的为学之路即是从气质之性到先天之性的反本之路。张载称他自己“某旧多使气，后来殊减，更期一年庶无之，如太和中容万物，任其自然”。[②] 张载所说的“使气”即是逞气质之性。“气质犹人言性气，气有刚柔、缓速、清浊之气也，质，才也。气质是一物，若草木之生亦可言气质。唯其能克己则为能变，化却习俗之气性，制得习俗之气，所以养浩然之气是集义所生者，集义犹言积善也，义须是常集，勿使有息，故能生浩然道德之气。”[③] 为学要能制得习俗之气，养吾浩然之气。

对变化气质，马一浮做了进一步阐发，认为：“顺其气质以为性，非此所谓率性也。增其习染以为学，非此所谓修道也。气质之偏，物欲之蔽，皆非其性然也。……学问之道无他，在变化气质，去其习染而已矣。”[④] 任性不是任气质之性，不是逞才使气，而是任自然本性。修道不是修习染之道，而是反本之道。立命之道，是要持性返本，顺自然本性，养浩然之气，达于天地之性。此《中庸》所谓“天命之谓性，率性之谓道，修道之谓教”也。

---

① 张载：《张载集》，第 299 页。

② 张载：《张载集》，第 281 页。

③ 张载：《张载集》，第 281 页。

④ 马一浮：《复性书院讲录》，浙江古籍出版社，2012 年，第 6~7 页。

变化气质，持性反本，理学家尤重涵养，所谓“桑麻千里，皆祖宗涵养之休”。[①] 山河大地、草木虫鱼是自然之涵养，礼义制度、经籍义理是文化之涵养，建筑庭院、服饰器皿是社会之涵养，人所生活于其中的自然环境及人所营建的社会环境、创造的文化艺术，皆是要有利于人的变化气质，返本归真。所谓“义理养其心，威仪辞让养其体，文章物采养其目，声音养其耳，舞蹈以养其血脉”。[②]

张载为学重涵养，并认为涵养有缓急先后之序。他说：“观书且勿观史，学理会急处，亦无暇观也。然观史又胜于游，山水林石之趣，始似可爱，终无益，不如游心经籍义理之间。”[③] 认为游心于经籍之间是最紧要处。在横渠镇的六年，张载“终日危坐一室，左右简编，俯而读，仰而思，有得则识之，或中夜起坐，取烛以书，其志道精思，未始须臾忘也”，可谓“六年无限诗书乐，一种难忘是本朝”。[④] 可见，张载最看重的是游心经籍之间，学为圣贤之道，这是最根本处。如没有这个根本，观史则不透彻，山水林泉之趣亦终于无益。如朱熹教人观草木之理，认为“然亦须有缓急先后之序，若不穷天理、明人伦、讲圣言、通世故，乃兀然存心一草一木一器用之间，此是何学问？如此而望有所得，是炊沙而欲成饭也。”[⑤]

以张载和二程对自然环境的审美来看，张载著有《芭蕉》一诗：“芭蕉心尽展新枝，新卷新心暗已随。愿学新心养新德，旋随新叶起新知。”[⑥] 自然环境中的芭蕉心被叶子层层包裹，从外无法看见。在佛经里，芭蕉心常被喻为所见

① 陈鹄：《西塘集耆旧续闻》，中华书局，1985 年，第 31 页。

② 程颢、程颐：《二程集》，王孝鱼点校，中华书局，1981 年，第 21 页。

③ 张载：《张载集》，第 276 页。

④ 张载：《张载集》，第 368 页。

⑤ 朱熹、吕祖谦：《近思录》，叶采集解，严佐之导读，上海古籍出版社，2010 年，第 115 页。

⑥ 张载：《张载集》，第 369 页。

不真实，如梦中影、水中花，《佛本行集经》云："犹如空拳诳于小儿，如芭蕉心，无有真实。如秋云起，乍布还收。如闪电光，忽出还灭。如水上沫，无有常定。如热阳炎，诳惑于人。"但张载认为芭蕉心深藏于内，是真实存在而非虚幻无常。新心与新枝新叶相随，如人心亦深藏于内，需层层脱落，明心见性，在与自然草木的涵养中明其心性德用。程颐也有观山水之法："一日游许之西湖，在石坛上坐，少顷脚踏处便湿，举起云：便是天地升降道理。"① 可见，理学家都非常注重在自然环境中随时涵养其道心。

除自然环境外，张载也很重视社会生活环境及服饰器皿对人的心性涵养。张载认为："古人无椅桌，智非不能及也。圣人之才岂不如今人？但席地则体恭，可以拜伏。今坐椅桌，至有坐到起不识动者，主人始亲一酌，已是非常之钦，盖后世一切取便安也。"②

宋代桌椅开始普及到寻常百姓家，由以前的席地而坐到垂足而坐，引起生活方式和审美趣味的变化。席地而坐被今人称为是一种平面的起居方式，意味着一种身体的姿态和语言，这种身体语言是谦恭、端正、肃穆、典雅的，在古代则有与之相应的跪坐礼俗和生活方式。坐椅被今人称为立体的起居方式，方便安适，在宋代则代表着一种新的生活方式和审美情趣。张载认为古人席地而坐，是文化的自觉选择，而不是智不及也，身体的姿态会带来精神气质的变化，古人席地而坐从礼仪到精神修养均体现了独特的生活方式和对天地的态度，可见张载对古代席居文化的执守。

正如人们对古乐与新乐的选择一样，时尚选择了新乐，当时的社会潮流还是选择了椅子这种高坐具。"随着高坐具时代各式家具的发展成熟，用于寄寓文人士大夫各种雅趣的书房也逐渐有了独立的品格。室内格局与陈设在唐宋之际发生的巨大改变，由各类图像资料可以看得很清楚。"③ 这如同现代社会从椅

---

① 程颢、程颐：《二程集》，王孝鱼点校，中华书局，1981年，第60页。

② 张载：《张载集》，第36页。

③ 扬之水：《宋代花瓶》，人民美术出版社，2014年，第36页。

子到沙发的革命，最终以沙发胜出。可见，理学家和当时文人士大夫在对环境的审美价值取向上是不同的。理学家更加严格地遵守道心与礼训，文人士大夫可能会更注重生活的逸乐和愉悦。

张载对日常器物也极重视心性的涵养和礼仪教化，认为："大抵有诸中者，必形诸外，故君子心和则气和，心正则气正。其始也，固亦须矜持。古之为冠者，以重其首；为履，以重其足。至于盘盂几杖为铭，皆所以慎戒之。"① 冠履盘盂几杖，皆以养其谨敬矜持之心。

张载认为："礼所以持性，盖本出于性，持性，反本也。凡未成性，须礼以持之，能守礼已不畔道矣。礼即天地之德也。"② 人在未能明心见性时，仍需以礼持之。张载著有《女戒》，更可见他对日常器物的礼学思想："贻尔五物，以铭尔心：锡尔佩巾，墨予诲言。铜尔提匜，谨尔宾荐。玉尔奁具，素尔藻绚。枕尔文竹，席尔吴筦。念尔书训，思尔退安。"③

张载作《女戒》是对即将嫁为人妇之女的告诫。嫁妆中有佩巾、铜匜、玉奁、枕席等物，既是嫁妆，更是箴言。佩巾，又叫帨巾，也叫缡，周制婚礼中，由母亲将其系在即将出嫁的女儿身上，称为结缡，以示女子将嫁于他人为妻，将要侍奉舅姑，要严守妇道。铜匜，商周时期用青铜铸造的一种洗漱器皿，也是一种礼器，在举行礼仪活动时浇水洗漱的用具，奉匜沃盥是中国古代汉族在祭祀典礼之前的重要礼仪。盛梳妆用品的玉奁，藻绘并不华丽，贵在素以为绚。绘有诗文与画竹的枕头，时时以警以戒，供坐卧铺垫的席子，代表着一种生活起居的席居礼仪。诸种器物，皆示人在日常生活中，要谨记书训，行退居安守之道。

由此可见，对于生活环境及日用器物，理学家强调以礼持性的教化功能。但以礼持性只是过程和手段，最终目的是要能"反本"。张载说："礼不必皆

---

① 张载：《张载集》，第 265 页。

② 张载：《张载集》，第 264 页。

③ 张载：《张载集》，第 355。

出于人，至如无人，天地之礼自然而有，何假于人？天之生物便有尊卑大小之象，人顺之而已，此所以为礼也。学者有专以礼出于人，而不知礼本天之自然。”[①] 礼本天之自然，人要顺应天地之礼，将社会之礼与天地之礼统一起来，以合于天地之正。可见，持性反本，正是为天地立心和为生民立命的基础。

综上所述，张载建立在气本论基础上的天地之心和生民之命的思想构成了理学环境审美的两端，其中“民胞物与”的自然观对当代环境美学中的核心问题“家园意识”有着深刻的阐释，并在此基础上形成了注重感应和体悟的环境审美方式和变化气质、持性反本的环境审美理想，这四个方面共同建构了独特的理学环境审美的思想体系。张载理学环境审美观中蕴含着丰富的环境美学思想资源，对建构当代环境美学思想不乏现代性转换的价值和意义。

（刊于《郑州大学学报》2017 年第 3 期）

---

① 张载：《张载集》，第 264 页。

早期环境观念与国家精神

——兼谈创新美学研究方法的意义与方向

⊙雷礼锡

⊙湖北文理学院美术学院

受西方国家理论的影响，国家精神常常与政治暴力、阶级斗争、利益冲突等消极因素联系在一起。例如，根据韦伯的看法，国家是“民族权力的世俗组织”，拥有领土范围并合法垄断武力，至于历史上的“母权制”则是“令人毛骨悚然的概念”。[①] 这种看法很难对接儒家奉行的国家观念。如《礼记·大学》提出“修身齐家治国平天下”，表明国家精神与个人身心活动及其天下视野密切相关，具有审美实践的内涵与特征。《诗经·小雅·北山》说“普天之下，莫非王土，率土之滨，莫非王臣”，表明国家需要通过国民对其地理疆界与山川大地的现实体认而取得合法性。邹诗鹏认为，民族国家在现实上并未式微，国家精神在全球现代性重建过程中更有理由作为积极力量而得到肯定，尤其在当今中国，对国家与国家精神展开基础性的理论探讨显得十分迫切。所谓国家精神就是民族精神、国族精神，是“主权国家所具有的国族信仰及其认同，标示国家内部团结、整合并具有凝聚力，体现为国民对国族即国家统一体及其国格与国性的高度自觉与忠诚，也体现为国家对其国民作为公民之权利及义务的自觉维护及其责任”。总之，国家精神以国家统一意志及其爱国主义作为主导

---

① ［德］马克斯·韦伯：《民族国家与经济政策》，甘阳等译，生活·读书·新知三联书店，1997年，第93~94页。

价值观，能够对社会发挥独立的整合与凝聚作用。① 于海针对当前民族精神教育实践的状况，认为民族精神包括三层内涵，即国家意识、文化认同、公民人格，其实质就是族群归属，是对某一特定的民族、社群、文化、传统和语言的归属，并由此而分享一种共同的历史、情感、观念和共同的生活方式。国家精神富有生动的感性实践内涵，是一个重要的美学范畴。

为了从历史文化根源上探索中国精神的内涵与特质，美学界对古代审美意识与国家精神的关联问题展开了广泛探索。2000 年，陈望衡发表《华夏审美意识基因初探》一文，分析《周易》卦象特点、汉语“美”字涵义和龙凤图腾文化，指明它们体现了美真同象、美善同义、和合为美的基本观念，是中华民族的三大审美基因。② 2007 年，陈望衡又对此加以补充，作为增订版《中国古典美学史》（三卷本）全书序言，明确了中华民族的四大审美基因，即美真同象、美善同义、和合为美、礼乐相亲。③ 2009 年，陈望衡主持的“中华史前期审美意识研究”和朱志荣主持的“中国史前审美意识研究”两个同题项目同时获得国家社科基金资助，表明中国早期民族或国家精神研究已经成为美学领域的重要课题。2012 年，张法发表《秦汉美学：基本内容、两大重点与多面发展》一文，认为秦汉美学具有一种天下观，囊括宇宙论美学、朝廷美学、人物美学、叙事美学、自然美学、边疆民族美学等六大基本领域。④ 这确立了以仪式美学为主要内容的“朝廷美学”概念，涉及建筑、服装、礼器、舞乐、文字等领域，具有明显的国家精神意涵。2015 年，张法又发表《威仪：朝廷之美的起源、演进、定型、意义》一文，阐明朝廷美学的核心范畴在于内涵丰

---

① 邹诗鹏：《民族国家构架下的国家精神》，《哲学研究》2014 年第 7 期。

② 陈望衡：《华夏审美意识基因初探》，《华中师范大学学报》（人文社会科学版），2000 年第 5 期。

③ 陈望衡：《中国古典美学史》（第二版），上卷，武汉大学出版社，2007 年，第 1~16 页。

④ 张法：《秦汉美学：基本内容、两大重点与多面发展》，《河南师范大学学报》（哲学社会科学版）2012 年第 2 期。

富的“威仪”,[①] 这使得国家精神获得了形象美学的定位。2016 年，刘成纪发表《陶铜审美之变与中国早期国家的形成》一文，认为早期中国接续陶器所发展起来的青铜铸造技术实际上通过跨区域的生产模式将广大的国家疆域连缀成了一个整体，显示了由美开启的政治文化价值观对统一国家形成的实质意义。[②] 美学界对中国精神的形成与特质问题的广泛关注，表明国家起源与国家精神问题的研究已经离不开美学视野与方法。作为世界文明古国之一的中国在 21 世纪重新崛起并成为世界文明发展的重要力量，亟需通过开放性的美学视野探讨其国家精神的渊源与特色。

当然，古代审美意识与国家精神的关联并不是单纯的抽象思辨论题，而是有其感性实践内涵，如基于国家领土疆域形成的自然审美意识与环境实践经验，构成了以审美实践为基础的环境观念。2015 年，陈望衡在《论中国美学史的核心与边界问题》一文中提出，中国美学史的核心是审美，审美不止于艺术，也延及人生、社会与自然等领域，因而中国美学史的边界体现在人类社会的一切生活领域以及相关的社会环境与自然环境。[③] 2016 年，陈望衡又发表《中国美学的国家意识》，通过分析《诗经》国风传统中的民本意识、楚骚传统中的君国意识、华夷之辨中的尊王攘夷观念、家国情怀中的江山观念，认为国家意识尤其爱国主义精神构成了中国文学艺术与美学史的核心因素。[④] 由此，陈望衡既指明了中国美学不同于西方美学的基本特色，也指明了环境观念与中国精神的形成之间存在紧密联系。

但是，能否更加深入地探讨早期环境观念与国家精神的实质关联，为理解

---

① 张法：《威仪：朝廷之美的起源、演进、定型、意义》，《中国人民大学学报》2015 年第 2 期。

② 刘成纪：《陶铜审美之变与中国早期国家的形成》，《郑州大学学报》（哲学社会科学版）2016 年第 4 期。

③ 陈望衡：《论中国美学史的核心与边界问题》，《河北学刊》2015 年第 3 期。

④ 陈望衡：《中国美学的国家意识》，《文学评论》2016 年第 3 期。

早期国家精神建构的环境美学机制提供某种明确的理论模型？为此，本文将简要回顾历史上有关环境观念与国家精神关系的若干理论，然后，结合20世纪以来的相关研究成果，考察夏朝及其以前的环境观念对早期中国统一意识、国家精神产生的影响，并在此基础上讨论如何改善美学研究观念与方法，探寻具有说服力的理论模型，以便更好地认识早期环境观念与国家精神的关系。

一、探讨环境观念与国家精神关系的理论基础

历史上不乏有关自然环境与国家文明形成关系的理论探索。根据叶舒宪的评述，中国古代形成的阴阳五行思想将世界的五个空间方位与五种物质元素及五种颜色相匹配，实现了对宇宙观的神话符号的再编码。同时，五行观念支配下的国家礼仪活动也得到了类似的再编码，也就是按照四季循环的逻辑年复一年地规则运行，官方的玉礼器制度就是按照此一编码系统重新编排划分为“六器”，分别对应天地四方的六合空间。[①] 在讨论国家都城设计时，班固认为，它是“千里之邑号也。京，大也。师，众也。天子所居，故以大众言之。明什倍诸侯，法日月之经千里”。[②] 因而它在选址布局上应该保证帝王必居中土，以利于“均教道，平往来，使善易以闻，为恶易以闻，明当惧慎，损于善恶”。[③] 戴蒙德在探讨当今时代不同国家、地区之间存在生存与发展方式的显著差异及其原因时，重新确认了自然环境的重要性，肯定世界文明古国如古代巴比伦、埃及、印度、中国所显示的卓越发展状态，离不开河谷地带的水利系统及其与中央集权政治组织的关联，[④] 这为探索早期国家精神形成的环境美学机制提供了方向。

---

① 叶舒宪：《〈山海经〉与白玉崇拜的起源——黄帝食玉与西王母献白环神话发微》，《民族艺术》2014年第6期。

② 陈立：《白虎通疏证》（上），吴则虞点校，中华书局，1994年，第160页。

③ 陈立：《白虎通疏证》（上），第157页。

④ ［美］贾雷德·戴蒙德：《枪炮、病菌与钢铁：人类社会的命运》，谢延光译，上海译文出版社，2006年，第13页。

早在公元前8世纪，齐国政治家、思想家管仲主张国家的疆界应该依循自然山水环境。一方面，国都应该邻近自然山水，如《管子·乘马》所说“凡立国都，非于大山之下，必于广川之上”。[①] 另一方面，国都必须兼顾经济环境，如《管子·大匡》所说“凡仕者近宫，不仕与耕者近门，工贾近市”[②]，表明士、农、工、商均属于城市居民，而农民的住地靠近城门，便于出入耕作。管仲的思想体现了古代国都设计的环境法则。对此，《周礼·地官司徒》明确规定“惟王建国，辨方正位”，[③] 意指国家或城市要先确定方位布局。方位如何确定？“以土圭之法测土深，正日景，以求地中”，因为“地中”才能实现“天之所合也，四时之所交也，风雨之所会也，阴阳之所和也，然则百物阜安，乃建王国焉”。[④] 这个“地中”不是单纯的空间地理中心，而是时间与空间的中心。《诗经·鄘风·定之方中》云：“定之方中，作于楚宫；揆之以日，作于楚室。”其中所谓“定”指二十八宿中北方七宿的第六宿“室宿”，也称“营室”星。“营室”星最早包括“室”“壁”两宿，每宿各两颗星，共四颗星，略呈长方形。春秋战国时期，每年立冬前后，这四颗星的中心在黄昏时就出现在日中（正南方），这正是农事已毕、天气未寒、从事营造宫室房屋的大好时机，因此，“定之方中，作于楚宫”意即“营室星辰照天中，初冬兴建楚丘宫”[⑤]。这种环境观念所蕴藏的国家领土意识具有美学意义上的开放性、想象性，与公元前4世纪古希腊政治家、思想家亚里士多德的见解明显不同。

亚里士多德在《诗学》中阐述了一种有限性的自然美观念，即无论是活的动物，还是由部分构成的整体，如果要显出美，就必须满足两个条件：一是它自身的各个组成部分要有适当的排列，二是要有恰当的体积。因为在观者的眼

---

① 《诸子集成》（全十册）第6册，岳麓书社，1996年，第15页。

② 《诸子集成》（全十册）第6册，第131页。

③ 陈戍国：《周礼·仪礼·礼记点校》，岳麓书社，1989年，第23页。

④ 陈戍国：《周礼·仪礼·礼记点校》，第28页。

⑤ 韩增禄：《易学与建筑》，沈阳出版社，1997年，第44~45页。

里，太小了会导致其形象模糊不清而不美，太大了会导致无法一览而尽、看不到整体面貌而不美。[①] 亚里士多德强调外部事物的可辨识性的见解，意味着环境及其体验被限定在有限性的感官经验范围之内，这是亚里士多德解释国家与艺术性质的基础。在《雅典政制》中，亚里士多德描述了国家政治制度与自然环境的一般关系，例如，雅典“依一年四季之例结合为四部落，每部落又分为三区，共得十二区，有似一年的月数，这些区被称为三一区和胞族；每一胞族有氏族三十，有似每月的日数，每一氏族则包括三十人”。[②] 对亚里士多德来说，这种一般关系是凡人的感性经验可以把握的。根据他在《政治学》中陈述的见解，作为国家形成的一种基本原则，理想而完美的城邦（国家）具有适当的领土范围，既不能太小，也不能太大。如果国家的领土范围太小，就难以实现生活上的自给自足，无法保障居民的闲暇生活方式；如果领土太大，就难以保障国家的政治秩序。在他看来，体积过大、数量过多、没有定限的事物，只有神才能为它们创制秩序，因为只有“神维系着整个宇宙的万物，为数既这样的多，其为积又这样的大，却能使各各依从规律，成就自然的绝美”，而人类“最美的城邦，其大小必然有限度，以适合”应有的“秩序”。[③] 这种理想城邦具有视觉上的“观察所能遍及”的条件，具有地理环境上“容易望见”的领土疆界，是“敌军难于进入而居民却容易外出的”，也因此“一定有利于防守”。[④] 这种有限性的环境经验与亚里士多德所倡导的艺术模仿说一脉相承，因为他主张艺术是对人们所能看得清的实在事物的模仿，否则艺术就成了一种描摹假象事物的理想化艺术。由此可见，亚里士多德实际上阐述了一种有限性的环境经验理论，是对更加开阔的生存环境或自然世界的美学抵制。根据罗素的评价，亚里士多德在政治学领域太不留心埃及、巴比伦、波斯等非希腊化国家

---

① ［古希腊］亚里士多德：《诗学》，陈中梅译，商务印书馆，2003 年，第 74 页。

② ［古希腊］亚里士多德：《雅典政制》，日知、力野译，商务印书馆，1959 年，第 3 页。

③ ［古希腊］亚里士多德：《政治学》，吴寿彭译，商务印书馆，1965 年，第 35 页。

④ ［古希腊］亚里士多德：《政治学》，吴寿彭译，商务印书馆，1965 年，第 357 页。

及其政府方法，完全没有意识到他所倾心的独立分散城邦就要变成历史的遗迹。[①] 看来，亚里士多德的小国寡民理想与城邦精神同其理想化美学思想构成了相互支持的两个方面。

但是，亚里士多德将国家精神尤其领土意识置于有限性的环境经验之上的见解，并没有得到黑格尔的认同。在《哲学史讲演录》中，黑格尔认为，亚里士多德强调国家及其政治权力是高于个人与家庭的本质的东西，却并不特别看重个人及其政治权力，也没有所谓自然权利的思想。[②] 至于亚里士多德所谈论的地理环境经验更不是黑格尔关心的话题。在黑格尔看来，国家就是“伦理理念的现实”，是国家意志、国家精神的显现，它“直接存在于风俗习惯中，而间接存在于单个人的自我意识和他的知识和活动中”。[③] 相比亚里士多德，黑格尔的国家概念更明确地指向统一性的国家精神与国家意志。例如，根据黑格尔的看法，国家不能混同为市民社会，国家的使命不能被规定为保障所有权和保护个人自由，否则单个人本身的权益就成了这些人结合而成的国家的最后目的，结果可能导致个人成为国家成员是一件随意的事情，并由此丧失国家精神。为反对个人意志原则及其同国家意志的对抗，黑格尔规定国家是自在自为的自觉意志，是理性的、整体的，是自身使自己成为实在的精神，是神的意志，是自由的现实，不是个人的单一性或单一的自我意识基础上的自由。

黑格尔的国家概念最终确认了具有神性精神的国家制度及其合理性、合法性，确切地说，确认了德国精神或日耳曼世界精神的神圣地位。黑格尔在《历史哲学》中宣称，人类历史的光明，即人的自由意识，从东方的古老帝国开始展开，再经由波斯帝国过渡到希腊。希腊的自由是一种“美”的自由，希腊就

① [英] 罗素：《西方哲学史》上卷，何兆武、李约瑟译，商务印书馆，1963 年，第 239 页。

② [德] 黑格尔：《哲学史讲演录》第二卷，贺麟、王太庆译，商务印书馆，1960 年，第 362~364 页。

③ [德] 黑格尔：《法哲学原理》，范扬、张企泰译，商务印书馆，1961 年，第 235 页。

是美的自由的王国，成为人类历史的青年时代，随后的罗马则成为人类历史的成年时代。最后，日耳曼世界继续了罗马世界，迎来了“精神”的解放。黑格尔宣称：“日耳曼‘精神’就是新世界的‘精神’”，“日耳曼民族的使命不是别的，乃是要做基督教原则的使者”，“分派”世界上各民族“为‘世界精神’去服务”。[①] 黑格尔的德国精神有一种自然史的观念予以支持。根据黑格尔在《自然哲学》中的阐述，在地球的历史中，大地碎裂成旧大陆与新大陆，其中的新大陆“只是欧洲的猎获物”，“表现的是不发展的分化”，只有“旧大陆表现的则是完善的分化，分成三部分”，即非洲、亚洲、欧洲。在旧大陆的这三个部分中，非洲精神“是没有达到意识的沉默”，亚洲精神表现为狂热的、畸形的生殖与放浪，欧洲精神表现为“在形成意识，形成地球的理性部分”，因此，欧洲是地球的中心，而这“理性部分”即欧洲的中心又是德国。[②] 在这里，我们不无惊异地发现了黑格尔的意图，由自然世界与国家意志相互支撑而形成的绝对统一的德意志帝国精神。尽管黑格尔所谈论的“自然世界”或“地球历史”属于抽象的、思辨的精神范畴，完全不同于当今美学所讨论的“自然环境”或“生态世界”，但是，按照黑格尔的逻辑，我们仍然可以从中发现一个涉及环境观念的结论，即德意志精神就是地球与自然的历史最终必然达到的状态，它既是当时超越地球或自然精神的最高智慧，也是人类世界的最高意志。但是，这种貌似对德国精神的最高颂扬并没有让黑格尔从德国人那里获得持久的最高颂扬，因为人们发现了黑格尔思想的致命危险，例如，根据“同一性”的观念，不同民族或人群应该从国家那里享有绝对公平的利益，而国家精神可能因此流于空泛；根据最高国家意志（即德意志精神）的观念，一切现存国家之间的关系应该被视为主次、优劣关系，而国家命运可能因此陷入恐怖与灾难境况。

要克服黑格尔理论的矛盾，就需要确立一种面向社会实践的环境观念与国

---

① ［德］黑格尔：《历史哲学》，王造时译，上海书店出版社，2001 年，第 338 页。

② ［德］黑格尔：《自然哲学》，梁志学等译，商务印书馆，1980 年，第 391~392 页。

家概念。在1845年撰写的《关于费尔巴哈的提纲》中，马克思认为，环境与人类活动的一致性应该理解为人类实践的结果。[①] 这意味着，对国家精神产生作用的环境是通过人的改造之后才得以实现的，因而，人类社会是通过主动改造环境来实现自己与环境的融洽，而不是被动适应自然环境来实现自己对环境的服从或妥协。从实践上讲，国家精神产生于人的活动及其创造的生存环境。1884年，恩格斯在《家庭、私有制和国家的起源》中提到，雅典的英雄时代据说实行了由提修斯拟订的社会制度，将全体人民划分为贵族、农民与手工业者三个阶级，其中贵族拥有担任公职的独占权。[②] 这表明，由不同阶级与阶层构成的社会状况与社会环境，是理解国家起源及其性质的基础。恩格斯进一步指明，从根本上讲，“国家决不是从外部强加于社会的一种力量”，而“是社会在一定发展阶段上的产物；国家是承认：这个社会陷入了不可解决的自我矛盾，分裂为不可调和的对立面而又无力摆脱这些对立面。而为了使这些对立面，这些经济利益互相冲突的阶级，不致在无谓的斗争中把自己和社会消灭，就需要有一种表面上凌驾于社会之上的力量，这种力量应当缓和冲突，把冲突保持在‘秩序’的范围以内；这种从社会中产生但又自居于社会之上并且日益同社会相异化的力量，就是国家”。[③]可见，国家的形成意味着国家力量的形成，它具有内在的美学因素。这种美学因素体现在国家为缓和利益冲突而采取的调和行为，体现在国家的调和行为所要实现的目标即社会秩序。那种看来规定着国家性质与精神的自然环境观念，其实就是为了协调社会利益各方而形成的环境实践法则，用于保障国家力量的施展。

---

① ［德］马克思：《关于费尔巴哈的提纲》，《马克思恩格斯选集》第一卷，人民出版社，2012年，第134页。

② ［德］恩格斯：《家庭、私有制和国家的起源》，《马克思恩格斯选集》第四卷，人民出版社，2012年，第124页。

③ ［德］恩格斯：《家庭、私有制和国家的起源》，第186~187页。

二、早期环境观念影响国家精神建构的历史经验

关于中国早期国家形成的问题，学术界存在广泛讨论与分歧。例如，根据袁建平的看法，邦国（在距今约5500—4500年间出现）是中国早期国家的初始形态，之后出现了典型的早期国家形态即方国，然后就过渡到了王国，再迈入帝国，形成了早期国家的中国模式即“邦国—方国—王国—帝国”四个阶段。① 但是，王震中认为，中国古代国家的形成，呈现为“邦国—王国—帝国”的逐步演进，如龙山文化时期（距今约4350—3950年）的国家是单一制的邦国，夏朝是王国性质的复合制国家，秦汉属于帝国形态。② 不过，他们都承认夏朝之前已经出现了最初的国家形态即邦国，而夏朝就是典型的王国形态。因此，探讨早期中国国家精神的环境美学基因，可以结合20世纪以来的考古发现与历史研究成果，追溯夏朝之初与之前的中国历史状况，探讨面向自然环境的认识与实践何以成为早期中国国家的一种精神文化基因。

首先，始于石器时代的岩画，作为早期人类社会的一种特殊的环境审美实践方式，孕育了人类的整体意识，堪称国家统一精神的文化土壤。据介绍，目前在中国已经发现的岩画数量十分惊人，如北方草原地区发现的岩画图像数量就多达百万，而且不同地区岩画的题材与技法存在明显差异，如东北林区岩画主要分布在大兴安岭与黑龙江流域，以养鹿、狩猎为主要题材，绘画方法均用赭石粉末绘成，多用粗线条绘制。北方草原岩画主要分布在内蒙古中西部、宁夏、新疆北部等草原地区，以狩猎、家畜、放牧为显著题材，其岩画分布广泛，图像个体数量不下百万幅，动物岩画占有绝对优势，时间跨度长达三万年之久，有口喷、磨刻、敲凿、划刻、白石灰加黏合剂绘制等多种作画方法。高原岩画主要分布在甘肃、青海、西藏、新疆南部，以动物尤其是牦牛图像为

---

① 袁建平：《中国早期国家时期的邦国与方国》，《历史研究》2013年第1期。

② 王震中：《中国古代国家的起源与王权的形成》，中国社会科学出版社，2013年，第59~60页。

主。西南山地岩画分布在广西、云南、贵州、四川，大多位于濒临江河的崖壁上，以人物活动为主要题材，动物图像较少，图像通常很大，有的人物图像有真人那么大，作画方法多为岩刻，具有明显的宗教祭祀性质。滨海岩画主要分布在江苏、福建、台湾、广东、香港，题材内容多与宗教祭祀有关，图像有很强的抽象化与符号化倾向。[①] 显然，岩画创作与地理环境、国家文明状况紧密相关。一方面，由于“早期的岩画艺术是以表现动物为主体的，晚期岩画虽然出现了人，但仍以表现动物和动物与人的关系为主”。[②] 这使得人们能够通过岩画去了解古代动物的地理分布，探讨畜牧业的起源和发展。另一方面，由于岩画“记录了人类生存活动的连续性篇章，它触及到了古代人类的哲学思想、宗教信仰、审美观念、经济盛衰、民族迁移等，是人类早期社会重要的文化遗产”，[③] 这使得人们可以通过岩画认识早期人类社会结构与国家精神。

大量的岩画遗迹提醒人们，早期中国社会结构与国家精神可能建基于独特的山水环境观念。例如，在内蒙古发现的众多岩画广泛分布在大兴安岭、百岔河、阴山、呼和楚鲁、乌兰察布、乌海市桌子山、阿拉善，这形成了一道特殊的岩画景观走廊，与早期先民打猎、放牧生活方式紧密联系，恰似随着先民的足迹分布开来的山崖画廊，呈现了早期游猎生活与文明发展状态，显示了早期人类追求艺术与环境相融的生活实践方式。根据盖山林的评述，岩画是一种与周围环境融为一体的空间艺术，如飞禽走兽与狩猎图可能刻画在山峰或接近山峰的山腹，这里恰好是飞禽走兽经常出没之处，也是狩猎时追逐野兽之地。舞蹈图大多刻画在沟畔平坦的滩地上，如内蒙古磴口县托林沟的一片沙地，有清澈的水潭，旁有一小山，山光水色，风景怡人，山中石壁上就刻画了狩猎舞蹈图，正是当年举行盛大的娱神拜神活动的场景。至于祭拜水神的舞蹈岩画就可能会刻画在河流转弯处的崖壁上，如福建仙字潭岩画就刻画在太溪崖壁上，岩

---

① 盖山林：《世界岩画的文化阐释》，北京图书馆出版社，2001 年，第 126~129 页。

② 盖山林、盖志浩：《内蒙古岩画的文化解读》，北京图书馆出版社，2002 年，第 335 页。

③ 陈兆复：《中国岩画发现史》，上海人民出版社，1991 年，第 1 页。

画对面是平坦的滩地，适合举行祭拜仪式，而祭拜仪式所在的山水场景正好与岩画图像内容彼此呼应构成独特的景象。总之，岩画实践既与环境完美结合，丰富了人类的审美需求，也强化了早期人类的整体意识。①

岩画所体现的整体意识并不局限于人与自然界的关系，也涉及人与人之间的关系。例如，宁夏中卫岩画所选择的岩石似乎经过了慎重考虑。其位置或在山梁上，山梁为东西走向，自北而南有序排列；或在山水沟中，大山水沟及其支流两岸山高沟深，峭壁巍峨，深邃幽静；或在奇山险峰上，石壁突兀险峻。其朝向，山梁上的岩画一律面南；山水沟中的岩画或刻在西岸面东，或刻在北岸面南；奇山险峰上的岩画凿刻在面南或面东的石壁上。② 我们难以推断这种方位选择的内在动机或思想，但可以肯定这种选择至少传递了一种环境伦理观念。如爱尔兰农民房舍的西屋是留给老人养老用的，西面意味着退休与日落。佛教社会中，东面是尊贵的高位所在，佛陀要放置在东屋的东墙上，丈夫要睡在妻子的东边，可见方位的分别具有特定社会生活意义。③ 可以推断，早期中国岩画已经与山水环境构成了一种审美实践关系，形成了整体性的社会化的环境审美意识与环境伦理观念。

其次，在公元前 23 世纪以后，一种以山川意识为内核的环境美学观念开始明确地成为国家治理的基本法则。据《尚书·尧典》记载，舜帝曾经“命羲仲宅嵎夷曰旸谷，寅宾出日，平秩东作”。按慕平的解释，这段话的意思是说，舜帝任命羲仲远赴东方日出之地的旸谷，主持对日出的祭祀礼仪，引导春季农业生产活动按程序进行。④ 由于舜帝时期相信山川具有控制雨水、影响收成的神力，山川祭祀活动十分盛行，成为整个社会管理的基本事务。据《尚

---

① 盖山林：《中国岩画学》，书目文献出版社，1995 年，第 195~196 页。

② 周兴华：《中卫岩画》，宁夏人民出版社，1991 年，第 46 页。

③ 叶舒宪、萧兵、郑在书：《山海经的文化寻踪：“想象地理学”与东西文化碰触》，湖北人民出版社，2004 年，第 101 页。

④ 慕平：《尚书译注》，中华书局，2009 年，第 5 页。

书·舜典》记载，舜帝“肆类于上帝，禋于六宗，望于山川，遍于群神”，[①] 表明山川祭祀在舜帝时代已经成为一种制度化的仪式活动。

公元前21世纪，由于大禹治理洪水、平定叛乱的杰出功勋，中国建立了统一国家形态夏朝。慕平在译注《尚书》时认为，大禹受命治水，“随山刊木，奠高山大川”，将天下划分成九大区域即九州，进而成功消除全国范围内的大洪水，使天下大治。[②] 这表明，大禹对山川地理形势的认识及其实践应用，是其成功治理洪水的基础，体现了早期中国对山川世界的认识与实践经验对国家统一发展的重大意义。同时，大禹时代根据山川形势将天下划分为九州，也体现了早期中国实施国家统一管理的环境美学法则。

另外，早期城市设计与山水环境的有机结合，堪称国家统一意志与国家治理精神融为一体的经典体现，奠定了人类居住与国家运行相互融洽的环境实践法则。据考古发现，石器时代的汉江流域普遍出现了临山近水的城市，如枣阳雕龙碑文化遗址、天门石家河古城址、荆门马家垸古城址，它们一概濒临自然河道，同时或傍依自然山麓，或在城外人工建造土台。夏商时期，临水已经成为中国南北各地兴建城市的基本原则，如湖北黄陂盘龙城、河南偃师商城、河南安阳殷墟等城市建筑布局都占据了有利位置，具有地势高敞、一面或两面临水等特点，也有的修筑城壕构成封闭的城市防御体系。[③] 春秋战国时期，汉江流域的城市设计仍然遵循临水近山的基本原则，如楚国军事重镇北津戍、宜城楚皇城遗址，都是濒临汉江、背靠荆山山脉。这些临水近山的城市，不仅便于日常取水、种植、狩猎、运输，而且便于防御外来敌对力量的攻击。

早期城市的临山近水环境并不只出现在中国。例如，古希腊城邦大多依山傍水，便于城市日常生活、交通运输、军事防御。早期城市选址优先临近自然山水，是因为早期人类生存与发展基本或完全依赖自然条件，否则，人类聚居

---

① 李学勤：《十三经注疏·尚书正义》，北京大学出版社，1999年，第54~55页。

② 慕平：《尚书译注》，中华书局，2009年，第52~77页。

③ 许宏：《先秦城市考古学研究》，燕山出版社，2000年，第80页。

生活与自我防护将非常困难。但是，除开中国，各地区、各民族的早期城市与自然环境的联系并不蕴含审美性质的山水信念。古埃及建造在尼罗河岸的早期城市显示了独特的环境伦理关系，即死人的环境比活人更重要，并且二者相互对立，诚如贝纳沃罗所说，古埃及“活人与死人的建筑之间没有联系而只有矛盾”。[①] 一方面，城市环境存在死人与活人的区分，即城内属于活人，城外属于死人。另一方面，建筑环境存在死人与活人的区分。活人的建筑如民居与宫殿都是砖砌的，而死人的建筑如陵墓是石头建造的金字塔。前者暗示短暂的居留，后者暗示永生与不朽。公元前 1 世纪，古罗马工程师维特鲁威曾经谈到城市选址的问题，主张城市选址优先考虑适合人的健康，即城市要建在合适的高度，无雾无霜，不热不冷，还要依据海风、阳光的方向布置建筑物，防止直接伤害身体，或间接通过仓库食物变质来伤害身体。[②] 维特鲁威看到了自然环境对城市的意义，但他是从物质需要而不是从精神需求来考虑。而在欧洲，自然环境长期担当伦理精神的工具，城市环境就是人类主宰自然的见证。刘易斯·芒福德认为，古代城市“最初只是在坚强、统一、自为的领导之下的一种人力集中，它是一种工具，主要用以统治人和控制自然，使城市社区本身服务于神明”。[③] 这表明西方古代城市对自然环境的应用主要源于权力与宗教需要。即使是后来兴起的美国，它在历史上最重要的较量也是发生于人与自然之间，即新大陆的早期移民根本没有见到什么人间乐园，只是遭遇了凄凉、骇人、蛮荒的景象，满目皆是沼泽荒岛、旷山野林，因而，到达新大陆的拓殖者们的第一需求就是获得有保障的食物供应，而凄凉的荒原就是他们的敌人。直到 19 世纪这些早期的荒原形象才被后代子孙与城市居民部分地替换成了一种浪漫的想

---

① ［意］L. 贝纳沃罗：《世界城市史》，薛钟灵等译，科学出版社，2000 年，第 43 页。

② Marcus Vitruvius Pollio, *The Ten Books on Architecture*, trans, by M.H.Morgan, Boston: Harvard University Press, 1914, pp.17–19.

③ ［美］刘易斯·芒福德：《城市发展史》，宋俊岭，倪文彦译，中国建筑工业出版社，2004 年，第 101 页。

象，以至于人与自然相分离的观念至今仍然深深地扎根在美国人的心中，而不是像东方文化那样保持人与自然的亲和。①

显然，早期中国能够从精神上实现山水环境与国家（城市）建设的融洽，源于遵循自然而形成的环境美学实践法则。如《周礼·地官司徒》要求国家(城市）建设首先要确立方位，“以求地中”，实现“天之所合也，四时之所交也，风雨之所会也，阴阳之所和也”。② 对中国文化来说，城市与国家的命运系于自然环境状况，是十分自然的观念与行为选择，诚如《管子·乘马》所说："凡立国都，非于大山之下，必于广川之上。高毋近旱而水用足，下毋近水而沟防省，因天材，就地利。故城郭不必中规矩，道路不必中准绳。"③ 又如《管子·权修》所说："地之守在城，城之守在兵，兵之守在人，人之守在粟。故地不辟则城不固。"④ 这表达了城市环境设计的两个基本原则：一是自然原则，即城市构筑必须依托自然山水环境，自然山水环境必须适宜城市建设与发展。后来，公元前4世纪，商鞅明确设定了城市用地分配法则，即“制土之律”，要求山陵、薮泽、溪谷流水、都邑蹊道各占10%，剩余60%为田土，包括20%的恶田与40%的良田。⑤ 历史地看，这种制度不只是确立了一种环境美学意义上的城市模式，更重要的是，它奠定了可持续发展的城市与国家环境实践模式。

三、探讨早期环境观念与国家精神关系的若干问题

从实践的观点看，自然环境是国家形成与发展的物质基础，是人类生存与发展的基本资源，它本身必然构成国家精神的形成条件。因此，针对早期环境观念

---

① ［美］爱德华·C. 斯图尔特、密尔顿·J. 贝内特：《美国文化模式：跨文化视野中的分析》，卫景宜译，百花文艺出版社，2000年，第154~156页。

② 陈戍国：《周礼·仪礼·礼记点校》，岳麓书社，1989年，第28页。

③ 《诸子集成》（全十册）第6册，岳麓书社，1996年，第15页。

④ 《诸子集成》（全十册）：第6册，第9页。

⑤ 商鞅：《商君书》（汉英对照），商务印书馆，2006年，第218页。

与国家精神关系的美学探索尚需改善基本观念与方法，解决好若干关键问题。

第一个问题涉及历史因果论，也就是说，环境观念与国家精神之间是否存在历史因果关系？如果存在，那谁是始源性的因？笼统地说，环境观念与国家精神建构之间的确存在密切关联，但是，是否存在一种始源性的环境观念内在地注入某个国家的形成之初，并成为这个国家的精神与文化根基，尚需从国家的最初历史状况中找到确切依据。例如，早期岩画与中国精神之间的因果关联就存在不确定性。一般而言，通过艺术形式来实现国家精神的塑造与维护，是人类社会不可或缺的美学建构机制。南朝刘宋时期的宗炳被广泛视为独立山水画的开创者，他笔下的山水画并非单纯个人情感的主观表达，而是受到佛国精神的鼓舞，是一种面向自然景观的游赏经验与理性选择，表明人类的理想世界或天堂世界在情感与精神上贴近山水环境，而不是动荡不安的世俗人间。另外，根据晏青的评述，20 世纪中国早期电影人对中国形象的想象是在打破旧有的国家意义指向的基础上完成的，他们从传统文化中寻找资源，并通过电影媒介来完成国家形象的想象与构建，提供了民族身份确认与民族品格构建的重要渠道。[①] 这提醒人们，对文化认同与国家精神来说，包括环境经验在内的审美意识可能具有始源性的美学建构作用。这似乎也意味着，岩画并不只是形成了早期国家的文化景观，同时也是早期国家精神的聚合机制和环境审美实践机制。然而，正如王伯敏所说，有关岩画的研究，目前普遍存在的困难就是对作品时代的断定还没有一个公认的标准。[②] 如此看来，虽然岩画确实体现了环境观念与国家精神的密切关联，但是，岩画究竟是在国家形成之前与之初孕育了国家精神，还是在国家形成之初与之后促成了国家精神在环境观念方面的显性表现？或是在国家形成过程中完成了环境观念与国家精神的互动生成？所有这些问题目前尚难下定论。

诚然，如同王伯敏所说，一部绘画艺术史并“不是某一种技术进步的历

① 晏青：《论中国早期电影与民族想象》，《新疆艺术学院学报》2010 年第 4 期。

② 王伯敏：《中国美术通史》第一卷，山东教育出版社，1996 年，第 127 页。

史，它是一部人们思维方式、价值观念、审美趣味以及民族性格变化的历史”。[①] 人们可以由此推论，早期岩画作为绘画艺术的特殊形式，它们就是早期人类的思维方式、价值观念、审美趣味、民族性格的载体，换言之，早期岩画就是早期国家精神的载体。如乌冉认为，古代游猎民族的岩画遗迹如围猎图、迁徙图，表现出了强烈的群体氛围。[②] 斑澜认为，北方草原岩画是一种大地艺术，与塞外粗犷浑朴的山水一脉相承，而在新疆、内蒙古、宁夏、青海等地发现的有些岩画也表现出了强烈的征服欲和征服的快乐，构成了草原精神的根基。[③] 程旭光通过早期岩画与汉代画像石的比较分析，认为早期岩画与汉画像石体现了共同的特点，即以石头为载体，采用凿刻方法，形成平面刻石艺术，热情表现现实生活。这些共同特点构成了一种独特的金石趣味，并渗透到社会、人生、文化艺术的各个领域，如篆书的屋漏痕、隶书的藏头燕尾、魏碑的外方内圆与一波三折，山水画常用的斧劈皴、豆瓣皴，都源于凿刻手法，体现了以笔为刀的特点，由此形成了中国人特有的人格意识与艺术品质，堪称中国人与中国文化的金石精神。[④] 但是，严格地说，这些美学论断多为思辨推理，并非历史事实陈述，导致逻辑上容易陷入想象性的诠释与建构，无助于充分理解国家精神的逻辑生成与实践特质。

第二个问题涉及环境观念的多样化与国家精神的差异化。根据亚里士多德的陈述，作为西方最早研究自然奥秘的哲学家，公元前 7 世纪的希腊哲人泰利士认为，自然万物的本原是水，但他的理由并不清楚，亚里士多德推测大概是

---

① 王伯敏：《中国绘画史·序》，生活·读书·新知三联书店，2000 年，第 9 页。

② 乌冉：《论岩画、青铜器动物纹饰艺术中的游猎民族生命美学意蕴》，《内蒙古民族大学学报（社会科学版）》2009 年第 3 期。

③ 斑澜：《北方岩画与草原艺术精神》，《内蒙古大学艺术学院学报》2009 年第 2 期。

④ 程旭光：《凿刻岩画·汉画象石·金石精神》，《内蒙古师大学报》（哲学社会科学版）1993 年第 2 期。

因为万物皆生于湿润，而水就是湿润之源。[①] 据记载，泰利士还说过，世界是由水支撑的，就像一只船在海上。[②] 这令人想到，泰利士对水的理解，可能与他生活在米利都的城市环境经验有关。米利都是古希腊爱奥尼亚地区的一个城邦（现属土耳其），位于地中海东部的爱琴海东岸、安纳托利亚（小亚细亚）半岛西海岸，靠近安纳托利亚半岛西南部河流门德雷斯河口，南、西、北三面环海，是古希腊重要的贸易港口。然而，即使泰利士的水本原说的确源于米利都城市环境经验，毕竟在后来西方哲学视野中，泰利士所关注的只是水的抽象思辨意义，并未涉及其感性实践意义。后来的另一位重要哲学家巴门尼德明确表达了自然研究的思辨哲学立场，他认为自然是一种同一的、整体的存在物，是一切事物的共同体，其中的一切个别事物，被称作光明与黑暗，也就是说，一切事物既充满光明，同时也充满看不见的黑暗，因此，面对自然，不应该被感官欺骗，而应该用“理智牢牢地注视那遥远的东西，一如近在目前。因为理智不会把存在物从存在物的联系中割裂开来”。[③] 这种将自然当做绝对整体的看法，可能有助于人们在理论思维上把握“同一性”的自然世界，却可能妨碍人们在感性实践上理解“多样性”的自然世界，如各不相同的自然事物、由自然地理区分开来的不同民族国家。换言之，人与自然之间能否以及如何在感性实践意义上彼此融洽，这种观念并不明晰。这一点在4世纪以后的西方变得更加极端，诚如约翰·道格拉斯·波蒂厄斯所说，由于基督宗教在罗马帝国的胜利，自然与环境观念在西方出现巨变，一方面，“人不再被视为自然中不可分离的”，而“是自然的主宰”，另一方面，“自然丧失了人的敬畏，人得以自由地利用自然而不用担心遭到惩罚”，如此一来，人就“丧失了任何‘环境谦

① ［古希腊］亚里士多德：《形而上学》，吴寿彭译，商务印书馆，1959年，第7页。

② 苗力田：《古希腊哲学》，中国人民大学出版社，1989年，第21页。

③ ［古希腊］巴门尼德：《著作残篇》，北京大学外国哲学史教研室：《古希腊罗马哲学》，生活·读书·新知三联书店，1957年，第51页。

卑’感”，而“地球不过是一个通往天堂或地狱的等候室或通道”。[①]

如此看来，在西方文化传统中，自然虽然受到思想家的关注，但在实践上却是人及其社会的对立面。换言之，传统西方文化缺乏积极的审美的环境观念，缺乏人与自然事物之间的内在而本然的审美实践关系，导致了自然世界与国家精神的对立。显然，中西文明形成的不同环境观念对早期国家精神建构形成了不同的影响。但是，如果由此得出结论说“中国具有尊重自然环境的文化与美学传统，而西方缺乏这种传统”，恐怕在实践上难以成立。从历史与现实角度看，所有民族国家都是在自然环境基础上发展起来的。无论自觉地因循自然环境，还是忽视自然环境，并不改变任何民族国家必须立足于自然环境的基本事实。也就是说，从根本上讲，无论在中国，还是在西方，早期民族国家都是依据特有的环境观念来确立或维护自己的国家精神。在亚里士多德看似狭隘的城邦国家观念中，隐藏着一个基本的环境信念：幸福的国家取决于适宜的自然环境或领土边界，而不是取决于面积庞大的领土疆界。看来，亚里士多德的环境观念体现了一种理性的观念，而古代中国的环境观念具有明显的自然意味。西方人根据理想的需要来处置地理环境资源，中国人根据自然的状况来处置地理环境资源。很多人借助两个不同范畴即天人合一、天人相分来解释中西文化差异，然而，历史地看，无论中西，整个人类的实践活动都是在天人之间的分分合合中寻找一种平衡，形成一种适合各自民族国家需要的环境实践模式。例如，古代中国既有天人相合、遵循自然的观念，也有天人相分、人定胜天的观念。在西方，既有古希腊时期半岛文明催生的亚里士多德式的城邦国家（小国寡民）理想，也有近代欧洲大陆文明培育的黑格尔式的德意志帝国梦想。在绵延不断的人类历史进程中，要从天人合一与天人相分的环境实践模式中二选一地挑出一种最优的方案，恐怕十分困难。

因此，如何在多样化的环境观念与差别化的国家精神之间建立恰当的逻辑

---

① John Douglas Porteous, *Environmental Aesthetics: ideas, politics and planning*, London: Routledge, 1996, pp.51-52.

关联，并以此理解早期国家精神，指引现代国家发展，促进生态文明建设，需要一种更加开放的理论视野。换句话说，通过美学方法来探讨早期环境观念与国家精神的关联，其根本宗旨并不是为了从理论上理解某个国家的不可复制、不可重复的文明历史及其特色，而是为了更好地解决当今人类文明发展所面临的实际问题。有鉴于此，探索早期国家精神形成机制中的环境因素，找到具有通约性的环境观念及其对国家精神的影响机制，是美学的重要任务。

第三个问题涉及美学研究方法的科学化。针对古代艺术与审美现象的研究，美学领域充斥着审美想象逻辑而不是经验事实逻辑。例如，有人根据先秦时期南北青铜器造型特点的共性与差异，断定当时南北地区之间的文化冲突与融合状态，却没有充分关注其历史逻辑。在古代文学艺术研究领域，通过美感经验来确认不同时期艺术作品之间的相互关联，也是常见的风气。例如，有些人根据晚期某家作品与早期某家作品存在相似性，断定早期某家对晚期某家产生了影响，也有人根据某一时期某些艺术作品的类型特征或共性特点，断定这一历史阶段流行这类艺术时尚或美学趣味，全然不顾这些艺术作品及其特征是否或如何真正代表当时整个艺术领域或美学思潮。

美学研究对历史逻辑的疏忽，既不能适应历史领域对艺术研究成果的更高需求，也不能适应美学探索历史课题的迫切需要。根据陈淳和龚辛在其论文《二里头、夏与中国早期国家研究》中的看法，中国史学界普遍疏忽了国外已经更新了的考古学方法，惯于采用地层学和针对陶器的类型学方法探讨夏朝的渊源及与商朝的分界，而实际上，国家和朝代的出现和更替与日用陶器的变迁没有必然的关系。[①] 这提醒人们，探讨古代艺术作品与审美意识、早期环境观念与国家精神相互关联的问题，必须依据一种可供历史考据的分析要素。例如，我们不是依据一座城市临水近山就认定它是山水城市，而是依据城市的自然山水环境与建造这座城市所奉行的环境设计美学相吻合。对夏朝之初或之前

① 陈淳、龚辛：《二里头、夏与中国早期国家研究》，《复旦学报》（社会科学版）2004年第4期。

的国家精神来说，人们可以从遗址、遗物中看到某种环境设计观念，但要证明这种观念出现于遗址或遗物形成之前，尚需历史素材提供支持。

四、结语

刘成纪断言，在20世纪以后，西方美学因其与现代艺术的疏离而空洞化、边缘化，相反，20世纪初叶以来，尤其是20世纪90年代至今，因中国及东亚经济高速发展带来的文化自信与美学自信，东方美学保持了旺盛的发展态势，学术队伍的规模，公众的认知与接受，均非欧美国家可比，呈现了世界美学中心东移的现象。[①] 在此背景下，“重新发现中国”对美学界产生了强大的吸引力，使得中国美学家们不再满足于探讨传统西方美学范式中的基本问题，而是面向当今文化与实践需要，积极开拓美学研究领域，使得早期国家精神问题自然而然地进入了美学前沿。

由于早期国家精神直接关联历史学、政治学、社会学、民族学等领域，美学家们显然不能单纯依靠传统美学方法。传统美学，尤其是西方美学，属于哲学与人文科学性质，其研究方法具有强烈的思辨性与人文性。它善于发现不同事物之间的内在联系，却不善于提供这种内在联系的经验依据，助长了精神统御物质、哲学统御艺术的“反实践”“反艺术”倾向。因此，美学要揭示早期国家精神的形成机制，需要超越自然科学、社会科学、人文科学之间的界限，重建美学方法及其理论陈述模式。

（刊于《郑州大学学报》2017年第3期）

---

① 刘成纪：《中华美学精神在中国文化中的位置》，《文学评论》2016年第3期。